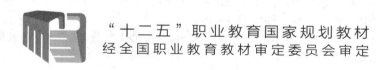

“十二五”职业教育国家规划教材
经全国职业教育教材审定委员会审定

建筑工程安全管理

宋功业　主编
邵界立　袁明慧　副主编

U0300730

化学工业出版社

·北京·

本书是"十二五"职业教育国家规划教材，是根据国家"安全第一、预防为主、综合治理"的安全生产方针，并结合我国建筑施工企业及其项目管理的需求和高职院校教学实际状况编写的。全书分四个单元，即建筑工程安全管理机构与安全管理人员设置、建筑工程项目安全控制与管理、建筑施工安全防护、建筑施工事故处置；九个学习情境，即安全管理机构的设置、建筑工程安全管理人员、危险源的识别与标识、施工项目安全控制、安全文明施工管理、建筑施工安全防护设施、安全防护管理、事故识别、伤害急救。

本书可以作为高职院校建筑工程安全管理课程的教材，以及建筑安全员的培训教材。通过理论教学和实训活动，使学生顶岗实习时能进入安全员管理岗位工作。

图书在版编目（CIP）数据

建筑工程安全管理/宋功业主编 . —北京：化学
工业出版社，2014.7（2021.5重印）
"十二五"职业教育国家规划教材
ISBN 978-7-122-20657-2

Ⅰ. ①建⋯　Ⅱ. ①宋⋯　Ⅲ. ①建筑工程-安全管理-
高等职业教育-教材　Ⅳ. ①TU714

中国版本图书馆 CIP 数据核字（2014）第 097204 号

责任编辑：吕佳丽　　　　　　　　　　装帧设计：史利平
责任校对：陶燕华

出版发行：化学工业出版社（北京市东城区青年湖南街 13 号　邮政编码 100011）
印　　装：大厂聚鑫印刷有限责任公司
787mm×1092mm　1/16　印张 19¼　字数 482 千字　2021 年 5 月北京第 1 版第 7 次印刷

购书咨询：010-64518888　　　　　　售后服务：010-64518899
网　　址：http://www.cip.com.cn
凡购买本书，如有缺损质量问题，本社销售中心负责调换。

定　　价：39.00 元

前言 FOREWORD

《建筑工程安全管理》是根据教职成司函〔2013〕184文"关于十二五职业教育国家规划教材选取立项的函"的文件精神，由江苏建筑职业技术学院的有关教授主持编写的。编制依据是"安全第一、预防为主、综合治理"的安全生产方针以及相关的标准规范，结合我国目前建筑工程施工企业的需求，我国高等职业的现状进行的。目的是让学生了解施工企业与施工项目的安全管理机构与人员要求，让学生学会识别危险源，能够离开的尽量远离危险源，不能离开的（如随岗实习与顶岗实习）要知道如何防护，确保学生在校学习期间的安全。同时，要让建筑类的学生在进入顶岗实习乃至毕业后进入工作岗位时，要知道怎样去做并做好安全管理工作，尽量避免因管理不到位出现事故。当事故发生时，要知道怎样处置，甚至对伤者进行临时救护，将事故的损失率降到最低。这是本教材编著的初衷。

为达到上述目的，结合各校的教学时间安排可能不相同，本书安排了4个单元，9个学习情境的内容。其中，学习情境1到学习情境6与学习情境8为必修课，大约30学时左右的学习内容；学习情境7为选修课，安排了20学时的内容；学习情境9也是选修课，安排了13个学时的内容。这样，可以满足教学计划中安排的30～63学时不同内容需求的院校的要求，也可以帮助施工现场安全员和其他人员进行建筑施工现场安全管理的学习。本课程已建设了网络课程，可进入江苏建筑职业技术学院网站浏览和下载相关电子资源。

本书由江苏建筑职业技术学院宋功业主编，中国地质大学设计院有限公司邵界立，袁明慧副主编，感谢佛山中医院徐杰副主任医师对学习情境9相关内容的指导和帮助。

由于水平有限，本书不当之处在所难免，希望多提宝贵意见。

编者
2014 年 12 月 1 日

目录 CONTENTS

学习单元1

建筑工程安全管理机构与安全管理人员设置

学习目标 ▶▶

1. 熟悉企业、项目管理机构的安全管理机构。
2. 学会协调安全管理机构与人员。
3. 学习怎样当合格的安全员。

关键概念 ▶▶

1. 安全生产。
2. 安全员。
3. 安全机构。
4. 安全职责。

提示 ▶▶

1. 安全员是干什么的？
2. 怎样当安全员？
3. 怎样当好安全员？

相关知识 ▶▶

1. 建筑施工企业的资质等级与安全机构设置。
2. 项目管理机构的等级与安全职责。
3. 安全员的从业条件。

所谓安全生产管理就是针对人们在安全生产过程中的安全问题，运用有效的资源，发挥人们的智慧，通过人们的努力，进行有关决策、计划、组织和控制等活动，实现生产过程中人与机器设备、物料环境的和谐，达到安全生产的目标。

安全生产包括：生产安全事故控制指标（事故负伤率及各类安全生产事故发生率）、安全生产隐患治理目标、安全生产、文明施工管理目标。

管理目标是减少和控制危害，减少和控制事故，尽量避免生产过程中由于事故造成的人身伤害、财产损失、环境污染以及其他损失。

安全生产管理包括安全生产法制管理、行政管理、监督检查、工艺技术管理、设备设施管理、作业环境和条件管理等。

基本对象是企业的员工，涉及企业中的所有人员、设备设施、物料、环境、财务、信息等各个方面。

安全生产管理的主要内容包括：安全生产管理机构和安全生产管理人员、安全生产责任制、安全生产管理规章制度、安全生产策划、安全生产培训教育、安全生产档案等工作。

学习情境 1　安全管理机构的设置

学习目标 ▶▶

1. 了解企业的安全管理机构设置。
2. 熟悉项目管理机构及安全职责。

关键概念 ▶▶

1. 企业及企业的安全管理机构。
2. 项目管理机构及项目安全管理机构。

提示 ▶▶

项目管理机构是企业为了履行某项合同的临时派出机构。项目管理机构代表企业履行项目的安全职责，当合同完成时，项目管理机构也就完成了它的历史使命。

相关知识 ▶▶

1. 企业与企业安全机构。
2. 项目管理机构与安全职责。

企业的安全管理机构的设置与企业规模有关。

企业规模是指对企业生产、经营等范围的划分。2003 年 5 月，国家统计局根据原国家经贸委、国家计委、财政部和国家统计局 4 部委联合发布的《中小企业标准暂行规定》，制定了《统计上大中小型企业划分办法（暂行）》，并于 2003 年统计年报开始执行。

《统计上大中小型企业划分办法》根据从业人数、销售额、资产总额三个方面将建筑业企业划分为大、中、小企业。从业人员 3000 人及以上，销售额 30000 万元及以上，资产总额 40000 万元及以上的为大型企业；从业人员 600～3000 人以下，销售额 3000 万～30000 万元以下，资产总额 4000 万～40000 万元以下的为中型企业；从业人员 600 人以下，销售额 3000 万元及以下，资产总额 4000 万元以下的为小型企业。

一、建筑施工企业安全管理机构

安全生产法规定，企业法人是企业安全生产第一责任人，对企业的安全生产全面负责。

同时还规定，企业必须设置安全生产管理机构（安全处、安全科等），条件不具备的小企业要设置专兼职安全生产管理人员。也就是说，企业法人可以兼任企业内部安全管理机构的负责人，而且不管其是否在安全管理机构任职，他都是本企业的安全生产工作的最高管理者。

安全生产委员会是企业法人必须依法建立的安全生产决策机构，一般由企业法人或其委托代理人牵头负责，企业各分管领导、各职能部门负责人为成员，任务是研究、分析和解决企业重大安全生产问题。

安全管理机构负责落实日产工作，遇到重大问题，要及时向安全生产委员会报告，由安委会决策。

（一）安全生产委员会

企业的安全生产委员会是为了加强工程施工的安全管理，维护工程施工的秩序，保障国家、集体、个人的生命财产安全，提高劳动生产率，根据国家有关的法律法规而设立的安全生产决策机构。企业的安全生产委员会的职责：

1. 在总经理领导下组织制订本企业的安全管理制度、安全生产制度、安全技术规程，事故应急预案等（总经理审定后）颁发和实施。

2. 贯彻国家和上级颁发的安全生产法令、法规、标准，并对执行情况进行监督检查。

3. 配合人力资源部对新人员三级安全教育中的一级教育与考核，并监督检查二、三级教育考核执行情况。

4. 按规定做好特种作业人员培训考核、特种作业证的发放和复审工作。

5. 负责组织每年一次全体员工安全培训考核工作。

6. 在党政领导下，组织做好综合安全大检查以及季节性和节假日的安全大检查。

7. 组织制定、修订和审批合同、项目施工的安全生产规章制度、规定、组织实施并监督检查执行情况。

8. 定期召开下属企业安全生产工作会议，分析企业安全生产动态，及时解决安全生产存在的问题，负责本系统的安全教育和考核工作。

9. 组织开展安全生产竞赛活动，总结推广安全生产工作的先进经验，奖励先进项目和个人。

10. 组织特种人员的健康查体、预防职业病发生，参与处理工伤鉴定。

11. 制订或审定有关设备检修、改造方案和组织编制大、中项目的安全措施计划，并确保实施。

12. 组织按期实现安全技术措施计划和隐患整改工作。

13. 负责设备事故调查、统计、上报，参加有关重大事故的处理。

14. 参加事故调查，组织技术力量对事故进行技术原因分析、鉴定，提出技术上的改进措施。

15. 做好日常的安全检查和督查。发现违章操作，有权制止或令其停止工作。

16. 总结安全检查结果，及时向党政领导汇报。

17. 定期召开安全生产工作会议，分析企业安全生产动态，及时解决安全生产存在的问题。

18. 建立安全生产奖惩制度，依制度进行奖惩。

（二）企业的安全管理部门

就我国建筑施工企业的一般情况，大型与特大型企业设置安全处、安全管理部，或在企业的项目管理部设置安全管理部。也有的企业将质量和安全划归一个部门管理，叫质量安全部。现在大型的或特大型的建筑施工都在进行质量、安全、环保贯标，施工企业称之为"三合一"贯标，质量贯标与安全贯标由同一个部门管理，也方便操作。企业设置安全处类的管理部门，一般下设安全管理科、消防科等。在子公司、分公司中还设立安全科等。

中型企业一般设置安全科，小型企业设立专职安全员，行使企业的安全管理机构的职责。

建筑企业安全管理部门是企业安全管理与控制的职能部门，直接对企业法人负责，代表企业法人进行日常的安全生产管理，履行安全生产职责。

1. 牢固树立"安全第一、预防为主、综合治理"的安全生产方针，不断推动施工现场文明施工的进程，完善企业安全文化建设，逐步提高全员的安全综合素质，以安全生产、文明施工标准化管理，树立企业形象，打造企业品牌。

2. 认真宣传贯彻执行党和国家的安全生产方针、政策、法令、法规、标准、规范及上级的指示精神。结合企业情况制定贯彻实施的措施，并指导、督促、检查执行情况。

3. 结合集团公司年度目标，制定工作计划，定期与不定期布置、督促、检查和总结部室及集团公司的安全生产、文明施工、环境、职业健康安全、卫生等方面的工作。

4. 认真组织开展安全生产、文明施工、环境、职业健康安全、卫生等方面的指导、监督、检查、教育工作，加强对新入场职工的上岗培训。

5. 组织开展各项安全生产竞赛活动，不断创新推动先进的安全管理经验。

6. 负责安全技术施工组织设计、安全技术措施、安全生产事故应急救援预案的审核与落实工作。

7. 负责建立和完善安全生产保障体系，并做好三标一体的运行、审核、内外联络等工作。

8. 负责安全事故应急预案的审核、演练等工作，对发生的安全生产事故进行处理、统计上报等工作。

9. 定期召开安全动态分析会议，解决生产中存在的安全问题，提出整改建议。积极参加迎接上级主管部门的各项检查工作，并搞好组织、协调、准备工作。

10. 参加伤亡事故的调查和处理，提出预防事故的措施，并督促按期整改。

11. 对施工现场的安全防护、文明施工、环境、职业健康安全、卫生等方面的管理工作，进行指导、监督、检查和验收。

12. 积极组织参加上级主管部门开展的各种安全生产竞赛活动，抓好专项治理工作，按照集团公司的奖惩实施细则，奖优罚劣，评优树先。

13. 加强劳务队伍管理，推广公开招投标制度，审核劳务分包施工合同。

14. 定期对集团公司的安全生产条件动态管理状况作出评价，对集团公司所属子公司年度环境、职业健康安全目标完成情况进行动态考评，并向分管经理和总经理报告。

15. 组织月检、巡检、专项安全检查工作，协助有关部室做好各项管理工作，认真履行集团公司领导交办的其他工作。

16. 参与施工组织设计或专业性较强的作业项目安全技术措施的制定。工程项目必须依据安全生产的有关法律、法规、规范、标准组织施工。

17. 制止违章指挥、违章作业的行为，当发现有重大事故隐患或危及人身安全的情况时，要及时处理和向有关领导汇报，必要时有权命令撤出作业人员，抢救财产。

18. 负责会同有关部门进行安全生产宣传教育工作，组织学习有关安全生产的法律、法规、规范、标准及安全技术操作规程和安全生产规章制度。

19. 对采购的各种安全防护用品及安全防护设施的质量、性能负有监督、检查的责任，并提出保证质量和安全的有关建议，指导职工正确使用安全防护用品和用具。

20. 负责工伤事故的统计、上报，参加本工程项目工伤事故调查分析，协助有关领导做好事故善后处理及整改工作。

21. 监督检查分包经济合同中分解的安全管理目标的落实，有权建议有关领导对不具备安全生产的施工队伍不得分包工程。

22. 会同设备等有关部门对施工现场临时用电、机械设备、安全防护等设施使用前进行验收并作相应记录。

二、建筑工程项目的安全管理机构的设置

建筑工程项目的安全管理机构是随着项目的大小与复杂程度设置的，高、大、难项目需要安全管理人员多，管理机构就相对地大。

（一）项目与建筑工程项目

1. 项目　项目是一件事情、一项独一无二的任务，也可以理解为是在一定的时间和一定的预算内所要达到的预期目的。

项目侧重于过程，它是一个动态的概念，例如我们可以把一条高速公路的建设过程视为项目，但不可以把高速公路本身称为项目。那么到底什么活动可以称为项目呢？安排一个演出活动；开发和介绍一种新产品；策划一场婚礼；涉及和实施一个计算机系统；进行工厂的现代化改造；主持一次会议，等等。这些在我们日常生活中经常可以遇到的事情都可以称为项目。

2. 建筑工程项目　建筑工程项目包括：工程建设项目、单项工程、单位工程、分部工程、分项工程。

（1）工程建设项目　工程建设项目是指具有一个设计任务书和总体设计，经济上实行独立核算，管理上具有独立组织形式的工程建设项目。一个建设项目往往由一个或几个单项工程组成。

（2）单项工程　单项工程是指在一个建设项目中具有独立的设计文件，建成后能够独立发挥生产能力或工程效益的工程。它是工程建设项目的组成部分，一个单项工程往往由一个或若干个单位工程组成，应单独编制工程概预算。

（3）单位工程　单位工程是指具有独立设计，可以独立组织施工，但建成后一般不能进行生产或发挥效益的工程。它是单项工程的组成部分，往往由若干个分部工程组成。

（4）分部工程　分部工程是单位工程的组成部分，它是按工程部位、设备种类和型号、使用材料和工种的不同进一步划分出来的工程，主要用于计算工程量和套用定额时的分类。

（5）分项工程　通过较为简单的施工过程就可以生产出来，以适当的计量单位就可以进行工程量及其单价计算的建筑工程或安装工程称为分项工程。

（二）建筑工程项目的安全管理机构

建筑工程项目的安全管理机构往往根据项目的大小划分。

1. 建筑行业（建筑工程）建设项目设计规模划分　建筑行业（建筑工程）建设项目设计规模划分见表1-1。

表 1-1　建筑行业（建筑工程）建设项目设计规模划分表

序号	建设项目	工程等级特征	大型	中型	小型
1	一般公共建筑	单体建筑面积	20000m² 以上	5000～20000m²	≤5000m²
		建筑高度	>50m	24～50m	≤24m
		复杂程度	大型公共建筑工程	中型公共建筑工程	功能单一、技术要求简单的小型公共建筑工程
			技术要求复杂或具有经济、文化、历史等意义的省（市）级中小型公共建筑工程	技术要求复杂或有地区性意义的小型公共建筑工程	高度<24m的一般公共建筑工程
			高度>50m的公共建筑工程	高度24～50m的一般公共建筑工程	小型仓储建筑工程
			相当于四、五星级饭店标准的室内装修、特殊声学装修工程	仿古建筑、一般标准的古建筑、保护性建筑以及地下建筑工程	简单的设备用房及其他配套用房工程
			高标准的古建筑、保护性建筑和地下建筑工程	大中型仓储建筑工程	简单的建筑环境设计及室外工程
			高标准的建筑环境设计和室外工程	一般标准的建筑环境设计和室外工程	相当于一星级饭店及以下标准的室内装修工程
			技术要求复杂的工业厂房	跨度小于30m、吊车吨位小于30t的单层厂房或仓库；跨度小于12m、6层以下的多层厂房或仓库	跨度小于24m、吊车吨位小于10t的单层厂房或仓库；跨度小于6m、楼盖无动荷载的3层以下的多层厂房或仓库
				相当于二、三星级饭店标准的室内装修工程	
2	住宅宿舍	层数	>20层	12～20层	≤12层（其中砌块建筑不得超过抗震规范层数限值要求）
		复杂程度	20层以上的居住建筑和20层及以下高标准居住建筑工程	20层及以下一般标准的居住建筑工程	
3	住宅小区工厂生活区	总建筑面积	>30万平方米规划设计	≤30万平方米规划设计	单体建筑按上述住宅或公共建筑标准执行
4	地下工程	地下空间（总建筑面积）	>1万平方米	≤1万平方米	
		附建式人防（防护等级）	四级及以上	五级及以下	人防疏散干道、支干道及人防连接通道等人防配套工程

注：1. 此表为新资质标准对应的工程规模划分表；

　　2. 此表代替《民用建筑工程设计等级分类表》。

2. 项目管理机构　项目管理机构一般分为项目经理部、项目部及项目组三个级别。大型与特大型项目组织项目经理部，下设安全部门或质量安全部门。中型项目按照项目部组织，下设 1 名或几名专职安全员。小型项目设项目组，下设 1 名专职安全员或兼职安全员。

（三）项目管理机构的安全职责

1. 项目经理部安全职责

（1）项目经理部安全生产工作载体，具体组织和实施项目安全生产、环境保护工作，对本项目工程的安全生产负全面责任。

（2）贯彻落实各项安全生产责任制法律、法规、规章、制度，组织实施各项安全管理工作，完成各项考核指标。

（3）建立并完善项目部安全生产责任制和安全考核评价体系，积极开展各项安全活动，监督、控制分包队伍执行安全规定，履行安全职责。

（4）发生伤亡事故及时上报，并保护好事故现场，积极抢救伤员，认真配合事故调查组开展伤亡事故的调查和分析，按照"四不放过"原则，落实整改防范措施，对责任人员进行处理。

2. 项目部安全职责

（1）贯彻执行安全生产和劳动保护方针、政策、法规及条例，按公司及分公司安全管理制度及安全生产责任制，认真管好项目部的各项安全管理及监督检查工作，对项目部的安全生产负责。

（2）做好项目部安全生产宣传工作，做好安全目标指标的落实工作。

（3）组织项目部安全活动和定期检查工作，对发现的不安全问题及时提出整改意见和措施，限期改进，并要有检查记录。

（4）对违章作业、违章指挥，安全防护不到位，有严重安全隐患、安全管理工作混乱的现象，有权制止和有权停工整改，并及时向上级书面汇报。

（5）参加项目施工组织设计，施工方案和安全技术措施计划的编制及审查，并对实施情况检查。

（6）会同项目部做好新入场人员及特种工种人员安全培训，考核发证工作。

（7）负责工伤事故统计上报，参加工伤事故的调查处理，对违反安全生产和劳动保护的行为，有权越级上告，参加项目安全事故应急预案的编制及实施。

（8）负责本项目部的安全管理资料的管理、整理、归档工作，建立健全安全管理档案，负责安全保护用品、设施的鉴定工作，确保采购的劳保用品及设施符合国家质量标准。

3. 项目经理部安全管理委员会

（1）项目安全管理委员会的构成 项目安全管理委员会的构成如图 1-1 所示。

（2）主要职责

1）项目安全管理组织编制安全生产计划，决定资源配置。

2）规定从事项目安全管理、操作、检查人员的职责、权限和相互关系。

3）对安全生产管理体系实施监督、检查和评价。

4）纠正和预防措施的验证。

4. 项目经理部的安全系统 建立与项目安全组织系统相配套的各专业、部门、生产岗位的安全责任系统，其构成如图 1-2 所示。

5. 项目经理部安全生产责任制 安全生产责任制是指企业对项目经理部各级领导、各个部门、各类人员所规定的在他们各自职责范围内对安全生产应负责任的制度。

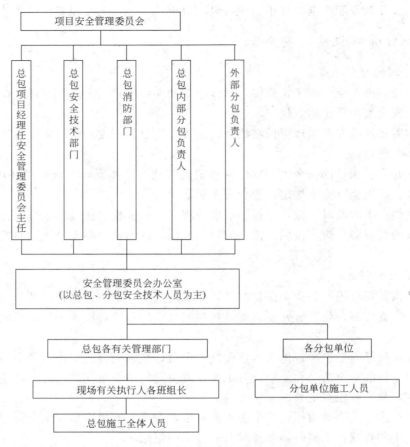

图 1-1　项目安全管理委员会组织系统

　　安全生产责任制应根据"管生产必须管安全"、"安全生产人人有责"的原则，明确各级领导、各职能部门和各类人员在施工生产活动中应负的安全责任，其内容应充分体现责、权、利相统一的原则。

　　（1）项目经理部的安全生产责任制

　　1）积极贯彻执行安全生产方针、法律法规和各项安全规章制度，并监督执行情况。

　　2）建立项目安全管理体系、安全生产责任制，制订安全工作计划和方针，根据项目特点、安全法规和标准的要求，确定本项目安全生产目标及目标体系，制订安全施工组织设计和安全技术措施。

　　3）应根据施工中人的不安全行为、物的不安全状态、作业环境的不安全因素和管理缺陷进行相应的安全控制，消除安全隐患，保证施工安全和周围环境的保护。

　　4）建立安全生产教育培训制度，做好安全生产的宣传、教育和管理工作，对参加特种作业人员进行培训、考核、签发合格证，杜绝未经施工安全生产教育的人员上岗作业。

　　5）应确定并提供充分的资源，以确保安全生产管理体系的有效运行和安全管理目标的实现。

　　资源包括：

　　a. 配备与施工安全相适应并经培训考核合格，持证的管理、操作和检查人员。有施工安全技术和防护设施；施工机械安全装置；用电和消防设施；必要的安全监测工具；安全技

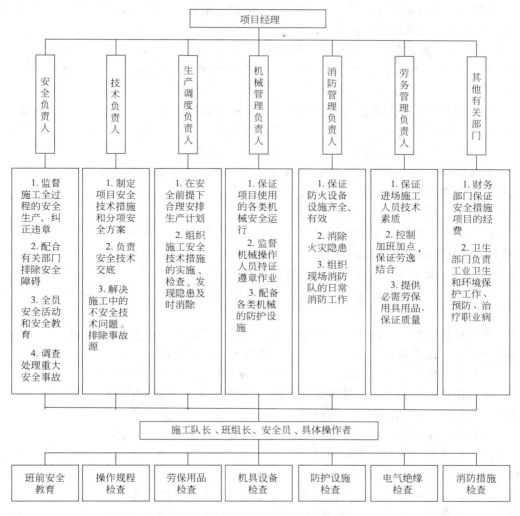

图 1-2　施工项目安全责任体系

术措施的经费等。

　　b. 对自行（包括分包单位）采购的安全设施所需的材料、设备及防护用品进行控制，对供应商的能力、业绩进行评价、审核，并做记录保存，对采购的产品进行检验，签订合同，须上报项目经理审批，保证符合安全规定要求。

　　c. 对分包单位的资质等级、安全许可证和授权委托书进行验证，对其能力和业绩及务工人员的安全意识和持证状况进行确认，并应安排专人对分包单位施工全过程的安全生产进行监控，并做好记录和资料积累。

　　d. 对施工过程中可能影响安全生产的因素进行控制，对施工过程、行为及设施进行检查、检验或验证，并做好记录，确保施工项目按安全生产的规章制度、操作规程和程序要求进行，对特殊关键施工过程，要落实监控人员、监控方式、措施并进行重点监控，必要时实施旁站监控。

　　e. 应对存在隐患的安全设施、过程和行为进行控制，并及时做出妥善处理，处理责任人。鉴定专控劳动保护用品，并监督其使用。

f. 由专人负责建立安全记录，按规定进行标识、编目、立卷和保管。必须为从事危险作业的人员办理人身意外伤害保险。

（2）项目生产计划部门的安全生产责任制

1）安排生产计划时，须纳入安全计划、安全技术措施内容，合理安排并应有时间保证。

2）检查月旬生产计划的同时，要检查安全措施的执行情况，发现隐患，及时处理。

3）在排除生产障碍时．应贯彻"安全第一"的思想，同时消除安全隐患，遇到生产与安全发生矛盾时，生产必须服从安全，不得冒险违章作业。

4）对改善劳动条件的工程项目必须纳入生产计划，优先安排。

5）加强对现场的场容场貌管理，做到安全生产，文明施工。

（3）项目安全管理部门的安全生产责任制

1）严格按照国家有关安全技术规程、标准，编制审批项目安全施工组织设计等技术文件，将安全措施贯彻于施工组织设计、施工方案中。

2）负责制订改善劳动条件、减轻劳动强度、消除噪声、治理尘毒等技术措施。

3）对施工生产中的有关安全问题负责，解决其中的疑难问题，从技术措施上保证安全生产。

4）负责对新工艺、新技术、新设备、新方法制订相应的安全措施和安全操作规程。

5）负责编制安全技术教育计划，对员工进行安全技术教育。

6）组织安全检查，对查出的隐患提出技术改进措施，并监督执行。

7）组织伤亡事故和重大未遂事故的调查，对事故隐患原因提出技术改进措施。

（4）机械动力部门的安全生产责任制

1）负责制订保证机、电、起重设备、锅炉、压力容器安全运行措施。

2）经常检查安全防护装置及附件，是否齐全、灵敏、有效，并督促操作人员进行日常维护。

3）对严重危及员工安全的机械设备，会同施工技术部门提出技术改进措施，并实施。

4）检查新购进机械设备的安全防护装置，要求其必须齐全、有效，出厂合格证和技术资料必须完整，使用前还应制订安全操作规程。

5）负责对机、电、起重设备的操作人员，锅炉、压力容器的运行人员定期培训、考核，并签发作业合格证，制止无证上岗。

6）认真贯彻执行机、电、起重设备、锅炉、压力容器的安全规程和安全运行制度，对违章作业造成的事故应认真调查分析。

（5）物资供应部门的安全生产责任制

1）施工生产使用的一切机具和附件等，采购时必须附有出厂合格证明，发放时必须符合安全要求，回收后必须检修。

2）负责采购、保管、发放、回收劳动保护用品，并了解使用情况。

3）采购的劳动保护用品，必须符合规格标准。

4）对批准的安全设施所用的材料应纳入计划，及时供应。

（6）财务部门的安全生产责任制

1）按国家有关规定要求和实际需要，提取安全技术措施经费和其他劳保用品费用，专款专用。

2）负责员工安全教育培训经费的拨付工作。

（7）保卫消防部门的安全生产责任制

1）会同有关部门对员工进行安全生产和防火教育。

2）主动配合有关部门开展安全检查，消除事故苗头和隐患，重点抓好防火、防爆、防毒工作。

3）对已发生的重大事故，会同有关部门组织抢救，并参与调查，查明性质，对破坏和破坏嫌疑事故负责追查处理。

课程小结

本节学习内容的安排是让学生了解企业、了解项目管理机构。通过对"学习情境 1　安全管理机构"的学习，应对建筑施工企业、企业规模、企业安全管理机构及其职责、项目管理机构及其安全职责有所了解。为学生进入企业，进入项目做好铺垫。

课外作业

1. 走访建筑施工企业，具体了解各施工企业的机构设置与安全管理机构的设置情况以及安全职责。

2. 走访工程项目经理部（或项目部），具体了解各施工项目管理机构的机构设置与安全管理机构的设置情况以及安全职责。

课后讨论

1. 你对现有建筑施工企业的认识与看法？

2. 你对你所接触的项目经理部（或项目部）的认识与看法？

3. 我国的安全生产管理体制是什么？

4. 企业安全生产各规章制度的核心是什么？

学习情境 2　建筑工程安全管理人员

学习目标 ▶▶

1. 熟悉安全员的职责与取证方法、证书管理事项。

2. 了解建筑施工企业的"安全员三类人员"职责。

3. 了解相关人员的安全职责。

关键概念 ▶▶

1. 安全员三类人员及其职责。

2. 企业与项目管理机构相关人员及其安全职责。

提示 ▶▶

1. 企业主要负责人是企业的安全第一责任人，对企业的安全管理负全责。
2. 项目经理是项目的安全第一责任人，对项目的安全管理负全责。
3. 安全员是项目安全的直接责任人，是项目人员的安全保护神。

相关知识 ▶▶

1. 建筑面积以及按照建筑面积配备安全员的工程项目。
2. 工程造价以及按照工程造价配备安全员的工程项目。
3. 劳务人员以及按照劳务人员的数量配备安全员的工程项目。
4. 安全取证方法以及安全证书管理。

一、建筑工程安全管理人员的配备

企业主要负责人（企业总经理）、项目负责人（项目经理）与专职安全员被称为建筑工程安全员三类人员。其中，企业主要负责人（企业总经理）被称为建筑工程安全员 A 类人员；项目负责人（项目经理）被称为建筑工程安全员 B 类人员；专职安全员被称为建筑工程安全员 C 类人员，专职安全员的配备必须满足下列要求。

1. 建筑工程、装修工程安全员的配备　一般来说，建筑工程、装修工程安全员的配备是按照建筑面积计算的。建筑工程、装修工程每 $10000m^2$ 及以下的工程至少 1 人；$10000\sim50000m^2$ 的工程至少 2 人；$50000m^2$ 以上的工程至少 3 人，应当设置安全主管，按土建、机电设备等专业设置专职安全生产管理人员。

2. 土木工程、线路管道工程、设备安装工程安全员的配备　土木工程、线路管道工程、设备安装工程安全员的配备是按照安装总造价来计算的。每 5000 万元以下的土木工程、线路管道工程、设备安装工程至少 1 人；5000 万～10000 万元的工程至少 2 人；10000 万元以上的工程至少 3 人，应当设置安全主管，按土建、机电设备等专业设置专职安全生产管理人员。

3. 劳务分包企业建设工程项目安全员的配备　劳务分包企业建设工程项目是按照参加的施工人员计算的。参加的施工人员每 50 人以下的，应当设置 1 名专职安全生产管理人员；50～200 人的，应设 2 名专职安全生产管理人员；200 人以上的，应根据所承担的分部分项工程施工危险实际情况增配，并不少于企业总人数的 5%。

二、企业负责人的安全职责

1. 企业安全目标的建立、展开和测量的策划。突出重点，体现持续改进、预防为主的承诺；目标要尽可能量化、具体，可考核，可测量；在相关职能和各层次分解展开；定期考核，测量。

2. 安全职能分配的策划。根据安全体系标准各要素（求）的内涵，结合组织内部机构的设置和工作任务，将标准中各要素（求）利用矩阵表对应地分配到相关职能部门。一般而言，一个要素最好只有一个归口部门，以避免"真空"和"重叠"、相互推诿、扯皮现象。《职能分配表》确定后，在各部门职责和权限中，对归口要素必须有相应的描述，即用文字准确无误地规定下来，避免《职能分配表》与文字描述相互不一致，接口不统一问题。

3. 安全资源需求的策划。要随时了解、掌握体系建立、实施、改进过程中的资源配置情况，对缺口、"瓶颈"问题及时向最高管理者建议、报告，提出可行性方案。

4. 建立必要的安全技术和管理作业文件的策划。做好统筹策划，确定编制/建立哪些必要的技术和管理作业文件，严格审查把关，发放到有关部门、岗位人员付诸实施，并定期组织评审。

5. 重大改进活动/项目的策划。如涉及质量、环境、职业健康、安全方面的技术改进、技术改造、方针目标调整、管理职能变更、管理体系调整等活动/项目，管理者代表都应首先策划一个或多个具体方案，报最高管理者批准后实施。

6. 内审和管理评审的策划。一般相邻两次评审的时间不得超过 12 个月。组织和督促职能部门做好前期准备工作，如内审员的培训与组织，各部门输入信息的提供，时间、地点的策划，输出结果处理的策划等。

三、项目经理的安全职责

（一）项目经理安全职责

1. 是项目安全管理委员会主任，为施工项目安全生产第一责任人，对项目施工的安全生产负有全面领导责任和经济责任。

2. 认真贯彻国家、行业、地区的安全生产方针、政策、法规和各项规章制度。

3. 制订和执行本企业（项目）安全生产管理制度。

4. 建立项目安全生产管理组织机构并配备干部。

5. 严格执行安全技术措施审批和施工安全技术措施交底制度。

6. 严格执行安全考核指标和安全生产奖惩办法，主持安全评比、检查、考核工作。

7. 定期组织安全生产检查和分析，针对可能产生的安全隐患制订相应的预防措施。

8. 组织全体职工的安全教育和培训，学习安全生产法律、法规、制度和安全纪律，讲解安全事故案例，对生产安全和职工的安全健康负责。

9. 当发生安全事故时，项目经理必须按国务院安全行政主管部门安全事故处理的有关规定和程序及时上报和处置，并制订防止同类事故再次发生的措施。

（二）项目副经理安全职责

在项目经理领导下，对工程项目分管的安全生产负有下列职责：

1. 正确处理好生产与安全的关系，认真贯彻执行国家有关的各项安全生产、劳动保护和文明生产的方针政策、法规及本公司的规章制度，协助项目经理建立健全落实工程项目部安全生产责任制。

2. 制订和组织实施工程项目的劳动保护措施计划。及时发现和消除不安全因素，对工程项目不能解决的问题要及时采取应急安全措施，并及时向项目经理报告，妥善处置。

3. 组织项目部各类人员开展安全教育活动，组织新入职员工进行二、三级安全教育。保证上岗独立操作人员经过安全培训并考试合格，取得安全操作证，方能准许其独立操作。

4. 协助经理制定工程项目各工种的安全操作规程，按照《危险化学品安全管理条例》有关使用、储存要求健全管理制度。设置维护好通风、调温、防火防爆、防毒、防泄漏、防静电、防溢堤等安全设施，保证符合安全运行要求。严格水源和饮食服务管理，要求相关管理人员要做好防投毒、防污染的工作，确保饮水、饮食安全。

5. 检查安全规章制度的执行情况，保证工艺文件、技术资料和设施等符合安全要求；监督和消除习惯性违章和制度性安排中不符合安全生产要求的情况；制定的经济责任中的内容要利于安全生产管理和加强各级人员的安全职责；对已投入的安全应急设施要保证完好，随时可用，并落实责任，做好管理、检查和维护工作，确保在岗人员正确使用。

6. 负责组织项目部技术管理人员对工艺规程、操作规程、检修规程和安全技术规程，根据施工、设备、工艺等变化情况进行日常性的修订，并以变更卡的形式进行日常性修订的审批，并报相关部门备案。

7. 对重大工艺技术修订前以及涉及跨行业的工艺技术规程修订前，应报相关职能部门审核，经公司分管生产安全的领导批准后，方可实施。

8. 组织各级管理人员不断完善各施工队关联作业之间合理的分工协作，确保网络化、多层次的监护作业。

9. 负责根据项目施工情况及岗位的工作性质和工作量，安排好保证安全生产的最低在岗的安全作业人数。

10. 领导项目部安全工程师及相关人员、岗位（组）长和班组安全员的安全管理工作，组织开展安全生产竞赛活动，总结推广安全生产经验，表彰安全生产先进员工。

11. 组织并参加项目部各类险情和事故调查、分析和处理。对险情和事故要查明原因，接受教训，采取改进措施。发生伤亡事故时，要紧急组织抢救，保护现场，立即上报业主和有关部门。立即停工并采取应急防范措施，避免事故扩大和重复发生。

12. 按照《消防安全责任制》健全消防安全组织，落实消防安全责任制。

13. 完成项目经理交办的其他有关工作。

四、专职安全员与专职安全员的安全职责

（一）专职安全员的职位描述

专职安全员是指项目经理部或项目部专门负责监督、检查；督促、指导；培训、教育；建议、咨询施工地或者工作单位的岗位人员。

1. 在项目经理的领导下，服从工作安排，认真做好工作，努力完成工作任务。

2. 负责检查项目组执行安全生产法规和安全教育情况。

3. 与有关部门配合，共同做好新工人的技术交底、培训工作。

4. 深入工地及时发现问题，制止违章指挥和违章作业，遇有严重的安全隐患，有权决定暂停止施工，并报告领导处理。

5. 与有关部门配合，作好安全生产工作，及时总结交流安全管理工作的先进经验。

6. 熟悉施工图纸，配合工长和测量员的放线工作，检查施工质量和安全生产。

7. 同步完成有关工程技术文件资料及施工安全日记。

（二）安全员的作用和基本要求

1. 安全员的作用

（1）协助项目经理建立安全生产保证体系、安全防护保证体系、机械安全保证体系。

（2）纠正一切违章指挥、违章作业的行为和不安全状态。

（3）肩负管理和检查监督两个职能，宣传和执行国家及上级主管部门有关安全生产、劳动保护的法规和规定，协助领导做好安全生产管理工作。

（4）做好安全生产中规定资料的记录、收集、整理和保管。

（5）按职权范围和标准对违反安全操作规程和违章指挥人员进行处罚。

2. 安全员的基本要求

施工企业的主要负责人、项目负责人与专职安全员对企业的安全生产负有重大责任，被称为"三类人员"。"三类人员"必须经过当地政府部门的安全生产培训，合格后持证上岗。"三类人员"的安全员岗位证各有不同，企业主要负责人必须持 A 证上岗；项目负责人必须持 B 证上岗；专职安全员必须持 C 证上岗。

（1）企业的主要负责人 主管安全的总经理、副总经理必须具有大专以上学历，中级以上职称（持有建造师执业资格证书的可不要求学历和职称）。

（2）项目负责人 项目经理、主管安全生产的项目副经理，必须具有中专（含高中、中技、职高）以上学历，初级以上职称，或建造师执业资格证书（暂时未发证的可用项目经理资质证书代替）。小型工程项目（三、四级资质的施工企业）施工负责人必须具有符合任职条件的证明文件。

（3）专职安全员 专职安全员应具有中专（含高中、中技、职高）以上学历，学历不达标的须具有五年以上（需年满 23 周岁以上）安全管理工作经历。

（三）安全员的职责和权利

1. 安全员的职责

（1）明确本部门安全防范职责，在思想上高度重视安全责任，认真落实各项规章制度，确保本部门安全工作。

（2）加强日常安全管理，建立突发事件、事故应急报告制度，特别在重大节日、重大假期进行重点检查，消除安全隐患，做到责任、组织、制度、防范措施四落实。

（3）加强对部门员工有关安全教育，全面履行安全职责，确保员工无违法犯罪现象发生。

（4）积极开展安全文明现场创建活动的宣传，使人人知晓创建活动和积极参加。

（5）加强有毒有害危险品管理，严格手续，定期检查，账物相符。

（6）加强保安岗位制度和门卫值班制度，及时采取安全防范设施。

2. 安全员的权利

（1）认真贯彻执行《建筑法》和有关的建筑工程安全生产法令、法规，坚持"安全第一，预防为主"的方针，具体落实上级公司的各项安全生产规章制度。

（2）参与 HSE 计划及各项施工组织措施方案的编制（安全相关内容），有权行使安全一票否决制。

（3）配合有关部门做好对施工人员的三级安全教育、节假日的安全教育、各工种换岗教育和特殊工种培训取证工作，并记录在案。健全各种安全管理台账。

（4）参加每周一次以上的定期安全检查，及时处理施工现场安全隐患，签发限时整改通知单。

（5）监督、检查操作人员的遵章守纪。制止违章作业，严格安全纪律，当安全与生产发生冲突时，有权制止冒险作业。

（6）组织、参与安全技术交底，对施工全过程的安全实施控制，并做好记录。

（7）掌握安全动态，发现事故苗子并及时采取预防措施，组织班组开展安全活动，提供安全技术咨询。

（8）检查劳动保护用品的质量，反馈使用信息，对进入现场使用的各种安全用品及机械设备，配合材料部门进行验收检查工作。

（9）贯彻安全保证体系中的各项安全技术措施，组织参与安全设施、施工用电、施工机械的验收。

（10）协助上级部门的安全检查，如实汇报工程项目或生产中的安全状况。

（11）负责一般事故的调查、分析，提出处理意见，协助处理重大工伤事故、机械事故，并参与制订纠正和预防措施，防止事故再发生。

（12）参与对施工班组和分包单位的安全技术交底、教育工作，负责对分包单位在施工过程中的安全连续监控，并作好监控记录。

（13）参与协助对项目存在隐患的安全设施、过程和行为进行控制，参与制订纠正和预防措施，并验证纠正预防措施。

（四）安全员的岗位工作

1. 贯彻落实国家安全生产法规，落实"安全第一，预防为主"的安全生产、劳动保护方针。

2. 制定安全生产的各种规程、规定和制度，并认真贯彻实施。

3. 制定并落实各级安全生产制度。

4. 积极采取各项安全生产技术措施，保障职工有一个安全、可靠的作业条件，减少和杜绝各类事故。

5. 采取各种劳动卫生措施，不断改善劳动条件和环境，防止和消除职业病及职业危害，做好女工和未成年工的特殊保护，保障劳动者的身心健康。

6. 定期对企业各级领导、特种作业人员和所有职工进行安全教育，强化安全意识。

7. 及时完成各类事故的调查、处理和上报。

8. 推动安全生产目标管理，推广和应用现代化安全管理技术与方法，深化企业安全管理。

（五）安全员的资格证

1. 安全员的资格证的取证方法

（1）地方建委每年在建设网上公布有关三类人员安全生产知识考试计划，每月定期组织安全生产知识考试。编制并公布考试大纲，并结合实际情况及时更新、补充有关内容。

（2）三类人员安全生产知识考试不收取任何费用。不组织任何强制性考前培训，凡符合安全生产知识考试条件的人员均可报名参加考试。

（3）三类人员申请安全生产知识考试的条件

1）职业道德良好，身体健康，年龄不超过60周岁（法定代表人除外）。

2）建筑施工企业的在职人员。

3）学历和职称要求：建筑施工企业主要负责人应为大专以上学历，具有中级以上职称（法定代表人除外）；项目负责人应为中专（含高中、中技、职高）以上学历，具有初级及以上职称；建筑施工企业专职安全生产管理人员应为中专（含高中、中技、职高）以上学历，或具有五年以上安全管理工作经历。

　　4）经企业年度安全生产教育培训考核合格。

　　5）项目负责人和专职安全生产管理人员不得在两个以上（含两个）单位任职。

　　（4）三类人员申请安全生产考核时，须提交下列材料：

　　1）三类人员安全生产考核申请表一份。

　　2）身份证复印件一份，近期一寸彩色免冠照片 3 张，有学历要求的，还需提交学历证书复印件一份。

　　3）企业负责人须有加盖单位公章的任职文件复印件一份。

　　4）项目负责人须有建造师执业资格证书复印件一份，小型工程项目施工负责人提交符合任职条件的证明文件。

　　5）三类人员安全生产知识考试成绩合格证明。

　　（5）注册中心负责三类人员安全生产考核的受理、审核工作，符合规定且各项资料齐全的，公告合格人员名单并由注册中心制发建设部统一印制的《安全生产考核合格证书》。

　　（6）《安全生产考核合格证书》续期工作按照《关于开展<安全生产考核合格证书>续期工作的通知》规定执行。

　　2. 安全员资格证的监督管理

　　（1）取得相应的《安全生产考核合格证书》人员，方可从事相关岗位的工作。

　　根据《关于进一步加强建筑劳务分包企业安全生产管理的通知》要求，建筑劳务分包企业每 50 人至少配备 1 名专职安全员，在京施工的外省市劳务分包企业项目负责人、专职安全生产管理人员应取得《安全生产考核合格证书》后方可上岗。

　　施工企业应加强对相关人员的安全生产教育培训工作，按规定每年至少进行一次安全生产教育培训，并将教育培训情况记入个人工作档案。

　　（2）三类人员同时兼任建筑施工企业负责人、项目负责人和专职安全生产管理人员中两个及两个以上岗位的，必须取得另一岗位的《安全生产考核合格证书》后，方可上岗。

　　（3）发生下列情形之一的，三类人员所在单位应当在一个月内到注册中心办理变更手续：

　　1）三类人员姓名变更的；

　　2）三类人员所在单位名称变更的；

　　3）三类人员变更工作单位的。

　　每个月末，注册中心将三类人员的变更信息情况汇总后报市建委施工安全处和建筑业管理处，由施工安全处和建筑业管理处根据人员信息变更情况不定期组织安全生产许可证和企业资质的核查。

　　（4）《安全生产考核合格证书》遗失后，应当在公开的媒体上发表遗失声明并及时到注册中心办理证书补办手续。

　　（5）三类人员违反安全生产法律法规，未履行安全生产管理职责，符合《建筑业企业资质及人员资格动态监督管理暂行办法》规定处理条件的，将依法收回其《安全生产考核合格证书》，6 个月后方可重新申领证书。

　　（6）三类人员违反安全生产法律法规，未履行安全生产管理职责，导致施工现场发生一般事故的，暂扣有关项目负责人《安全生产考核合格证书》6个月，6个月后重新考核合格后方可上岗；发生较大及以上事故的，收回有关人员的《安全生产考核合格证书》，3年内不予安全生产考核，构成犯罪的，对直接责任人员，依照刑法有关规定由有关机关追究刑事责任。

（7）《安全生产考核合格证书》有效期届满未延续的，市建委依法注销《安全生产考核合格证书》。

（六）注册安全工程师执业资格制度暂行规定

1. 总体要求

（1）为了加强对安全生产工作的管理，提高安全生产专业技术人员的素质，保障人民群众生命财产安全，确保安全生产，根据《中华人民共和国安全生产法》和国家职业资格证书制度的有关规定，制定本规定。

（2）本规定适用于生产经营单位中从事安全生产管理、安全工程技术工作和为安全生产提供技术服务的中介机构的专业技术人员。

（3）国家对生产经营单位中安全生产管理、安全工程技术工作和为安全生产提供技术服务的中介机构的专业技术人员实行执业资格制度，纳入全国专业技术人员执业资格制度统一规划。

（4）所称注册安全工程师是指通过全国统一考试，取得《中华人民共和国注册安全工程师执业资格证书》，并经注册的专业技术人员。

（5）生产经营单位中安全生产管理、安全工程技术工作等岗位及为安全生产提供技术服务的中介机构，必须配备一定数量的注册安全工程师。

（6）经国家经济贸易委员会授权，国家安全生产监督管理局负责实施注册安全工程师执业资格制度的有关工作。

（7）人事部、国家安全生产监督管理局负责全国注册安全工程师执业资格制度的政策制定、组织协调、资格考试、注册登记和监督管理等工作。

2. 考试

（1）注册安全工程师执业资格实行全国统一大纲、统一命题、统一组织的考试制度，原则上每年举行一次。

（2）国家安全生产监督管理局负责拟定考试科目、编制考试大纲、编写考试用书、组织命题工作、统一规划考前培训等有关工作。考前培训工作按照培训与考试分开，自愿参加的原则进行。

（3）人事部负责审定考试科目、考试大纲和考试试题、组织实施考务工作。会同国家安全生产监督管理局对注册安全工程师执业资格考试进行检查、监督、指导和确定合格标准。

（4）凡中华人民共和国公民，遵守国家法律、法规，并具备下列条件之一者，可以申请参加注册安全工程师执业资格考试：

1）取得安全工程、工程经济类专业中专学历，从事安全生产相关业务满7年；或取得其他专业中专学历，从事安全生产相关业务满9年。

2）取得安全工程、工程经济类大学专科学历，从事安全生产相关业务满5年；或取得其他专业大学专科学历，从事安全生产相关业务满7年。

3）取得安全工程、工程经济类大学本科学历，从事安全生产相关业务满 3 年；或取得其他专业大学本科学历，从事安全生产相关业务满 5 年。

4）取得安全工程、工程经济类第二学士学位或研究生班毕业，从事安全生产及相关工作满 2 年；或取得其他专业第二学士学位或研究生班毕业，从事安全生产相关业务满 3 年。

5）取得安全工程、工程经济类硕士学位，从事安全生产相关业务满 1 年；或取得其他专业硕士学位，从事安全生产相关业务满 2 年。

6）取得安全工程、工程经济类专业博士学位；或取得其他专业博士学位，从事安全生产相关业务满 1 年。

（5）注册安全工程师执业资格考试合格，由各省、自治区、直辖市人事厅（局）颁发人事部统一印制，人事部和国家安全生产监督管理局颁发的《中华人民共和国注册安全工程师执业资格证书》。该证书在全国范围有效。

3. 注册

（1）注册安全工程师实行注册登记制度。取得《中华人民共和国注册安全工程师执业资格证书》的人员，必须经过注册登记才能以注册安全工程师名义执业。

（2）国家安全生产监督管理局或其授权的机构为注册安全工程师执业资格的注册管理机构。各省、自治区、直辖市安全生产监督管理部门，为受理注册安全工程师执业资格注册的初审机构。

（3）人事部和各级人事行政部门对注册安全工程师执业资格注册和使用情况有检查、监督的责任。

（4）申请注册的人员，必须同时具备下列条件：

1）取得《中华人民共和国注册安全工程师执业资格证书》。

2）遵纪守法，恪守职业道德。

3）身体健康，能坚持在生产经营单位中安全生产管理、安全工程技术岗位或为安全生产提供技术服务的中介机构工作。

4）所在单位考核合格。

（5）取得注册安全工程师执业资格证书后，需要注册的人员，由本人提出申请，经所在单位同意，报当地省级安全生产监督管理部门初审，初审合格后，统一报国家安全生产监督管理局或其授权的机构办理注册登记手续。准予注册的申请人，由国家安全生产监督管理局或其授权的机构核发《中华人民共和国注册安全工程师注册证》。

（6）注册安全工程师执业资格注册有效期一般为 2 年，有效期满前 3 个月，持证者应到原注册管理机构办理再次注册手续。再次注册者，除符合本规定第十六条规定外，还须提供接受继续教育和参加业务培训的证明。

（7）注册安全工程师在注册有效期内，变更执业机构的，须及时向注册管理机构申请办理变更手续。

（8）注册安全工程师在注册后，有下列情形之一的，由所在单位向注册管理机构办理注销注册：

1）脱离安全工作岗位连续满 1 年。

2）不具有完全民事行为能力。

3）受刑事处罚。

4）严重违反职业道德。

5）同时在 2 个及以上独立法人单位执业。

（9）国家安全生产监督管理局或其授权的机构，应当定期公布注册安全工程师执业资格的注册和注销情况。

4. 职责

（1）注册安全工程师可在生产经营单位中安全生产管理、安全监督检查、安全技术研究、安全工程技术检测检验、安全属性辨识、建设项目的安全评估等岗位和为安全生产提供技术服务的中介机构等范围内执业。

（2）注册安全工程师在执业活动中，必须严格遵守法律、法规和各项规定，坚持原则，恪守职业道德。

（3）注册安全工程师应当享有下列权利

1）对生产经营单位的安全生产管理、安全监督检查、安全技术研究和安全检测检验、建设项目的安全评估、危害辨识或危险评价等工作存在的问题提出意见和建议。

2）审核所在单位上报的有关安全生产的报告。

3）发现有危及人身安全的紧急情况时，应及时向生产经营单位建议停止作业并组织从业人员撤离危险场所。

4）参加建设项目安全设施的审查和竣工验收工作，并签署意见。

5）参与重大危险源检查、评估、监控，制定事故应急预案和登记建档工作。

6）参与编制安全规则、制定安全生产规章制度和操作规程，提出安全生产条件所必需的资金投入的建议。

7）法律、法规规定的其他权利。

（4）注册安全工程师应当履行下列义务

1）遵守国家有关安全生产的法律、法规和标准。

2）遵守职业道德，客观、公正执业，不弄虚作假，并承担在相应报告上签署意见的法律责任。

3）维护国家、公众的利益和受聘单位的合法权益。

4）严格保守在执业中知悉的单位、个人技术和商业秘密。

5）注册安全工程师应当定期接受业务培训，不断更新知识，提高业务技术水平。

5. 罚则

（1）注册安全工程师在工作中，如违反国家安全生产的法律、法规和有关规定，应依法追究其行政责任，给予相应的处罚，直至追究刑事责任。

（2）注册安全工程师有下列行为之一的，注册管理机构视情节轻重，给予警告、注销注册、取消执业资格等处分；构成犯罪的，依法追究刑事责任：

1）以不正当手段取得《中华人民共和国注册安全工程师执业资格证书》、《中华人民共和国注册安全工程师注册证》的。

2）未按规定办理注册或变更注册手续，擅自以注册安全工程师的名义承担安全工程和安全生产管理业务的。

3）允许他人以自己的名义从事注册安全工程师业务的。

4）因工作失误造成重大、特大事故或者重大经济损失的。

5）利用工作之便贪污、索贿、受贿或者牟取不正当利益的。

6）与委托人串通或者故意出具虚假证明或安全技术报告的。

7）法律、法规规定应当给予处罚的其他行为。

（3）注册安全工程师在执业中，因其过失给当事人造成损失的，由其所在单位承担赔偿责任。单位赔偿后，可视情况向其追偿部分或者全部赔偿费用。

（4）当事人对处分、处罚不服的，可以依法申请行政复议或申诉。

6. 附则

（1）凡取得注册安全工程师执业资格证书的人员，单位可根据工作需要聘任工程师或经济师专业技术职务。

（2）在全国实施注册安全工程师执业资格考试之前，对长期在生产经营单位和为安全生产提供技术服务等单位从事安全生产管理、安全工程技术工作，具有较高理论水平和丰富实践经验，并受聘高级专业技术职务的人员，可通过考核认定办法，取得注册安全工程师执业资格证书。

（3）在生产经营单位中从事安全生产管理、安全工程技术工作和为安全生产提供技术服务的中介机构的从业人员资格管理的具体办法，由各省、自治区、直辖市人事厅（局）会同安全生产监督管理部门制定。

（4）经国务院有关部门同意，获准在中华人民共和国境内就业的外籍人员及港、澳、台地区的专业人员，符合本规定要求的，也可报名参加注册安全工程师的考试并申请注册执业。

五、项目相关人员的安全职责

（一）项目总工程师（技术负责人）安全职责

1. 对项目工程施工中的安全生产负技术责任，严格执行安全技术规程、规范、标准，结合工程特点，主持工程的安全技术交底。

2. 参加或组织编制施工组织设计，在编制和审查施工方案时，制定、审查安全技术措施，保证其可行性和针对性，并在施工过程中检查、监督、落实。

3. 项目工程应用新材料、新技术、新工艺要及时上报，经批准后方可实施，同时要组织上岗人员的安全技术培训、教育，认真执行相应的安全技术措施和安全操作工艺。

4. 主持安全防护设施和设备的验收，发现不正常情况及时采取措施，严格控制不合标准要求的防护设施、设备投入使用。

5. 参加安全生产检查，对施工中存在的不安全因素，从技术方面提出整改意见和予以消除。

6. 参加因工伤亡及重大未遂事故的调查，从技术方面分析事故原因，提出防范措施和意见。

（二）质检员安全职责

1. 贯彻落实国家、省、市颁布的施工规范及质量标准。

2. 组织工程质量检查，负责项目部的工程竣工验收工作。

3. 组织质量工作会议，处理施工中的质量问题，推广新技术、新工艺。

4. 对工程进行质量检查、指导，督促基层单位，抓好工程质量。

5. 制定并实施工程质量管理制度目标和规则。

6. 配合总工程师进行质量事故分析，及时写出分析报告和处理意见。

（三）施工员安全职责

1. 认真执行上级有关安全生产规定，对所管辖班组的安全生产负直接领导责任。

2. 认真执行安全技术措施及安全操作规程，针对生产任务特点，向班组进行书面安全技术交底，并对规程、措施、交底跟踪落实，随时纠正违章作业，发现解决安全隐患。

3. 经常检查所辖班组作业环境及各种设备、设施的安全状况，发现问题及各种设备设施技术状况是否符合安全要求，严格执行安全技术交底，落实安全技术措施，并监督其执行，做到不违章指挥。

4. 定期和不定期组织所辖班组学习安全操作规程，开展安全教育活动，接受安全部门或人员的安全监督检查，及时解决提出的不安全问题。

5. 对分管工程项目应用的新材料、新工艺、新技术严格执行申报、审批制度，发现问题及时停止使用，并上报有关部门或领导。

6. 发生因工伤亡及未遂事故要保护现场，立即上报。

（四）作业队长安全职责

1. 向作业人员进行安全技术措施交底，组织实施安全技术措施。

2. 对施工现场安全防护装置和设施进行检查验收。

3. 对作业人员进行安全操作规程培训，提高作业人员的安全意识，避免产生安全隐患。

4. 发生重大或恶性工伤事故时，应保护现场，立即上报并参与事故调查处理。

（五）班组长主要职责

1. 安排施工生产任务时，向本工种作业人员进行安全措施交底。

2. 严格执行本工种安全技术操作规程，拒绝违章指挥。

3. 作业前应对本次作业使用的机具、设备、防护用具及作业环境进行安全检查，检查安全标牌的设置是否符合规定，标识方法和内容是否正确完整，以消除安全隐患。

4. 组织班组开展安全活动，召开上岗前安全生产会，每周应进行安全讲评。

（六）作业人员主要职责

1. 认真学习并严格执行安全技术操作规程，不违章作业，特种作业人员须培训、持证上岗。

2. 自觉遵守安全生产规章制度，执行安全技术交底和有关安全生产的规定。

3. 服从安全监督人员的指导，积极参加安全活动。

4. 爱护安全设施，正确使用防护用具。

5. 对不安全作业提出意见，拒绝违章指挥。

6. 下列情况下，操作者不得作业，在领导违章指挥时有拒绝权。

7. 没有有效的安全技术措施，不经技术交底。

8. 设备安全保护装置不安全或不齐全。

9. 没有规定的劳动保护设施和劳动保护用品。

10. 发现事故隐患未及时排除。

11. 非本岗位操作人员、未经培训或考试不合格人员。

12. 对施工作业过程中危及生命安全和人身健康的行为，作业人员有权抵制、检举和控告。

（七）分包人安全职责

1. 分包人应认真履行分包合同中应规定的安全生产责任和义务。

2. 分包人对本施工现场的安全负责，并应保护环境。

3. 遵守承包人的有关安全生产制度，服从承包人对施工现场的安全管理。

4. 及时向承包人报告伤亡事故并参与调查，处理善后事宜。

课程小结

本节学习内容的安排是让学生认识安全员、了解安全员，以便于学生择业。通过对"学习情境2　建筑工程安全管理人员"的学习，应对建筑施工企业有哪些安全人员及其职责、安全员需要什么素质、怎样取证、安全证书怎样管理以及安全员的成长发展方向有所了解。为学生确定是否当安全员，当了安全员以后如何发展做好铺垫。也为不当安全员的学生的怎样履行安全职责进行指引。

课外作业

1. 学习《建筑施工安全检查标准》（JGJ 59—2011）。

2. 调查了解项目安全管理职责。

课后讨论

1. 你准备怎样当好安全员？

2. 当了安全员后你准备如何发展？

3. 施工现场按工程项目大小如何配备专（兼）职安全人员？

4. 项目经理对所管工程项目的安全生产负什么责任？

学习单元2

建筑工程项目安全控制与管理

建筑工程安全管理主要包括：危险源的管理、安全文明施工与安全防护技术、事故处理三个重要环节。

我国的安全生产方针是"安全第一，预防为主"。要做好预防工作，首先要对危险源进行识别，并加强管理，才能防患于未然。同时要做好安全文明施工与安全防护工作，消灭人的不安全行为和物的不安全状态，才能做好安全预防工作。

消灭不安全状态的主要方法，首先应该是对危险源及环境影响因素进行识别，只有这样才知道什么是危险，哪里有危险。其次是对危险源及环境影响因素的控制。再就是一旦危险发生时必须积极应对、妥当处理。

但是，在工程中也有防不胜防的地方，一旦出事应知道怎样处置，这就是"防治结合，综合治理"。

什么是建筑工程施工的安全状态？只有当人们完全消除各种危及生命财产因素时，才处于安全状态。一般来说，世上没有绝对安全的工作，只有相对安全（即一定条件下的安全）的工作。这就是说，人类的所有工作或多或少都存在着危险（即可能会危害到人们的身体健康和生命及财产安全的风险），只是这些危险发生的可能性及其后果的严重程度各不相同罢了。

建筑施工生产的特点是产品固定、人员流动，且多为露天、高空作业，施工环境和作业条件较差，不安全的因素随着工程形象进度的变化而不断变化，规律性差、隐患多。建筑工程施工牵涉到的因素太多，可以说时刻都处于不安全状态，要想保证生产安全，就必须对危险源进行识别，采取恰当的安全管理方法才能确保建筑施工安全。建筑施工企业，作为城市建设的主力军，在促进社会进步，推动城市建设的同时，追求效益的最大化是施工企业的最根本的目标。但是，安全就是效益，安全就是生命线，安全生产就是对国家、人民最好的交代。

学习情境 3　危险源的识别与标识

学习目标 ▶▶

1. 通过对危险源的识别，使学生远离危险环境。
2. 通过对安全标志的认识，使学生学会安全防护。

关键概念 ▶▶

1. 危险源与重大危险源。
2. 事故隐患。
3. 危险因素与有害因素。
4. 安全标志。

提示 ▶▶

危险源识别是贯彻安全生产方针的基础，只有识别危险源才能远离危险，只有识别危险源才能有针对性地进行安全防护，确保安全。

相关知识 ▶▶

1. 危险因素与有害因素。
2. 安全标志与安全标识牌。

一、建筑工程重大危险源的识别

（一）危险源的基本概念

危险源是一切事故的根源，没有危险源，就没有事故。因此，建筑工程安全工作的首要问题是识别危险源。

1. **危险源** 危险源是指一个系统中具有潜在能量和物质，释放危险的、可造成人员伤害、财产损失或环境破坏的、在一定的触发因素作用下可转化为事故的部位、区域、场所、空间、岗位、设备及其位置。

2. **事故隐患** 事故隐患是指生产经营单位违反安全生产法律、法规、规章、标准、规程和安全生产制度的规定，或者因其他因素，在生产经营活动中存在可能导致事故发生的危险状态、人的不安全行为和管理上的缺陷。

怎样理解"事故隐患"呢？危险源本身是一种"根源"，事故隐患可能导致伤害或疾病等的主体对象，或可能诱发主体对象导致伤害或疾病的状态。

例如：装乙炔的气瓶发生了破裂。

危险源是乙炔，是可能导致事故的根源；事故隐患是乙炔瓶破裂，导致事故的"状态"。

3. **危险因素** 危险因素是指能对人造成伤亡或对物造成突发性损害的因素。

4. **有害因素** 有害因素是指能影响人的身体健康，导致疾病，或对物造成慢性损害的因素。

5. **危险、有害因素的辨识**是确定危险、有害因素的存在及其大小的过程，通常两者通称为危险有害因素。

6. **危险、有害因素的产生**

（1）能量、有害物质

1）能量就是做功的能力。它即可以造福人类，也可以造成人员伤亡或财产损失。

一切产生、供给能量的能源和能量的载体在一定的条件下，都可能是危险因素或有害因素。

2）有害物质在一定条件下能损伤人体的生理机能和正常的代谢功能，破坏设备和物品的效能，也是最根本的危害因素。

（2）失控

1）故障（包括生产、控制、安全装置和辅助设施等）；

2）人员失误；

3）管理缺陷；

4）温度、风雨雷电、照明等环境因素都会引起设备故障或人员失误。

根据国务院《建设工程安全生产管理条例》相关规定、参照《重大危险源辨识》（GB 18218—2000）的有关规定，进行建筑工地重大危险源的辨识，是加强施工安全生产管理，预防重大事故发生的基础性的、首要的工作。

7. **重大危险源的分类** 重大危险源分为两类。施工或生活用危险化学品及压力容器是第一类危险源，人的不安全行为、料机工艺的不安全状态和不良环境条件为第二类危险源。建筑工地绝大部分危险和有害因数属第二类危险源。

建筑工地重大危险源按场所的不同初步可分为施工现场重大危险源与临建设施重大危

源两类。对危险和有害因数的辨识应从人、机、料、工艺、环境等角度入手，动态分析识别评价可能存在的危险有害因数的种类和危险程度，从而找到整改措施来加以治理。

（二）危险源的识别方法

从安全生产角度解释，危险源是指可能造成人员伤害、疾病、财产损失、作业环境破坏或其他损失的根源或状态（潜在的不安全因素）。

从这个意义上讲，危险源可以是一次事故、一种环境、一种状态的载体，也可以是可能产生不期望后果的人或物。例如：

施工现场气焊和气割用的氧气和乙炔气在生产、储存、运输和使用过程中，可能发生泄漏，引起火灾或爆炸事故，因此充装了氧气和乙炔气的储罐是危险源；减压阀已经损坏，当储存了乙炔气后，有可能因减压阀损坏而发生事故，因此损坏的减压阀是危险源。

1. 一般危险源的识别

（1）按《生产过程危险和有害因素分类与代码》(GB/T 13861—2009)进行辨识(其中类型)：

——物理性危险、危害因素；

——化学性危险、危害因素；

——生物性危险、危害因素；

——生理性危险、危害因素；

——心理性危险、危害因素；

——人的行为性危险、危害因素；

——其他危险、危害因素。

1）物理性危险、危害因素见表 3-1。

表 3-1　物理性危险、危害因素

种　类	内　容
设备、设施缺陷	强度不够、运动件外露、密封不良
防护缺陷	无防护、防护不当或距离不够等
电危害	带电部位裸露、静电、雷电、电火花
噪声危害	机械、振动、流体动力振动等
振动危害	机械振动、流体动力振动等
电磁辐射	电离辐射、非电离辐射等
辐射	核放射
运动物危害	固体抛射、液体飞溅、坠落物等
明火	
能造成灼伤的高温物质	熟料、水泥、蒸汽、烟气等
作业环境不良	粉尘大、光线不好、空间小、通道窄等
信号缺失	设备开停、开关断合、危险作业预防等
标志缺陷	禁止作业标志、危险型标志、禁火标志
其他物理性危险和危害因素	

2）化学性危险、危害因素见表 3-2。

表 3-2　化学性危险、危害因素

种　类	内　容
易燃易爆物	氧气、乙炔、一氧化碳、油料、煤粉、水泥包装袋等
自燃性物质	原煤及煤粉等
有毒物质	有毒气体、化学试剂、粉尘、烟尘等
腐蚀性物质	腐蚀性的气体、液体、固体等
其他	

3）生物性危险、危害因素见表 3-3。

表 3-3　生物性危险、危害因素

种　类	内　容
致病微生物	细菌、病毒、其他致病微生物
传染病媒介物	能传染疾病的动物、植物等
致害动物	飞鸟、老鼠、蛇等
致害植物	杂草等
其他	

4）生理性危险、危害因素　健康状况异常、从事禁忌作业等。

5）心理性危险、危害因素　心理异常；辨识功能缺陷等。

6）人的行为性危险、危害因素　指挥失误，操作错误，监护失误等。

7）其他危险、有害因素。

（2）按照《企业职工伤亡事故分类》(GB 6441—1986)进行辨识：

——物体打击；

——车辆伤害；

——机械伤害；

——起重伤害；

——触电；

——淹溺；

——灼烫；

——火灾；

——高处坠落；

——坍塌；

——放炮（爆破）；

——化学性爆炸（瓦斯爆炸、火药爆炸）；

——物理性爆炸（锅炉爆炸、容器爆炸）；

——其他爆炸；

——中毒和窒息；

——其他伤害。

（3）根据国内外同行事故资料及有关工作人员的经验进行辨识。

（4）引发事故的四个基本要素

——人的不安全行为；

——物的不安全状态；

——环境的不安全条件；

——管理缺陷。

2. 施工现场重大危险源的识别

（1）存在于人的重大危险源

主要是人的不安全行为，即"三违"：违章指挥、违章作业、违反劳动纪律。主要集中表现在那些施工现场经验不足、素质较低的人员当中。事故原因统计分析表明，70％以上事故是由"三违"造成的，因此应严禁"三违"的现象发生。

（2）存在于分部、分项工艺过程、施工机械运行过程和物料的重大危险源

① 脚手架、模板和支撑、起重塔吊、物料提升机、施工电梯安装与运行、人工挖孔桩、基坑施工等局部结构工程失稳，造成机械设备倾覆、结构坍塌、人亡等意外情况发生的危险源。

② 高层建筑施工或高度大于 2m 的作业面（包括高空、四口、五临边作业），因安全防护不到位或安全兜网内积存建筑垃圾、人员未配系安全带等原因造成人员踏空、滑倒等高处坠落摔伤或坠落物体打击下方人员等意外情况发生的危险源。

③ 焊接、金属切割、冲击钻孔、凿岩等施工，临时电漏电遇地下室积水及各种施工电器设备的安全保护（如：漏电、绝缘、接地保护、一机一闸）不符合要求，造成人员触电、局部火灾等意外情况发生的危险源。

④ 工程材料、构件及设备的堆放与频繁吊运、搬运等过程中，因各种原因易发生堆放散落、高空坠落、撞击人员等意外情况发生的危险源。

（3）存在于施工自然环境中的重大危险源

① 人工挖孔桩、隧道掘进、地下市政工程接口、室内装修、挖掘机作业时损坏地下燃气管道等因通风排气不畅造成人员窒息或中毒意外情况发生的危险源。

② 深基坑、隧道、地铁、竖井、大型管沟的施工，因为支护、支撑等设施失稳、坍塌，不但造成施工场所破坏、人员伤亡，往往还引起地面、周边建筑设施的倾斜、塌陷、坍塌、爆炸与火灾等意外情况发生的危险源。

基坑开挖、人工挖孔桩等施工降水，造成周围建筑物因地基不均匀沉降而倾斜、开裂、倒塌等意外情况发生的危险源。

③ 海上施工作业由于受自然气象条件，如台风、汛、雷电、风暴潮等侵袭，易发生翻船人亡且群死群伤意外情况发生的危险源。

3. 临建设施重大危险源的识别

（1）临建设施重大危险源

临建设施重大危险源是指存在重大施工危险的临时设施工程中意外情况发生的危险源，主要包括：

1）施工现场开挖深度超过 5m（含 5m）或地下室三层以上（含三层），或深度虽未超过 5m（含 5m），但地质条件和周围环境及地下管线极其复杂的基坑、沟（槽）工程的意外情

况发生的危险源。

2）地下暗挖工程的意外情况发生的危险源。

3）水平混凝土构件模板支撑系统高度超过 8m，或跨度超过 18m，施工总荷载大于 10kN/m²，或集中线荷载大于 15kN/m² 的高大模板工程以及各类工具式模板工程，包括滑模、爬模、大模板等的意外情况发生的危险源。

4）30m 及以上高空作业的意外情况发生的危险源。

5）其他专业性强、危险性大、交叉等易发生重大事故的施工部位及作业活动的意外情况发生的危险源。

6）对工地周边设施和居民安全可能造成影响的分部分项工程的意外情况发生的危险源。

（2）施工过程中的重大危险源

施工总承包单位和分包单位应根据工程特点和施工范围，在基础、结构、装饰阶段施工前，对施工过程进行安全分析，对可能出现的危险因素进行识别，列出重大危险源，制定有关安全监控措施，按有关程序审批后方可实施。

（3）厨房与临建宿舍的重大危险源

1）厨房与临建宿舍安全间距不符合要求。

2）施工用易燃易爆危险化学品临时存放或使用不符合要求、防护不到位，造成火灾或人员窒息中毒意外。

3）工地饮食因卫生不符合卫生标准，造成集体中毒或疾病的意外情况发生的危险源。

4）临时简易帐篷搭设不符合安全间距要求，易发生火灾的意外情况发生的危险源。

（4）施工用电的危险源

电线私拉乱接，直接与金属结构或钢管接触，易发生触电及火灾等的意外情况发生的危险源。

（5）临建设施拆除的危险源

临建设施拆除时房顶发生整体坍塌，作业人员踏空、踩虚造成伤亡的意外情况发生的危险源。

（三）建筑工程重大危险源的识别的组织与培训

1. 危害辨识组织

（1）项目部级危险源辨识小组根据项目部三级进度计划所涉及的作业活动、人员、设备变动情况、材料采购进场情况及环境情况并结合项目部已有的辨识成果，每季度进行一次全面的危害辨识、危险评价，找出项目部级的危险源（B 级以上）、事故隐患，分析其分布和特点，辨识出的危险源（B 级以上风险）由项目总工程师负责组织制订专项安全管理方案，安全部负责落实，跟踪执行情况。

（2）施工队级危险源辨识小组根据项目部辨识成果和日计划每月进行一次全面的危害辨识、危险评价，找出施工队级的每月危险源（C 级以上风险）、事故隐患，分析其分布和特点，并根据危险源级别编制专项安全方案或组织专项安全技术交底，每月更新辨识清单并上报安全部，安全部、施工队领导及安全员落实、跟踪执行情况。

（3）工段级危险源辨识小组根据周计划进行一次危害辨识、危险评价，找出工段级每周的危险源（D级以上风险），编制每周危险源辨识清单，利用班前会告知，确保一线作业人员熟悉了解；班组利用每日班前会进行班前会安全交底，进行每日危险源辨识。

（4）危害辨识中应充分考虑过去、现在、将来已出现或可能出现的情况，并参照同类生产过程、工程活动已发生的事故情况。

（5）对于日常发生的专项和特殊施工项目进行的危害辨识、风险评估由施工单位自己完成；如不能单独完成的，由安全组织相关部门和人员共同完成。

（6）对于重大施工项目、重点危险控制项目、可预见高危险项目的危害辨识、风险评价，安全部负责组织危害辨识和风险评价，相关部门和施工队参与。

（7）施工中进行安全技术交底的项目、安全技术交底文件后应附上危害辨识、危险评价与危险控制的相关内容。

（8）在辨识危险源时可按以下单元或业务活动，辨识危险源：

① 工程项目/厂房内（外）的地理位置；

② 生产过程或所提供服务的阶段；

③ 计划的和被动性的工作；

④ 确定的任务；

⑤ 不经常发生的任务。

2. 选择评价单位，成立危害辨识小组

（1）项目开工作业前，项目部组织进行一次全面的总体危险源辨识和风险评价，找出危险源、事故隐患，分析其分布和特点，并根据组织规模划分危险评价单元：如有固定工作场所的按工作场所划分；无固定工作场所的按施工工序划分。

（2）项目在施工阶段，项目部按照"三级辨识、四级控制"的方式组织开展危险源辨识工作。成立"三级"危险源小组：项目部级危险源辨识小组、施工队级危险源辨识小组、工段级危险源辨识小组：各级危险源辨识小组根据所辖区域或活动进行危害辨识和风险评价。

3. 危害辨识技能培训

（1）对危险源辨识小组成员要进行系统危害辨识、风险评价原理及专业知识的培训，使其具备危害辨识和风险评价的能力。

（2）对危险性高、辨识专业性较强的特殊评价区域，要对辨识人员进行具有针对性的专项培训。

4. 建筑工程危险源辨识范围　危险源辨识应全面、系统、多角度、不漏顶，重点放在能量主体、危险物质及其控制和影响因素上。危险源辨识应考虑一下范围：

（1）常规活动（如正常的生产生活）和非常规活动（如临时抢修等）；

（2）所有进入作业场所的人员（含员工、合同方人员和访问者）；

（3）生产作业设施，如建筑物、设备、设施等（含单位所有或租赁使用的）。

5. 建筑工程危险源辨识的一般方法　危险源辨识方法可可采用询问与交流、现场观察、查阅有关记录、获取外部信息、工作任务分析、安全检查表法、作业条件的危险性评价、事件树和故障树等方法。

（1）危险源的识别范围

① 企业承建房屋建筑工程、公路及市政工程的活动、产品或服务全过程；

② 相关方（供货方、分包方、合同方等）为工程局提供活动、产品或服务过程中可标识的危险源。

（2）识别原则

① 考虑三种时态，即过去、现在、将来可能出现的对职业健康安全造成影响的因素，依据房屋建筑工程和公路及市政工程施工的特点，重点识别现在时态的危险源；

② 考虑三种状态，即正常、异常以及紧急情况（如火灾、爆炸等）；

③ 重点从以下方面的控制进行识别：高处坠落，物体打击，车辆伤害，机械伤害，触电，火灾与爆炸，坍塌，中毒与窒息，起重伤害，中暑，职业病。

对危险源识别时，考虑所有进入本局工作场所和施工现场的人员（其中包括本局员工、相关方以及来访者），还考虑工作场所和施工现场内所有设施（其中包括本局使用的、相关方提供和使用的设施）。

（3）危险源的识别结果形成危险源清单。

（4）对危险源的识别结果实施动态管理，不断更新，持续改进。

二、重大危险源的控制与管理

（一）危险源的评价与分级

1. 是非判断法　直接按国内外同行业事故资料及有关工作人员的经验判定为重要危险因素。

2. 作业条件危险性评价法　即 LEC 法：当无法直接判定或直接不能确定是否为重要危险因素时，采用此方法，评价是否为重要危险因素。

$$风险值(D) = 发生事故或危险的可能性(L) \times 暴露于危险环境的频次(E) \times$$
$$发生事故可能产生的后果(C)$$

这是一种评价具有潜在危险性环境中作业时的危险性半定量评价方法。它是用与系统风险率有关的 3 种因素指标值之积来评价系统人员伤亡风险大小，这 3 种因素是：

L 为发生事故的可能性大小；

E 为人体暴露在这种危险环境中的频繁程度；

C 为一旦发生事故会造成的损失后果。

取得这 3 种因素的科学准确的数据是相当烦琐的过程，为了简化评价过程，采取半定量计值法，给 3 种因素的不同等级分别确定不同的分值，再以 3 个分值的乘积 D 来评价危险性的大小；

即　　　　　　　　　　　　　　　　$$D = LEC$$

D 值越大，说明该系统危险性大，需要增加安全措施，或改变发生事故的可能性，或减少人体暴露于危险环境中的频繁程度，或减轻事故损失，直至调整到允许范围内。

L 为发生事故的可能性大小，见表 3-4。

E 为暴露于危险环境的频繁程度，见表 3-5。

C 为发生事故产生的后果，见表 3-6。

D 为危险性分值，见表 3-7。

表 3-4　发生事故的可能性大小（L）

分数值	事故发生的可能性
10	完全可以预料
6	相当可能
3	可能，但不经常
1	可能性小，完全意外
0.5	很不可能，可以设想
0.2	极不可能
0.1	实际不可能

表 3-5　暴露于危险环境的频繁程度（E）

分数值	暴露于危险环境的频繁程度
10	连续暴露
6	每天工作时间内暴露
3	每周一次或偶然暴露
2	每月一次暴露
1	每年几次暴露
0.5	非常罕见暴露

表 3-6　发生事故的后果（C）

分数值	发生事故产生的后果
100	10 人以上死亡
40	3～9 人死亡
15	1～2 人死亡
7	严重
3	重大，伤残
1	引人注意

表 3-7　风险值大小一般所对应的危险级别

危险级别	高度危险	重要危险	一般危险	稍有危险
D	160 及以上	70～159	21～69	20 及以下
备注	要立即采取措施和整改	需要整改	需要注意控制	可以接受，需要关注

（二）重大危险源的控制与管理要求

1. 施工总承包单位应制定重大危险源的管理制度，建立安全管理体系，明确具体责任，制定消除或减少危险性的安全技术方案、措施，认真组织方案、措施的实施，并对其进行严格的监控、检查和验收。

项目部在工程开工前应根据工程具体情况，结合企业程序文件的要求对危险源进行辨识、评价，确定重大危险源，并填写《危险源辨识与风险评价表》（表 3-8）及《重大危险源清单》（表 3-9）。

表 3-8　危险源辨识与风险评价表

序号	作业活动	危险因素	可能导致的事故	作业条件危险性评价				危险等级	现有控制措施
				L	E	C	D		

编制人：　　　　　　　日期：　　　　　　　批准人：

表 3-9　重大危险源清单

序号	作业活动	危险因素	可能导致的事故	评价		控制方式			责任部门	备注
				等级	D 值	管理方案	运行控制	应急预案		

编制人：　　　　　　　日期：　　　　　　　批准人：　　　　　　　日期：

2. 存在重大危险源的工程的施工必须编制专项施工方案，专项施工方案除应包括相应的安全技术措施外，还应当包括监控措施、应急方案以及紧急救护措施等内容。

3. 专项施工方案应由施工企业技术部门的专业技术人员及监理单位专业监理工程师进行审核。审核合格，由施工企业技术负责人、监理单位总监理工程师签字。对建设部《危险性较大工程安全专项施工方案编制及专家论证审查办法》中规定的深基坑等达到一定规模的危险性较大工程，建筑施工企业应当组织专家组进行论证审查。经审批的专项施工方案确需修改时，应按原审批程序重新审批。

4. 存在重大危险源的工程的施工单位应按专项施工方案严格进行技术交底，并有书面记录和签字，确保作业人员清楚掌握施工方案的技术要领。

5. 存在重大危险源的工程的施工应按方案实施，凡涉及验收的项目，方案编制人员应参加验收，并及时形成验收记录台账。

6. 监理单位应对存在重大危险源的工程的专项施工方案进行审核，对重大危险作业进行旁站监理。对旁站过程中发现的安全隐患及时开具监理通知单，问题严重的，有权停止施工。对整改不力的，应及时将有关情况报当地建筑（设）行政主管部门或安全监督管理机构。

7. 存在重大危险源的工程的施工单位必须根据工程进度及施工环境将重大危险源的名称、位置、注意事项、作业时间、责任人等在工地醒目位置及时公示和更新。

（三）建筑工地重大危险源的控制

1. 建立建筑工地重大危险源的公示和跟踪整改制度。加强现场巡视，对可能影响安全生产的重大危险源进行辨识，并进行登记，掌握重大危险源的数量和分布状况，经常性地公示重大危险源名录、整改措施及治理情况。重大危险源登记的主要内容应包括：工程名称、危险源类别、地段部位、联系人、联系方式、重大危险源可能造成的危害、施工安全主要措施和应急预案。

2. 对人的不安全行为，要严禁"三违"，加强教育，搞好传、帮、带，加强现场巡视，严格检查处罚，慢慢就规矩了，懂安全了，会安全了。

3. 淘汰落后的技术、工艺，适度提高工程施工安全设防标准，从而提升施工安全技术与管理水平，降低施工安全风险。如过街人行通道、大型地下管沟可采用顶管技术等。

4. 制订和实行施工现场大型施工机械安装、运行、拆卸和外架工程安装的检验检测、维护保养、验收制度。

5. 对不良自然环境条件中的危险源要制定有针对性的应急预案，并选定适当时机进行演练，做到人人心中有数，遇到情况不慌不乱，从容应对。

6. 制订和实施项目施工安全承诺和现场安全管理绩效考评制度，确保安全投入，形成施工安全长效机制。

（四）重大危险源的检查

1. 施工总承包单位应建立存在重大危险源的工程施工检查制度，及时组织分包、专业施工等单位按照专项施工方案对存在重大危险源的施工进行安全检查，并做好施工安全检查记录。

2. 监理单位应督促检查存在重大危险源的工程的施工单位按专项施工方案施工。

3. 凡被列入监控范围的存在重大危险源的工程，施工单位必须经常与当地安全监督管理机构沟通信息。

4. 各安全监督管理机构应对施工现场已公示的存在重大危险源的分部分项工程加强监督管理。

5. 大型工程项目的施工中由于受原材料、施工方法、组织管理、人员组成、工程投资、施工环境以及工期等因素的影响，使得投资者和工程承包方等在保证施工现场和人员安全方面往往要承受很大的风险。

三、安全标志

安全标志是向工作人员警示工作场所或周围环境的危险状况，指导人们采取合理行为标志的。安全标志能够提醒工作人员预防危险，从而避免事故发生；当危险发生时，能够指示人们尽快逃离，或者指示人们采取正确、有效、得力的措施，对危害加以遏制。安全标志不仅类型要与所警示的内容相吻合，而且设置位置要正确合理，否则就难以真正充分发挥其警示作用。

《安全标志及其使用导则》（GB 2894—2009）规定了四类传递安全信息的安全标志：禁止标志表示不准或制止人们的某种行为；警告标志使人们注意可能发生的危险；指令标志表示必须遵守，用来强制或限制人们的行为；提示标志示意目标地点或方向。

根据国家标准规定，安全标志由安全色、几何图形和图形、符号构成。正确使用安全标志，可以使人员能够及时得到提醒，以防止事故、危害发生以及人员伤亡，避免造成不必要的麻烦。

（一）安全标志的设置

1. 安全标志应设置在与安全有关的明显地方，并保证人们有足够的时间注意其所表示的内容。

2. 设立于某一特定位置的安全标志应被牢固地安装，保证其自身不会产生危险，所有的标志均应具有坚实的结构。

3. 当安全标志被置于墙壁或其他现存的结构上时，背景色应与标志上的主色形成对比。

4. 对于那些所显示的信息已经无用的安全标志，应立即由设置处卸下，这对于警示特殊的临时性危险的标志尤其重要，否则会导致观察者对其他有用标志的忽视与干扰。

（二）安全标志的使用

1. 危险标志 只安装于存在直接危险的地方，用来表明存在危险（图 3-1）。

图 3-1 危险标志

2. 禁止标志　用符号或文字的描述来表示一种强制性的命令，以禁止某种行为（图 3-2）。

图 3-2　禁止标志

3. 警告标志　通过符号或文字来指示危险，表示必须小心行事，或用来描述危险属性（图 3-3）。

图 3-3　警告标志

4. 安全指示标志　用来指示安全设施和安全服务所在的位置，并且在此处给出与安全措施相关的主要安全说明和建议（图 3-4）。

图 3-4　安全指示标志

5. 消防标志　用于指明消防设施和火灾报警的位置，及指明如何使用这些设施（图 3-5）。

图 3-5　消防标志

6. **方向标志** 用于指明正常和紧急出口，火灾逃逸和安全设施，安全服务及卫生间的方向（图3-6）。

图3-6 方向标志

7. **交通标志** 用于向工作人员表明与交通安全相关的指示和警告（图3-7）。

图3-7 交通标志

8. **信息标志** 用于指示出特殊属性的信息，如停车场，仓库或电话间等（图3-8）。

图3-8 信息标志

9. **强制性行动标志** 用于表示必须履行某种行为的命令以及需要采取的预防措施。例如，穿戴防护鞋、安全帽、眼罩等（图3-9）。

CQC标志认证　　　　　　　　　　中国质量环保认证标志

图3-9 强制性行动标志

（三）安全标志的安装位置

1. 防止危害。首先要考虑：所有标志的安装位置都不可存在对人的危害。

2. 可视性。标志安装位置的选择很重要，标志上显示的信息不仅要正确，而且对所有的观察者要清晰易读。

3. 安装高度。通常标志应安装于观察者水平视线稍高一点的位置，但有些情况置于其他水平位置则是适当的。

4. 危险和警告标志。危险和警告标志应设置在危险源前方足够远处，以保证观察者在首次看到标志及注意到此危险时有充足的时间，这一距离随不同情况而变化。例如，警告不要接触开关或其他电气设备的标志，应设置在它们近旁，而大厂区或运输道路上的标志，应设置于危险区域前方足够远的位置，以保证在到达危险区之前就可观察到此种警告，从而有所准备。

5. 安全标志不应设置于移动物体上。例如门，因为物体位置的任何变化都会造成对标志观察变得模糊不清。

6. 已安装好的标志不应被任意移动，除非位置的变化有益于标志的警示作用。

（四）安全标志的维护与管理

为了有效地发挥标志的作用，应对其定期检查，定期清洗，发现有变形、损坏、变色、图形符号脱落、亮度老化等现象存在时，应立即更换或修理，从而使之保持良好状况。安全管理部门应做好监督检查工作，发现问题，及时纠正。安全标志牌每年至少检查一次，如发现有变形、破损或图形符号脱落以及变色不符合安全色的范围，应及时修整或更换。

另外要经常性地向工作人员宣传安全标志使用的规程，特别是那些须要遵守预防措施的人员，当建议设立一个新标志或变更现存标志的位置时，应提前通告员工，并且解释其设置或变更的原因，从而使员工心中有数，只有综合考虑了这些因素，设置的安全标志才有可能有效地发挥安全警示的作用。

课程小结

本节学习内容的安排是让学生认识危险源、识别危险源，认识安全标志，掌握识别与管理重大危险源的方法，确保学生在随岗实习、顶岗实习乃至以后的工作中远离危险。

课外作业

1. 学习《安全标志及其使用导则》（GB 2894—2008）。

2. 利用学到的识别危险源的知识，到学校附近工地去查找，识别危险源，并拍照，编辑危险源识别相册。

课后讨论

1. 建筑行业"五大伤害"，即高处坠落、触电事故、物体打击、机械伤害、坍塌事故，占建筑事故总数的 85% 以上。怎样识别并预防这"五大伤害"因素？

　　2. 确保安全目标实现的前提是什么？

　　3. 什么是安全生产责任制？

　　4. 安全生产责任制的内容应体现怎么样的原则？

学习情境 4　施工项目安全控制

学习目标 ▶▶

1. 了解安全控制的对象与方法，针对"五大伤害"制定安全控制措施。
2. 掌握安全文明施工管理的内容与方法。

关键概念 ▶▶

1. 劳动者的不安全行为。
2. 物的不安全状态。
3. 不安全的环境因素。

提示 ▶▶

项目安全控制的重点是消除劳动者的不安全行为、物的不安全状态和不安全的环境因素。

相关知识 ▶▶

1. 项目的安全目标与安全体系。
2. 安全计划与安全措施。
3. 安全教育与安全技术交底。

施工项目的安全控制除了对危险源实施有效的控制外，还要对参与施工的人机料法环各项因素实施控制。

一、施工项目安全控制

（一）施工项目安全控制的对象

项目管理的成败，往往取决于项目的安全管理成效。项目安全控制工作应该贯穿于项目管理的全部过程。

安全控制通常包括安全法规、安全技术、工业卫生。安全法规侧重于"劳动者"的管理、约束，控制劳动者的不安全行为；安全技术侧重于"劳动对象和劳动手段"的管理，清除或减少物的不安全因素；工业卫生侧重于"环境"的管理，以形成良好的劳动条件。施工项目安全控制主要以施工活动中的人、物、环境构成的施工生产体系为对象，建立一个安全的生产体系，确保施工活动的顺利进行。

1. 项目安全控制的控制目的

（1）约束控制劳动者的不安全行为，消除或减少主观上的安全隐患。

（2）规范物的状态，以消除和减轻其对劳动者的威胁和造成财产损失。

（3）改善和创造良好的劳动条件，防止职业伤害，保护劳动者身体健康和生命安全。

2. 项目安全控制的控制对象　包括劳动者、劳动手段与劳动对象、劳动条件与劳动环境。

3. 项目安全控制的控制措施

（1）劳动者的控制措施　依法制订有关安全政策、法规、条例，给予劳动者的人身安全、健康以法律保障的措施。

（2）劳动手段与劳动对象的控制措施　改善施工工艺、改进设备性能，以消除和控制生产过程中可能出现的危险因素，避免损失扩大的安全技术保证措施。

（3）劳动条件与劳动环境的控制措施　防止和控制施工中高温、严寒、粉尘、噪声、振动、毒气、毒物等对劳动者安全与健康影响的医疗、保健、防护措施及对环境的保护措施。

（二）施工项目安全控制目标及目标体系

1. 施工项目安全控制目标　施工项目安全控制目标是在施工过程中，安全工作所要达到的预期效果。工程项目实施施工总承包的，由总承包单位负责制订。

（1）施工项目安全控制目标适合项目施工的规模、特点制订，具有先进性和可行性；应符合国家安全生产法律、行政法规和建筑行业安全规章、规程及对业主和社会要求的承诺。

（2）施工项目安全控制目标应实现重大伤亡事故为零的目标，以及其他安全目标指标：控制伤亡事故的指标（死亡率、重伤率、千人负伤率、经济损失额等）、控制交通安全事故的指标（杜绝重大交通事故、百车次肇事率等）、尘毒治理要求达到的指标（粉尘合格率等）、控制火灾发生的指标等。

2. 施工项目安全控制目标体系

（1）施工项目总安全目标确定后，还要按层次进行安全目标分解到岗、落实到人，形成安全目标体系。即施工项目安全总目标；项目经理部下属各单位、各部门的安全指标；施工作业班组安全目标；个人安全目标等。

（2）在安全目标体系中，总目标值是最基本的安全指标，而下一层的目标值应略高些，以保证上一层安全目标的实现。如项目安全控制总目标是实现重大伤亡事故为零，中层的安全目标就应是除此之外还要求重伤事故为零，施工队一级的安全目标还应进一步要求轻伤事故为零，班组一级要求险肇事故为零。

（3）施工项目安全控制目标体系应形成全体员工所理解的文件，并实施保持。

（三）施工项目安全控制的程序

施工项目安全控制的程序主要有：确定施工安全目标；编制施工项目安全保证计划；施工项目安全保证计划实施；施工项目安全保证计划验证；持续改进；兑现合同承诺等，如图4-1所示。

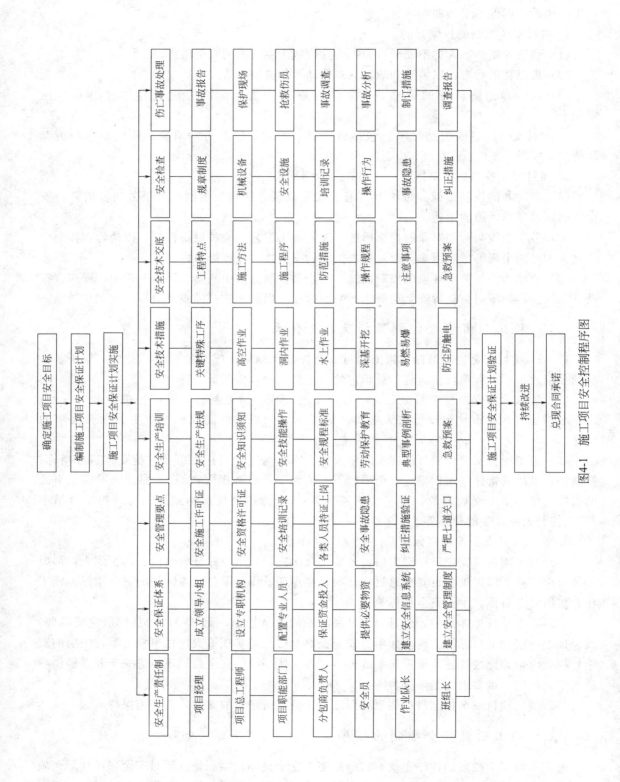

图4-1 施工项目安全控制程序图

二、施工项目安全保证计划与实施

项目安全控制的目标明确后，具体实施时，就要制订安全保证计划，首先要进行安全生产策划。

（一）安全生产策划

针对工程项目的规模、结构、环境、技术含量、施工风险和资源配置等因素进行安全生产策划，策划的内容包括：

1. 配置必要的设施、装备和专业人员，确定控制和检查的手段、措施。

2. 确定整个施工过程中应执行的文件、规范。如脚手架工程、高空作业、机械作业、临时用电、动用明火、沉井、深挖基础施工和爆破工程等作业规定。

3. 确定冬季、雨季、雪天和夜间施工时的安全技术措施及夏季的防暑降温工作。

4. 确定危险部位和过程，对风险大和专业性强的工程项目进行安全论证。同时采取相适宜的安全技术措施，并得到有关部门的批准。

5. 因工程项目的特殊需求所补充的安全操作规定。

6. 制订施工各阶段具有针对性的安全技术交底文本。

7. 制订安全记录表格，确定收集、整理和记录各种安全活动的人员和职责。

（二）施工项目安全保证计划

根据安全生产的策划结果，编制施工项目安全保证计划，主要是规划安全生产目标，确定过程控制要求，制订安全技术措施，配备必要资源，确保安全保证目标实现。它充分体现了施工项目安全生产必须坚持"安全第一、预防为主"的方针，是生产计划的重要组成部分，是改善劳动条件，搞好安全生产工作的一项行之有效的制度。其主要内容有：

1. 项目经理部应根据项目施工安全目标的要求配置必要的资源，确保施工安全保证目标的实现。专业性较强的施工项目应编制专项安全施工组织设计并采取安全技术措施。

2. 施工项目安全保证计划应在项目开工前编制，经项目经理批准后实施。

3. 施工项目安全保证计划的内容主要包括：工程概况，控制程序，控制目标，组织结构，职责权限，规章制度，资源配置，安全措施，检查评价，奖惩制度等。

4. 施工平面图设计是项目安全保证计划的一部分，设计时应充分考虑安全、防火、防爆、防污染等因素，满足施工安全生产的要求。

5. 项目经理部应根据工程特点、施工方法、施工程序、安全法规和标准的要求，采取可靠的技术措施，消除安全隐患，保证施工安全和周围环境的保护。

6. 对结构复杂、施工难度大、专业性强的项目，除制订项目总体安全保证计划外，还须制订单位工程或分部、分项工程的安全施工措施。

7. 对高空作业、井下作业、水上作业、水下作业、深基础开挖、爆破作业、脚手架上作业、有害有毒作业、特种机械作业等专业性强的施工作业，以及从事电气、压力容器、起重机、金属焊接、井下瓦斯检验、机动车和船舶驾驶等特殊工种的作业，应制订单项安全技术方案和措施，并应对管理人员和操作人员的安全作业资格和身体状况进行合格审查。

8. 安全技术措施是为防止工伤事故和职业病的危害，从技术上采取的措施，应包括：防火、防毒、防爆、防洪、防尘、防雷击、防触电、防坍塌、防物体打击、防机械伤害、防溜车、放高空坠落、防交通事故、防寒、防暑、防疫、防环境污染等方面的措施。

9. 实行总分包的项目，分包项目安全计划应纳入总包项目安全计划，分包人应服从承包人的管理。

（三）施工项目安全保证计划的实施

施工项目安全保证计划实施前，应按要求上报，经项目业主或企业有关负责人确认审批，后报上级主管部门备案。执行安全计划的项目经理部负责人也应参与确认。主要是确认安全计划的完整性和可行性；项目经理部满足安全保证的能力；各级安全生产岗位责任制和与安全计划不一致的事宜是否解决等。

施工项目安全保证计划的实施主要包括项目经理部制订建立安全生产控制措施和组织系统、执行安全生产责任制、对全员有针对性地进行安全教育和培训、加强安全技术交底等工作。

三、施工项目安全控制措施

（一）施工项目安全立法措施

项目经理部必须执行国家、行业、地区安全法规、标准，并以此制订本项目的安全管理制度，主要有如下一些方面：

1. 行政管理方面

（1）安全生产责任制度。

（2）安全生产例会制度。

（3）安全生产教育制度。

（4）安全生产检查制度。

（5）伤亡事故管理制度。

（6）劳保用品发放及使用管理制度。

（7）安全生产奖惩制度。

（8）工程开竣工的安全制度。

（9）施工现场安全管理制度。

（10）安全技术措施计划管理制度。

（11）特殊作业安全管理制度。

（12）环境保护、工业卫生工作管理制度。

（13）锅炉、压力容器安全管理制度。

（14）场区交通安全管理制度。

（15）防火安全管理制度。

（16）意外伤害保险制度。

（17）安全检举和控告制度等。

2. 技术管理方面

（1）关于施工现场安全技术要求的规定。

（2）各专业工种安全技术操作规程。

（3）设备维护检修制度等。

（二）施工项目安全管理组织措施

施工项目安全管理组织措施包括建立施工项目安全组织系统——项目安全管理委员会；建立施工项目安全责任系统；建立各项安全生产责任制度等。

（三）项目施工安全技术措施

项目施工安全技术措施是指在施工项目生产活动中，针对工程特点、施工现场环境、施工方法、劳动组织、作业使用的机械、动力设备、变配电设施、架设工具以及各项安全防护设施等制订的确保安全施工，保护环境，防止工伤事故和职业病危害，从技术上采取的预防措施。

施工安全技术措施应具有超前性、针对性、可靠性和可操作性。

1. 施工准备阶段安全技术措施

（1）技术准备

1）了解工程设计对安全施工的要求。

2）调查工程的自然环境（水文、地质、气候、洪水、雷击等）和施工环境（粉尘、噪声、地下设施、管道和电缆的分布、走向等）对施工安全及施工对周围环境安全的影响。

3）改扩建工程施工与建设单位使用、生产发生交叉，可能造成双方伤害时，双方应签订安全施工协议，搞好施工与生产的协调，明确双方责任，共同遵守安全事项。

4）在施工组织设计中，编制切实可行、行之有效的安全技术措施，并严格履行审批手续，送安全部门备案。

（2）物资准备

1）及时供应质量合格的安全防护用品（安全帽、安全带、安全网等）满足施工需要。

2）保证特殊工种（电工、焊工、爆破工、起重工等）使用工具器械质量合格，技术性能良好。

3）施工机具、设备（起重机、卷扬机、电锯、平面刨、电气设备等）、车辆等需要经安全技术性能检测，鉴定合格，防护装置齐全，制动装置可靠，方可进厂使用。

4）施工周转材料（脚手杆、扣件、跳板等）须经认真挑选，不符合安全要求禁止使用。

（3）施工现场准备

1）按施工总平面图要求做好现场施工准备。

2）现场各种临时设施、库房，特别是炸药库、油库的布置，易燃易爆品存放都必须符合安全规定和消防要求，必须经公安消防部门批准。

3）电气线路、配电设备符合安全要求，有安全用电防护措施。

4）场内道路通畅，设交通标志，危险地带设危险信号及禁止通行标志，保证行人、车辆通行安全。

5）现场周围和陡坡、沟坑处设围栏、防护板，现场入口处设"无关人员禁止入内"的警示标志。

6）塔吊等起重设备安置要与输电线路、永久或临设工程间有足够的安全距离，避免碰撞，以保证搭设脚手架、安全网的施工距离。

7）现场设消防栓、有足够的有效的灭火器材、设施。

（4）施工队伍准备

1）总包单位及分包单位都应持有《施工企业安全资格审查认可证》方可组织施工。

2）新工人、特殊工种工人须经岗位技术培训、安全教育后，持合格证上岗。

3）高险难作业工人须经身体检查合格，具有安全生产资格，方可施工作业。

4）特殊工种作业人员，必须持有《特种作业操作证》方可上岗。

2．施工阶段安全技术措施

（1）一般工程施工阶段安全技术措施

1）单项工程、单位工程均有安全技术措施，分部分项工程有安全技术具体措施。施工前由技术负责人向参加施工的有关人员进行安全技术交底，并应逐级签发和保存"安全交底任务单"。

2）安全技术应与施工生产技术统一，各项安全技术措施必须在相应的工序施工前落实好。如：

根据基坑、基槽、地下室开挖深度、土质类别，选择开挖方法，确定边坡的坡度和采取的防止塌方的护坡支撑方案。

3）脚手架、吊篮等选用及设计塔设方案和安全防护措施。

4）高处作业的上下安全通道。

5）安全网（平网、立网）的架设要求，范围（保护区域）、架设层次、段落。

6）对施工电梯、井架（龙门架）等垂直运输设备的位置、搭设要求，稳定性、安全装置等要求。

7）施工洞口的防护方法和主体交叉施工作业区的隔离措施。

8）场内运输道路及人行通道的布置。

9）在建工程与周围人行通道及民房的防护隔离措施。

10）操作者严格遵守相应的操作规程，实行标准化作业。

11）针对采用的新工艺、新技术、新设备、新结构制订专门的施工安全技术措施。

12）在明火作业现场（焊接、切割、熬沥青等）有防火、防爆措施。

13）考虑不同季节的气候对施工生产带来的不安全因素可能造成的各种突发性事故，从防护上、技术上、管理上有预防自然灾害的专门安全技术措施。

14）夏季进行作业，应有防暑降温措施。

15）雨季进行作业，应有防触电、防雷、防沉陷坍塌、防台风和防洪排水等措施。

16）冬季进行作业，应有防风、防火、防冻、防滑和防煤气中毒等措施。

（2）特殊工程施工阶段安全技术措施

1）对于结构复杂、危险性大的特殊工程，应编制单项的安全技术措施，如爆破、大型吊装、沉箱、沉井、烟囱、水塔、特殊架设作业。高层脚手架、井架等必须编制单项的安全技术措施。

2）安全技术措施中应注明设计依据，并附有计算、详图和文字说明。

（3）拆除工程施工阶段安全技术措施

1）详细调查拆除工程结构特点、结构强度、电线线路、管道设施等现状，制订可靠的安全技术方案。

2）拆除建筑物之前，在建筑物周围划定危险警戒区域，设立安全围栏，禁止无关人员进入作业现场。

3）拆除工作开始前，先切断被拆除建筑物的电线、供水、供热、供煤气的通道。

4）拆除工作应自上而下顺序进行，禁止数层同时拆除，必要时要对底层或下部结构进行加固。

5）栏杆、楼梯、平台应与主体拆除程度配合进行，不能先行拆除。

6）拆除作业工人应站在脚手架或稳固的结构部分上操作，拆除承重梁、柱之前应拆除其承重的全部结构，并防止其他部分坍塌。

7）拆下的材料要及时清理运走，不得在旧楼板上集中堆放，以免超负荷。

8）拆除建筑物内需要保留的部分或设备要事先搭好防护棚。

9）一般不采用推倒方法拆除建筑物。必须采用推倒方法时，应采取特殊安全措施。

（四）安全教育

1. 安全教育的内容

（1）安全思想教育

1）安全生产重要意义的认识，增强关心人、保护人的责任感教育。

2）党和国家安全生产劳动保护方针、政策教育。

3）安全与生产辩证关系教育。

4）职业道德教育。

（2）安全纪律教育

1）企业的规章制度、劳动纪律、职工守则。

2）安全生产奖惩条例。

（3）安全知识教育

1）施工生产一般流程，主要施工方法。

2）施工生产危险区域及其安全防护的基本知识和安全生产注意事项。

3）工种、岗位安全生产知识和注意事项。

4）典型事故案例介绍与分析。

5）消防器材使用和个人防护用品使用知识。

6）事故、灾害的预防措施及紧急情况下的自救知识和现场保护、抢救知识。

（4）安全技能教育

1）本岗位、工种的专业安全技能知识。

2）安全生产技术、劳动卫生和安全操作规程。

（5）安全法制教育

1）安全生产法律法规、行政法规。

2）生产责任制度及奖罚条例。

2. 安全教育制度

（1）新工人安全教育制度

新参加工作的合同工、临时工、学徒工、民工、实习生、代培人员等接受教育。

1）企业要进行安全生产、法律法规教育，主要学习《宪法》、《刑法》、《建筑法》、《消防法》等有关条款；国务院《关于加强安全生产工作的通知》、《建筑安装工程安全技术规程》等有关内容；行政主管部门颁布的有关安全生产的规章制度；本企业的规章制度及安全注意事项。

2）事故发生的一般规律及典型事故案例。

3）预防事故的基本知识，急救措施。

4）项目的关键过程与特殊过程控制教育。

5）施工安全生产基本知识。

6）本项目工程特点、施工条件、安全生产状况及安全生产制度。

7）防护用品发放标准及防护用具使用的基本知识。

8）施工现场中危险部位及防范措施。

9）防火、防毒、防尘、防塌方、防爆知识及紧急情况下安全处置和安全疏散知识。

10）班组长应主持班组的安全教育。

11）本班组、工种（特殊作业）作业特点和安全技术操作规程。

12）班组安全活动制度及纪律和安全基本知识。

13）爱护和正确使用安全防护装置（设施）及个人防护用品。

14）本岗位易发生事故的不安全因素及防范措施。

15）本岗位的作业环境及使用的机械设备、工具安全要求。

（2）特种作业人员安全教育制度

从事电气、锅炉司炉、压力容器、起重机械、焊接、爆破、车辆驾驶、轮机操作、船舶驾驶、登高架设、瓦斯检验等工种的操作人员以及从事尘毒危害作业人员参加接受教育。

必须经国家规定的有关部门进行安全教育和安全技术培训，并经考核合格取得操作证者，方准独立作业，所持证件资格须按国家有关规定定期复审。

一般的安全知识、安全技术教育。

1）重点进行本工种、本岗位安全知识、安全生产技能的教育。

2）重点进行尘毒危害的识别、防治知识、防治技术等方面安全教育。

（3）变换工种安全教育制度

改变工种或调换工作岗位的人员及从事新操作法的人员参加，接受教育。

1）改变工种安全教育时间不少于4小时，考核合格方可上岗。

2）新工作岗位的工作性质、职责和安全知识。

3）各种机具设备及安全防护设施的性能和作用。

4）新工种、新操作法安全技术操作规程。

5）新岗位容易发生事故及有毒有害的地方的注意事项和预防措施。

（4）各级干部安全教育制度

组织指挥生产的领导：项目经理、总工程师、技术负责人、施工队长、有关职能部门负责人参加，接受教育。

1）定期轮训，提高安全意识、安全管理水平和政策水平。

2）熟悉掌握安全生产知识、安全技术业务知识、安全法规制度等。

3）熟悉本岗位的安全生产责任职责。

4）处理及调查工伤事故的规定、程序。

（五）安全检查与验收

1. 安全检查的形式与内容

（1）定期安全检查

1）检查内容

① 总企业（主管局）每半年一次，普遍检查。

② 工程企业（处）每季一次，普遍检查。

③ 工程队（车间）每月一次，普遍检查。

④ 元旦、春节、"五一"、"十一"前，普遍检查。

2）参加部门或人员　由各级主管施工的领导、工长、班组长主持，安全技术部门或安全员组织，施工技术、劳动工资、机械动力、保卫、供应、行政福利等部门参加，工会、共青团配合。

（2）季节性安全检查

1）检查内容

① 防传染病检查，一般在春季。

② 防暑降温、防风、防汛、防雷、防触电、防倒塌、防淹溺检查，一般在夏季。

③ 防火检查，一般在防火期，全年。

④ 防寒、防冰冻检查，一般在冬季。

2）参加部门或人员　由各级主管施工的领导、工长、班组长主持，安全技术部门或安全员组织，施工技术、劳动工资、机械动力、保卫、供应、行政福利等部门参加，工会、共青团配合。

（3）临时性安全检查

1）检查内容　施工高峰期、机构和人员重大变动期、职工大批探亲前后、分散施工离开基地之前、工伤事故和险攀事故发生后，上级临时安排的检查。

2）参加部门或人员　由各级主管施工的领导、工长、班组长主持，安全技术部门或安全员组织，施工技术、劳动工资、机械动力、保卫、供应、行政福利等部门参加，工会、共青团配合，或由安全技术部门主持。

（4）专业性安全检查

1）检查内容　压力容器、焊接工具、起重设备、电气设备、高空作业、吊装、深坑、支模、拆除、爆破、车辆、易燃易爆、尘毒、噪声、辐射、污染等。

2）参加部门或人员　由安全技术部门主持，安全管理人员及有关人员参加。

（5）群众性安全检查

1）检查内容及检查时间　安全技术操作、安全防护装置、安全防护用品、违章作业、违章指挥、安全隐患、安全纪律。

2）参加部门或人员　由工长、班组长、安全员组成。

（6）安全管理检查

1）检查内容　规划、制度、措施、责任制、原始记录、台账、图表、资料、报表、总结、分析、档案等以及安全网点和安全管理小组活动。

2）参加部门或人员　由安全技术部门组织进行。

2．安全检查方法　常用安全问卷检查表法进行安全检查，即检查人员亲临现场，查看、量测、现场操作、化验、分析，逐项检查，并作检查记录保存。

项目经理部安全检查常用安全问卷检查表法进行安全检查的项目包括安全生产制度、安全教育、安全技术、安全业务工作等内容。企业、项目经理部安全检查表见表4-1。

表 4-1　企业、项目经理部安全检查表

检查项目	检查内容	检查方法或要求	检查结果
安全生产制度	(1)安全生产管理制度是否健全并认真执行了	制度健全,切实可行,进行了层层贯彻,各级主要领导人员和安全技术人员知道其主要条款	
	(2)安全生产责任制是否落实	各级安全生产责任制落实到单位和部门,岗位安全生产责任制落实到人	
	(3)安全生产的"五同时"执行得如何	在计划、布置、检查、总结、评比生产同时,计划、布置、检查、总结、评比安全生产工作	
	(4)安全生产计划编制、执行得如何	计划编制切实、可行、完整、及时,贯彻得认真,执行有力	
	(5)安全生产管理机构是否健全,人员配备是否得当	有领导、执行、监督机构,有群众性的安全网点活动,安全生产管理人员不缺员,没被抽出做其他工作	
安全教育	(6)新工人入厂三级教育是否坚持了	有教育计划、有内容、有记录、有考试或考核	
	(7)特殊工种的安全教育坚持得如何	有安排、有记录、有考试,合格者发操作证,不合格者进行了补课教育或停止操作	
	(8)改变工种和采用新技术等人员的安全教育情况怎样	教育得及时,有记录、有考核	
	(9)对工人日常教育进行得怎样	有安排、有记录	
	(10)各级领导干部和业务员是怎样进行安全教育的	有安排、有记录	
安全技术	(11)有无完善的安全技术操作规程	操作规程完善、具体、实用,不漏项、不漏岗、不漏人	
	(12)安全技术措施计划是否完善、及时	单项、单位、分部分项工程都有安全技术措施计划,进行了安全技术交底	
	(13)主要安全设施是否可靠	道路、管道、电气线路、材料堆放、临时设施等的平面布置符合安全、卫生、防火要求;坑、井、洞、孔、沟等处都有安全设施;脚手架、井字架、龙门架、塔台、梯凳等都符合安全生产要求和文明施工要求	
	(14)各种机具、机电设备是否安全可靠	安全防护装置齐全、灵敏、闸阀、开关、插头、插座、手柄等均安全,不漏电;有避雷装置、有接地接零;起重设备有限位装置;保险设施齐全完好等	
	(15)防尘、防毒、防爆、防暑、防冻等措施妥否	均达到了安全技术要求	
	(16)防火措施当否	有消防组织,有完备的消防工具和设施,水源方便,道路畅通	
	(17)安全帽、安全带、安全网及其他防护用品和设施当否	性能可靠,佩戴或搭设均符合要求	
	(18)安全检查制度是否坚持执行了	按规定进行安全检查,有活动记录	
	(19)是否有违纪、违章现象	发现违纪、违章,及时纠正或进行处理奖罚分明	
	(20)隐患处理得如何	发现隐患,及时采取措施,并有信息反馈	
	(21)交通安全管理得怎样	无交通事故,无违章、违纪、受罚现象	
安全业务工作	(22)记录、台账、资料、报表等管理得怎样	齐全、完整、可靠	
	(23)安全事故报告及时否	按"三不放过"原则处理事故,报告及时,无瞒报、谎报、拖报现象	
	(24)事故预测和分析工作是否开展了	进行了事故预测,做事故一般分析和深入分析,运用了先进方法和工具	
	(25)竞赛、评比、总结等工作进行否	按工作规划进行	

班组安全检查常用安全问卷检查表法进行安全检查的项目包括作业前检查和作业后检查。班组安全检查见表4-2。

表4-2　班组安全检查表

检查项目	检查内容	检查方法或要求	检查结果
作业前检查	(1)班前安全生产会开了没有	查安排、看记录、了解未参加人员的主要原因	
	(2)每周一次的安全活动坚持了没有	同上,并有安全技术交底卡	
	(3)安全网点活动开展得怎样	有安排、有分工、有内容、有检查、有记录、有小结	
	(4)岗位安全生产责任制是否落实	知道责任制的主要内容,明确相互之间的配合关系,没有失职现象	
	(5)本工种安全技术操作规程掌握如何	人人熟悉本工种安全技术操作规程,理解内容实质	
	(6)作业环境和作业位置是否清楚,并符合安全要求	人人知道作业环境和作业地点,知道安全注意事项,环境和地点整洁,符合文明施工要求	
	(7)机具、设施准备得如何	机具设备齐全可靠,摆放合理,使用方便,安全装置符合要求	
	(8)个人防护用品穿戴好了吗	齐全、可靠、符合要求	
	(9)主要安全设施是否可靠	进行了自检,没发现任何隐患,或有个别隐患,已经处理了	
	(10)有无其他特殊问题	参加作业人员身体、情绪正常,没有发现穿高跟鞋、拖鞋、裙子等现象	
	(11)有无违反安全纪律现象	密切配合,不互相出难题;不能只顾自己,不顾他人;不互相打闹;不隐瞒隐患,强行作业;有问题及时报告等	
	(12)有无违章作业现象	不乱摸乱动机具、设备;不乱触乱碰电气开关;不乱挪乱拿消防器材;不在易燃易爆物品附近吸烟;不乱丢抛器具和物件;不任意脱去个人防护用品;不私自拆除防护设施;不图省事而省略动作等	
	(13)有无违章指挥现象	违章指挥出自何处何人,是执行了还是抵制了,抵制后又是怎样解决的等	
	(14)有无不懂、不会操作的现象	查清作业人和作业内容	
	(15)有无故意违反技术操作现象	查清作业人和作业内容	
	(16)作业人员的特异反应如何	对作业内容有无不适应的现象,作业人员身体、精神状态是否失常,是怎样处理的	
作业后检查	(17)材料、物资整理没有	清理有用品,清除无用品,堆放整齐	
	(18)料具和设备整顿没有	归位还原,保持整洁,如放置在现场,要加强保护	
	(19)清扫工作做得怎样	作业场地清扫干净,秩序井然,无零散物件,道路、路口畅通,照明良好,库上锁,门关严	
	(20)其他问题解决得如何	如下班后人数清点没有,事故处理情况怎样,本班作业的主要问题是否报告和反映了等	

3.安全检查评分方法　建设部于1999年4月颁发了《建筑施工安全检查标准》(JGJ 59—2011),并于2012年7月1日起实施。

4.施工安全验收制度　坚持"验收合格才能使用"原则进行施工安全验收,所有验收都必须进行记录并办理书面确认手续,否则无效。

(1)脚手架杆件、扣件、安全网、安全帽、安全带、护目镜、防护面罩、绝缘手套、绝缘鞋等个人防护用品验收。

验收程序:

1)应有出厂证明或验收合格的凭据;

2)由项目经理、技术负责人、施工队长共同审验。

（2）各类脚手架、堆料架、井字架、龙门架、支搭的安全网、立网等验收。由项目经理或技术负责人申报支搭方案并牵头，会同工程和安全主管部门进行检查验收。

（3）临时电气工程设施验收。由安全主管部门牵头，会同电气工程师、项目经理、方案制订人、安全员进行检查验收。

（4）起重机械、施工用电梯验收。由安装单位和工地的负责人牵头，会同有关部门检查验收。

（5）中小型机械设备验收。由工地负责人和工长牵头，进行检查验收。

5. 隐患处理

（1）检查中发现的安全隐患应进行登记，作为整改的备查依据并进行安全动态分析。

（2）发现隐患应立即发出隐患整改通知单。对事故隐患，检查人员应责令被查单位立即停工整改。

（3）对于违章指挥、违章作业行为，检查人员可以当场指出，立即纠正。

（4）受检单位领导对查出的安全隐患应立即研究制订整改方案。定人、定期限、定措施完成整改工作。

（5）整改完成后要及时通知有关部门派员进行复查验证，合格后可销案。

（六）安全目标管理

安全目标管理是贯彻落实安全生产责任制量化考核指标和利用经济手段实现安全生产的重要保证。主要内容包括：

1. 安全管理、安全设施达标　政府及企业根据《施工企业安全生产评价标准》(JGJ/T 77—2010)对项目部的施工企业安全生产条件、安全生产业绩进行检查、评分。

2. 文明施工创优　主要是按要求进行文明工地建设。

3. 伤亡事故指标控制

（1）死亡率；

（2）重伤率；

（3）千人负伤率；

（4）经济损失。

（七）安全技术管理

1. 制定应急预案　对重大危险源制定有针对性及可操作性的应急预案。具体如下：高处坠落、物体打击、坍塌、触电、中毒中暑以及火灾爆炸、危化品泄漏等群体伤害事故。

2. 制定安全技术措施　在编制单位工程施工组织设计时应根据工程的危险源、劳动组织、作业环境等因素考虑保障职业健康、安全文明施工的技术措施，制定相应的安全技术措施方案。

3. 编制安全技术方案　对专业性较强、危险性较大的分部分项工程以及关键特殊工序，都必须编制专项安全技术措施方案。方案应针对该项目的施工规范、安全技术操作规程、施工现场作业环境、劳动力的组织、国家强制性法律法规及应设置的各项安全防护设施等，并按要求如实填写企业《工程安全技术措施作业方案表》（见表4-3）。如：基坑支护与降水工程、人工挖孔桩工程、脚手架工程、模板工程、施工用电、起重吊装工程、塔吊及物料提升机安装拆除工程、拆除爆破工程等。

表 4-3　单位（分部、分项）、专项工程安全技术措施方案

工程编号：_____

工程名称：_____

计划工期：_____

施工单位：_____

年　　　月　　　日

工程概况：

工程危险源分析：

安全技术措施方案：

编制人		审批人	
审核部门及人员			

方案运行情况评价：

安全负责人：

（八）安全技术交底

1. 分级管理　安全技术交底实行分级管理，分别由技术、施工部门负责实施，纵向延伸到作业班组。

2. 突出重点　安全技术交底应针对工程特点、环境、危险程度，预计可能出现的危险因素，突出新技术、新设备、新工艺、新材料的使用，告知被交底人如何掌握正确的操作工艺，采取防止事故发生的有关措施要领等。

3. 标准明确　安全技术交底应对搭设安全保护设施有全面明确的技术质量标准和明确的几何尺寸要求。

4. 格式统一　所有安全技术交底，应使用企业统一印制的《安全技术措施交底表》进行书面交底，交底双方都必须签字，并各持一份书面交底，书面交底记录应在技术、工程、安全等部门备案。

（九）安全检查

1. 安全员每天在施工现场督促检查，发现问题及时纠正。

2. 班组长每天必须对本组组员施工的工作面进行一次安全检查。

3. 工长每周组织班组进行一次安全检查并进行讲评。

4. 项目经理部每月组织有关部门对工地进行一次安全大检查，检查结果进行通报，对各部门的安全工作做出评议。

（十）班前安全活动

班前安全活动是督促作业人员遵章守纪的重要关口，是消除违章冒险作业的关键。因此，必须长期坚持执行，班组长应根据每天作业任务的内容，根据作业环境和工作特点向作业人员交代安全注意事项，班前活动应填写企业统一印制的《安全活动记录本》（表4-4）并履行签字手续。

表 4-4　《安全活动记录本》表样

活动地点		主持人		时间	年　　月　　日
记录人		参加人		缺席人	

主要内容：

（十一）特种作业人员持证上岗

凡从事对操作者本人，尤其对他人和周围环境安全有重大危害因素的作业，必须经专业的安全技术培训合格后，方能持证上岗作业。施工现场的特种作业人员都必须由用人单位登记建档（表4-5），报项目部安全监督检查站备案。如建筑工地的电工、焊工、架子工、司炉工、爆破工、机械运转工、起重工、打桩机和各种机动车辆的司机等均属特种作业。

表 4-5　项目部特种作业人员花名册

工程名称：　　　　　　　　　　　　　　　年　　　月　　　日

序号	姓名	性别	年龄	文化程度	工种（职务）	证件编号	发证机关	发证时间	复审时间	从事本工种起始时间

工程项目负责人：　　　　　　　　　　　　制表人：

课程小结

本节学习内容的安排是让学生熟悉安全控制的目的、内容和方法，目的是要安全生产，重点是控制人的不安全行为、物的不安全状态和不安全的环境因素，方法是确定安全目标，制定安全计划，对员工进行安全培训和安全教育，加强安全检查和安全监督。

课外作业

1. 组织学习《施工企业安全生产评价标准》（JGJ/T 77—2010）、《建筑施工安全检查标准》（JGJ 59—2011）；

2. 深入施工项目调查了解施工项目经理部安全控制方法。

课后讨论

1. 项目安全控制的三个重点是什么？

2. 项目安全控制应遵循哪些程序？

3. 项目安全保证计划应在什么时候编制？

4. 项目安全保证计划应由谁批准?

5. 项目安全保证计划应包括哪些内容?

6. 安全保证计划的作用是什么?

7. 安全技术交底的基本要求有哪些?

8. 施工现场常见的"人的不安全行为、物的不安全状态和不安全的环境因素"各有哪些?

学习情境 5　安全文明施工管理

学习目标 ▶▶

1. 熟悉施工现场安全文明施工管理的内容。

2. 掌握施工现场安全文明施工管理的方法。

关键概念 ▶▶

1. 封闭管理与定置管理。

2. 消防管理与治安管理。

3. 环境管理与卫生防疫。

提示 ▶▶

通过封闭管理控制人员进出,有利于治安管理;通过定置管理确保现场环境整洁,消防通道畅通,卫生防疫可控。

相关知识 ▶▶

1. 临时设施的布置。

2. 防火规定与卫生防雨要求。

一、现场围挡与封闭管理

(一) 砌筑围墙

1. 建筑工地围墙的设计与构造要求　建筑工地的围墙是现场封闭施工的重要措施,是安全文明施工的主要设施之一(图 5-1)。建筑工地的围墙、大门及门房都由施工单位的工程技术人员自行设计、自行施工。因此,必须对此有足够的认识。

建筑工地围墙一般有基础、墙身(包括构造柱)、大门及门房。基础可以用毛石砌筑,也可以用普通砖砌筑。墙身可以用普通砖砌筑,也可以用砌块砌筑。

(1) 建筑工地围墙的设计

1) 建筑工地围墙的位置　建筑工地围墙是临时设施,一般工程完工以后予以拆除,使

图 5-1　建筑工地围墙

用期一般为一年以内，最长一般不超过 3 年。可以建筑在规划红线的位置。如果施工场地宽松，可以退规划红线 3m 砌筑。

所谓的规划红线，是政府规划部门在批准建设用地时用红粗线表示的批准的建设用地标志线。因此，建筑工地围墙不能设在红线以外。

2）建筑工地围墙基础及构造

① 毛石基础及构造　毛石基础是用乱毛石或平毛石与水泥混合砂浆或水泥砂浆砌成。乱毛石是指形状不规则的石块；平毛石是指形状不规则，但有两个平面大致平行的石块。

毛石基础可作墙下条形基础或柱下独立基础。

毛石基础按其断面形状有矩形、梯形和阶梯形等，如图 5-2 所示。基础顶面宽度应比墙基底面宽度大 200mm；基础底面宽度依设计计算而定。梯形基础坡角应大于 60°。阶梯形基础每阶高不小于 400mm，每阶挑出宽度不大于 200mm。

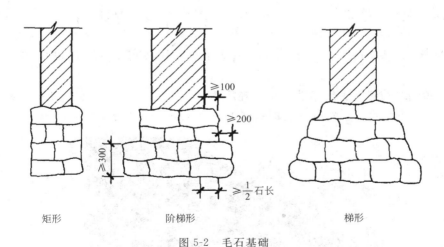

矩形　　　　　　　　阶梯形　　　　　　　　梯形

图 5-2　毛石基础

② 砖基础及构造　砖基础是用烧结普通砖和（或）水泥砂浆砌筑而成。砖的强度等级应不低于 MU10，砂浆强度等级应不低于 M5。

砖基础有条形基础和独立基础。条形基础一般设在砖墙下，独立基础一般设在砖柱下。

普通砖基础由墙基和大放脚两部分组成。墙基与墙身同厚，大放脚即墙基下面的扩大部分，有等高式和不等高式（间隔式）两种。等高式大放脚是两皮一收，每收一次两边各收进 1/4 砖长；间隔式大放脚是两皮一收与一皮一收相间隔，每收一次两边各收进 1/4 砖长，如图 5-3 所示。

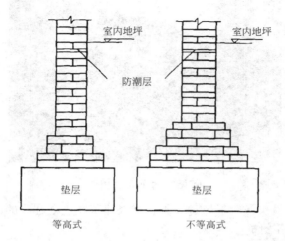

图 5-3　砖基础剖面

大放脚的底宽应根据设计而定。大放脚各皮的宽度应为半砖长的整倍数（包括灰缝）。

在大放脚下面为基础垫层，垫层一般用灰土、碎砖三合土或混凝土等。

在墙基顶面应设防潮层。防潮层宜用 1：2.5（质量比）水泥砂浆加适量防水剂铺设，其厚度一般为 20mm，位置在底层室内地面以下 60mm 处。

3）建筑工地围墙及构造

① 高度　建筑工地围墙的高度一般为 2～2.5m，如果当地政府部门有要求，则按要求的高度砌筑，若没有特殊要求可以按地面以上 2m 砌筑。由于建筑工地地形起伏变化较大，一般可以随着地形变化砌筑。

② 厚度　如果用普通砖砌筑，一般采用 24 墙；如果用砌块砌筑，则可以适当增减其厚度。

③ 扶壁柱　一般每隔 4～5m 设置一道扶壁柱，在转角处和有高度变化处应加设扶壁柱。

用普通砖砌筑的建筑工地围墙，扶壁柱应为 370mm×370mm。用砌块砌筑时，扶壁柱的尺寸可以为 1.5 倍墙厚。扶壁柱处的基础也必须与扶壁柱（图 5-4）相对应。

图 5-4　建筑围墙扶壁柱

4）建筑工地围墙盖顶（图 5-5）　建筑工地围墙盖顶可以有多种设计，但必须满足下列要求：

① 必须将砖缝盖住，不能让雨水冲刷；

② 至少挑出墙面 60mm，且有一定的斜度；

③ 盖顶砖上部用 20～40mm 厚水泥砂浆覆盖；

④ 美观要求。

图 5-5　建筑工地围墙及盖顶

（2）建筑工地大门洞口设计

1）建筑工地大门宽度　建筑工地的大门一般为 5～7m，这样才能保证进出方便。

2）建筑工地大门门柱　建筑工地大门一般为铁门，重量较大，门柱尺寸一般为 600mm×600mm 至 900mm×900mm，用水泥砂浆砌牢。砌筑后必须养护一周以上方可上大门（图 5-6）。

3）建筑工地门房　建筑工地门房既是施工现场的安全保卫重地，也是文明施工的紧要关口，必须 24 小时有人值班，因此必须有一定的活动空间（出入登记处、值班人员休息处），还应有厕所，以确保值班人员不离岗。此外还应设置进出车辆的冲洗设施，以确保进出车辆不带泥上路。

建筑工地门房一般为单层建筑，面积以 10m² 左右为宜。可以用普通砖砌筑，也可以用砌块砌筑。但现在采用更多的是活动板房（图 5-7）。

图 5-6　建筑围墙大门

图 5-7　建筑工地门房

4）建筑工地大门地面　建筑工地大门地面应冲洗进出车辆用的水沟、水槽（图 5-8）。

2. 建筑工地围墙的砌筑

（1）在原土地面上砌筑围墙时，基础开挖深度应不小于 400mm。施工顺序为：先用 M5 水泥砂浆砌筑两层 500 宽砖基础，收台砌一层 370，砌筑 500mm 高的 240 宽实心砖砌体，

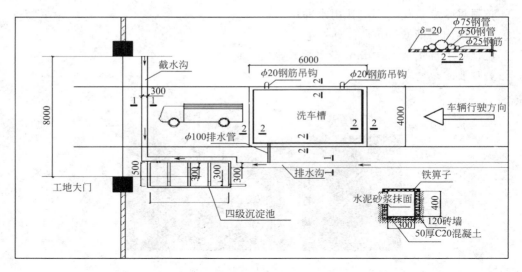

图 5-8　洗车槽及沉淀池做法示意图

M1 黏土砂浆砌筑 240 空斗墙，M5 水泥砂浆围墙压顶。

（2）在松软的地面上砌筑围墙时，基础开挖深度应不小于 500mm。施工顺序为：基槽底部进行打夯，M5 水泥砂浆砌筑四层 500 宽砖基础，收台砌一层 370 砖，砌筑 1000mm 高的 240 实心砖砌体 M1 黏土砂浆砌筑 240 空斗墙，M5 水泥砂浆压顶。

（3）在林带边和植被边砌筑围墙时，首先要考虑林带浇水和绿化微喷的影响，基础深度应不小于 600mm。施工顺序为：先浇注 500 宽 200mm 厚 C10 混凝土，M5 水泥砂浆砌筑 100mm 高的 240 实心墙，M1 黏土砂浆砌筑 240 空斗墙，M5 水泥砂浆压顶，砌筑完毕。近林带和植被一侧的围墙，墙面就立即用 M5 防水砂浆抹面。

（4）围墙砌筑时，砖垛的间距必须按照规定要求设置，一般为 3～3.6m 设一个砖垛；在砌筑空斗墙时，必须按照"五斗一眠"进行砌筑，以确保围墙整体稳定性。另外一点需要注意的是，砌筑好的围墙一侧严禁堆土、堆放砂石料或其他建筑材料。

（二）彩钢板围墙的安全技术（图 5-9）

1. 彩钢板围墙材料　彩色压型钢板，是以冷轧钢板、热镀锌钢板为基板，经过表面脱脂、磷化、铬酸盐处理后，涂上有机涂料经烘烤而制成钢板，再经过专门压型制成各种形式的轻型板材（图 5-10）。

2. 彩色压型钢板构造　彩色压型钢板具有轻质高强、美观耐用的特点。与保温材料相结合，保温、隔声效果良好，安装方便，施工速度快，环境不受污染；与建筑物连成一体，彩色压型钢板又能产生巨大的蒙皮效应，抗震性能极好。

3. 彩钢板围墙的安全性验算　根据《建筑施工安全检查标准》（JGJ 59—2011）规定，围墙应符合下列要求：

（1）市区主要道路高度不低于 2.5m，一般路段不低于 1.8m。

（2）围墙材料坚固、稳定、整洁、美观。

（3）围墙沿建筑工地四周边连续设置。

（4）围墙上口要平；外立面要直。

图 5-9　彩钢板围墙

图 5-10　彩色钢板

（5）围墙不能作为挡土墙、挡水墙、广告牌和机械设备的支撑墙等。

彩色压型钢板作围墙，要克服风荷载、洪水、滑坡等自然灾害的影响；彩色压型钢板的尺寸、形状要适合围墙需要。

彩色压型钢板本身具有美观、整洁的特点。作围墙时，在坚固、稳定方面需进行安全验算。

4. 围墙构件规格确定　彩钢板荷载通过两侧翼缘，传递到围墙边框上，围墙边框将荷载加到立柱上，围墙边框用槽钢制成，边框强度足以承受荷载，立柱采用无缝钢管，现确定立柱的规格，按围墙高度 1.8m 计算。

5. 彩钢板围墙的施工方法

（1）施工准备　摸清工程场地情况，如地形、运输道路、邻近建筑物、地下埋设物、地面障碍物等，绘出施工总平面图，在施工区域内设置临时性或永久性排水沟，将地面水排走，或疏通至原有排水、泄洪系统，使场地不积水；为防止洪水、雨水对工地的影响，在必要的地方修筑挡水坝阻水。

（2）确定围墙的位置　根据工程规模、工期长短、施工力量安排等，修建临时性生产和生活设施，布置好材料堆放场地、临时道路，定出围墙位置和工地大门。

（3）安装彩钢板围墙构件　根据确定出的彩钢板围墙位置，间隔 3m 安放一个底座，每个底座用 ϕ54mm 的钢管嵌入表土 400mm 左右深，上部钢管兼作立柱。在底座上固定彩钢板围墙底槽，底槽用小型槽钢制成。彩钢板围墙边框和立柱相连成一体。底座每隔 50m 用混凝土灌注一个。拐角处和大门口的底座用混凝土灌注，也可用预埋件代替。

（4）安装彩钢板　彩钢板依序装进边框。彩钢板之间的搭接要严密，合口要紧，彩钢板的厚度要和边框搭配合适。

（5）彩钢板围墙质量验收　彩钢板围墙施工完毕后，要经专业技术人员按照国家有关标准检查验收。验收合格，交工地管理人员接管。平时，由工地门卫进行日常检查，发现问题，及时汇报处理。

6. 彩钢板围墙的应用效果　应用彩钢板作围墙，使工地围墙美观、整洁，做到了围墙坚固、稳定。改变了过去建筑工地存在的工地不围挡，现场布局不执行平面布置，垃圾乱堆乱倒，污水横流等"脏"、"乱"、"差"的状况，工地变为施工企业的文明窗口。使用彩钢板围墙，提高了工地的安全管理、文明施工的水平，从而提高了建筑企业的综合形象。

二、施工场地建设安全控制

(一) 一般规定

1. 工地应铺设整齐、足够宽度的硬化道路，不积水、不堆放构件、材料，保持经常畅通。

2. 行人、车辆运输频繁的交叉路口，应悬挂安全指示标牌，在火车道口两侧应设落杆。

3. 各种料具应按照总平面图规定的位置，按品种、分规格堆放整齐。在建工程内部各楼层，应施工完成时，清理也完成。将拆除的模板、料具应码放整齐。

4. 在天然光线不足的作业场地、通道及用电设备的开关箱处，应设置足够的照明设备。

5. 工地应将施工作业区与生活区分开设置。

(二) 施工总平面图管理

1. 施工现场的平面布置与划分　施工现场的平面布置图是施工组织设计的重要组成部分，必须科学合理的规划，绘制出施工现场平面布置图。在施工实施阶段按照施工总平面图要求，设置道路、组织排水、搭建临时设施、堆放物料和设置机械设备等。

2. 施工总平面图编制的依据

(1) 工程所在地区的原始资料，包括建设、勘察、设计单位提供的资料；

(2) 原有和拟建建筑工程的位置和尺寸；

(3) 施工方案、施工进度和资源需要计划；

(4) 全部施工设施建造方案；

(5) 建设单位可提供房屋和其他设施。

3. 施工平面布置原则

(1) 尽量利用原有建筑物，也可以提前施工建筑物以提前使用；如仍满足不了需要，再建临时设施。满足施工要求，场内道路畅通，运输方便，各种材料能按计划分期分批进场，充分利用场地。

(2) 结合现场实际情况进行统筹安排，材料尽量靠近使用地点，减少二次搬运。

① 平面布置要适应施工生产的需要，并做到规模适宜、分区明显、顺序流畅、方便施工；

② 平面布置应设在正式工程的边缘，不得占用正式工程位置；

③ 应靠近交通道路，以方便运输，减少修路成本；

④ 平面布置要注意排洪、排渍，不得选用危害职工安全的场地。

(3) 现场布置紧凑，减少施工用地。

(4) 在保证施工顺利进行的条件下，尽可能减少临时设施搭设，尽可能利用施工现场附近的原有建筑物作为施工临时设施。

(5) 临时设施的布置，应便于工人生产和生活；办公用房靠近施工现场；福利设施应在生活区范围之内。

(6) 平面图布置应符合安全、消防、环境保护的要求。

4. 施工总平面图的管理要求

(1) 施工总平面图的设计由项目技术部门负责设计，项目技术负责人审核，项目各部门会审后项目经理批准后实施。

（2）施工总平面的日常管理由项目工程部门负责，主管领导为项目分管生产的副经理。

（3）施工总平面图应随着项目施工的不同阶段，按阶段计划进行调整、修改和补充，做到图实相符，并有施工总平面图修改和补充的见证资料。

（4）总平面图的设计要有质量管理意识。

（5）总平面图要求内容齐全，清晰醒目。

5. 施工现场功能区域划分要求

施工现场按照功能可划分为施工作业区、辅助作业区、材料堆放区和办公生活区。施工现场的办公生活区应当与作业区分开设置，并保持安全距离。办公生活区应当设置于在建建筑物坠落半径之外，与作业区之间设置防护措施，进行明显的划分隔离，以免人员误入危险区域；办公生活区如果设置在建建筑物坠落半径之内时，必须采取可靠的防砸措施。功能区的规划设置时还应考虑交通、水电、消防和卫生、环保等因素。

这里的生活区是指建设工程作业人员集中居住、生活的场所，包括施工现场以内和施工现场以外独立设置的生活区。施工现场以外独立设置的生活区是指施工现场内无条件建立生活区，在施工现场以外搭设的用于作业人员居住生活的临时用房或者集中居住的生活基地。

6. 项目现场施工总平面图的主要内容

（1）标明已建及拟建的永久性房屋、构筑物、运输道路及循环走道。

（2）标明施工用的临时水管线、电力线和照明线、变压器及配电间、现场危险品及仓库的位置。

（3）土建工程还应标明：

① 混凝土、砂浆搅拌机及塔吊、卷扬机、木工机械的平面位置。

② 石灰膏、纸筋灰、粉煤灰储存池及构件、钢筋等位置。

（4）安装工程还应标明：

① 钢结构和油罐的铆焊预制场、压力容器的现场组焊场、工艺管线的管焊预制场、冷换或热设备的试压场区、阀门试压场区、电气和仪表的试验校验室、电气和仪表的预制场区。

② 施工平台、配电盘、水源点的平面位置。

③ 施工机械的平面摆放位置及棚设、大型工装的现场摆放位置。

④ 起重桅杆与卷扬机，锚坑与拖拉绳的平面位置，起重机索具的现场临时存放区。

⑤ 大型塔器及设备进现场后平面摆放位置。

⑥ 钢材（板材、型材、管材）、电线电缆等材料的现场存放区，预制的或顾客供货的成品、半成品放置区。

（5）标明生活区及行政设施的平面位置及其结构型式。

（6）其他应该标明的内容。

7. 临时建筑、设施

（1）临时建筑物设计应符合《建筑结构可靠度设计统一标准》（GB 50068—2001）、《建筑结构荷载规范》（GB 50009—2012）的规定。临时建筑物使用年限定为 5 年。

（2）临时办公用房、宿舍、食堂、厕所等建筑物结构重要性系数 $\gamma_0 = 1.0$。工地非危险品仓库等建筑物结构重要性系数 $\gamma_0 = 0.9$，工地危险品仓库按相关规定设计。

（3）临时建筑及设施设计可不考虑地震作用。

（三）项目现场场容管理标准

1. 施工现场"三通一平"管理标准

（1）施工用水。按施工平面布置图规定的位置，并加强管理，定期检查与维护，防止施工用水的跑、冒、滴、漏。

（2）施工用电

① 项目现场临时电力线路架空线必须设在专用电杆（水泥杆、木杆）上，严禁架设在树和脚手架上，架空线应装设横担和绝缘子，其规格、线间距、档距应符合架空线路要求。

② 支线架设和现场照明。配电箱引入引出线应有套管，电线上进下出不混乱。大容量电箱上进线加滴水弯。支线绝缘好、无老化、破损和漏电，支线应沿墙或电杆架空敷设，并用绝缘子固定。过道电线可采用硬质护套管埋地并作标记，室外支线应用橡皮线架空，接头不受拉力并符合绝缘要求。现场照明一般采用220V电压；危险、潮湿场所和金属容器内的照明及手持照明灯具，应采用符合要求的安全电压。照明导线应用绝缘子固定，严禁使用花线或塑料胶质线，导线不得随地拖拉或绑在脚手架上，照明灯具的金属外壳必须接地或接零，单相回路内的照明开关箱必须装设漏电保护器，室外照明灯具距地面不得低于3m，室内距地面不得低于2.4m，碘钨灯应固定架设，保证安全。

③ 电箱（配电箱、开关箱）：电箱应有门、锁、色标和统一编号，电箱内开关电器必须完整无损，接地正确，各类接触装置灵敏可靠，绝缘良好，无积灰、杂物，箱体不得歪斜，电箱的安装高度和绝缘材料等均应符合规定，电箱内应设置漏电保护器，选用合理的额定漏电动作电流进行分级配合。配电箱内设总熔丝、分熔丝、分开关，动力和照明分别设置，开关电器应与配电线或开关箱一一对应配合，作分路设置，以确保专路专控，总开关电器与分路开关电器的预定值。动作整定值相适应，熔丝应和用电设备的实际负荷相匹配。金属外壳电箱应作接地或接零保护，开关箱与用电设备实行一机一闸一保险。

（3）施工道路。按施工平面布置图规定的道路走向和路面要求施工，路面要坚实平整，做到下雨不积水，雨后能通车。加强施工道路的日常管理，不得在施工道路上乱放材料、构件和其他杂品，保证施工道路的畅通；横跨施工道路的电力线路和管道要符合规定的高度，保证工程大件运输的通行。

（4）施工场地。要做到平整或基本平整，要有足够的排水沟道，保证足够的排雨水能力，做到雨天不积水或少积水，雨后马上可施工。加强施工场地上的材料、设备、构件、半成品等工程材料的有序管理，方便施工，提高工效。

2. 土建工程场容管理标准

（1）现场土建工程用材料堆放必须按施工平面布置图定置堆放；砂石材料、砖类按规定堆放整齐；怕潮、怕晒的材料必须按规定要求存放或入库保管。

（2）灰池要挂有标志牌，池口随用随清，渣脚不乱倒；砂子石子、砖类随用随清底脚；钢筋堆放必须按品种、规格堆放整齐，挂有标志牌；现场使用后多余的钢筋不得乱放，应及时清理归堆，结构阶段结束后，及时转移。

（3）现场制品、钢木门窗、铁器、混凝土构件、半成品和成品，要严格按指定位置堆放。堆放时必须按品种、规格分别堆放，还必须按制品的特性存放保管，无损坏；有收、发、存保管制度；混凝土构件堆放时，楞木垫头上下对齐、平稳，堆高不超12块。

（4）现场有条件的一般应设材料存放临时仓库和设备材料仓库，要符合封闭式要求，有专人负责管理。

（5）大模板必须成对面放稳，角度正确，严禁用钢模板铺垫道路；施工用的脚手架管、跳板、高凳、砖夹子等不得乱堆乱放；现场无散失、散落的扣件、配件等。

（6）混凝土砂浆的运输通道上和建筑物周边的落地灰和砂浆要每天坚持清除，施工现场的上碎砖头，也要坚持每天清除，保证作业场地干净整洁。

3. 安装工程场容管理标准

（1）现场安装工程用材料、半成品、配件、通用设备、非标设备等应按施工平面布置图的指定位置进行定置堆放。各种材料、半成品、设备要做到有序排列，堆放整齐。

（2）进入安装现场的不同类别、不同规格、不同材质的钢材要分别堆放，摆放整齐；有标志移植、各种状态标识符合要求，防止混用或错用。

（3）设备到货开箱检查后，要重新将包装箱封闭好，防止雨水浸入。设备出库安装后，包装箱随机配件要退库，保证不丢件和施工现场的整洁、不零乱。

（4）阀门到货后，要分类别、分规格存放。阀门试压场地要设置三个区：未试压区、试压合格区、试压不合格区；每个区的阀门要分类别、分规格、整齐的排放。

（5）冷换设备试压区要做到：冷换设备按规格大小排列；试压泵和试压管线、充洗管线排列整齐，方便使用；场地要挖好排水沟道，保证排水方便、场地不存水。

（6）施工用的脚手架管、架杆、跳板、高凳、扣件、配件枕木等不得乱堆乱放；现场无散失、散落的扣件、配件和枕木。

（7）现场安装用施工设备应按施工平面指定的位置放置。大型施工设备（如 20t 卷扬机）应搭设防雨棚，防雨棚要坚固、规矩、整齐、美观；电焊机要全部进电焊机房，电焊机房内配电线路整齐，无破损，闸刀开关盒要齐全，电焊机房地板平整、干净、无杂物；电焊机房外表无破损，油漆无脱落，门窗完整。

（8）电焊把线、小型电动工具的电源胶皮线、临时照明线、火焊的氧气带和乙炔带、临时供水的胶皮管等要做到摆放合理、相对集中、有序排列，禁止乱扯、乱拉和乱挂。电焊把线的胶皮要无破漏，禁止电焊把线与起重用钢丝绳交叉在一起。

（9）现场安装使用后多余的边角余料：能够使用的应该分类分规格摆放在现场的指定位置，并做好标记移植；无法再使用的应每天清理送入废料箱或指定位置，然后集中送到废料场。

（10）施工现场的电焊条头、药皮等应每天清扫，倒在指定的地方，保证施工现场的干净和整洁。

（11）现场班组休息室、工具房、氧气房和乙炔房，应按施工平面布置图的要求整齐排列，外表完整无破损，油漆无脱落，门帘完好玻璃无损坏。休息室内地板干净无尘土，工具用具摆放整齐；室内墙上工种操作要求、图表挂放整齐。

（四）项目现场临时设施搭设标准

1. 临时施工道路设计标准及要求

（1）临时道路（简易公路技术要求）。

（2）修临时道路原则，可根据现场实际尽量就地取材，而且要考虑雨天是否行车，否则路修好下雨不能通车影响较大。

（3）路面要高于自然地面 20cm，两侧路边要设置排水沟。

2. 施工现场设施设计标准及要求

（1）料场场地地坪应比四周地坪略高。根据存放材料的不同种类设计不同的基础，同时应保证材料的装卸车和运输的方便。

（2）成品、半成品堆放场应在施工区域布置。

（3）电焊机应全部放进电焊机房内，其他电动设备和机械设备应搭设防雨棚。新制作电焊机房、工具房必须按照工程管理部统一规定的图纸制作（见图例：电焊机房、工具房）。

3. 施工现场临时供水和排水标准及要求

（1）供水管线优先采用环形管网布置，主干线一般不宜小于 $\phi45$，采用埋地敷设或明设。采用埋地敷设时，深度要在冻土层以下，且不小于 50cm，管线采用焊管沥青防腐、计量表、阀井、池齐全。

（2）排水优先采用明沟，必要时可埋设混凝土管或铸铁管、坡度在 5‰～8‰，排放地点要符合市政环卫有关要求。

（3）安装工程用水。试压用水：管线及设备试压，一般是以容积大小来计算，乘以损耗系数。损耗系数一般为 1.15，由于在试压过程中工期要求较紧，管径的选择和水的流速，要满足一定时间内流量的需要。

4. 施工现场临时供电设计标准及要求

（1）高压配电变电间应选择在场地一角的安全处，防雷、雨设施齐全。

（2）电力线路敷设以架空线为好，若采用电缆应埋入地下。铺黄砂用红砖覆盖后再回填土至平地坪。沿走向打好红白色的标志桩或填写隐蔽工程记录表明平面位置，架空线应设在道路或围墙的一侧。

（3）选择电源必须考虑的因素。

① 要根据工程的工程量与进度安排要求；

② 各施工阶段电力的需用量；

③ 施工现场占地面积大小；

④ 用电设备在现场分布及距电源靠近情况；

⑤ 现有电器设备情况。

5. 钢平台的铺设要求

（1）钢平台应以 $\phi273$ 螺纹钢管操平后，铺设 $\delta=14\sim18mm$ 的碳钢板，上层 $\phi273$ 螺纹钢管的间距在 1～1.5m 之间。

（2）型钢平台根据工程的具体要求，可设计钢管平台、槽钢平台和工字钢平台。

（3）平台所在地坪及平台周围 5～8m² 范围的地坪应作压实处理，此部分的地坪应略高于其他处的地坪。

（五）场容管理其他规定

1. 项目经理部应结合施工条件，按照施工方案和施工进度计划的要求，认真进行施工平面图的规划、设计、布置、使用，并按施工的不同时间分段实施并随时修订和管理。

2. 施工现场要妥善加以维护，应根据施工期限的长短和施工场所地理位置的要求设置临时或半永久性围墙。

3. 施工现场应保持秩序，在指定地点堆放垃圾，每日进行清理。

4. 施工现场应消除粉尘，减少噪声。

5. 施工现场应设置必要的告示和标志，进行必要的绿化布置。

（六）季节施工要求

1. 工地应该按照作业条件针对季节性施工的特点，制定相应的安全技术措施。

2. 雨季施工应考虑施工作业的防雨、排水及防雷措施。如雨天挖坑槽、露天使用的电气设备、爆破作业遇雷电天气以及沿河流域的工地做好防洪准备，傍山的施工现场做好防滑坡塌方的工作和做好临时设施及脚手架等的防强风措施。雷雨季节到来之前，应对现场防雷装置的完好情况进行检查，防止雷击伤害。

3. 冬期施工应采取防滑、防冻措施。作业区附近应设置的休息处所和职工生活区休息处所，一切取暖设施应符合防火和防煤气中毒要求；对采用蓄热法浇筑混凝土的现场应有防火措施。

4. 遇六级以上（含六级）强风、大雪、浓雾等恶劣气候，严禁露天起重吊装和高处作业。

三、材料堆放安全

（一）施工现场材料管理制度

1. 根据工程平面总布置图的规划，确立现场材料的贮存位置和堆放面积，各种材料要避免混放和掺进杂物。

2. 材料进场前，材料员要清理现场并做好准备工作。

3. 材料进场后，材料员及相关人员根据采购合同、技术资料等进货凭证，做好进场物资的验收工作，填写《收料单》，并记入《材料明细账》，需试验的由材料员及时通知试验员送检。

4. 现场材料应堆放成方成垛，分批分类摆放整齐，并垫高加盖，按材料性质分别采取防火、防潮、防晒、防雨等保护措施。

5. 材料员对现场材料应按《产品标识和可追溯性管理规定》挂牌标识，并注意保护标识。

6. 材料员按"先进先出"原则定额发料，并记入《材料明细账》。

7. 材料员定期对现场材料进行检查，发现问题及时报告项目负责人，采取纠正措施。

8. 废旧材料要统一存放，统一回收。

9. 加强现场保卫工作，防止破坏和偷盗事故发生。

10. 常用现场材料的贮存要求：

（1）砂　在贮存过程中应防止离析和混入杂质，并按产地、种类和规格分别堆放。

（2）石　在贮存过程中应防止颗粒离析和混入杂质，并按产地、种类和规格分别堆放。堆料高度不宜超过 5m。但对单粒级或最大粒径不超过 20mm 的连续粒级堆料高度可增加到 10m。

（3）轻集料　在贮存过程中不得受潮和混入杂物，不同种类和密度等级二轻集料应分别贮存。

（4）钢材　要分品种、规格、分类放置，并要垫高以防受潮锈蚀，雨季要覆盖。

（5）砖及砌块

1）应按不同品种、规格、标号分别堆放，堆放场地要坚实、平坦，便于排水。

2）中型砌块应布置在起重设备的回转半径范围内，堆垛量应经常保持半个楼层的配套砌块量。

3）砌块应上下皮交叉、垂直堆放，顶面两皮叠成阶梯形，堆高一般不超过3m，空心砌块堆放时孔洞口应朝下。

4）堆垛要求稳固，并便于计数。堆垛后，可用白灰在砖垛上做好标记，注明数量，以利保管、使用。

（6）防水卷材　一般以立放保管，其高度不超过两层，应避免雨淋、日晒、受潮并注意通风，远离热源；氯化聚乙烯防水卷材应平放，贮存高度以平放5个卷材高度为限。

（7）保温隔热材料　不得露天存放，必须按不同种类规格分别堆放，定量保管，堆放地面必须平整、干燥，以保证堆垛稳固、不潮。

（二）施工现场设备管理制度

为了加强施工现场机械设备的安全管理，确保机械设备的安全运行和职工的人身安全，特制订本制度。

1. 施工现场必须健全机械设备安全管理体制，完善机械设备安全责任制，各级人员应负责机械设备的安全管理，施工负责人及安全管理人员应负责机械设备的监督检查。

2. 机械设备操作人员必须身体健康，熟悉各自操作的机械设备性能，并经有关部门培训考核合格后持证上岗。

3. 在非生产时间内，未经项目负责人批准，任何人不得擅自动用机械设备。

4. 机管和操作人员必须相对稳定。操作人员必须做好机械设备的例行保养工作，确保机械设备的正常运行。

5. 新购或改装机械设备，必须经公司有关部门验收，制定安全技术操作要求后，方可投入使用。

6. 经过大修理的机械设备，必须经公司有关部门验收合格后，方可投入使用。

7. 施工现场的大型机械设备（塔吊、施工升降机等）必须由专业资质的单位进行安装、拆除。安装后必须经项目部、公司有关部门和建委及安监局认可的有关部门验收合格后，挂牌使用。

8. 塔吊、施工升降机的加节，必须由专业资质的单位进行，并经项目部和公司有关部门验收合格后，方可使用。

9. 施工现场的中、小型机械设备，必须由项目部有关人员进行验收合格后，挂牌使用。

10. 机械设备严禁超负荷及带病使用，在运行中严禁保养和修理。

11. 机械设备必须严格执行定机、定人、定岗位制度。

12. 各种机械设备的使用必须遵守项目部、公司和上级部门的有关规定、规程及制度。

（三）施工现场材料堆放及防火

1. 工地的地面，有条件的可做混凝土地面，无条件的可采用其他硬化地面的措施，使现场地面平整坚实。但像搅拌机棚内等处易积水的地方，应做水泥地面和有良好的排水措施。

2. 施工场地应有循环干道，且保持经常畅通，不堆放构件、材料，道路应平整坚实，无大面积积水。

3. 施工场地应有良好的排水设施，保证畅通排水。

4. 工程施工的废水、泥浆应经流水槽或管道流到工地集水池统一沉淀处理，不得随意排放和污染施工区域以外的河道、路面。

5. 施工现场的管道不能有跑、冒、滴、漏或大面积积水现象。

6. 施工现场应该禁止吸烟，防止发生危险，应该按照工程情况设置固定的吸烟室或吸烟处，吸烟室应远离危险区并设必要的灭火器材。

7. 工地应尽量做到绿化，尤其在市区主要路段的工地应该首先做到。

（四）材料堆放管理

根据现场实际情况及进度情况，合理安排材料进场，对材料做进场验收，抽检抽样，并报检于甲方、设计单位。整理分类根据施工组织平面布置图指定位置归类堆放于不同场地。

1. 专门库房，妥善存放　建筑材料应存放于符合要求的专门材料库房，否则会降低使用寿命。如钢材、水泥等材料，应避免潮湿、雨淋。钢材（及制作成品）堆放在潮湿的地方会很快被氧化锈蚀，影响使用寿命；水泥回潮或被雨水冲淋后不能使用。

2. 标志清楚，分类存放　建筑工地所用材料较多，同种材料有诸多规格，比如钢材从直径几毫米到几十毫米有几十个品种，又有圆钢和带钢之别；水泥有强度等级高低不同，又有带 R 与不带 R、硅酸盐、矿渣、立窑、悬窑之别。建筑物的不同浇灌部位，其设计标号是有差别的，绝不能错用、混用。

3. 材料发放　对于到场材料，清验造册登记，严格按照施工进度凭材料出库单发放使用，并且需对发放材料进行追踪，避免材料丢失。特别是要对型材下料这一环节严格控制。对于材料库存量，库管员务必及时整理盘点，并注意对各材料分类堆放。易燃品、防潮品均需采取相应的保护措施。

另外，不论是项目经理部、分公司还是项目部，仓库物资发放都要实行先进先出的原则，项目部的物资耗用应结合分部、分项工程的核算、严格实行限额/定额领料制度，在施工前必须由项目施工人员开签限额领料单，限额领料单必须按栏目要求填写，不可缺项。对贵重和用量较大的物品，可以根据使用情况，凭领料小票多次发放。对易破损物品，材料员在发放时需作较详细的验交，并由领用双方在凭证上签字认可。

四、现场住宿管理

（一）生活设施

1. 施工现场应设置符合卫生要求的厕所，有条件的应设水冲式厕所，厕所应有专人负责管理。

2. 建筑物内和施工现场应保持卫生，不准随地大小便。高层建筑施工时，可隔几层设置移动式简易的厕所，以切实解决施工人员的实际问题。

3. 食堂建筑、食堂卫生必须符合有关卫生要求。如炊事员必须有卫生防疫部门颁发的体检合格证，生熟食应分别存放，食堂炊事人员穿白色工作服，食堂卫生定期检查等。

4. 食堂应在明显处张挂卫生责任制并落实到人。

5. 施工现场作业人员应能喝到符合卫生要求的白开水。有固定的盛水容器和有专人管理。

6. 施工现场应按作业人员的数量设置足够使用的淋浴设施，淋浴室在寒冷季节应有暖气、热水，淋浴室应有管理制度和专人管理。

7. 生活垃圾应及时清理，集中运送装入容器，不能与施工垃圾混放，并设专人管理。

（二）现场住宿

1. 施工现场必须将施工作业区与生活区严格分开不能混用。在建工程内不得兼作宿舍，因为在施工区内住宿会带来各种危险，如落物伤人、触电或内洞口、临边防护不严而造成事故；两班作业时，施工噪声影响工人的休息。

2. 施工作业区与办公区及生活区应有明显划分，有隔离和安全防护措施，防止发生事故。

3. 寒冷地区冬季住宿应有保暖措施和防煤气中毒的措施。炉火应统一设置，有专人管理并有岗位责任。

4. 炎热季节宿舍应有消暑和防蚊虫叮咬措施，保证施工人员有充足睡眠。

5. 宿舍内床铺及各种生活用品放置整齐，室内应限定人数，有安全通道，宿舍门向外开，被褥叠放整齐、干净，室内无异味。

6. 宿舍外周围环境卫生好，不乱泼乱倒，应设污物桶、污水池，房屋周围道路平整，室内照明灯具低于 2.4m 时，采用 36V 安全电压，不准在 36V 电线上晾衣服。

五、现场防火

（一）现场防火理由

建筑工地的消防管理是一个人们容易遗忘的角落，一旦发生火灾，就会迅速蔓延，形成大面积燃烧，造成巨大的经济损失。

1. 可燃、易燃材料多 建筑工地有许多临时建筑，如工棚、仓库、食堂等，这些建筑较多的采用竹子、木材、油毡等可燃材料，建筑耐火等级低；另外，施工的脚手架和安全防护物也常用可燃材料做成；同时由于施工需要，施工现场存放和使用大量油毡、木材、油漆、塑料制品及装饰、装修材料等可燃易燃物品。

2. 火源、热源多

（1）做饭、熬沥青需使用明火，且易产生飞火；

（2）电焊、气焊作业时产生的熔珠，如遇可燃物易产生阴燃；

（3）施工现场用电量大，临时线路多，布置凌乱，易短路打火；

（4）生石灰遇水发热，形成高温热源。

上述火源、热源若管理不善，与可燃物接触，就极易引发火灾。

3. 消防条件差

（1）不重视防火工作。

（2）建筑施工工地一般缺乏消防水源和消防设施、器材，道路条件差，障碍物多，一旦发生火灾，严重影响火灾扑救。

（3）建筑物本身的消防设施未建成，无防火、防烟分隔，火灾极易蔓延。

（4）建筑施工周期短，变化大，单位大都存在临时观念，不重视消防工作。

（5）工地人员流动大，作业分散，落实消防安全工作难度大。

因此，必须注重现场防火工作。

（二）现场消防管理制度

1. 认真贯彻执行《中华人民共和国消防条例》和有关消防法规，加强防火安全管理，保证生产中防火安全。

2. 建立消防组织。项目经理部以项目经理为组长、项目副经理为副组长、项目技术人员、保管员、施工班组长等成员，成立项目消防领导小组为项目消防安全建立组织保证。

3. 项目部消防器材、设备由公司统一购置管理，保证每个工地、仓库等部位和生产重要环节必须有足够消防器材。消防器材的设置：消防器材为灭火器、水桶、钩子、斧子、砂子等要配备齐全，要根据不同的易燃、易爆物品配置不同的类型灭火器。

4. 在下面易发生火灾的场地必须设置适宜的灭火器材：

（1）木工加工制作及木材堆放场地；

（2）易燃易爆库房部位；

（3）电气焊操作的地点；

（4）职工食堂及宿舍；

（5）沥青熬制地点。

5. 施工现场要设置灭火水源，水压、水源要满足要求。

6. 施工现场的道路在易发生火灾的地方，消防车必须能顺利通过。

7. 工地负责消防人员必须熟悉消防知识，能熟练地使用消防器材工具。

8. 一旦工地发生火灾，工地要迅速向当地消防队报警，报告公司，并立即组织工地职工扑灭火灾，防止火灾蔓延。

9. 工地上易发生火灾的地方，要设置醒目的"严禁烟火"标牌。

10. 现场要有明显的防火宣传标志，并在规定的部位设置消防器材。

11. 电工、焊工从事电器设备安装和电气焊切割作业，要有操作证。动火前，要消除附近易燃物，配备看火人员和灭火用具。

12. 施工材料的存放、保管，应符合防火安全要求，库房应用非燃材料支搭。易燃、易爆物品，专库储存，分类单独存放，保持通风，用火符合防火规定，不准在工程内、库内调配油漆、稀料。

13. 施工现场严禁吸烟，否则罚款。

14. 氧气瓶、乙炔瓶工作间距不小于 5m，两瓶同明火作业距离不小于 10m。

15. 木工棚严禁吸烟和明火作业，要及时清理废料（刨花、锯末、木屑），每天下班前必须清扫干净，备置足够的灭火器材。

16. 食堂炉灶必须设计火门或隔挡，防止火喷出燃着可燃物，炉灶 1m 内不得存有易燃物品，以保证炉灶周围的整洁和安全。

17. 炉灰渣放到安全地点。严格检查是否红火灰渣，如有及时浇灭，严禁乱堆乱放。

18. 宿舍内保持清洁卫生，不准存放易燃可燃液体，易爆物品和大量的可燃物品。严禁使用电炉取暖水做饭，不准在床上躺着吸烟。

19. 督促检查与处罚：公司配合项目部要每月检查一次各工地的消防情况，并作记录存档；发现火灾隐患，要立即下发整改通知书，跟踪验证；对屡教不改，致使酿成火灾，并造成损失的要酌情给予行政或经济处罚。

20．消防器材不能挪作他用，违者视情节给予批评和按《中华人民共和国治安管理处罚条例》给予处罚。

21．明火作业须使用消防器材的班组，使用前要通过专（兼）职消防员同意，方能使用。

22．工地项目经理负责安全防火工作，要将防火工作列入施工管理计划。

23．经常对职工进行防火教育。施工现场作业场所禁止吸烟；吸烟要到吸烟室。违者视情节给予批评经济处罚。

24．对于30m以上高层建筑施工，要随层做消防水源管道，用50mm的立管，设加压泵，每层留有消防水源接口，加压泵必须单敷设电源。

25．工地电动机设备必须设专人检查，发现问题及时修理。不准在高压线下面搭设临建或堆放可燃材料，以免引起火灾。

26．进入冬季施工，对工地上的各种火源要加强管理，各种生产生活用火的设施、动用和增减必须经项目经理部消防人员的批准，不得在建筑物内随意点火取暖。

27．凡明火作业，要严格执行动火审批手续，工作前由用火班向项目部消防负责人提出申请，经有关人员检查现场和防火措施，做好技术交底后，方可发给"准用动火证"，作业后要严格检查现场，防止留下火种隐患。

28．专兼职消防员定期对本片消防器材进行维修保养，保证消防器材性能良好。

29．公司每半年对兼职消防员进行一次专业训练；专兼职消防员对义务消防小组成员每季度进行一次业务培训，并经常向职工进行上岗前、在岗中的消防知识教育。

30．凡公安消防部门提出的火险隐患，能整改的必须马上保质保量近期整改，对一时因故不能马上整改的，必须有应急措施，如无正当理由逾期不改者，要追究有关人员或有关领导责任。

31．把安全防火列入生产会议内容，分析防火工作形势，通报防火工作情况，针对不同季节、生产情况确定防火重点。

32．周一为安全防火教育日，总结一周的防火工作情况，组织职工学习防火知识。

33．凡对安全防火工作有特殊贡献的，经领导批准给予精神和物质奖励。

34．凡在火警、火灾事故中报警早、救火有功者，核实后给予一定奖励。

35．对违反操作要求和失职而造成火警、火灾事故的主要责任者，要依据情节后果按有关规定给予适当处罚，年终不能评为先进生产（工作）者。

36．对发生火警事故的单位，直接领导也同样根据情节后果给予适当处罚，年终不能评为先进工作者。

（三）施工现场动火审批制度

1．施工现场的动火作业首先要分清一、二、三级动火范围。

2．动火作业前，必须办理动火许可证审批手续，动火许可手续按一、二、三级动火审批程度。

（1）一级动火作业由所在单位行政负责人填写动火申请表，编制安全技术措施方案，报公司保卫部门及消防部门审批后，方可动火。

（2）二级动火作业由所在工地、车间的负责人填写动火申请表，编制安全技术措施方案，报本单位主管部门审查批准后，方可动火。

（3）三级动火作业由所在班组填写动火申请表，经工地、车间负责人及主管人员审查批准后，方可动火。

3. 在禁火区、危险区域内动用明火的，除办理动火许可手续外，还必须落实安全、可靠的防火、防爆措施，并确认无火险隐患和危险性。

4. 焊、割作业者必须是经过专业培训、持有特殊工种操作证、动火许可证方可上岗，并严格遵守焊割"十不烧"规定。

5. 动用明火作业区域必须配备充足的灭火器材和指派专人对动火作业区域进行监护，明确职责，手持灭火器进行监护。

6. 施工现场的动火作业必须做到"二证一器一监护"。

（四）建筑工地防火细则

1. 各建筑施工部门必须实行逐级防火责任制，确定相应的领导人员负责工地的消防安全工作。各施工部门应该将消防工作纳入施工组织设计和施工管理计划，使防火与生产密切结合，以保证有效地贯彻防火措施。

2. 普遍建立义务消防组织，在工地消防负责人的领导下，进行防火与灭火工作，根据工作需要和成员的具体条件加以适当分工，建立必要的会议、汇报、防火检查、学习训练等制度，不断提高业务能力。离城市消防队较远、规模较大的工地，应该建立专职消防队。

3. 发动群众和依靠职工做好消防工作，经常向职工有计划地进行防火教育，使其自觉地遵守防火制度和安全操作要求；必要时应该运用鸣放、辩论、整改的办法，发动职工揭发和堵塞火险漏洞，确保工地防火安全。新招收的职工必须经过防火教育后，才能进行工作。

4. 必须发动职工根据生产操作的特点，制定相应的防火制度公约及必要的安全操作要求。

5. 应该逐级定期进行防火检查，发现的火险问题，必须及时研究解决。

6. 施工现场应当划分出用火作业区、易燃可燃材料场、仓库区、易燃废品临时集中站和生活福利区等区域。上述区域之间以及与正在修建的永久性建（构）筑物之间的防火间距，参照附表选用。如果受到场地或房屋等条件的限制，按照附表选用有困难时，在采取其他防火措施以后，可以适当减小防火间距。

7. 木材干燥室和烤木池应该设置在独立的场地上，不要设置在施工现场。

8. 防火间距中不应当堆放易燃和可燃物质。

9. 木材堆垛的面积不要过大，堆与堆之间应该保持一定的距离。

10. 施工现场应当有车辆的通行道路，其宽度应该不小于 3.5cm，当道路的宽度仅能供 1 辆汽车通行时，应该在适当地点修建回转车场。

11. 施工现场的水源地要筑有消防车驶进的道路。如果不可能修建出入通道时，应当在水源旁边铺砌消防车停放和回转的空场。

12. 卸运或堆放建筑材料时，不能堵塞交通道路。在消防车必须通过的道路上铺设地下管道或者电缆期间，应当采取保证车辆畅通的措施。

13. 施工现场的道路夜间应当有照明设备。

14. 安装和使用电气设备，应当注意下列事项：

（1）安装和修理电气设备，必须由电工人员进行。新设、增设的电气设备应当经过主管部门或人员检查合格后，才可以通电使用。

（2）电线杆要架设牢固，不准作其他用途。电线应当用磁珠、磁夹架设整齐，防止与其他物品接触。电线与锅炉、炉灶、暖气设备和金属烟囱等，都应当保持适当的距离。

（3）各种电气设备或线路不应超过安全负荷，并且要接头牢靠，绝缘良好和装有合格的保险设备。

（4）电气设备和线路应当经常检查，发现可能引起火花、短路、发热和绝缘损坏等情况时，必须立即修理。

（5）当电线穿过墙壁、地板、芦席或与其他物体接触时，应当在电线上套有磁管或玻璃管等加以隔绝。

（6）在贮存易燃液体、可燃气瓶及电石桶的库房内，敷设的照明线路应当用金属套管，并应采用防爆型灯具。如采用一般灯具时应安装在玻璃窗的外面。电灯开关应该安装在库房外面。

（7）混凝土电气加热应当在有经验的电气人员指导下进行；电极及其他加热混凝土的导线裸出部分，不要用可燃结构作其支持物。上述加热部件、带电压的混凝土或土壤加热地点不要堆置可燃材料，并且要用栏杆围护和设置警告标志。

（8）电气设备在工作结束时应当切断电源。

（9）不要使用纸、布或其他可燃材料做成没有骨架的灯罩；灯泡距可燃物应当保持一定的距离。

（10）在高压线下面不要搭设临时性建筑物或堆放可燃材料。

（11）变（配）电室应该保持清洁、干燥。变电室要有良好的通风；配电室内禁止吸烟、生火及保存与配电无关的物品。

15.采暖、加热和使用明火的应当注意下列事项：

（1）各种生产、生活用火的设置、移动和增减，应当经过工地负责人或领导指定的消防人员审查批准。

（2）明火和具有火灾危险性的操作，应该与易燃、可燃和爆炸物品保持一定的距离，并且要根据具体情况必须采取必要的消防安全措施。

（3）在木质地板上装设火炉时，必须设有隔热炉垫；火炉及其烟囱应当与可燃物之间保持适当距离，金属烟囱穿过可燃结构的部位应当用隔热材料隔离。

（4）在没有拆除外脚手架的房屋内，一般不要安设火炉。如果必须安设时，火炉烟囱要伸出脚手架不小于70cm，烟囱与脚手架之间的距离不小于25cm。

（5）锅炉房的屋面和墙壁应该用非燃烧材料或难燃烧材料建造；锅炉顶距可燃屋顶最近部分要保持必要的安全距离。

（6）各种炉子的烟囱靠近易燃、可燃物时，应当安设防火帽。

（7）锅炉、火炉及其烟囱在使用期间，要定期清除烟灰，并要经常进行检查，保持其完好无损。

（8）锅炉上的水位计、安全阀、气压表等安全设备，应当经常检查，保证完好有效。

（9）禁止使用易燃或可燃液体生炉子。

（10）炽热炉灰应当及时浇灭后倒在安全地点。

（11）以木片、刨花、柴草等作燃料的炊事炉灶，在烧火时要有人看管，灶前不要堆放大量燃料。

（12）炉灶使用完毕后，应当将炉门闭妥或将炉火熄灭。

（13）锅炉房内、火炉近旁不要堆放易燃物品。无人看管时，不要在锅炉或火炉近旁烘烤衣物和其他可燃物品。

（14）进行烘烤或加热操作时，必须严格遵守操作要求；装入锅内的熬炼材料不要过满，以免沸腾时溢出，并且要在工作地点附近备有相应的灭火工具。

（15）表面温度超过100℃的暖气管道，距可燃结构应当不小于5cm。可燃材料不能作上述管道的保温层或支持物。

（16）采用锯末、生石灰保温时，其配合比例应当经过试验鉴定，证明确实没有自燃危险后，才可以使用。

16. 施工现场禁止吸烟，吸烟应该在吸烟室或者在安全地点。

17. 运输、储存和使用易燃和易爆物品，应当注意下列事项：

（1）保管和使用化学易燃易爆物品，必须建立严格的收发、登记、回收和检查制度，切实做到限额领料，活完料净。

（2）收发、储存、运输和使用爆炸物品，必须由懂得爆炸物品常识的人进行，并要有专门的技术人员负责组织和指导安全操作。装卸爆炸物品要轻放轻拿；运输爆炸物品要包装严密，放置稳固。

（3）禁止在爆炸物品库房内或库外附近地方点火和吸烟，不要把容易引起爆炸的物品带入库房内，无关人员禁止进入爆炸物品库房。

（4）运输、储存和使用气瓶时，应当放置稳固，防止冲撞、敲击和强烈振动。

（5）气瓶不要在阳光下暴晒，在有明火的地点不要排除瓶内气体。

（6）气瓶内的气体没有放尽以前或者瓶内具有爆炸危险的混合气体时，不应当修理活门。

（7）防止油类落在氧气瓶上，带有油类的物品不要接触氧气瓶及其零件。

（8）易燃和可燃液体的仓库，应该设置在地势较低的地方；电石库应该设置在地势较高和干燥的地点。

（9）储存有自燃危险的物品库房，要有良好的通风；废油棉纱、油手套、沾油工作服等物品，应当及时进行处理或者妥善保管。

18. 生石灰不要与易燃或可燃材料放在一起，并且防止水分的侵入。

19. 施工现场、加工作业场所和材料堆置场内的易燃、可燃杂物，应该及时进行清理，做到下班后地清。

20. 焊接、切割工作应注意下列事项：

（1）氧气和乙炔气瓶应该分别放置，并保持一定的间距。在气瓶和橡皮管未安装牢固前，不要进行焊接和切割工作。

（2）乙炔发生器要有防止回火的安全装置。

（3）乙炔发生器及其配件、输送导管等冻结时，可以用热水或蒸汽进行解冻，不要使用明火加热或用可能发生火花的工具敲打。

（4）测定气体导管及其分配装置有无漏气现象时，应该用肥皂水，不要用明火。

（5）进行气焊或气割工作时，应该用乙炔将导管内的空气排除后，才可以点燃喷嘴。

（6）在地面进行焊接或切割工作时，应当与可燃物和可燃结构保持适当的距离，或者用非燃烧材料隔开；在高空进行焊接或切割工作时，下面的脚手架要用铁丝绑扎，并要在事先将下面的可燃物移走，或者采用非燃烧材料的隔板遮盖，在操作部位的下方设置火星接收盘或喷水等措施，必要时还要派人看守。

（7）在制作、加工或储存易燃易爆物品的房间内，不能进行焊接和切割工作。

（8）储存过易燃、可燃液体及其他易燃物品的容器，在危险状态没有消除以前，不能进行焊接或切割工作。

（9）操作乙炔发生器和电石桶时，应该使用不能发生火花的工具，在乙炔发生器上不能装有纯铜的配件。

（10）赤热的喷嘴、电焊扒手以及焊条头等，禁止放在可燃物上。

（11）工作完毕以后，应当把乙炔发生器中所有的电石及其残渣清除，并要排除其内腔和其他部分的气体。清除的残渣应当倒入土坑内埋掉。

21.建筑工地要设有足够供应消防用水的给水管道或蓄水池，在较大较高的建筑工程中，其内部要设有消防给水管网，保证水枪的充实水柱达到工程的最高最远处。

22.建筑工地应当设置必要的通讯、报警设备；特别重要的工程或部位，最好与公安消防队安设直通电话。

23.临时性的建筑物、仓库以及正在修建的建（构）筑物，都应该设置适当种类和数量的灭火工具。消防设备和灭火工具，要布置在明显和便于取用的地点。在寒冷季节应对消防水池、消火栓和灭火机等做好防冻工作。

24.消防工具要有专人管理，并定期进行检查和试验，确保完备好用。

25.消防管道的修理或停水，应该通知消防队后才能进行。

（五）建筑工地重点工种作业防火注意事项

建筑工地是一个多工种密集型立体交叉混合作业的施工场地，尤其在工程施工的高峰期间，明火作业多，作业工种多，施工方法又各有不同，因而就出现不同的火灾隐患，假如疏于治理，极轻易引发工地火灾。建筑工地火灾和其他火灾一样，都是由人的不安全因素与物的不安全因素所带来的必然结果，但做好以下几个重点工种作业时的防火安全工作，对预防建筑工地火灾可以起到事半功倍的作用。

1.建筑焊工的作业防火　焊工分为电、气焊两种，是利用电能或化学能转化为热能对金属进行加热的溶接方法。电、气焊引起火灾的主要原因是在焊接、切割的操作过中，由于思想麻痹、操作不当、制度不严、防火措施不落实造成的。因此，要预防由于焊工作业引发火灾，建筑焊工应做好以下几个方面的工作：

（1）作业前要明确作业任务，认真了解作业环境，划出动火的危险区域，并设立明显标志，移走作业范围内的一切可燃与易燃、易爆物品。对不能移走的上述物品，要采取可靠的防火保护措施。在风速较大的时候作业，要注重风力、风向的影响，派专人监护作业，防止大风把火星吹到四周的可燃、易燃物品上。作业结束时，一定要将全部火星扑灭后方可离开现场。

（2）维修、装修旧建筑过程中使用电、气焊时，作业前要非凡注重检查焊接部位的墙体、楼板构造和隐蔽工程部位的情况。对于墙体和楼板上存在的孔洞裂缝、导热金属构件、管道等设备要采取相应的防火保护措施，防止火星落入这些部位留下火种，或是通过金属导热造成火灾。

（3）在室内、容器内作业或切割各种容器时，作业前必须认真仔细地对作业环境的情况调查清楚，必要时要取样分析。

（4）作业前要注重仔细检查管道和焊具是否漏气，以防氧气或乙炔在室内或容器内大量聚集引起火灾。作业时，电、气焊的乙炔发生器、氧瓶、电焊机等相关设备都不能放置在室内。室内作业要保持空气流通，严禁用氧气通入作业室内的方法来调节空气。

2. 建筑木工的作业防火　建筑工程从施工预备到工程竣工，要使用大量的木材，如建筑模板中制作、建筑装修等。木材属可燃物，燃点较低，尤其是在木材的加工过程中会产生大量锯末、刨花、木屑和木粉，这些物质比起木材来更易被点燃，因此木工作业时应注重以下几个问题：

（1）作业现场要严禁动用明火，禁止工人在现场吸烟，并设置明显的禁止吸烟标志。在作业现场范围内不得堆放其他无关的易燃易爆物品。木工个人工具箱应严禁存放油料和易燃易爆物品。

（2）作业时要对电气设备加强经常性检查，发现短路、打火和线路绝缘老化破坏等情况要及时找电工维修，要随时清扫作业现场的锯末、刨花、木屑和木粉，防止由于上述物质遮盖电机设备而引发火灾。

（3）粘接木材所用的胶水应在单独的房间里进行熬制，用完后要及时把炉子的火熄灭。

（4）木工作业时要严格遵守建筑工地治理条件的规定。下班时应把作业现场清扫干净，木料要堆放整洁，锯末、刨花、木屑和木粉要堆放到指定地点，并且注重不应堆放过多，存放时间不宜过长，以防自燃起火。

3. 建筑电工的作业防火　建筑工地用电量大，临时电气线路多，若是忽视建筑电工的防火安全工作，则必然会引发电气火灾。在施工过程中，建筑电工应采取以下三个方面的预防措施来防止电气火灾。

（1）预防电气短路的措施：建筑工地的临时线路都必须采用负导线，导线绝缘性要符合电路电压要求。导线与导线、导线与墙体及吊顶间应符合规定的安装间距。保险丝应按要求选用。

（2）预防过负荷造成火灾的措施：导线截面要根据用电负荷选用，不得随意在用电线路上乱拉乱接，增加线路或用电负荷。要定期检查线路负荷增减情况，去掉过多的用电设备和新增线路，或是根据生产程序和需要，采用先控制后使用的办法，定出用电时间表。

（3）预防电火花和电弧产生的措施：裸露导线间或导体与接地装置间应留有足够的间路，导线接地要牢固。保持导线支撑物完整良好，防止布线过松。要经常检查导线的绝缘电阻是否能满足应有的绝缘强度。保险器或开关要安装在不燃的基座上，并用不燃箱盒保护。电工不应带电安装和修理电气设备。

4. 油漆工作业防火　因为油漆工作业所使用的材料都是易燃、易爆的化学材料，因此，无论是油漆的作业现场还是临时存放的库房，都要规定禁止动用明火。在室内作业时，一定要注重保持室内通风良好，夜间作业时所使用的照明设备必须是防爆型的。禁止在作业现场吸烟，其他动用明火作业的工种要远在 10m 以外。

5. 沥青作业防火　石油沥青是一种燃点和闪点都比较低的易燃化学材料，主要用于建筑物的防水和防潮工程。建筑工地沥青作业的火灾危险性表现在沥青的熬制和冷底子油配制与施工的过程中。

（1）沥青熬制过程中的防火：沥青熬制作业点应布置在远离建筑物和材料堆放地的下风方向，炉灶防雨棚不得采用易燃材料搭建，炉灶四周严禁放置易燃、易爆物品。沥青熬制时应派有经验的工人现场负责，严守工作岗位，严格按照操作熬制。熬制沥青时要随时注重温度的变化，在脱水将要完时，应放慢升温速度。当沥青熬到由白烟转为黄烟时要立即停止加热。锅炉四周应适当配置锅盖、沙子、灭火器等防火和灭火器材。假如发现沥青起火，应立即用锅盖封闭油锅，切断电源，应立即使用沙子或灭火器扑灭火苗，禁止用浇水的方法灭火。

（2）冷底子油配制与施工过程中的防火：配制冷底子油时禁止用铁棒搅拌，以防碰出火星。要严格把握沥青温度，当发现冒出大量蓝烟时，应立即停止加入沥青。凡是配制、储存、涂刷冷底子油的场所都要设专人监护，要严禁烟火，禁止在四周进行电、气焊或其他明火作业。

6. 仓库保管人员的防火管理措施

（1）禁止吸烟，任何人不准携带火种入库。

（2）不准在库房内使用电熨斗、电烙铁、电炉等电热器具和液化气、煤气。

（3）不准在库房内设置办公室和工作间。

（4）不准在库房内架设临时电线和使用 60W 以上的白炽灯，使用镇流器的灯具应将镇流器安装在库房外。

（5）不准在库房内存放使用过的油棉纱、油手套等物品。

（6）要将堆放的物资留出"五距"，即顶距——货垛距屋顶的距离；灯距——货垛顶部距灯的距离；墙距——货垛与库房内墙的距离；柱距——货垛与柱子的距离；垛距——指垛与垛之间的防火距离。这"五距"可防止外部火灾蔓延和库内一旦发生火灾，便于疏散，减少不必要的损失。

（7）要认真检查物资堆放安全情况，离开仓库时切断电源，并关闭门窗。

（8）要牢记《仓库防火安全治理规则》，储存物资的性质和防火灭火知识，要按其性质、包装、消防方法不同，以及低温、常温、密封条件不同，分别存放，性质相抵触的不得混存。

（9）发现火灾后能熟练使用灭火器材，及时灭火。

（10）在露天存放一般可燃物品时，要注重：堆垛之间、垛与建筑物之间、垛与马路、铁路之间的距离，要符合《建筑设计防火规定》的有关规定；还应注重：架空线下面不能堆物，并保持一定的水平距离；货垛距围墙应保持安全距离；及时清除杂草、落叶和其他可燃物。

7. 大型停车库防火设计及消防管理　随着城市的发展，我国城市停车位普遍短缺，居民小区、商业区、商务区、医院等地的停车位全线告急。以北京市为例，大大小小的街道、胡同、小区草坪、路边、小区门口都被划为停车位，密密麻麻地停满了小汽车，占据了居民的活动空间和有限绿地，更有甚者占据了消防通道，造成严重的消防安全隐患。过去不是问题的停车问题，随着人口增长、车辆增多、土地减少，已成为一个棘手的社会问题。

在消防上大型汽车库有以下特点：一是大型汽车库停放车辆多，一旦发生火灾，极易火烧连营，后果惨重。二是大型汽车库自然排烟窗口少，如发生火灾烟气难以排出，造成人员疏散和灭火困难。三是大型汽车库一般设置在高层民用住宅或大型公共建筑下方，由于汽车库火灾荷载大，发生火灾后长时间燃烧会威胁到上方高层住宅或公共建筑，造成巨大经济损失和人员伤亡。四是一些建筑物的重要设备控制中心，如变电所、消防控制室、消防水泵房等，大多数设在大型地下汽车库内，如发生火灾会对这些防控设备的正常运行构成严重威胁。

在建或将要建设大型车库时，应注重以下几点：

（1）设计时要考虑人员疏散　车库防火设计规定中规定"汽车库、修车库的每个防火分区内，其人员安全出口不应少于两个"。然而，大多数汽车库却用了变通手法，即在每个防火分区有一个人员出入口的情况下，几个防火分区共用一个出入口，还有个别地下汽车库自身没有独立的人员疏散出口，完全依靠于地上建筑的疏散楼梯。这不符合规定要求，人为扩大了疏散距离，造成安全隐患。

（2）设计要有利于汽车疏散 大型汽车库大多停放小汽车，按照每辆车 30m² 停放面积计算，一个车库停放 100 辆汽车，那么这个车库应该设两个汽车疏散出入口。如今，由于设置汽车疏散出入口影响地上绿化和设施布置，又不方便日常治理，因此很多建设单位采取的做法是：一个防火分区只设一个出入口，有的防火分区连一个出入口也不能保证。一旦发生火灾，随着疏散通道处卷帘门关闭，防火分区的汽车疏散出口将无法使用，部分汽车将无法从车库内疏散出来。

（3）设计时注重车库喷淋与消火栓管线问题 车库内使用的喷淋系统，以湿式和预作用式喷淋为主，由于考虑到工程造价，我国车库以湿式喷淋系统居多。由于室内消火栓管线在正常情况下是充水的，冬季应采取保温措施，因为一旦消火栓管线冻裂，将会造成巨大的财产损失。机械式停车泊位近年来得到了快速发展，年平均增长率超过 50%。按照规定要求，机械式停车库应在车位上方逐层设置喷淋。但现在一些车库因工期问题，部分车位并未设置，即便设置，其设置方式、位置也与规定要求不符。

（4）车库内自动消防设施的维护与保养 大型车库内的火灾自动报警系统、喷淋系统、补风、排烟系统以及防火卷帘门等具有消防联动功能的自动消防设备，在日常都应该注重维护和保养。目前，许多车库的火灾报警探测器没有定期清洗、维护，个别车库卷帘门、送风、排烟风机疏于治理，甚至常年处于断电状态，成了一种摆设。自动消防设施假如缺乏定期维护和保养，在火灾发生时，就难以发挥作用。另外，部分地下车库内设置有水泵房、配电室等设备用房，在火灾发生时，这些设备用房仍需坚持工作，但有的地下车库中水泵房等重要设备用房的应急照明设置照度不足，达不到正常照明要求，且疏散通道阻塞，造成火灾状态下人员不能到达这些重要部位，在这些部位的工作人员也难以及时疏散。

（六）直击雷工程施工安全措施

1. 施工人员进入现场前，负责工程的项目经理必须对其进行安全教育，并宣讲甲方要求的各种注重事项。分组施工时，每组施工人员必须保证四人以上，且分工明确，并设专职安全员看护、监督。

2. 所有施工人员持证上岗，统一着装，并配备胸卡，进入现场必须戴安全帽，屋面作业时必须系好安全带，并检查安全带是否安全有效，有无破损，必须使用合格安全带。

3. 安全带必须固定在牢固的建筑物上，并且有专人看护。

4. 施工队安全负责人必须在现场监护，严禁违章作业或损害甲方利益。

5. 施工现场材料堆放整洁，分类、分规格标识清楚，不占用施工道路和作业区。必须按平面布置搭设临设，布置电焊机具，堆放扁钢、角钢以及各种材料，使之井然有序。

6. 管网保护措施。对施工现场内已安装到位的各种管道，主动向建设单位了解管道位置及标高，把握管道走向，分析是否与本工程相互交叉。查清管道位置后，在距管道中心两侧各 500mm 距离，各钉一排木桩，并油漆标记，作为管道保护边线，施工时尽量不要在保护线内开挖、通行载重汽车。沟槽开挖时，在管道四周轻挖慢进，并挖空一段、支撑一段，确保管道安全。当施工管网与已有管网存在相交时，协调设计方，更改管道走向或坡度。现场内的所有市政管网、管线等采取围、盖、挡等措施加以保护。

7. 避雷网（带）施工前应检查工作面是否平整，脚手架是否牢固，有无探头板，并绑牢后方可施工。

8. 避雷网（带）钢筋用大绳由地面运至屋顶，必须先检查大绳有无破损，必须有可靠拉力，方可使用，并且工人拉动时不能有勒手的感觉。

9. 垂直运输时，大绳与圆钢必须绑扎牢固，检查是否有其他工种在四周施工，必须在无其他工种施工和无闲杂人员时，才可施工。垂直运输前应先清理现场保证有效工作面，并设防护栏，设专人看护防止闲杂人员进入运输场地。看护人必须高度警惕观察四面情况。

10. 避雷网（带、针）安装属高空施工危险作业，且屋面为斜屋面挂瓦，光滑不宜站立，或平面屋顶，但楼层较高，阳台盖板窄小等不利因素。因此，高空作业安全措施对施工安全极为重要，应逐级进行安全技术教育及交底，落实所有安全技术措施和人身防护用品，未经落实不得进行施工。

11. 高空作业所需料具、设备等根据施工进度随用随运，禁止超负载乱堆乱放。

12. 高空作业人员必须经过专业技术培训及专业考试合格，持上岗证并须体检合格。

13. 高空作业人员所用的工具应随时放入工具袋内，严禁高空相互抛掷传递。

14. 遇四级以上大风或雷雨、浓雾、雨季施工和冬季下霜时禁止高空作业。

15. 在进行上、下立体交叉作业时首先必须具有一定左、右方向的安全间隔距离，不能确实保证此距离，应设置能防止下落物伤害下方人员的防护层。

（七）施工现场灭火器材配备

1. 灭火器材重点配置点　在下面易发生火灾的场地必须设置适宜的灭火器材：

（1）木工加工制作及木材堆放场地；

（2）易燃易爆库房部位；

（3）电气焊操作的地点；

（4）职工食堂及宿舍；

（5）沥青熬制地点。

2. 安全灭火器的报废年限　您知道灭火器也有使用期吗？一个失去效应的灭火器是没有灭火作用的。从出厂日期算起，达到如下年限的必须报废：

手提式化学泡沫灭火器 5 年；

手提式酸碱灭火器 5 年；

手提式清水灭火器 6 年；

手提式干粉灭火器（贮气瓶式）8 年；

手提贮压式干粉灭火器 10 年；

手提式 1211 灭火器 10 年；

手提式二氧化碳灭火器 12 年；

推车式化学泡沫灭火器 8 年；

推车式干粉灭火器（贮气瓶式）10 年；

推车贮压式干粉灭火器 12 年；

推车式 1211 灭火器 10 年；

推车式二氧化碳灭火器 12 年。

另外，应报废的灭火器或贮气瓶，必须在筒身或瓶体上打孔，并且用不干胶贴上"报废"的明显标志，内容如下："报废"二字，字体最小为 25mm×25mm；报废年、月；维修单位名称；检验员签章。灭火器应每年至少进行一次维护检查。

3. 干粉灭火器材的操作与使用

（1）干粉灭火器　干粉灭火器是利用氮气作动力，将干粉从喷嘴内喷出，形成一股雾状粉流，射向燃烧物质灭火。用于扑救液体和气体火灾，对固体火灾则不适用。多用干粉又称 ABC 干粉，可用于扑救固体、液体和气体火灾。

（2）使用方法

1）在使用时，首先取下干粉灭火器（图 5-11）。

2）将灭火器提到起火地点（图 5-12）。

右手握着压把，左手托着灭火器底部，轻轻地取下灭火器。

图 5-11　取下灭火器

右手提着灭火器到现场。

图 5-12　奔赴现场

3）放下灭火器，拔出保险销（图 5-13）。

4）一只手握住喇叭筒根部的手柄，另一只手紧握启闭阀的压把（图 5-14）。

除掉铅封

左手握着喷管，右手提着压把。

图 5-13　拔出保险销　　　　图 5-14　左手握着喷管，右手提着压把

5）对没有喷射软管的二氧化碳灭火器，应把喇叭筒往上扳 70°～90°。使用时，不能直接用手抓住喇叭筒外壁或金属连接管（图 5-15），防止手被冻伤。

在距火焰2m的地方，右手用力压下压把，左手拿着喷管左右摆动，喷射干粉复盖整个燃烧区。

图 5-15　右手压下压把，左手摆动喷管

6）在使用二氧化碳灭火器时，在室外使用的应选择上风方向喷射；在室内窄小空间使用的，灭火后操作者应迅速离开，以防窒息。

4. 预防灭火器发生爆炸　灭火器，一般是由筒体、器头、喷嘴等部件组成，借助驱动压力将所冲装的灭火剂喷出，达到灭火的目的。灭火器的筒体一般由 1.2～1.5mm 的钢板焊接成，所能承受的压力有几兆帕，有的高达 20MPa。

灭火器是用来灭火的，可保管和操作不当，也能发生爆炸。那么，如何避免灭火器爆炸伤人呢？

（1）二氧化碳、卤代烷、贮压式干粉灭火器不能存放在高温的地方，以避免其发生物理性爆炸。

（2）使用后的灭火器严禁擅自拆装，防止存在故障的灭火器在拆装的过程中发生爆炸，应送到具有维修资格的单位灌装维修。

（3）假如发生灭火器锈蚀严重或者筒体变形，以及达到报废的年限，应立即停止使用，送维修单位处理。

（4）严禁将灭火器作废铁卖出，对报废的灭火器应按压力容器的治理规定，在筒体上打孔。

（5）灭火器在搬动的过程中应轻拿轻放，以免发生碰撞变形后爆炸。

六、施工现场治安综合治理

（一）施工现场治安要求

1. 施工现场应在生活区内适当设置工人业余学习和娱乐场所，以使劳动后的人员也能有合理的休息方式。

2. 施工现场应建立治安保卫制度和责任分工并有专人负责进行检查落实情况。

3. 治安保卫工作不但是直接影响施工现场安全与否的重要工作，同时也是社会安定所必需，应该措施得利，效果明显。

（二）治安综合治理目标管理责任制

1. 责任目标

（1）单位党政领导高度重视治安综合治理工作

1）分公司（项目部）成立综合治理领导小组，半年和年终各一次书面情况汇报。

2）有落实治安综合治理责任目标的具体规划和措施（以报综治办的材料为准），治理效果明显。

3）把综合治理工作真正纳入单位的议事日程，做到和生产经营同部署，同检查，同总结，同奖惩。

（2）各级组织积极参与治安综合治理

1）党政工团对综合治理工作的职责、任务明确，能积极配合。齐抓共管的整体作用较好，单位综合治理工作开展得较全面。

2. 各单位治保会、义务消防队组织健全，能充分发挥作用并形成群防群治网络。

（3）职工队伍稳定，内部职工违法犯罪得到有效控制

1）开展普法教育活动，职工法制观念普遍增强，不发生内部职工酗酒闹事、打架斗殴、赌博、吸毒等行为。

2）反腐倡廉，廉洁自律，防止贪污、行贿受贿违法犯罪案件的发生。

3）积极疏导调解各种内部矛盾和纠纷，防止处理不当而导致矛盾激化。

4）做好深入细致的思想政治工作，不出现群体性的集体上访、游行、闹事、罢工等事件的发生。

（4）无影响大、后果严重的案件和事故

1）无恶性、重大政治影响事件发生。

2）无超过3000元以上直接经济损失的安全责任事故。

3）无因管理不善而发生的各类案件和治安灾害事故。

（5）重点要害部门安全无事故，不发生案件

1）大型设备、仓库、油库、雷管、炸药、导火索等易燃易爆物品管理严密，不发生被盗、丢失和其他事件。

2）发生案件及时报告，并积极配合公安机关侦查破案。

（6）开展创建"治安模范工地"活动，保持施工现场、后方基地管理有序，治安状况良好

1）开展创建"治安模范工地"活动，搞好路地联防，不发生聚众哄抢工程物资案（事）件。

2）正确处理路地矛盾，不发生严重干扰施工生产造成重大经济损失和引起人员伤亡的案（事）件。

3）施工现场管理有序，工地治安环境良好。

（7）健全临时用工管理制度，加强使用外部劳务管理

1）坚持对民工"先审后用"、"谁介绍谁负责"、"谁使用谁管理"的原则，把好民工进入关，无民工违法犯罪。

2）用工使用前须验明"外出人员就业登记卡"和地方公安机关及劳动部门办理的"暂住证"和"外来人员就业证"，不使用无上述证件的外来人员。

3）成建制的民工队伍，内部治安保卫组织健全，有专人负责治安保卫工作。

（8）重视消防工作

1）全年无火灾事故。

2）防火部位消防器材齐全，有防火措施。

3）有义务消防组织。

2. 考核标准

（1）年终以八项责任目标为标准，由综治委办公室牵头，全面考核，对重点单位每半年考核一次。

（2）考核主要听取汇报，汇总材料（数据），抽查台账，是否按政治工作程序文件运作、评议等方式进行全面衡量，综合评分。

（3）根据考核标准，实行百分制，达到90分以上的（含90分）为优秀单位，予以奖励兑现；70~89分为合格单位，不奖不罚；69分以下为不合格单位，予以处罚。

3. 奖惩办法

（1）评为当年综合治理先进单位的给予单位奖励3000元，党政主管各奖励500元；合格单位不奖不罚；对不合格单位根据公司规定对单位和党政主管领导予以处罚，并通报全公司。

（2）对考核不及格单位实行综合治理一票否决权制，单位不得参加当年一切评先、评奖，取消主管责任人当年的评先、评奖、晋职晋级资格。

（3）公司全年综合治理工作实现"三无"目标和要求，根据公司有关规定对综治委成员予以奖励，单位报上一级表彰。

（4）单位发生重大以上责任事故或发生各类案件故意隐瞒不报的，取消当年评奖资格。

（5）由于外部因素引发的案件，不影响单位的评比。

七、施工现场标牌

（一）项目现场设置"五牌一图"

1. 工程概况牌，其规格为高2m，宽3m，离地面距离1m。内容见表5-1。

表5-1 工程概况牌

工程名称				
施工单位	名称			
	主管部门			
	经济类型			
	企业资质等级			
	安全资格证编号			
	安全报监表编号			
建设单位	胜中建安公司		勘察单位	
设计单位			监理单位	
安全监督单位			质量监督单位	
材料检测检验单位			建筑面积	
层数	五层		高度/m	
结构类型	框架		基础类型	
工程造价/万元			工程地点	
开工日期			计划竣工日期	

2. 管理人员名单及监督电话牌，其规格为高 2m，宽 3m，离地面距离 1m。内容见表 5-2。

表 5-2 管理人员名单及监督电话牌

管理人员	姓名	各工种负责人	姓名
项目经理		瓦工	
项目技术负责人		钢筋工	
施工员		木工	
技术员		架子工	
安全员		电工	
质检员		起重工	
预算员		机械操作工	
材料员		电焊工	
安全资料员			
施工单位电话		建设单位电话	
安全监督部门电话			

3. 消防保卫（防火责任）牌，其规格为高 2m，宽 3m，离地面距离 1m。内容见表 5-3。

表 5-3 消防保卫牌

1. 积极开展法制、防火安全教育，提高思想政治水平，做好施工现场管理工作。
2. 负责工地内部治安管理，做好防偷、防盗、防火、防破坏等事故"四防安全保卫工作"，发现重大问题，及时向公司(处)反映。
3. 组织以项目经理为首的义务消防队，队员不少于 3～5 人组成。
4. 建立项目内使用明火和明火作业审批制度，严禁工棚(住宿)区使用电炉及电热取暖器等。
5. 每半年至少进行一次消防器具、消防安全意识检查，发现问题及时处理，结合工地实际情况，制定各工种消防灭火措施。
6. 加强工地值班巡逻，在本施工范围内经常督促检查，配备足够的消防器材，在易燃易爆区域实行专人负责。
7. 及时签订各级防火责任制，职责明确，共同管理。
8. 施工现场不得打架斗殴，不得从事盗窃、窝赃、销赃、赌博等违法犯罪活动。
9. 凡在施工现场暂居人员，应当按有关规定办理居住手续。
10. 根据督查情况，利用黑板报或其他宣传手段鼓励先进，鞭策后进，强化消防保卫管理，杜绝各类事故发生。

××建筑工程公司

4. 安全生产牌，其规格为高 2m，宽 3m，离地面距离 1m。内容见表 5-4。

表 5-4 安全生产牌

1. 进入施工现场必须遵守各项安全生产规章制度。
2. 进入现场，必须戴好安全帽，扣好帽带，并正确使用个人劳动保护用品。
3. 凡 2m 以上的高处、悬空作业，无安全设施的，必须戴好安全带、扣好保险钩。
4. 机操女工必须戴压发防护帽。不准带小孩进入施工现场。
5. 施工现场不准赤脚、不准穿拖鞋、高跟鞋、喇叭裤。高处作业不准穿硬底或带钉易滑的鞋靴。
6. 操作前不准喝酒。不准在施工现场打闹。
7. 非有关操作人员不准进入危险区域。
8. 不是电气和机械班组的人员，严禁使用和玩弄机电设备。
9. 未经施工负责人批准，不准任意拆除防护设施及安全装置。
10. 不准从高处向下抛掷任何材料工具等物件。凡违反上述纪律，按规定给予处罚。

××建筑工程公司

5. 文明施工牌，其规格为高 2m，宽 3m，离地面距离 1m。内容见表 5-5。

表 5-5 文明施工牌

1. 工地四周应按规定设置围挡,大门口处设置企业标志,悬挂"五牌一图",实行封闭式管理。
2. 建立门卫制度,进入施工现场必须佩证上岗。
3. 施工场地四周道路畅通,地面应当硬化,排水、排污设施有效,无积水现象,温暖季节有绿化布置。
4. 材料、构件、机具应按总平面布局堆放,要有条有理,料堆应挂上名称、品种、规格等标牌。
5. 施工现场的落地灰、砖头等建筑垃圾要做到天天清扫,垃圾堆放应整齐,标明名称品种。
6. 施工作业区与办公、生活区要分开,在建工程不能兼作住宿。
7. 宿舍内门窗洁净,地面无垃圾,厕所卫生有专人负责打扫,保持地面清洁无积水。
8. 生活区设施必须齐全有效,应当设置学习和娱乐场所,提供卫生健康的饮用水,有文明卫生公约,有急救措施。
9. 食堂人员持健康证上岗,工作时穿戴统一的工作服、工作帽,搞好食堂内部卫生。
10. 爱护公物,对场内一切公共设施不得任意损坏,注意成品及半成品的保护。
××建筑工程公司

6. 施工总平面图，其规格为高 2m，宽 3m，离地面距离 1m。内容见图 5-16。

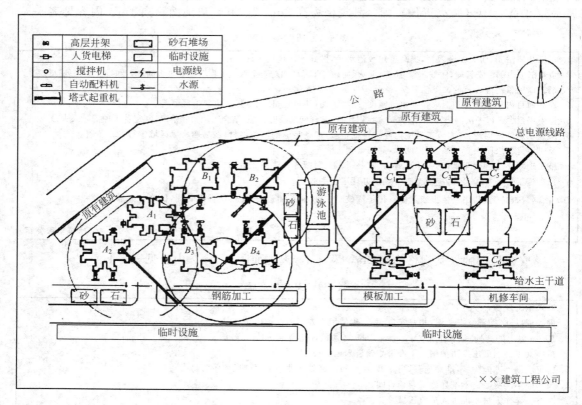

图 5-16 施工现场平面布置图

7. 施工总平面布置图，比例合适，内容齐全。

8. 项目现场"四牌一图"应固定设置在项目现场内主要进出口处，图牌处不乱扔堆杂物，保持清洁。

（二）现场其他系统标志标准

1. 办公室标志　办公室职能部门和岗位名称标牌要统一制作为 300mm×120mm，镶嵌在办公室门正上方或作为侧牌悬挂于门边。

2. 项目组织机构图　悬挂于施工现场会议室或项目经理办公室，规格为 1100mm×800mm。

3. 质量保证体系图　悬挂于施工现场会议室或质量部门办公室，规格为 1100mm×800mm。

4. 工程技术管理体系图　悬挂于施工现场会议室或技术部门办公室，规格为 1100mm×800mm。

5. 安全管理网络图　悬挂于施工现场会议室或安全部门办公室，规格为 1100mm×800mm。

6. 管理（岗位）职责　悬挂于相关管理人员办公室，规格为：400mm×520mm。

7. 班组作业人员岗位责任制　悬挂于相关工程队（班组）办公室或休息室，规格为：400mm×520mm。

8. 天气情况记录表　悬挂于施工现场会议室或工程管理部门办公室，规格为 1100mm×800mm。

9. 施工计划进度表　悬挂于施工现场会议室或工程管理部门办公室，规格为 1100mm×800mm。

10. 设备铭牌、安全操作要求牌等　见《施工现场设备管理实施细则》中的具体规定。

11. 其他安全标志见《施工现场安全生产管理实施细则》中的具体规定。

八、生活设施安全控制

（一）临时设施的范围

临时设施是指在施工现场生产、生活用的各类办公、宿舍、食堂、厕所、盥洗间、淋浴间、开水房、活动室、工具棚、料库及其他临时性建筑。

（二）规划设计要求

临时设施建造前，建筑施工单位要根据投标时的总平面布置示意图和施工现场实际情况及有关标准规定，合理规划，认真组织专业人员进行临时设施的设计和施工，设计方案和施工应符合以下要求：

1. 临时设施的设计和建造应当与施工现场总平面布置图相吻合。

2.《设计方案》应当由施工企业专业技术人员编制，经企业技术负责人审批、监理工程师审查后实施。

3. 临时设施的设计应达到安全、卫生要求，不得设在易受污染的区域，建筑结构应坚固耐用、易于维修，易于保持清洁和避免有害动物的侵入。

4. 设计建筑工地的临时食堂应远离厕所、垃圾站、有毒有害场所等污染源的地方，应当保证食堂的安全。食品加工要严格执行国家卫生部门的有关规定和标准。

5. 宿舍内应保证有必要的生活空间，室内净高不得小于 2.4m，通道宽度不得小于 1.0m，每间常规宿舍的面积，居住人数不得超过 16 人。

（三）临时设施的施工

1. 临时设施建设，可利用施工现场原有的安全的固定建筑、也可以自建。自建的临时设施使用的材料可根据实际情况确定，但必须确保临时设施的结构安全和其他方面的安全。

2. 临时设施的宿舍不得设置在高压线下，不得在挡土墙下、围墙下、傍山沿河地区、雨季易发生滑坡泥石流地段等处，也不得设置在沟边、崖边、江河岸边、泄洪道旁、强风口处、高墙下、已建斜坡和高切坡附近等影响安全的地点，要充分考虑周边水文、地质情况，以确保安全可靠。

3. 临时宿舍不得设置在尚未竣工的建筑物内。

4. 临时设施的宿舍选址应在建建筑物的坠落半径之外。如因场地所限局部位于坠落半径之内的，必须进行技术论证，提出可靠防护措施。如无法确保安全或场地不具备搭设条件的，应外借场地搭设或租房安置。现场生活区应实行封闭管理，与作业区、周边居民保持有效隔离。

5. 生活、办公设施应当与周边堆放的建筑材料、设备、建筑垃圾、施工围墙以及毗邻建筑保持足够的安全距离。

6. 施工现场的临时宿舍必须设置可开启式窗户。有条件的地方，厕所应为水冲式，化粪池应做抗渗处理。

7. 有条件宿舍区应设置排水暗沟，经排污批准后与市政管线连接。

8. 严禁在外电架空线路正下方搭设作业棚，建造生活设施。

9. 临时设施必须符合防火要求。

（四）组装式临时活动房屋施工要求

1. 施工单位使用组装式临时活动房屋的，必须有出厂合格证或检测合格证书。施工单位自建临时设施选用的，其材料应符合安全使用和环境卫生标准。

2. 出租或销售装配式活动房屋的单位在施工现场进行安装或拆除作业时，应与建筑施工单位签订合同，明确双方责任。建设或拆除前应编制建设或拆除方案，方案应经总监理工程师审查后方可实施，实施过程中应接受建筑施工单位的安全监督管理。监理单位应按照相应规定、标准要求对其进行监理，发现隐患时应及时要求安装或拆除单位进行整改。

3. 自建临时设施（含出租、购买装配式活动房屋）应在工程开工前建成。

4. 自建临时设施（含出租、购买装配式活动房屋），建筑施工单位在建设完成后，应及时组织施工单位内部有关部门进行验收，未经验收或验收不合格的临时设施不得投入使用。

5. 建筑施工企业自行建设或拆除临时设施，应组织专业班组进行建设或拆除，施工过程中应安排专业技术人员监督指导。

（五）基本制度和职责

1. 施工总包单位对宿舍等生活设施管理负总责。对依法分包的，应在分包合同中载明宿舍等生活设施的管理条款，明确各自责任。

2. 施工现场应建立生活设施管理制度和日常检查、考核制度，并落实专（兼）职治安、防火和卫生管理责任人。

3. 建立健全临时设施的消防安全和防范制度。

4. 建立卫生值日、定期清扫、消毒和垃圾及时清运制度，根据工程实际设置一定数量的专职保洁员，负责卫生清扫和保洁。生活区应采取灭鼠、蚊、蝇、蟑螂等措施，并应定期投入和喷洒药物。

（六）临时设施的运行管理

1. 施工作业区内不得设置小卖部、小吃部等设施。严禁使用钢管、三合板、竹片、毛竹、彩条布等材料搭设简易工棚。

2. 为方便职工确需设置小卖部的，小卖部必须设在生活区，并纳入施工单位项目部的后勤管理。小卖部的设置应与施工现场临时设施共同设计、共同施工。

3. 宿舍内应统一配置清扫工具、电灯等必要的生活设施。

4. 宿舍用电应当设置独立的漏电、短路保护器和足够数量的安全插座，明线必须套管。宿舍内电器设备安装和电源线的配置，必须由专职电工操作。不允许私搭乱接。宿舍内（包括值班室）严禁用煤气灶、煤油炉、电饭煲、热得快、电炒锅、电炉等器具。

5. 宿舍区应置开水炉、电热水器或饮用水保温桶等。

6. 在有条件的情况下，宿舍区应设置文体活动室，配备电视机、书报、杂志等文体活动设施、用品。

7. 保持临设宿舍周围的卫生和环境整洁安全，配备必要的消防器材。

8. 生活区应设置密闭式垃圾站（或容器），不得有污水、散乱垃圾等蚊蝇孳生地。生活垃圾与施工垃圾应分类堆放。

（七）监督管理

1. 建设单位（业主）对建筑工程施工现场临时设施的设计、施工、质量安全等有监督管理的义务。

2. 建筑施工现场的监理单位和监理有义务和责任对建筑施工现场的临时设施的规划、设计、施工进行监督和管理。

3. 建设单位（业主）和建筑施工单位违规建造临时设施的，各级建设行政主管部门及受委托的质量监督机构有权下达对不符合要求的临时设施进行整改和强制拆除重建的通知。

4. 因建筑施工单位违规搭设临时设施，或不按有关技术规定要求和有关行政监督部门的要求进行整改的，由此而造成的事故由建筑施工单位、监理单位、建设单位共同负责。

5. 建筑施工单位在施工现场建造的临时设施的设计、施工与布置是否安全、规定、合理，将作为评比雪莲杯、样板工程的一项重要依据。

（八）职工宿舍

1. 宿舍应当选择在通风、干燥的位置，防止雨水、污水流入。

2. 不得在尚未竣工建筑物内设置员工集体宿舍。

3. 宿舍必须设置可开启式窗户，设置外开门。

4. 宿舍内应保证有必要的生活空间，室内净高不得小于 2.4m，通道宽度不得小于0.9m，每间宿舍居住人员不应超过 16 人。

5. 宿舍内的单人铺不得超过 2 层，严禁使用通铺，床铺应高于地面 0.3m，人均床铺面积不得小于 1.9m×0.9m，床铺间距不得小于 0.3m。

6.宿舍内应设置生活用品专柜，有条件的宿舍宜设置生活用品储藏室；宿舍内严禁存放施工材料、施工机具和其他杂物。

7.宿舍周围应当搞好环境卫生，应设置垃圾桶、鞋柜或鞋架，生活区内应为作业人员提供晾晒衣物的场地，房屋外应道路平整，晚间有充足的照明。

8.寒冷地区冬季宿舍应有保暖措施、防煤气中毒措施，火炉应当统一设置、管理，炎热季节应有消暑和防蚊虫叮咬措施。

9.应当制定宿舍管理使用责任制，轮流负责卫生和使用管理或安排专人管理。

（九）食堂

1.食堂应当选择在通风、干燥的位置，防止雨水、污水流入，应当保持环境卫生，远离厕所、垃圾站、有毒有害场所等污染源的地方，装修材料必须符合环保、消防要求。

2.食堂应设置独立的制作间、储藏间。

3.食堂应配备必要的排风设施和冷藏设施，安装纱门纱窗，室内不得有蚊蝇，门下方应设不低于0.2m的防鼠挡板。

4.食堂的燃气罐应单独设置存放间，存放间应通风良好并严禁存放其他物品。

5.食堂制作间灶台及其周边应贴瓷砖，瓷砖的高度不宜小于1.5m；地面应做硬化和防滑处理，按规定设置污水排放设施。

6.食堂制作间的刀、盆、案板等炊具必须生熟分开，食品必须有遮盖，遮盖物品应有正反面标识，炊具宜存放在封闭的橱柜内。

7.食堂内应有存放各种佐料和副食的密闭器皿，并应有标识，粮食存放台距墙和地面应大于0.2m。

8.食堂外应设置密闭式泔水桶，并应及时清运，保持清洁。

9.应当制定并在食堂张挂食堂卫生责任制，责任落实到人，加强管理。

（十）厕所

1.厕所大小应根据施工现场作业人员的数量设置。

2.高层建筑施工超过8层以后，每隔四层宜设置临时厕所。

3.施工现场应设置水冲式或移动式厕所，厕所地面应硬化，门窗齐全。蹲坑间宜设置隔板，隔板高度不宜低于0.9m。

4.厕所应设专人负责，定时进行清扫、冲刷、消毒，防止蚊蝇孳生，化粪池应及时清掏。

九、施工现场的卫生与防疫

（一）一般要求

1.较大工地应设医务室，有专职医生值班。一般工地无条件设医务室的，应有保健药箱及一般常用药品，并有医生巡回医疗。

2.为适应临时发生的意外伤害，现场应备有急救器材（如担架等）以便及时抢救，不扩大伤势。

3.施工现场应有经培训合格的急救人员，懂得一般急救处理知识。

4. 为保障作业人员健康，应在流行病发季节及平时定期开展卫生防病的宣传教育。

（二）卫生保健

1. 施工现场应设置保健卫生室，配备保健药箱、常用药及绷带、止血带、颈托、担架等急救器材，小型工程可以用办公用房兼做保健卫生室。

2. 施工现场应当配备兼职或专职急救人员，处理伤员和职工保健，对生活卫生进行监督和定期检查食堂、饮食等卫生情况。

3. 要利用板报等形式向职工介绍防病的知识和方法，做好对职工卫生防病的宣传教育工作，针对季节性流行病、传染病等。

4. 当施工现场作业人员发生法定传染病、食物中毒、急性职业中毒时，必须在 2 小时内向事故发生所在地建设行政主管部门和卫生防疫部门报告，并应积极配合调查处理。

5. 现场施工人员患有法定的传染病或病源携带者时，应及时进行隔离，并由卫生防疫部门进行处置。

（三）保洁

办公区和生活区应设专职或兼职保洁员，负责卫生清扫和保洁，应有灭鼠、蚊、蝇、蟑螂等措施，并应定期投放和喷洒药物。

（四）食堂卫生

1. 食堂必须有卫生许可证。

2. 炊事人员必须持有身体健康证，上岗应穿戴洁净的工作服、工作帽和口罩，并应保持个人卫生。

3. 炊具、餐具和饮水器具必须及时清洗消毒。

4. 必须加强食品、原料的进货管理，做好进货登记，严禁购买无照、无证商贩经营的食品和原料，施工现场的食堂严禁出售变质食品。

十、社区服务与环境保护

（一）社区服务简介

当前，随着我国经济成分、生活方式、社会组织形式和就业形式的日益多样化，越来越多的"单位人"转为"社会人"，大量退休人员、下岗失业人员和流动人员进入社区，社区居民群众的物质、文化、生活需求日益呈现出多样化、多层次的趋势，经济社会的发展和居民群众的多方面需要给社区服务提出了新的更高的要求。加强和改进社区服务工作有利于扩大党的执政基础、体现政府的施政宗旨；有利于扩大就业、解决社会问题、化解社会矛盾、促进社会和谐；有利于不断满足居民群众需求、提高人民生活质量、促进人的全面发展。

当前要重点开展好的社区服务是：面向群众的便民利民服务，面向特殊群体的社会救助、社会福利和优抚保障服务，面向下岗失业人员的再就业服务和提供社会保障服务。社区服务是我国改革开放以来探索的一条贴近基层、服务居民的社会化服务新路子。

（二）社区服务的特征

1. 社区服务不只是一些社会自发性和志愿性的服务活动，而是有指导，有组织，有系统的服务体系。

2. 社区服务不是一般的社会服务产业，它与经营性的社会服务业是有区别的。

3. 社区服务不是仅由少数人参与的为其他人提供服务的社会活动，它是以社区全体居民的参与为基础，以自助与互助相结合的社会公益活动。

（三）社区服务的作用

1. 对社区物质文明与精神文明建设有着很大的推动作用。

2. 可以使社区成员拥有更多的公共服务、社会福利和闲暇时间，让人们从沉重的家务劳动中解放出来，提高人们的生活质量。

3. 可以使人们更集中精力从事生产劳动和其他社会活动，创造出更多社会财富。

4. 通过广泛群众参与，会培养出一种高尚的社会道德与社会风气。

5. 有利于增强人们的主体意识、协作意识、法纪意识和文化意识，有利于提高人的素质。

（四）社区服务发展现状

自1986年民政部倡导社区服务以来，社区服务已从最初探索社会福利和职工福利，向社会生活更广泛的领域拓展和延伸，这对于促进经济发展、社会安定和人民生活质量的提高，发挥了重要作用。

1. 社区服务范围和内容得到拓展　目前，社区服务的项目和内容已基本涵盖广大居民物质生活和精神生活的各个领域，服务内容由10多项发展到200多项，包括妇女、儿童、老年人、残疾人、青壮年人和优抚对象、驻社区单位等各类群体，社区卫生、社区文化、社区环境、社区治安、社区保障等服务项目普遍展开，多种便民生活服务圈不断涌现，社区居民需求得到不同程度的满足。尤其是伴随着市场经济体制的建立，一些社区服务企业开始为社区内居民和单位提供送餐、存车、物业管理等后勤社会化服务，开辟了社区服务业发展的新领域。目前初步构筑起以社会救助为基础的集家政服务、物业管理、职业中介、心理咨询、健康保健等内容于一体的综合服务体系。

2. 服务设施和网络初具规模　目前，我国有城区852个，街道6152个，社区79947个。各城区、街道普遍建立了社区服务中心，各居民委员会大都建立了社区服务站，形成了区、街道、居委会三级社区服务网络，极大地方便了居民生活。目前，我国已建成社区服务中心8479个，各类社区服务设施19.5万个，便民利民网点66.5万个。2001年至2003年，各级民政部门通过实施"星光计划"，筹集134.8亿元在全国城镇建立起了3.2万个老年活动之家，有效改善了为老服务条件。目前全国40%的社区组织服务用房已达到100m² 以上，87%的社区有社区服务中心（站），93%的社区有劳动保障所（站），80%的社区有警务室，85%的社区建有卫生服务站（点），70%的社区有图书室。初步形成了以社区服务中心为纽带，广泛联系各类社区服务企业、服务人员的社区服务网络。

3. 吸纳就业和维护社会稳定作用突出　各城区、街道和社区以社区服务为载体，认真做好社区就业岗位开发、社区再就业服务和城市居民最低生活保障工作，加快社区服务业的发展，推动社区再就业工作融入到社区，服务到社区，落实到社区，促进社区再就业工作与社区建设同步发展。

4. 改进了社区服务的方式和方法　全国许多地方在街道层面开展"一站式"服务，为居民提供便捷优质的办事服务。一些地方还加大了政府购买服务的力度,在社区配备了劳动保障、计划生育、卫生保洁、社会治安等协管员,使社区服务的社会效益明显增强。许多城市社区还建立了阳光超市、慈善超市、扶贫超市等扶贫帮困载体,积极为社区困难群体排忧解难。一些地方已经开始把计算机信息网络技术应用于社区服务,一些地方的城区和街道普遍建立了信息网络平台,并与社区居委会的社区服务站实现联网,为广大社区居民提供优质快捷的服务。目前,全国 60% 的城区建有社区管理服务信息网络,提高了社区服务的效率和质量。

(五)施工现场社区服务要求

1. 不扰民施工

(1)施工现场应当建立不扰民措施,有责任人管理和检查。应当与周围社区定期联系,听取意见,对合理意见应当及时采纳处理。工作应当有记录。

(2)应针对施工工艺设置防尘和防噪声设施,做到不超标(施工现场噪声规定不超过85dB)。

(3)按当地规定,在允许的施工时间之外必须施工时,应有主管部门批准手续,并做好周围工作。

2. 防治大气污染

(1)施工现场宜采取措施硬化,其中主要道路、料场、生活办公区域必须进行硬化处理,土方应集中堆放。裸露的场地和集中堆放的土方应采取覆盖、固化或绿化等措施。

(2)使用密目式安全网对在建建筑物、构筑物进行封闭,防止施工过程扬尘。

1)拆除旧有建筑物时,应采用隔离、洒水等措施防止扬尘,并应在规定期限内将废弃物清理完毕。

2)不得在施工现场熔融沥青,严禁在施工现场焚烧含有有毒、有害化学成分的装饰废料、油毡、油漆、垃圾等各类废弃物。

(3)从事土方、渣土和施工垃圾运输应采用密闭式运输车辆或采取覆盖措施。

(4)施工现场出入口处应采取保证车辆清洁的措施。

(5)施工现场应根据风力和大气湿度的具体情况,进行土方回填、转运作业。

(6)水泥和其他易飞扬的细颗粒建筑材料应密闭存放,砂石等散料应采取覆盖措施。

(7)施工现场混凝土搅拌场所应采取封闭、降尘措施。

(8)建筑物内施工垃圾的清运,应采用专用封闭式容器吊运或传送,严禁凌空抛撒。

(9)施工现场应设置密闭式垃圾站,施工垃圾、生活垃圾应分类存放,并及时清运出场。

(10)城区、旅游景点、疗养区、重点文物保护地及人口密集区的施工现场应使用清洁能源。

(11)施工现场的机械设备、车辆的尾气排放应符合国家环保排放标准要求。

3. 防治水污染

(1)施工现场应设置排水沟及沉淀池,现场废水不得直接排入市政污水管网和河流;

(2)现场存放的油料、化学溶剂等应设有专门的库房,地面应进行防渗漏处理;

(3)食堂应设置隔油池,并应及时清理;

(4)厕所的化粪池应进行抗渗处理;

（5）食堂、盥洗室、淋浴间的下水管线应设置隔离网，并应与市政污水管线连接，保证排水通畅。

4. 防治施工噪声污染

（1）施工现场应按照现行国家标准《建筑施工场界噪声限值》（GB 12523—2011）制定降噪措施，并应对施工现场的噪声值进行监测和记录。

（2）施工现场的强噪声设备宜设置在远离居民区的一侧。

（3）对因生产工艺要求或其他特殊需要，确需在 22 时至次日 6 时期间进行强噪声施工的，施工前建设单位和施工单位应到有关部门提出申请，经批准后方可进行夜间施工，并公告附近居民。

（4）夜间运输材料的车辆进入施工现场，严禁鸣笛，装卸材料应做到轻拿轻放。

（5）对产生噪声和振动的施工机械、机具的使用，应当采取消声、吸声、隔声等有效控制和降低噪声。

5. 防治施工照明污染　夜间施工严格按照建设行政主管部门和有关部门的规定执行，对施工照明器具的种类、灯光亮度就以严格控制，特别是在城市市区居民居住区内，减少施工照明对城市居民。

6. 防治施工固体废弃物污染　施工车辆运输砂石、土方、渣土和建筑垃圾，采取密封、覆盖措施，避免泄漏、遗撒，并按指定地点倾卸，防止固体废物污染环境。

（六）环境保护的相关法律法规

国家关于保护和改善环境，防治污染的法律、法规主要有：《环境保护法》、《大气污染防治法》、《固体废物污染环境防治法》、《环境噪声污染防治法》等，施工单位在施工时应当自觉遵守。

课程小结

本节学习内容的安排是让学生熟悉施工现场安全文明施工管理的内容与方法，掌握建筑施工现场临时设施的设计与施工方法，以便于学生服务与施工现场。

课外作业

1. 学习规范《建筑灭火器配置验收及检查规范》（GB 50444—2008）。
2. 考察施工现场的围墙、大门、道路、工棚的布置与设置情况。

课后讨论

1. 施工过程中应该控制哪些污染？如何控制？
2. 怎样做好施工现场防火、防疫、防中毒工作？
3. 我国的宪法对劳动保护有哪些规定？
4. 《建筑法》规定了建筑安全生产应建立健全哪几项制度？
5. 《建筑法》规定了在建筑施工企业和作业人员在安全生产方面的义务主要有哪些？
6. 施工现场临时用电安全技术规范包括哪些内容？

7. 我国的安全生产管理体制是什么？

8. 什么是安全检查？

9. 工程项目安全检查的目的是什么？

10. 安全检查的内容有哪些？

11. 安全检查的重点是什么？

学习单元3

建筑施工安全防护

学习目标 ▶▶

1. 熟悉安全设施、安全防护用品。
2. 掌握"四口"、"五临边"防护要求。
3. 掌握临时用电的安全防护方法。
4. 掌握脚手架安全防护方法。
5. 掌握建筑施工机械安全防护方法。
6. 掌握安全防火方法。

关键概念 ▶▶

1. "三宝"、"四口"、"五临边"。
2. 安全防护设施与安全防护用品。
3. 消防安全通道。

提示 ▶▶

施工现场是充满着危险源的场所，不能因为有危险源的存在就不施工，这就需要在识别危险源的基础上加强安全防护，确保施工安全。

相关知识 ▶▶

1. 安全设施、安全防护用品的采购、保管与使用。
2. 现场安全防护的重点部位、设置方法、常见问题。
3. 现场临时用电的布置要求与使用要求。
4. 施工机械的安全使用与安全管理。

学习情境6　建筑施工安全防护设施

学习目标 ▶▶

1. 熟悉施工现场"三宝"使用场合、使用方法。

2. 熟悉"三宝"的技术要求。

关键概念 ▶▶

1. 物体打击与冲击伤害。
2. 高空坠落。

提示 ▶▶

"进现场必须戴安全帽"是防止物体打击与冲击伤害的主要方法，必须严格遵守。

在 2m 以上的高空作业必须系安全带，每隔 4m 的高空必须挂一层密目式安全网是防止高空坠落的有效措施，必须严格执行。

相关知识 ▶▶

安全帽、安全带与安全网的相关技术要求。

建筑安全工程中所谓的"三宝"是指安全帽(图 6-1)、安全带(图 6-2)、安全网(图 6-3)。

　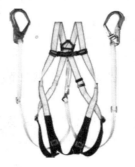　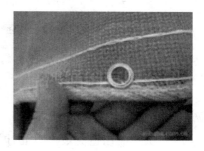

图 6-1　安全帽　　　　　图 6-2　安全带　　　　　图 6-3　安全网

一、安全帽

安全帽是防止冲击物伤害头部的防护用品。由帽壳、帽衬、下颊带和后箍组成。帽壳呈半球形，坚固、光滑并有一定的弹性，打击物的冲击和穿刺动能主要由帽壳承受。帽壳和帽衬之间留有一定空间，可缓冲、分散瞬时冲击力，从而避免或减轻对头部的直接伤害。冲击吸收性能、耐穿刺性能、侧向刚性、电绝缘性、阻燃性是对安全帽的基本技术性能的要求。矿工和地下工程人员等用来保护头部而戴的是钢制或类似原料制的浅圆顶帽子。

工人们在工业生产环境中戴的通常是用金属或加强塑料制成的轻型保护头盔，用以防护头部，免受坠落物件的伤害。一般用柳条、藤芯或塑料制成，现代安全帽大多用玻璃钢制成。

（一）安全帽的特点

1. 透气性良好的轻型低危险安全帽　通风好、质轻，为佩戴者提供全面的舒适性。
2. 安全帽的防护作用　当作业人员头部受到坠落物的冲击时，安全帽帽壳、帽衬在瞬间先将冲击力分解到头盖骨的整个面积上，然后利用安全帽各部位缓冲结构的弹性变形、塑性变形和允许的结构破坏将大部分冲击力吸收，使最后作用到人员头部的冲击力降低到4900N以下，从而起到保护作业人员头部的作用。安全帽的帽壳材料对安全帽整体抗击性能起着重要的作用。

（二）安全帽的结构形式要求

1. 帽壳顶部应加强
（1）可以制成光顶或有筋结构。
（2）帽壳制成无檐、有檐或卷边。
2. 塑料帽衬应制成有后箍的结构，能自由调节帽箍大小（分抽拉调节、按钮调节、旋钮调节等）。
3. 无后箍帽衬的下颚带制成"Y"形、有后箍的，允许制成单根下颚带。
4. 接触头前额部的帽箍，要透气、吸汗。
5. 帽箍周围的衬垫，可以制成条形或块状，并留有空间使空气流通。
6. 安全帽生产厂家必须严格按照《安全帽》（GB 2811—2007）国家标准进行生产。
7. Y类安全帽不允许侧压，因为Y类安全帽只是防止由上到下的直线冲击所造成的伤害，不能防止由侧面带来的压力的伤害。

（三）安全帽的采购、监督和管理

1. 安全帽的采购　企业必须购买有产品检验合格证的产品。购入的产品经验收后，方准使用。
2. 安全帽不应贮存在酸、碱、高温、日晒、潮湿等处所，更不可和硬物放在一起。
3. 安全帽的使用期
（1）从产品制造完成之日起计算。
（2）植物枝条编织帽不超过两年。
（3）塑料帽、纸胶帽不超过两年半。
（4）玻璃钢（维纶钢）橡胶帽不超过三年半。
4. 企业安技部门根据规定对到期的安全帽要进行抽查测试，合格后方可继续使用。以后每年抽验一次，抽验不合格则该批安全帽即应报废。
5. 省、市劳动局主管部门对到期的安全帽要监督并督促企业安全技术部门进行检验，合格后方可使用。

（四）安全帽的标志和包装

1. 每顶安全帽应有以下四项永久性标志：
（1）制造厂名称、商标、型号；
（2）制造年、月；
（3）生产合格证和验证；
（4）生产许可证编号。
2. 安全帽出厂装箱时，应将每顶帽用纸或塑料薄膜做衬垫包好后再放入纸箱内。装入箱中的安全帽必须是成品。

3. 箱上应注有产品名称、数量、重量、体积和其他注意事项等标记。

4. 每箱安全帽均要附说明书。

5. 安全帽上如标有"D"标记，是表示具有绝缘性能的安全帽。

（五）安全帽的分类

安全帽产品按用途分有一般作业类（Y 类）安全帽和特殊作业类（T 类）安全帽两大类，其中 T 类中又分成五类：

T1 类适用于有火源的作业场所；

T2 类适用于井下、隧道、地下工程、采伐等作业场所；

T3 类适用于易燃易爆作业场所；

T4（绝缘）类适用于带电作业场所；

T5（低温）类适用于低温作业场所。

每种安全帽都具有一定的技术性能指标和适用范围，要根据所使用的行业和作业环境选用安全帽。例如，建筑行业一般就选用 Y 类安全帽；在电力行业，因接触电网和电器设备，应选用 T4（绝缘）类安全帽；在易燃易爆的环境中作业，应选择 T3 类安全帽。

安全帽颜色的选择随意性比较大，一般以浅色或醒目的颜色为宜，如白色、浅黄色等，也可以按有关规定的要求选用，遵循安全心理学的原则选用，按部门区分来选用，按作业场所和环境来选用。

（六）各类安全帽应用范围

1. 玻璃钢安全帽　主要用于冶金高温作业场所、油田钻井、森林采伐、供电线路、高层建筑施工以及寒冷地区施工。

2. 聚碳酸酯塑料安全帽　主要用于油田钻井、森林采伐、供电线路、建筑施工等作业使用。

3. ABS 塑料安全帽　ABS 树脂是五大合成树脂之一，其抗冲击性、耐热性、耐低温性、耐化学药品性及电气性能优良，还具有易加工、制品尺寸稳定、表面光泽性好等特点，容易涂装、着色，还可以进行表面喷镀金属、电镀、焊接、热压和粘接等二次加工，广泛应用于机械、汽车、电子电器、仪器仪表、纺织和建筑等工业领域，是一种用途极广的热塑性工程塑料。ABS 塑料安全帽主要用于采矿、机械工业等冲击强度高的室内常温作业场所。

4. 超高分子聚乙烯塑料安全帽　适用范围较广，如冶金、化工、矿山、建筑、机械、电力、交通运输、林业和地质等作业的工种均可使用。

5. 改性聚丙烯塑料安全帽　主要用于冶金、建筑、森林、电力、矿山、井上、交通运输等作业的工种。

6. 胶质矿工安全帽　主要用于煤矿、井下、隧道、涵洞等场所的作业。佩戴时，不设下颚系带。

7. 塑料矿工安全帽　产品性能除耐高温大于胶质矿工帽外，其他性能与胶质矿工帽基本相同。

8. 防寒安全帽　适用于寒冷地区冬季野外和露天作业人员使用，如矿山开采、地质钻探、林业采伐、建筑施工和港口装卸搬运等作业。

9. 纸胶安全帽　适用于户外作业，防太阳辐射、风沙和雨淋。

10. 竹编安全帽　主要用于冶金、建筑、林业、矿山、码头、交通运输等作业的工种。

11. 其他编织安全帽　适用于南方炎热地区而无明火的作业场所使用。

（七）规格要求

1. 垂直间距　按规定条件测量，其值应在 25～50mm。

2. 水平间距　按规定条件测量，其值应在 5～20mm。

3. 佩戴高度　按规定条件测量，其值应在 80～90mm。

4. 帽箍尺寸　分下列三个号码：

（1）小号　51～56cm。

（2）中号　57～60cm。

（3）大号　61～64cm。

5. 重量　一顶完整的安全帽，重量应尽可能减轻，不应超过 400g。

6. 帽檐尺寸　最小 10mm，最大 35mm。

7. 帽檐倾斜度　以 20°～60° 为宜。

8. 通气孔　安全帽两侧可设通气孔。

9. 帽舌　最小 10mm，最大 55mm。

10. 颜色　安全帽的颜色一般以浅色或醒目的颜色为宜，如白色、浅黄色等。

二、安全带

（一）建筑安全带

建筑安全带（图 6-4）是防止高处坠落的安全用具。高度超过 1.5m，没有其他防止坠落的措施时，必须使用安全带。使用原则为：高挂低用。

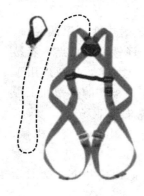

图 6-4　建筑安全带

过去安全带用皮革、帆布或化纤材料制成，按国家标准现已生产了锦纶安全带。按工作情况分为：高空作业绵纶安全带、架子工用锦纶安全带、电工用锦纶安全带等种类。

安全带要正确使用，拉平，不要扭曲。三点式腰部安全带应系得尽可能低些，最好系在髋部，不要系在腰部；肩部安全带不能放在胳膊下面，应斜挂胸前。

1. 安全带的分类　建筑安全带分为以下 3 类：

（1）围杆作业安全带　通过围绕在固定构造物上的绳或带将人体绑定在固定的构造物附近，使作业人员的双手可以进行其他操作的安全带。

（2）区域限制安全带　用以限制作业人员的活动范围，避免其到达可能发生坠落区域的安全带。

（3）坠落悬挂安全带　高处作业或登高人员发生坠落时，将作业人员悬挂的安全带。

2. 安全带的性能

（1）安全带组件的额定强度　装在单座座椅上使用的安全带组件，包括织带、释放装置、其他零部件，按规定试验要求拉紧后，在安全带轴向上至少能承受 6672N 的载荷。如果是双联座座椅上使用的安全带组件，则额定强度应至少为 13344N。安全带组件的额定强度，都相应地标在每副安全带组件的每半边带子上。

（2）安全带释放装置　安全带组件是可调的，并有一个易于操作的快速释放装置。在安全带织带承受了至少等于规定的拉伸载荷以后，安全带使用者能够比较容易地打开这个释放装置。

（3）织带的特性及其他　安全带织带规定的标准宽度为 51mm，考虑到纺织、染色、防毒、阻燃及磨损处理等所有必需的生产过程，织带宽度可掌握在（49±2）mm。连接织带的金属件上的槽或孔不小于 51mm。织带额定断裂强度至少比组件规定的强度高出 50%，其阻燃性能符合规定的要求，以防止在使用期间由于气候、腐蚀、锐角的磨损及其他原因引起的强度降低或损失。

3. 安全带的正确使用方法

（1）在没有防护设施的高处悬崖、陡坡施工时，必须系好安全带。

（2）安全带应该高挂低用，注意防止摆动碰撞。

（3）若安全带低挂高用，一旦发生坠落，将增加冲击力，带来危险。

（4）安全绳的长度限制在 1.5～2.0m，使用 3m 以上长绳应加缓冲器。

（5）不准将绳打结使用，也不准将钩直接挂在安全绳上使用，应挂在连接环上用。

（6）安全带上的各种部件不得任意拆掉，使用 2 年以上应抽检一次。悬挂安全带应做冲击试验，以 100kg 重的物体作自由坠落试验；若不破坏，该批安全带可继续使用。

（7）频繁使用的绳，要经常做外观检查，发现异常时，应提前报废。

（8）新使用的安全带必须有产品检验合格证，无证明不准使用。

（二）电工安全带

电工安全带是电工作业时防止坠落的安全用具。

1. 安全带使用期一般为 3～5 年，发现异常时应提前报废。

2. 安全带的腰带和保险带、绳应有足够的机械强度，材质应有耐磨性，卡环（钩）应具有保险装置。保险带、绳使用长度在 3m 以上的应加缓冲器。

3. 使用安全带前应进行外观检查：

（1）组件完整、无短缺、无伤残破损；

（2）绳索、编带无脆裂、断股或扭结；

（3）金属配件无裂纹、焊接无缺陷、无严重锈蚀；

（4）挂钩的钩舌咬口平整不错位，保险装置完整可靠；

（5）铆钉无明显偏位，表面平整。

4. 安全带应系在牢固的物体上，禁止系挂在移动或不牢固的物体上。不得系在棱角锋利处。安全带要高挂和平行拴挂，严禁低挂高用。

5. 在杆塔上工作时，应将安全带后备保护绳系在安全牢固的构件上（带电作业视其具体任务决定是否系后备安全绳），不得失去后备保护。

（三）安全带使用要求

1. 施工现场搭架、支模等高处作业均应系安全带。

2. 安全带高挂低用，挂在牢固可靠处，不准将绳打结使用。安全带使用后由专人负责，存放在干燥、通风的仓库内。

3. 安全带应符合《安全带》（GB 6095—2009）标准并有合格证书，生产厂家经劳动部门批准，并做好定期检验。积极推广使用可卷式安全带。

（四）安全带的检验

1. 围杆作业安全带

（1）整体静态负荷 围杆作业安全带按规定的方法进行整体静态负荷测试，应满足下列要求：

1）整体静拉力不应小于 4.5kN。不应出现织带撕裂、开线、金属件碎裂、连接器开启、绳断、金属件塑性变形、模拟人滑脱等现象；

2）安全带不应出现明显不对称滑移或不对称变形；

3）模拟人的腋下、大腿内侧不应有金属件；

4）不应有任何部件压迫模拟人的喉部、外生殖器；

5）织带或绳在调节扣内的滑移不应大于 25mm。

（2）整体滑落 围杆作业安全带按规定的方法进行整体滑落测试，应满足下列要求：

1）不应出现织带撕裂、开线、金属件碎裂、连接器开启、带扣松脱、绳断、模拟人滑脱等现象；

2）安全带不应出现明显不对称滑移或不对称变形；

3）模拟人悬吊在空中时，其腋下、大腿内侧不应有金属件；

4）模拟人悬吊在空中时，不应有任何部件压迫模拟人的喉部、外生殖器；

5）织带或绳在调节扣内的滑移不应大于 25mm。

2. 区域限制安全带

区域限制安全带按规定的方法进行整体静态负荷测试，应满足下列要求：

1）整体静拉力不应小于 2kN；

2）不应出现织带撕裂、开线、金属件碎裂、连接器开启、绳断、金属件塑性变形等现象；

3）安全带不应出现明显不对称滑移或不对称变形；

4）模拟人的腋下、大腿内侧不应有金属件；

5）不应有任何部件压迫模拟人的喉部、外生殖器。

3. 坠落悬挂安全带

（1）整体静态负荷 坠落悬挂安全带按规定的方法进行整体静态负荷测试，应满足下列要求：

1）整体静拉力不应小于 15kN；

2）不应出现织带撕裂、开线、金属件碎裂、连接器开启、绳断、金属件塑性变形、模拟人滑脱、缓冲器（绳）断等现象；

3）安全带不应出现明显不对称滑移或不对称变形；

4）模拟人的腋下、大腿内侧不应有金属件；

5）不应有任何部件压迫模拟人的喉部、外生殖器；

6）织带或绳在调节扣内的滑移不应大于 25mm。

（2）整体动态负荷 坠落悬挂安全带及含自锁器、速差自控器、缓冲器的坠落悬挂安全带按规定的方法进行整体动态负荷测试，应满足下列要求：

1）冲击作用力峰值不应大于 6kN；

2）伸展长度或坠落距离不应大于产品标识的数值；

3）不应出现织带撕裂、开线、金属件碎裂、连接器开启、绳断、模拟人滑脱、缓冲器（绳）断等现象；

4）坠落停止后，模拟人悬吊在空中时不应出现模拟人头朝下的现象；

5）坠落停止后，安全带不应出现明显不对称滑移或不对称变形；

6）坠落停止后，模拟人悬吊在空中时安全绳同主带的连接点应保持在模拟人的后背或后腰，不应滑动到腋下、腰侧；

7）坠落停止后，模拟人悬吊在空中时模拟人的腋下、大腿内侧不应有金属件；

8）坠落停止后，模拟人悬吊在空中时不应有任何部件压迫模拟人的喉部、外生殖器；

9）坠落停止后，织带或绳在调节扣内的滑移不应大于 25mm。

注：对于有多个连接点或多条安全绳的安生带，应分别对每个连接点和每条安全绳进行整体动态负荷测试。

4. 零部件性能

（1）零部件静态负荷　安全带的零部件应按规定的方法进行静态负荷测试，应满足下列要求：

零部件不应产生织带撕裂、环类零件开口、绳断股、连接器打开、带扣松脱、缝线迸裂、运动机构卡死等足以使零件失效的情况。

（2）零部件动态负荷　坠落悬挂安全带零部件（包括系带、连接器、自锁器、速差自控器、安全绳及缓冲器）应按规定的方法进行动态负荷测试，应满足下列要求：

1）零部件不应产生带撕裂、环类零件开口、绳断股、连接器打开、带扣松脱、缝线迸裂、运动机构卡死等足以使零件失效的情况；

2）织带或绳在调节扣内的滑移不大于 25mm。

（3）零部件机械性能　安全带的缓冲器、连接器、自锁器、速差自控器及有运动机构、预设作用部件应按规定的方法或原则测试缓冲器的永久变形、缓冲器的意外打开作用力、速差自控器、自锁器自锁可靠性、预设作用部件启动条件测试，应满足以下要求：

1）缓冲器意外打开作用力大于 2kN；

2）连接器自动机构无卡死、失效等情况；

3）自锁器和速差自控器应保持灵敏、无部件损坏、零件失效等情况；

4）运动机构应保持初始运动幅度、力度，无明显失效情况；

5）预设作用部件在未达到标识规定的指标时不应启动。

5. 特殊技术性能

（1）总体要求

1）产品标识声明的特殊性能仅适用于相应的特殊场所。

2）具有特殊性能的安全带在满足本节特殊性能时，还应具有本标准规定的一般要求和基本技术性能。

3）具有特殊性能的安全带不一定具有本节所列出的全部特殊性能或某种特定组合。

（2）抗腐蚀性能　按规定的方法进行预处理后，按规定的方法测试。可以针对某种特定化学品进行测试。

（3）阻燃性能　按规定的方法进行测试，续燃时间不大于5s。

（4）适合特殊环境　按规定的方法进行环境条件处理后，按规定的方法测试。可以针对某种特定的环境进行测试。

6. 出厂检验

生产企业应按照生产批次对安全带逐批进行出厂检验。各测试项目、测试样本大小、不合格分类、判定数组见表6-1。

表6-1　出厂检验

测试项目	批量范围/条	单项检验样本大小/条	不合格分类	单项判定数组	
				合格判定数	不合格判定数
整体静态负荷	小于500	3	A	0	1
整体动态负荷	501～5000	5		0	1
整体滑落测试					
零部件静态负荷					
零部件动态负荷					

三、安全网

安全网是预防坠落伤害的一种劳动防护用具，适用范围极广，大多用于各种高处作业。高处作业坠落隐患，常发生在架子、屋顶、窗口、悬挂、深坑、深槽等处。坠落伤害程度，随坠落距离大小而异，轻则伤残，重则死亡。安全网防护原理是：平网作用是挡住坠落的人和物，避免或减轻坠落及物击伤害；立网作用是防止人或物坠落。

安全网是在高空进行建筑施工、设备安装或技艺表演时，在其下或其侧设置的起保护作用的网，以防因人或物件坠落而造成事故。安全网一般用绳索等编成。

安全网的特点是强度高、网体轻、隔热通风、透光防火、防尘降噪。

安全网的用途是用于各种建筑工地，特别是高层建筑可全封闭施工。安全网能有效地防止人身、物体的坠落伤害，防止电焊火花所引起的火灾，降低噪声和灰尘污染，达到文明施工、保护环境、美化城市的效果。

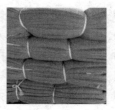

图6-5　建筑安全网材料

（一）建筑安全网材料（图6-5）

1. 材质　聚乙烯。

2. 网目密度　≥2600目/100cm²。

3. 抗冲击力　100kg沙包从1.5m高度冲击网体，冲击裂断直线长度≤200mm或曲线长度≤150mm。

4. 阻燃性　续燃≤4s，阴燃≤4s。

5. 型号规格

(1) 密目安全立网：ML1.8×6　　ML1.5×6　　ML2.0×6　　ML1.2×6。

(2) 安全立网（小眼网）：L−1.2×6　　L−1.5×6　　L−1.8×6　　L−3×6。

(3) 安全网（平网）：P−3×6。

（二）特点

1. 网目密度高，普通立式安全网只有 800 目/100cm²，而密目安全网网目密度高达 2000 目/100cm²。因而可以阻挡碎石、砖块等底部面积有 100cm² 以下物体的坠落，其安全性能远大于其他同类产品。

2. 采用直链多门结构的特殊编结方法，即由一组直链线圈和另一组贯穿三个直线链线圈的往复圈所构成的网目。其网结牢固不打滑，网目不易变形，网体尺寸稳定、牢固耐用、挺括轻便。其价格也低于普通安全网。

3. 透气性好，并且不影响采光，可实现封闭式作业，美化施工现场。

（三）用途

1. 用于各种建筑工地，特别是高层建筑，可全封闭施工。

2. 主要用来防止人、物坠落，用来避免或减轻坠落物伤害，保护高处作业人员和行人的安全及维护工地清洁。

（四）安全网的技术要求

安全网受力强度必须经受住人体及携带工具等物品坠落时重量和冲击距离纵向拉力、冲击强度。

1. 安全网是涉及国家财产和人身安全的特种劳动防护用品。其产品质量必须经国家指定的监督检验部门检验合格并取得生产许可证后，方可生产。每批安全网出厂，都必须有监督检验部门的检验报告。每张安全网应分别在不同位置附上国家监督部门检验合格证及企业自检合格证。同时应有标牌，标牌上应有永久性标志。标志内容应包括：生产企业名称、制造日期、批号、材料、规格、重量及生产许可证编号。

2. 安全网分为平网（P）、立网（L）、密目式安全网（ML）。安全网主要由边绳、系绳、筋绳、网绳组成。密目式安全网由网体、环扣、边绳及附加系绳构成。安全网物理力学性能，是判别安全网质量优劣的主要指标。其内容包括：边绳、系绳、网绳、筋绳断裂强力。密目式安全网主要有：断裂强力、断裂伸长、接缝抗拉强力、撕裂强力、耐贯穿性、老化后断裂强力保留率、开眼环扣强力及阻燃性能。平网和立网都应具有耐冲击性。立网不能代替平网，应根据施工需要及负载高度分清用平网还是立网。平网负载强度要求大于立网，所用材料较多，重量大于立网。一般情况下，平网大于 5.5kg，立网大于 2.5kg。

3. 安全网主要使用在露天作业场所，所以必须具有耐候性。具有耐候性的材料主要有锦纶、维纶和涤纶等。同一张网所用材料应相同，其湿干强力比应大于 75%，每张网总重量不超过 15kg。阻燃安全网的续燃、阴燃时间不得超过 4s。

4. 平网宽度不小于 3m，立网和密目式安全网宽度不小于 1.2m。系绳长度不小于

0.8m。安全网系绳与系绳间距不应大于 0.75m。密目式安全网系绳与系绳间距不应大于 0.45m。安全网筋绳间距离不得太小，一般规定在 0.3m 以上。

安全网可分为手工编结和机械编结。机械编结可分为有结编结和无结编结。一般情况，无结网结节强度高于有结网结节强度。网结和节头必须固定牢固，不得移动，避免网目增大和边长不均匀。出现上述情况，将导致应力不集中，直至网绳断裂。

（五）安全网的使用要求

1. 高处作业部位的下方必须挂安全网

当建筑物高度超过 4m 时，必须设置一道随墙体逐渐上升的安全网，以后每隔 4m 再设一道固定安全网。在外架、桥式架，上、下对孔处都必须设置安全网。安全网的架设应里低外高，支出部分的高低差一般在 50cm 左右；支撑杆件无断裂、弯曲；网内缘与墙面间隙要小于 15cm；网最低点与下方物体表面距离要大于 3m。安全网架设所用的支撑，木杆的小头直径不得小于 7cm，竹杆小头直径不得小于 8cm，撑杆间距不得大于 4m。

2. 使用前应检查安全网是否有腐蚀及损坏情况。施工中要保证安全网完整有效、支撑合理，受力均匀，网内不得有杂物。搭接要严密牢靠，不得有缝隙，搭设的安全网，不得在施工期间拆移、损坏，必须到无高处作业时方可拆除。因施工需要暂拆除已架设的安全网时，施工单位必须通知、征求搭设单位同意后方可拆除。施工结束必须立即按规定要求由施工单位恢复，并经搭设单位检查合格后，方可使用。

3. 要经常清理网内的杂物，在网的上方实施焊接作业时，应采取防止焊接火花落在网上的有效措施；网的周围不要有长时间严重的酸、碱烟雾。

4. 安全网在使用时必须经常地检查，并有跟踪使用记录。不符合要求的安全网应及时处理。安全网在不使用时，必须妥善地存放、保管，防止受潮发霉。新网在使用前必须查看产品的铭牌：首先看是平网还是立网，立网和平网必须严格地区分开，立网绝不允许当平网使用；然后架设立网时，底边的系绳必须系结牢固；再看生产厂家的生产许可证，产品的出厂合格证。若是旧网则在使用前应做试验，并有试验报告书，试验合格的旧网才可以使用。

（六）安全网的检验方法

1. 耐贯穿性试验 用长 6m、宽 1.8m 的密目网，紧绑在与地面倾斜 30°的试验框架上，网面绷紧。将直径 48～51mm、重 5kg 的脚手管，距框架中心 3m 高度自由落下，钢管不贯穿为合格标准。

2. 冲击试验 用长 6m、宽 1.8m 的密目网，紧绷在刚性试验水平架上。将长 100cm、底面积 $280cm^2$、重 100kg 的人形沙包 1 个，沙包方向为长边平行于密目网的长边，沙包位置为距网中心高度 1.5m 自由落下，网绳不断裂。

（七）注意事项及保养

1. 安全网的保养

（1）避免把网拖过粗糙的表面或锐边。

（2）严禁人依靠或将物品堆积压向安全网。

（3）避免人跳进或把物品投入网内。

（4）避免大量焊接火星或其他火星落入安全围网。

（5）避免围网周围有浓厚的酸、碱烟雾。

（6）必须经常清理安全网上的附着物，保持安全网工作表面清洁。

（7）当安全网受到化学品的污染或网体嵌入粗砂粒及其他可能引起磨损的异物时，应进行冲洗，洗后自然干燥。

（8）搭接处如有脱开轻微损伤，必须及时修补。

2. 安全网的使用注意事项

（1）使用时，应避免发生以下现象：

1）随便拆除安全网的构件；

2）人跳进或把物品投入安全网内；

3）大量焊接火星或其他火星落入安全网内；

4）在安全网内或下方堆积物品；

5）安全网周围有严重腐蚀性烟雾。

（2）对使用中的安全网，应进行定期或不定期的检查，并及时清理网中落下的杂物污染；当受到较大冲击时，应及时更换。

3. 安全网的安装注意事项

（1）安全网上的每根系绳都应与支架系结，四周边绳（边缘）应与支架贴紧。系结应符合打结方便、连接牢靠又容易解开、工作中受力后不会散脱的原则，有筋绳的安全网安装时还应把筋绳连接在支架上。

（2）平网网面不宜绷得过紧，当网面与作业高度小于 5m 时，其伸出长度应大于 4m；当网面与作业面高度差小于 5m，其伸出长度应大于 3m，平网与下方物体表面的最小距离应不小于 3m，两层网间距不得超过 10m。

（3）立网网面应与水平垂直，并与作业面边缘最大间隙不超过 10cm。

（4）安装后的安全网应经专人检验后，方可使用。

课程小结

本节安排的内容是让学生充分认识安全"三宝"，以便能在使用过程中及时发现问题，解决问题。

课外作业

1. 学习《安全帽》（GB 2811—2007）以及《安全带》（GB 6095—2009）、《安全网》（GB 5725—2009）标准。

2. 调查施工现场"三宝"应用情况。

课后讨论

1. 为什么进现场必须戴安全帽？上高空必须系安全带？

2. 安全网设置有哪些要求？

学习情境 7 安全防护管理

学习目标 ▶▶

1. 掌握施工现场安全防护要求。
2. 掌握临时用电的安全管理。
3. 熟悉施工机械设备的安全使用与安全防护。

关键概念 ▶▶

1. 安全防护。
2. 临时用电。
3. "四口"、"五临边"及其防护。

提示 ▶▶

安全防护是实现安全生产的重要环节。当人们在事故隐患中工作时，能否安全施工主要是看防护到位不到位。

相关知识 ▶▶

1. 深基坑开挖支护及其安全监测。
2. "四口"、"五临边"及其防护。
3. 安全用电。
4. 脚手架安全搭设与安全使用要求。
5. 施工机具设备的安全使用与安全防护。

一、基坑支护安全防护

近年来随着我国经济建设和城市建设的快速发展，地下工程越来越多。高层建筑的多层地下室、地铁车站、地下车库、地下商场、地下仓库和地下人防工程等施工时都需开挖较深的基坑，有的高层建筑多层地下室平面面积达数万平方米，深度有的达 26.68m，施工难度较大。

大量深基坑工程的出现，促进了设计计算理论的提高和施工工艺的发展，通过大量的工程实践和科学研究，逐步形成了基坑工程这一新的学科，它涉及多个学科，是土木工程领域内目前发展最迅速的学科之一，也是工程实践要求最迫切的学科之一。对基坑工程进行正确的设计和施工，能带来巨大的经济和社会效益，对加快工程进度和保护周围环境能发挥重要作用。

(一) 基坑工程安全防护要求

基坑开挖的施工工艺一般有两种：放坡开挖（无支护开挖）和在支护体系保护下开挖

（有支护开挖）。前者既简单又经济，在空旷地区或周围环境允许时能保证边坡稳定的条件下应优先选用。

但是在城市中心地带、建筑物稠密地区，往往不具备放坡开挖的条件。因为放坡开挖需要基坑平面以外有足够的空间供放坡之用，如在此空间内存在邻近建（构）筑物基础、地下管线、运输道路等，都不允许放坡，此时就只能采用在支护结构保护下进行垂直开挖的施工方法。对支护结构的要求，一方面是创造条件便于基坑土方的开挖，但在建（构）筑物稠密地区更重要的是保护周围的环境。

基坑土方的开挖是基坑工程的一项重要内容，基坑土方如何组织开挖，不但影响工期、造价，而且还影响支护结构的安全和变形值，直接影响环境的保护。为此，对较大的基坑工程一定要编制较详细的土方工程的施工方案，确定挖土机械、挖土的工况、挖土的顺序、土方外运方法等。在软土地区地下水位往往较高，采用的支护结构一般要求降水或挡水。在开挖基坑土方过程中，坑外的地下水在支护结构阻挡下，一般不会进入坑内，但如果土质含水量过高、土质松软，挖土机械下坑挖土和浇筑围护墙的支撑有一定困难。此外，在围护墙的被动土压力区，通过降低地下水位还可使土体产生固结，有利于提高被动土压力，减少支护结构的变形。所以在软土地区对深度较大的大型基坑，在坑内都进行降低地下水位，以便利基坑土方开挖和有利于保护环境。

（二）基坑工程的设计原则与基坑安全等级

1. 基坑支护结构的极限状态　根据中华人民共和国行业标准《建筑基坑支护技术规程》（JGJ 120—2012）的规定，基坑支护结构应采用以分项系数表示的极限状态设计方法进行设计。

基坑支护结构的极限状态，可以分为下列两类：

（1）承载能力极限状态

1）支护结构构件或链接因超过材料强度而破坏，或因过度变形而不适于继续承受荷载或出现压屈、局部失稳。

2）支护结构及土体整体滑动。

3）坑底土体隆起而丧失稳定。

4）对支挡式结构，坑底土体丧失嵌固能力而使支护结构推移或倾覆。

5）对拉锚式支挡结构或土钉墙，土体丧失对锚杆或土钉的锚固能力。

6）重力式水泥土墙整体倾覆或滑移。

7）重力式水泥土墙、支挡式结构因其持力土层丧失承载能力而破坏。

8）地下水渗流引起的土体渗透破坏。

这种极限状态，对应于支护结构达到最大承载能力或土体失稳、过大变形导致支护结构或基坑周边环境破坏。

（2）正常使用极限状态

1）造成基坑周边建（构）筑物、地下管线、道路等损坏或影响其正常使用的支护结构位移。

2）因地下水位下降、地下水渗流或施工因素而造成基坑周边建（构）筑物、地下管线、道路等损坏或影响其正常使用的土体变形。

3）影响主体地下结构正常施工的支护结构位移。

4）影响主体地下结构正常施工的地下水渗流。

这种极限状态，对应于支护结构的变形已妨碍地下结构施工，或影响基坑周边环境的正常使用功能。

基坑支护结构均应进行承载能力极限状态的计算，对于安全等级为一级及对支护结构变形有限定的二级建筑基坑侧壁，尚应对基坑周边环境及支护结构变形进行验算。

2. 基坑支护结构的安全等级

（1）《建筑基坑支护技术规程》（JGJ 120—2012）规定，其支护结构的安全等级分为三级，不同等级采用相对应的重要性系数 γ，支护结构的安全等级见表 7-1。

表 7-1 支护结构的安全等级

安全等级	破坏后果
一级	支护结构失效，土体过大变形对基坑周边环境或主体结构施工安全的影响很严重
二级	支护结构失效，土体过大变形对基坑周边环境或主体结构施工安全的影响严重
三级	支护结构失效，土体过大变形对基坑周边环境或主体结构施工安全的影响不严重

（2）支护结构设计，应考虑其结构水平变形、地下水的变化对周边环境的水平与竖向变形的影响。对于安全等级为一级的和对周边环境变形有限定要求的二级建筑基坑侧壁，应根据周边环境的重要性、对变形适应能力和土的性质等因素，确定支护结构的水平变形限值。

（3）当地下水位较高时，应根据基坑及周边区域的工程地质条件、水文地质条件、周边环境情况和支护结构形式等因素，确定地下水的控制方法。当基坑周围有地表水汇流、排泄或地下水管渗漏时，应对基坑采取妥善保护措施。

（4）对于安全等级为一级及对支护结构变形有限定的二级建筑基坑侧壁，应对基坑周边环境及支护结构变形进行验算。

（5）基坑工程分级的标准及各种规定各地不尽相同，各地区、各城市应根据自己的特点和要求作相应规定，以便于进行岩土勘察、支护结构设计和审查基坑工程施工方案等用。

（6）《建筑地基基础工程施工质量验收规范》（GB 50202—2002）对基坑分级和变形监控值的规定见表 7-2。

表 7-2 基坑变形的监控值 　　　　　　　　　　　　　　　单位：mm

基坑类别	围护结构墙顶位移监控值	围护结构墙体最大位移监控值	地面最大沉降监控值
一级基坑	30	50	30
二级基坑	60	80	60
三级基坑	80	100	100

注：1. 符合下列情况之一，为一级基坑：

（1）重要工程或支护结构做主体结构的一部分；

（2）开挖深度大于 10m；

（3）与邻近建筑物、重要设施的距离在开挖深度以内的基坑；

（4）基坑范围内有历史文物、近代优秀建筑、重要管线等需严加保护的基坑。

2. 三级基坑为开挖深度小于 7m，周围环境无特别要求的基坑。

3. 除一级和三级外的基坑属二级基坑。

4. 对周围已有的设施有特殊要求时，均应符合这些要求。

位于地铁、隧道等大型地下设施安全保护区范围内的基坑工程及城市生命线工程或对位移有特殊要求的精密仪器使用场所附近的基坑工程，应遵照有关的专门文件或规定执行。

（三）基坑施工安全技术要求

1. 土方开挖安全技术

（1）两台抓铲挖掘机同时作业，方向自东向西。

（2）为使基底土不受扰动，防止超挖，保证边坡坡度正确，机械开挖至接近设计坑底标高或边坡边界，应预留 30cm 厚土层，用人工开挖和修坡。

（3）挖掘机作业时，施工人员不得进入挖土机作业半径之内，应在作业半径外 2m 处。

（4）挖土时应注意检查基坑底是否有古墓、洞穴、暗沟等存在，如发现迹象应及时汇报，并进行探察处理。

（5）基坑挖至设计标高后，应立即通知勘察和设计质监部门，经共同验槽后，方可进行基础工程施工。

2. 临边防护安全技术

（1）四周必须设置牢固的防护栏杆，并挂设立网，夜间必须设红色标志灯。

（2）栏杆的固定方法可用钢管打入地面 50～70cm，杆距基坑边的距离不应小于 150cm，栏杆高度 1.2m，并刷红白相间警示色。

（3）坑边荷载

弃土应及时运出，在基坑边缘上侧不准堆土或堆放材料，施工机械作业时应与基坑边缘保持 2m 以上的距离，以保证坑边直立壁或边坡的稳定。

（4）安全边坡与固壁支撑

采用放坡系数 1∶0.67，另外三面各用钢板桩。挡地板采用 10 槽钢，斜撑条用 $\phi48mm \times 3.5mm$ 钢管。

3. 排水措施

（1）地面水排水措施：在基坑周围设一道土堤或挖排水沟，水沟坡度 3‰，沟宽 500mm，沟深 200mm（最浅）处。

（2）坑内排水措施：设排水沟及积水井，水泵随时将积水抽到坑外。

（3）上下通道：基坑开挖期间，用简易梯子作为人员上下基坑的通道。基坑开挖完毕之后，在基坑西北角搭设专用的人员上下和材料及料具。运输通道，通道两边设置护身栏杆和挡脚板。

4. 作业环境

（1）在基坑内作业要有保证作业人员安全的可靠的立足点和足够安全活动空间。

（2）垂直作业上下要设置隔离防护措施。

（3）对光线不足的基坑要设置足够的安全照明装置。

（四）基坑开挖支护施工监测

1. 监测一般要求

（1）施工前在待建建筑物及重大管线间打设回灌井及跟踪注浆孔，当监测数据异常时，及时采取地下水回灌或补偿注浆措施，以确保建筑物和施工作业人员、周围居民的安全。

（2）要有一支具有丰富施工经验、监测经验、有结构受力计算和分析能力的工程技术人员组成的监控量测施工队伍，专门进行施工的测量放线、现场监控量测，随时为施工提供准确的监控量测数据，并对每个数据进行精确分析，为施工提供决策依据。

（3）监测人员对收集、整理观测所获得的检测资料及时地进行计算、分析、对比：

1）预测基坑及结构的稳定性和安全性，提出工序施工的调整意见及应该采取的安全措施，确保整个工程安全、可靠地进行；

2）优化设计，使围护结构工程达到优质、经济合理、施工快捷的要求；

3）基坑开挖进行监控，防止出现坍塌等安全事故；

4）对初期支护进行监控，及时提供信息，确保主体结构及时跟进。

（4）对需要布设观测点的监测作业，提出监测方案，经过业主和工程师同意后，及时布设观测点，以便施工作业。

（5）按照业主规定的方法进行监测设备安装调试，记录下在工作状态下的初始数据，按照项目总工程师的要求进行定期的观测，并将数据等报送项目总工程师和设计院。

2. 监测内容　根据施工方法不同，监测施工内容和项目也不尽相同，但其目的是一致的，即利用科学的施工监测方法和手段，在科学计算和数据的指导下，确保施工安全和邻近建筑物的安全。考虑到基坑工程周围环境的性质和安全等级，确定基坑检测主要内容如下：

（1）围护结构的监测

1）围护结构水平位移监测；

2）围护结构倾斜监测；

3）围护结构沉降监测；

4）围护结构应力监测；

5）支撑轴力监测。

（2）周围环境的监测

1）基坑周围建筑物的沉降及倾斜观测；

2）相邻地表、地下管线的沉降监测及位移监测；

3）围护结构侧向土压力观测；

4）地下水位动态观测；

5）基坑边坡土体分层沉降观测；

6）基坑底部回弹观测；

7）孔隙水压力监测；

8）裂缝观测。

3. 现场监控量测项目及量测频率、监测方法如下：

（1）监控量测项目（表7-3）；

（2）监测项目频率（表7-4）；

（3）监测方法。

表 7-3　监控量测项目

序号	监测项目	数量	单位	型　号
1	围护结构水平位移	65	个	φ18mm 钢筋观测点
2	围护结构倾斜	240	m	PVC 倾斜管
3	围护结构沉降	65	个	φ18mm 钢筋观测点
4	围护结构应力	144	支	LKX 型钢筋计（量程 0～200MPa）
5	支撑轴力监测	48	支	钢筋计、应变计
6	基坑周围建筑物的沉降及倾斜观测	沉降 28　倾斜 7	个	φ18mm 钢筋观测点　2mm 金属片
7	相邻地表、地下管线的沉降监测及位移监测	地表 48　管线 10	个	φ18mm 钢筋观测点　抱箍式管线观测点
8	围护结构侧向土压力观测	72	个	TYJ20 型（量程 0～0.4MPa）
9	地下水位动态观测	192	m	φ50PVC 水位管
10	基坑边坡土体分层沉降	480	M	PVC 倾斜管
11	基坑底部回弹观测	18	条	回弹观测杆件
12	孔隙水压力监测	18	个	KXR 型弦式孔隙水压力计
13	裂缝观测	20	组	2mm 金属片
14	基准点	7	个	φ18mm 钢筋
15	工作基点	4	个	φ18mm 钢筋

表 7-4　监测项目频率

项　目	预计次数	监测频率/（次/天）		
围护结构裂缝及渗漏水观察	180	视具体情况		
基坑周围地表沉降	70	基坑开挖深度≤5m 1 次/2 天	基坑开挖深度 5～15m 1 次/1 天	基坑开挖深度≥15m 2 次/1 天
基坑建筑物沉降与倾斜	70			
建筑物裂缝观测	70			
基坑周围地下管线沉降	70			
围护墙顶水平位移及沉降	70			
基坑底部回弹	70			
墙体倾斜	70			
地下水位量测	50	1 次/（1～2）天		
支撑轴力	50			
围护结构内力监测	50			
分层沉降	30	埋设 1 周后开始观测，1 次/1 周		
墙后侧向土压力	30			
孔隙水压力	30			
基点联测	30			

　　1）水平位移监测

　　① 水平位移监测根据现场情况采用方向观测法和垂距法进行监测，按照二级位移观测精度进行观测，二级测角网各项技术要求见表 7-5。

表 7-5　测角控制网技术要求

等级	最弱边边长中误差	平均边长	测角中误差
二级	±3.0mm	300m	±1.5″

②水平角观测宜采用方向观测法，当方向数不多于 3 个时，可不归零；对位移观测点的观测，宜采用 2″级全站仪，按照 1 测回观测。方向观测法的限差应符合表 7-6 规定。

表 7-6　方向观测法限差

仪器类别	两次照准目标读数差	半测回归零差	一测回内 2C 互差	同一方向值各测回互差
DJ2	6″	8″	13″	8″

2）沉降监测　沉降观测所使用的仪器应为 DS1 级的精密水准仪，配合 2m 铟钢水准尺进行。

沉降观测的等级应为二等，相邻观测点间的高差中误差为±0.5mm，观测点的高程相对于起算点的高程中误差为±1mm，为此，对外业观测应满足表 7-7 的要求。

表 7-7　水准外业观测要求

视线长度	前后视距差	前后视距差累积	基辅分划读数差	基辅分划所测高度之差	符合水准线路闭合差
≤35m	≤1m	≤3m	≤0.3mm	≤0.5mm	≤0.5$\sqrt{n}$mm（n 为测站数）

另外必须定期进行仪器 i 角（视准轴与水准轴间夹角应不大于 10″）检验。监测设备见表 7-8。

表 7-8　监控量测主要仪器设备

序号	量测项目	测试元件和仪器
一、测试仪器		
1	建筑物、地表、管线、围护桩沉降、位移量测，基坑底部回弹、建筑物倾斜观测	Laica-N3 全站仪，铟钢水准尺 Nikon-T2 精密经纬仪
2	建筑物裂缝	游标卡尺 钢卷尺
3	水位	钢尺水位计
4	主筋应力、轴力、孔隙水压力、土压力	SDP-Z 振弦频率测定仪
5	倾斜	CX-03 型倾斜仪
二、测试元件		
1	钢筋应力、混凝土支撑轴力	钢筋应力计
2	钢管支撑轴力	应变计
3	孔隙水压力	振弦式水压力计
4	分层沉降	倾斜管、沉降磁环
5	孔隙水压力	孔隙水压力计
6	土压力	钢弦式压力盒

3）倾斜监测　倾斜监测采用 CX-03 型倾斜仪，观测精度 1mm，倾斜管应在测试前 5d

装设完毕，在 3～5d 内重复测量不少于 3 次，判明处于稳定状态后，进行测试工作。观测方法，使倾斜仪处于工作状态，将测头导轮插入倾斜管导槽内，缓慢放置于管底，然后由管底自下而上沿导槽每隔 1m 读数一次，并按记录键。测读完毕后，将探头旋转 180°插入同一导槽内，按上述方法再测一次，测点深度同第一次。将观测数据输入计算机，计算结果。

4）建筑物倾斜监测　倾斜观测使用 2 全站仪进行观测，将建筑物主要边角顶部投影到底部，然后通过观测投影点到边角底部的距离，得出建筑物的倾斜量，倾斜量与建筑物高度的比值就是建筑物的倾斜度。建筑物主要边角的倾斜方向和倾斜度略有不同，可以同时标注在倾斜观测成果中，综合考虑建筑物的倾斜状态。

5）主筋应力、轴力、孔隙水压力、土压力监测　采用振弦式频率测定仪进行主筋应力、轴力、孔隙水压力、土压力的应力数据观测。仪器型号为 SDP-Z 振弦频率测定仪。在监测元件布设完毕以后，立即测试，读取钢筋计的频率读数，记录作为初始数据。初始数据最少测试 3 次，取稳定读数作为初始值。通过相应的公式计算出测试元件的受力状况，监测精度 $\leqslant 1/100$(F. S)。

6）水位监测　采用水位计进行观测。将水位计探头缓慢放入水位管，当探头接触到水位时，启动讯响器，读取测量钢尺与管顶的距离，根据管顶高程即可计算地下水位的高程。监测精度$\leqslant 5$mm。

7）基坑边坡分层沉降监测　采用分层沉降仪进行分层沉降观测。在基坑开挖前，至少进行 2 次观测，以确定监测初始值。测试时将分层沉降仪探头缓慢放入倾斜管内，当探头经过沉降磁环时，仪器发出鸣声，此时记录分层沉降仪导线尺上的读数，作为观测值。观测完毕后，记录观测时天气和工况，然后将倾斜管的管口密封好，防止泥沙等杂物进入。监测精度$\leqslant 2$mm。

8）基坑底部回弹监测　在基坑开挖前，对回弹观测点进行高程观测，仪器使用 S05 水准仪，观测精度采用三等水准进行观测。基坑开挖后，根据基坑开挖的深度，每开挖 2m 后，卸下一根杆件，继续观测回弹点的高程，比较前次高程，得出基坑底部沉降变化。

9）裂缝监测　在基坑开挖前做好裂缝调查，并做好记录和观测标识。基坑开挖后，除了对已有的裂缝进行观测外，还要重点检查有可能出现裂缝的部位，及时发现新的裂缝，并做好记录和观测标识跟踪观测。裂缝观测采用精密钢尺，在裂缝标示上直接丈量，当裂缝两端的标示距离增大时，裂缝的变化值就可以计算出来。观测精度为 1mm。

10）基点联测　位移监测基点采用导线测量方法，按一级测量的精度施测，其观测点坐标中误差$\leqslant 1$mm。沉降监测基点按二级水准要求施测，往返较差或环闭合差$\leqslant 1.0\sqrt{n}$。

4. 监测程序　工程监控量测是施工组织的一部分，属动态管理范畴，包括了预测、监控和反馈等几个主要阶段，如图 7-1 所示。

5. 监测数据分析、预测与险情报告

（1）监测工作应分阶段、分工序对量测结果进行总结和分析

1）数据处理　用频率分布的形式把原始数据分布情况显示出来，计算数据的数值特征值，舍掉离群数据。

2）曲线拟合　根据常规寻找一种能较好反映数据变化规律和趋势的函数表达式，进行曲线拟合，可对下一阶段的监测数据进行预测。

（2）险情预报　各监测项目达到预警值时，首先应复测，以确保监测数据的正确性，其

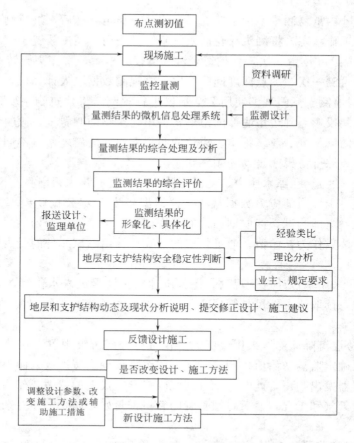

图 7-1　监测工作流程图

次应与附近其他项目监测及基坑的施工情况进行对比分析，证实确为达到预警值时，方可预警。监测项目达到预警值时，应加密观测。

预警步骤为：

1）监测数据经过复测超过预警值时，立刻口头通知监理方。

2）针对预警部位，2h 内整理监测报告，提供给监理方。

3）在 6h 内出预警通知，提供给监理方、甲方。

根据监测方案在施工前布置好监测点并落实监测的保护工作，按规定频率监测，建立信息反馈制度，将监测信息及时反馈给现场施工负责人和相关人员，以指导施工。必须紧跟每步工况进行监测，并迅速有效地反馈。如施工中出现变形速率超过预警值的情况，应进一步加强监测，缩短监测时间间隔，为改进施工和实施变形控制措施提供必要的实测数据。及时整理、分析监测数据。按业主现场代表和监理工程师批准的对策及时调整施工工序、工艺，或实施变形控制措施，确保安全、优质、按期完工。

二、楼梯口、电梯井口安全防护

（一）楼梯口、电梯井口安全防护要求

1. 楼梯口、边设置 1.2m 高防护栏杆和 300mm 高踢脚杆，杆件里侧挂密目式安

全网（图 7-2）。

图 7-2　楼梯口防护

2. 电梯井口设置 1.2～1.5m 高防护栅门，其中底部 180mm 为踢脚板。

3. 电梯井内自二层楼面起不超过二层（不大于 10m）拉设一道安全平网（图 7-3）。

4. 电梯井口、楼梯口边的防护设施应形成定型化、工具化，牢固可靠，防护栏杆漆刷红白相间色。

图 7-3　电梯井口防护

（二）电梯井道清除垃圾安全要求

1. 进入电梯井道内清除垃圾必须正确佩戴安全带。

2. 清除电梯井道内垃圾要从上至下，一层一清。

3. 清除电梯井道内垃圾，必须将上部电梯井口封闭，并悬挂醒目的"禁止抛物"的标志。

4. 清除电梯井道内安全网中的垃圾时，操作者不准站在安全网内。

5. 在电梯井道内使用气泵，要注意安全用电，操作面要安全可靠，不能有空挡。

6. 用劳动车装运垃圾时，操作者不能倒拉劳动车。

（三）电梯井口安全防护的有关要求

1. 要严格按照安全技术强制性标准要求设置电梯井口防护。电梯井口必须设防护栏杆或固定栅门，防护栏杆或固定栅门应做到定型化、工具化，其高度在 1.5～1.8m 范围内。

2. 电梯井口内必须在正负零层楼面设置首道安全网，上部每隔两层并最多每隔 10m 设一道安全平网，安全网的质量必须符合《安全网》（GB 5725—2009）标准中安全平网的要求，进场必须按照有关规定进行检验。安装、拆卸电梯井内安全平网时，作业人员应按规定佩戴安全带。对楼层和屋面短边尺寸大于 1.5m 的孔洞，孔洞周边应设置符合要求的防护栏杆，底部应加设安全平网。

3. 在电梯井口处要设置符合国家标准的安全警示标志；安全警示标志要醒目、明显，夜间应设置红灯示警。

4. 电梯井口的防护栏杆和门栅应以黄黑相间的条纹标示，并按照《建筑施工高处作业安全技术规范》（JGJ 80—1991）有关标准进行制作。

5. 电梯井口防护设施需要临时拆除或变动的，需经项目负责人和项目专职安全员签字认可，并做好拆除或变动后的安全应对措施，同时要告知现场所有作业人员；安全设施恢复后必须经项目负责人、专职安全员等有关现场管理人员检查，验收合格后方可继续使用。

6. 在施工现场进行安全生产教育时，应将电梯井口等危险场所和部位具体情况，如实告知全体作业人员，使现场作业人员了解电梯井口的危害性、危险性，熟悉掌握电梯井口坠落防范措施，避免因不熟悉作业环境，误入电梯井口造成坠落事故的发生。

三、预留洞口坑井防护

（一）建筑施工洞口安全防护

1. 进入现场，必须戴好安全帽，扣好帽带，并正确使用个人劳动防护用具。

2. 悬空作业处应有牢靠的立足处，并视具体情况，配置防护网、栏杆或其他安全设施。

3. 悬空作业所用的索具、脚手板、吊篮、吊笼、平台等设备，均需经过技术鉴定或检证方可使用。

4. 洞口根据具体情况采取设防护栏杆、加盖件、张挂安全网与装栅门等措施时，必须符合下列要求：

（1）楼板、屋面和平台等面上短边尺寸小于 25cm 但大于 2.5cm 的孔口，必须用坚实盖板盖没，盖板应能防止挪动移位。

（2）楼板面等处边长为 25～50cm 的洞口、安装预制构件时的洞口以及缺件临时形成的洞口，可用竹、木等作盖板，盖住洞口。盖板须能保持四周搁置均衡，并有固定其位置的措施（图 7-4）。

（3）边长为 50～150cm 以上的洞口，必须设置以扣件扣接钢管制成的网格，并在其上满铺竹笆或脚手板。也可采用贯穿于混凝土板内的钢筋构成防护网，钢筋网格间距不得大于 20cm（图 7-5）。

（4）边长在 150cm 以上的洞口，四周设防护栏杆，洞口下张设安全平网（图 7-6）。

（5）垃圾井道和烟道，应随楼层的砌筑或安装而消除洞口，或参照预留洞口作防护。管道井施工时，除按上款办理外，还应加设明显的标志。如有临时性拆移，需经施工负责人核准，工作完毕后必须恢复防护设施（图 7-7）。

（6）位于车辆行驶道旁的洞口、深沟与管道坑、槽，所加盖板应能承受不小于当地额定卡车后轮有效承载力 2 倍的荷载。

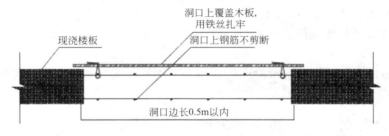

图 7-4　边长 0.5m 以内的洞口防护

图 7-5　边长大于 500mm 小于 1500mm 的洞口防护　　　　图 7-6　边长大于 1500mm 的洞口防护

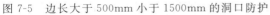

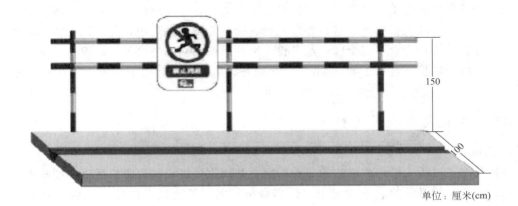

单位：厘米(cm)

图 7-7　边长大于 2m 的洞口防护

（7）墙面等处的竖向洞口，凡落地的洞口应加装开关式、工具式或固定的防护门，门栅网格的间距不应大于 15cm，也可采用防护栏杆，下设挡脚板（笆）。

（8）下边沿至楼板或底面低于 80cm 的窗台等竖向洞口，如侧边落差大于 2m 时，应加设 1.2m 高的临时护栏。

（9）对邻近的人与物有坠落危险性的其他竖向的孔、洞口，均应予以覆盖或加以防护，并采取固定措施。

（二）临边与洞口作业的安全防护

1. 主要规定

（1）施工现场中，工作面沿边无围护设施的，或者虽有围护设施但高度低于 800mm（低于一般人体重心高度）时，此时的高处作业称临边作业，必须设置临边防护，否则会有发生高处坠落的危险。

（2）防护栏杆的作用是防止人员在各种情况下（站立和下蹲作业）的坠落，故设上下两道横杆。其作法必须保障意外情况身体外挤时（按 1000N 外力）的构造要求。当特殊情况考虑发生人群拥挤或车辆冲击时，应单独设计加大栏杆及柱的截面。另外，考虑作业时，可能由于人体失稳，脚部可能从栏杆下面滑出或脚手板上的钢筋、钢管、木杆等物料滚落，故规定设置挡脚板，也可采用立网封闭，防止人员或物料坠落。

（3）地面通道上部应装设安全防护棚。主要指有可能造成落物伤害的地面人员密集处。如建筑物的出入口、井架及外用电梯的地面进料口以及距在建施工的建筑物较近（在落物半径范围以内）的人员通道的上方，应设置防落物伤害的防护棚。

2. 注意事项

（1）临边防护栏杆可采用立网封闭，也可采用底部设置挡脚板两种作法。当采用立网封闭时，应在底部再设置一道大横杆，将安全立网下边沿的系绳与大横杆系牢，封严下口缝隙。

（2）临边防护栏杆不能流于形式。一些工地采用截面过细的竹竿，甚至采用麻绳等材料；也有利用阳台周边栏板的钢筋代替防护栏杆，但有的高度不够，有的钢筋也未做必要的横向连接；一些框架结构的各层沿边，只设置一道大横杆，既无立网防护也无挡脚板等，极不规范，虽然做了临边防护，仍然存在事故隐患。

（3）当外脚手架已采用密目网全封闭时，脚手架的各作业层仍需设置挡脚板。因脚手架的作业层宽度小，在人员作业、材料存放、材料搬运等操作过程中，与立网相碰撞的情况不会避免，设置挡脚板增加了安全度，避免将立网撞破或因立网连接不严而发生的事故。

（4）当临边防护高度低于 800mm 时，必须补设防护栏杆，否则仍然有发生高处坠落的危险。

（三）实施与检查的控制

1. 实施

（1）凡施工过程中已形成临边的作业场所，其周边要搭设临边防护后再继续施工。

（2）临边防护必须符合搭设要求。选用合格材料，符合搭设高度，且满足上下两道栏杆，或采用立网封密或在下部设挡脚板的规定。

（3）有一定的牢固性，选材及连接应符合要求。

（4）对采用外脚手架施工的建筑物，应在脚手架外排立杆用密目网封闭；对采用里脚手架施工的建筑物，应在建筑物外侧周边搭设防护架，防护架与建筑物外墙距离应不大于150mm，用密目网封闭。

（5）防护棚的搭设除应牢固外，其搭设尺寸还应满足在上方落物半径以外的要求。

2. 检查

（1）建筑物外围已用密目网封闭的同时，还应检查在建筑物各楼层周边是否已设临边防护。

（2）同时，还应检查在阳台等凸出部位的周边是否已设临边防护。

（3）检查各种临边防护的搭设是否符合要求，安全网封挂是否严密，质量是否可靠。

（4）检查搭设的防护棚是否具有防落物伤害的能力，包括防护棚的选用材料和搭设的防护面积。严禁防护棚上面存放物料。

四、通道口安全防护

（一）通道口安全防护的一般要求

1. 在进出建筑物主体通道口、井架或物料提升机进口处、外用升降机进口处等均应搭设防护棚。棚宽大于道口，两端各长出 1m，垂直长度 2m，棚顶搭设二层（采取脚手片的，铺设方向应互相垂直），间距大于 30cm（图 7-8）。

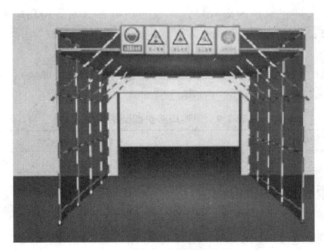

图 7-8 安全通道口的防护

2. 场地内、外道路中心线与建筑物（或外架）边缘距离分别小于 5m 和 7.5m 的，应搭设通道防护棚，棚顶搭设两层（采取脚手片的，铺设方向应互相垂直），间距大于 30cm，并且底层下方张挂安全网。

3. 砂浆机、拌和机和钢筋加工场地等应搭设操作简易防护棚。

4. 各类防护棚应有单独的支撑体系，固定可靠安全，严禁用毛竹搭设，且不得悬挑在外架上。

5. 底层非进入建筑物通道口的地方应采取禁止出入（通行）措施和设置禁行标志。

（二）"通道口"防护通病与防治措施

通道口是施工现场安全防护中最多的部位，其防护措施是否可靠，直接影响施工现场的安全。

1. 施工现场"通道口防护"存在的主要通病

（1）建筑物出入口布设不合理。一些施工单位为节省资金投入，避开安全检查评分项目，有意识地将整幢建筑物用立网围护，不设立通道口，检查后又将立网收起作为建筑物出入口，作业人员随便出入，这样极易造成安全事故的发生。

（2）施工现场通道口的防护棚不能真正起到防护作用。材质不符合要求、搭设方法不够科学、搭设宽度和长度不符合要求等现象较为突出，同时也未能有机结合外脚手架密目式安全网的挂设进行防护。

（3）对《建筑施工安全检查标准》（JGJ 59—2011）中的"通道口防护"存在认识上的错误。检查中发现部分现场安全管理人员管理意识仍停留在旧标准上，对运输天桥等专业性较强的项目不编制安全技术措施，或安全防护措施不落实，特别是运输天桥两侧密目式立网的防护以及剪力撑存在搭接方式不规范等现象。

（4）对架子工的安全教育不够重视，安全技术交底、班前活动等安全教育只停留在文字表述上，架子工的安全防护意识并未有真正提高；特种作业人员持证上岗、培训和再教育仍存在一定差距；部分架子工虽年审合格，但对新知识的掌握程度并未有相应的提高，对新标准的严格要求思想不理解。

2. 通病的防治措施

（1）因地制宜，选好建筑物的出入口。不设外用电梯（人货两用电梯）的多层建筑物至少应设有一个出入口；长度大于50m的必须有三个以上的出入口。出入口一般宜设在作业人员易出入的地方，如楼梯口等。

（2）根据建筑物的高度、体形、配合密目式安全网的挂设采取灵活多变的防护措施。必须按表7-9搭设，防护宽度根据通道口宽度适当加宽。

表 7-9　　通道口防护棚坠落半径　　　　　　单位：m

作业高度	2～5	5～15	15～30	>30
坠落半径 R	2	3	4	5

五、阳台楼板屋面等临边安全防护

（一）阳台的临边安全防护（图7-9、图7-10）

图 7-9　阳台安全防护

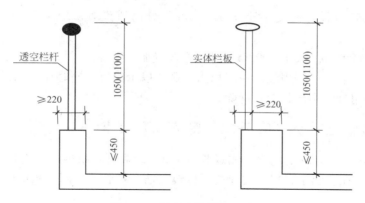

图 7-10 阳台防护栏杆尺寸

1. 阳台、楼板、屋面等临边应设置 1.2m 和 0.6m 两道水平杆，并在立杆里侧用密目式安全网封闭，防护栏杆漆红白相间色。

2. 防护栏杆等设施与建筑物固定拉结，确保防护设施安全可靠。

3. 阳台栏杆设计应防儿童攀登。

4. 垂直杆件间净空不应大于 0.11m。

5. 在放置花盆处，必须采取防坠落措施。

6. 高层住宅的阳台栏杆不应低于 1.10m 且宜采用实体栏板。

7. 采用实心栏板的理由：一是防止冷风从阳台门灌入室内；二是防止物品从栏杆缝隙处坠落伤人。

8. 根据人体重心和心理要求，阳台栏杆应随建筑高度增高而增高，封闭阳台虽无这一要求，但也应满足阳台栏杆净高要求。

9. 没有邻接阳台或平台的外窗窗台，如距楼（地）面净高较低，容易发生儿童坠落事故，所以要求当窗台距地面低于 0.90m 时，采取防护措施，有效的防护高度应保证净高 0.90m，距离楼（地）面 0.45m 以下的台面、横栏杆等容易造成无意识攀登的可踏面，不应计入窗台净高。

（二）楼层的临边防护

1. 楼层临边在施工过程中及栏杆安装前必须设置临时栏杆（图 7-11）。

图 7-11 楼层防护

2. 栏杆用钢管搭设，高度不小于 1000mm，分两道设置。两端用钢管固定在混凝土柱上。

3. 当防护栏杆的长度大于 2000mm 时，栏杆应加设立柱。

4. 栏杆搭设好后，栏杆用红白油漆相间涂刷，以示醒目，同时加以标识。

5. 栏杆在使用过程中严禁随意拆除。

（三）屋面临边防护（图 7-12、图 7-13）要求

1. 将 $\phi 48mm \times 3.5mm$ 的钢管，锯成长 300mm 的短管，根据所埋部位圈梁或女儿墙上部现浇带的高度，在有利于管焊接的前提下做锚固筋，短管的作用是预埋墙中固定临边防护栏杆柱。

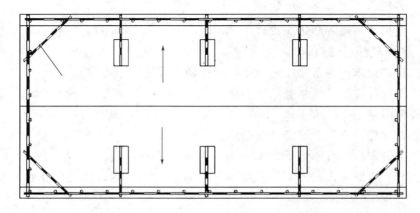

图 7-12 斜屋面临边防护示意图

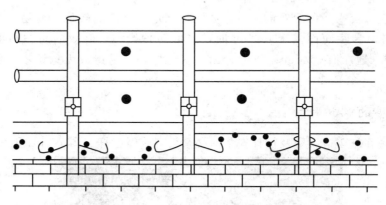

图 7-13 屋面临边防护栏杆示意图

2. 栏杆柱的直径与短节管相同，柱杆长度视女儿墙高度而定。防护栏杆（图 7-13）自上而下由两道横杆及栏杆柱组成，上横杆离地高度为 $1.0 \sim 1.2m$，下横杆离地高度为 $0.5 \sim 0.6m$，用扣件固定。无女儿墙或坡度大于 1：2.2 的屋面，防护栏杆高度为 1.5m。例如，女儿墙高度为 0.5m 时栏杆柱的加工长度为 1.0m，无女儿墙或坡屋面时为 1.5m。

3. 当建筑物坡屋面外墙砌筑或平屋面砌筑女儿墙距封顶还有 0.25m 垂直高度时，将已加工好的短管沿外墙四周垂直埋入墙内，并适当靠外，避免日后安装避雷线与栏杆柱发生矛

盾，短管埋深为 250mm（包括抹灰面层），出墙顶面 50mm，管与管间距为 2m。如果短管是全部埋入现浇混凝土内，必须将短管底部焊堵严密，防止混凝土进入管内，同时管上口也要用塑料堵口帽堵严，防止杂物进入管内。

4. 在平屋面的女儿墙或坡屋面的挑檐抹灰或装饰完毕，准备拆除顶层外墙脚手架前，用已加工成型的钢管用对接扣件插入已预先埋入墙内的短管内作为栏杆柱，并将对接扣件螺帽拧紧，再用相同规格的钢管沿杆柱搭设横杆，四周全部搭设完毕并张挂好安全网后，再拆除墙脚手架。

5. 临边防护栏杆的拆除时间，必须在屋面的所有工种彻底完工之后。必要时，还应根据建筑物的结构情况，充分考虑工程竣工验收时设计、监督、监理、建设、施工等部门验收人员上到屋顶时的人身安全，宜在工程竣工验收合格之后，施工单位向业主交钥匙之前拆除。

6. 拆除栏杆必须由专业工种完成，操作人员必须系好安全带，并将安全带的一端系在屋面安全、牢固、可靠的地方。拆卸下来的钢管禁止从上往下扔，要用绳子系牢后，选择合适的地方，由上向下轻放，地面要设警卫人员和接应人员，严禁违章操作。

7. 防护栏杆拆除后，埋入墙内的短管留作以后维修屋面时再次做防护用，也可用作固定彩旗的旗杆，所以，短管上口必须用塑料帽堵严，防止雨水或杂物进入。

（四）设置临边防护栏杆的效果

1. 不影响女儿墙或外墙顶的结构质量。因为女儿墙和外墙厚度一般为 240mm 以上，顶部设有钢筋混凝土现浇带，栏杆高度较低（只有 1.0m 或 1.50m），除栏杆自身重量外，无任何附加荷载。

2. 防护栏杆柱底部埋于墙内，扣件对接固定，上、下两道横杆连接，四周形成整体，稳定性好。

3. 设置了临边防护栏杆后，不论是预防瞬时突至大风，还是各工种临边操作，在人身安全上都有了可靠的保证。

4. 在工程上稍微增加了材料及人工费。但是，增加这点费用与发生任何一个安全事故支出的费用相比，都是微不足道的。从人身安全、企业形象考虑，增加这点费用是很有必要的。

六、施工用电安全防护

（一）外电安全保护

电气线路往往因为短路、过载运行、接触电阻过大等原因，产生电火花、电弧或引起电线、电缆过热，从而造成火灾。

1. 短路　电气线路上，由于各种原因相接和相碰，电流突然增大的现象叫短路。一般可分为相间短路和对地短路。短路时能放出大量的热，不仅能使绝缘层烧毁，而且会使金属熔化，引燃附近可燃物造成火灾。产生原因如下：

（1）绝缘层因受高温、潮湿或腐蚀等作用的影响，失去了绝缘能力。

（2）线路年久失修，绝缘层老化或受损。

（3）电压过高，使电线绝缘层被击穿。

（4）安装修理时接错线路，或带电作业时造成人为碰线短路。

（5）裸导线安装太低，搬运金属物件时不慎碰在电线上；线路上有金属或小动物，发生电线之间的跨接。

（6）架空线路间距离太小，或挡距过大，电线松弛，有可能发生两相相碰；架空导线与建筑物、树木距离太小，使导线与建筑物或树木接触。

（7）导线机械强度不够，导致导线断落接触大地，或断落在另一根导线上。

（8）不按规程要求私接乱拉，管理不善，维护不当造成短路。

（9）高压架空线路的支持绝缘子耐压程度过低，引起线路的对地短路。

2. 过载　导线允许连续通过而不致使导线过热的电流量，称为导线的安全电流。导线中流动的电流超过了安全电流值，叫做过载。一般导线的最高允许工作温度为 65℃。发生过载时，导线的温度超过这一温度值，会使绝缘层加速老化，甚至损坏，引起短路火灾事故。

（1）产生原因

1）导线截面选择过小，实际负荷超过了导线的安全载流量。

2）在线路中接入了过多或功率过大的电气设备，超过了配电线路的负载能力。

（2）超负荷防止方法

1）根据负载情况，选择合适的电线。

2）严禁滥用铜丝、铁丝代替熔断器的熔丝。

3）不准乱拉电线和接入过多或功率过大的电气设备。

4）检查去掉线路上过多的用电设备，或者根据线路负荷的发展及时更换成容量较大的导线，或者根据生产程序和需要，采取排列先后控制使用的方法，把用电时间错开，以使线路不超过负荷。

3. 接触电阻过大　导线连接时，在接触面上形成的电阻称为接触电阻。接头处理良好，则接触电阻小，连接不牢或其他原因，使接头接触不良，则会导致局部接触电阻过大，发生过热，加剧接触面的氧化，接触电阻更大，发热更剧烈，温度不断升高，造成恶性循环，致使接触处金属变色甚至熔化，引起绝缘材料燃烧。

（1）产生原因

1）安装质量差，造成导线与导线，导线与电气设备连接不牢。

2）导线的连接处有杂质，如氧化层、泥土、油污等。

3）连接点由于长期振动或冷热变化，使接头松动。

4）铜铝接头处理不当，在电腐蚀作用下接触电阻会很快增大。

（2）接触电阻过大防止方法

1）导线与导线、导线与电气设备的连接必须牢固可靠。

2）铜、铝线相接，宜采用铜铝过渡接头。也可采用在铜铝接头处垫锡箔，或在铜线接头处搪锡。

3）通过较大电流的接头，不允许用本线做接头，应采用氧焊接头，在连接时加弹力片后拧紧。

4）要定期检查和检测接头，防止接触电阻增大，对重要的连接接头要加强监视。

4. 电火花和电弧

电火花是电极间放电的结果，电弧是由大量密集的电火花构成的。线路产生的火花或电弧能引起周围可燃物质的燃烧，在爆炸危险场所可以引起燃烧或爆炸。

（1）架空线路、屋内布线的火灾危险性

1）架空线路的火灾危险性　电杆倒折、电线断落或搭在易燃物上，易造成线路的短路，出现电火花、电弧。

电杆挡距过大，线间距过小或布线过松，没有拉紧，在大风和外力作用下，容易碰在一起造成短路。此外，布线时把导线拉得过紧，也易发生导线断裂事故，引起火灾或触电事故。

架空线路遭到雷击，会使线路绝缘损坏，并产生下频短路电弧，从而使线路跳闸，影响电力系统的正常供电。

2）屋内布线的火灾危险性　由于机械损伤，如摩擦、撞击使绝缘层损坏，导致短路等引起火灾。

线路年久失修，绝缘陈旧、老化或受损失，使线芯裸露，导致短路引发火灾。

使用金属线捆扎绝缘导线，或把绝缘导线挂在钉子上，由于日久磨损和生锈腐蚀使绝缘受到破坏，导致短路引发火灾。

雷击时产生的电压，线路空载时的电压升高等，也会使导线绝缘薄弱的地方造成绝缘被击穿而发生短路，导致火灾。

（2）架空线路、屋内布线的防火措施

1）架空线路的防火措施　为了防止倒杆断线，对电杆要加强维修，不要在电线杆附近挖土和在电线杆上拴牲畜。

架空电线穿过通航的河流、公路时，应加装警示标志，以引起通行车、船的注意。

架空线路不应跨越屋顶为燃烧材料做成的建、构筑物。

架空线路与甲类物品库房、可燃易燃、液体贮罐、燃助燃气体贮罐、易燃材料堆场等的防火间距，不应小于电杆高度的 1.5 倍；与散发可燃气体的甲类生产厂房的防火间距，不应小于 30m。

架空线路的边导线与建筑物之间的距离，导线与树木之间的垂直、净空距离，架空配电线路的导线与导线之间的距离，必须符合有关安全规定。

平时对电气线路附近的树木要及时修剪，以保持足够的安全距离，防止树枝拍打电线而引起事故。

2）屋内布线的防火措施　设计安装屋内线路时，要根据使用电气设备的环境特点，正确选择导线类型。

明敷绝缘导线要防止绝缘受损引起危险，在使用过程中要经常检查、维修。

布线时，导线与导线之间、导线的固定点之间，要保持合适的距离。

为防止机械损伤，绝缘导线穿过墙壁或可燃建筑构件时，应穿过砌在墙内的绝缘管，每根管宜只穿一根导线，绝缘管（瓷管）两端的出线口伸出墙面的距离宜不小于 10mm，这样可以防止导线与墙壁接触，以免墙壁潮湿而产生漏电等现象。

沿烟囱、烟道等发热构件表面敷设导线时，应采用以石棉、玻璃丝、瓷珠、瓷管等作为绝缘的耐热线。

有条件的单位在设置屋内电气线路时，宜尽量采用难燃电线和金属套管或阻燃塑料套管。

5. 电缆火灾

（1）电缆的火灾危险性

1）电缆的保护铅皮、铝皮受到损伤，或在运行中电缆的绝缘受到机械破坏，能引起电缆芯与电缆芯之间或电缆芯与铅皮、铝皮之间的绝缘被击穿，而产生电弧，可使电缆的绝缘材料和电缆外层的黄麻护层等发生燃烧。

2）电缆长时间超负荷使用，可能造成电缆的绝缘物过分干枯，绝缘性能降低，甚至失去绝缘，发生绝缘击穿，而沿着电缆的走向，在较长一段的线路上，或在一段线路的几个地方同时发生电缆的绝缘物燃烧。

3）在三相电力系统中，采用单相电缆或以三芯电缆当作单芯电缆使用时，会产生涡流，而使铅皮、铝皮发热，严重时可能发生铅皮、铝皮熔化，电缆外层的销装钢带也会发热，铅皮、铝皮和钢带发热严重时，会引起电缆的绝缘物发生燃烧。

（2）电缆的防火措施

1）采用电缆布线时，电缆应尽量明敷，明敷电缆宜采用有黄麻外护层的裸电缆。电缆明敷在有可能受到机械损伤的地方时，应采用销装电缆。

2）敷设在电缆沟、电缆隧道内，及明敷在有火灾、爆炸场所内的电缆，应采用不带黄麻外扩层的电缆，如果是有黄麻外护层的电缆，应剥去黄麻外护层，以减少火灾发生的危险性。

3）电缆引入及引出建、构筑物的墙壁、楼板处，以电缆沟道引出至电杆或墙上表面敷设的电缆距地面 2m 高以上，或埋入地下 0.25m 深处，应将电缆穿套钢管保护，钢管的内径一般不小于电缆外径的 2 倍。

4）在有可能进水的电缆沟中，电缆应放在支架上。

5）电缆直接埋地敷设时，宜采用有黄麻或聚氯乙烯外护层的电缆，埋地深度应小于 0.7m。

6）有条件的单位应尽量采用难燃电缆或耐火电缆。

6. 电动机运行时的防火　电动机是一种将电能转变为机械能的电气设备，因其具有效率高、造价低、占地少、构造简单、使用和维护方便、易于远程控制等优点，在工农业生产中应用十分广泛。电动机通常可分为直流电动机和交流电动机两大类。

（1）火灾危险性

1）电动机功率选择过小，产生"小马拉大车"的现象，可导致电动机烧毁。不根据场所环境条件错误选择电动机型式，也会造成火灾危险。此外，使用时启动方法不正确，也具有瞬间发生火灾的危险性。

2）电动机的负载是有一定限度的，若负载超过电动机的额定功率、或者长期电压过低以及电动机单相运行（或称缺相运行），都会造成电动机过热、振动、冒火花、声音异常、同步性差等现象，有时甚至烧毁电动机，引燃周围可燃物。

3）电动机长期过载运行或短时间内重复启动，加之散热不良，均会加速绝缘层的老化，降低绝缘强度。其他如制造、修理时不慎，人为破坏绝缘层，过电压或雷击等都会使绝缘损坏，导致短路起火。

4）各线圈接点和电动机接地接点接触不良，会引起局部升温损坏绝缘，产生火花、电弧甚至短路等引燃可燃物，造成火灾。同时，接地不良的电动机在发生漏电时，人体或其他导体接触带电机壳极易发生触电伤害事故。

5）电动机是高速旋转的设备，若润滑不良或结构不精确，如转轴偏斜，在高速旋转时，剧烈的机械摩擦可使轴承磨损并产生巨大热量，进一步加剧旋转阻力，轻则使电动机工作失常，重则使电动机转轴被卡，烧毁电动机，引起火灾。

6）电动机的铁芯硅钢片质量不合要求，铁损消耗过大，电动机可能发生过载事故。

7）开启式电动机由于吸入纤维、粉尘、堵塞通风道、散热不良而引起火灾。

（2）防火措施

1）在购置电动机时，要参照其额定功率、工作方式、绝缘温升以及防爆等级等参数，并结合其设置的环境条件和实际工作需要来进行合理选型，做到既安全又经济。

2）电动机应安装在牢固的机座上，周围应留有不小于 2m 的空间或通道，附近也不可堆放任何杂物，室内保持清洁。所配用的导线必须符合安全规定，连接电动机的一段应用金属软管或塑料套管加以保护，并须扎牢、固定。

3）鼠笼式电动机的启动方法有全压启动和降压启动两种，一般优先选用全压启动。但当电动机功率大于变压器容量的 20% 或电动机功率超过 14kW·h，可采用星-三角（Y-△）转换启动、电抗降压启动和自耦变压器启动等几种降压启动方法。绕线式转子电动机在其启动时其转子绕组的回路中常接入变阻器，通过改变回路电阻值来调整启动电流。常用的变阻器有启动变阻器、频敏变阻器等。

4）电动机在运行中，由于自身或外部的原因均可能出现故障，因此应根据电动机性能和实际工作需要设置可靠有效的保护装置。为防止发生短路，可采用各种类型的熔断器作为短路保护；为防止发生过载，可采用热继电器作为过载保护；为防止电动机因漏电而引发事故，可采用良好的接地保护，且接地必须牢固可靠。其他还有失压保护、温度保护等安全保护设施。

5）电动机在运行中正常与否，可以从电流大小、温度高低及温升大小、声音差异等特征来观察。因此在分析和判断电动机运行状况时，工作人员应进行必要的监控和维护，包括对电动机的电流、电压、温升情况，特别是容易发热和起火部位进行监控。当发现冒青烟、闻到焦煳味、听到声音异常等现象，以及发生皮带打滑、轴向窜动冲击、扫膛、转速突然下降等故障时，应立即停机查明原因，及时修复。

6）要经常对电动机进行维修保养，停电时应将各电动机的分开关和总开关断开，防止复电时无人在场发生危险；下班或无人工作时，应将电动机的电源插头拔下，确保安全。

7. 电气开关装置的防火　在电力输配、电气传动和自动控制等系统中，经常需要运用电气开关接通和隔离电源。电气开关在发电厂、变电所、工矿、交通企业及农业等单位和部门有着广泛的应用，是电能生产、输送、分配及应用等环节中不可缺少的电气装置。

（1）自动开关的防火

1）火灾危险性　自动开关主要用于分合和保护交、直流电气设备的低压供电系统，如果选型不当、操作失误、缺乏维护，就会出现机构失灵、接触不良、缺相运行或因整定值过大在被保护设备过载时不能动作等现象，失去保护作用，而导致电气设备的损坏，并且伴随着电气设备烧毁、爆炸等现象，还会引燃可燃物，酿成火灾。此外，自动开关一般控制着一定范围内的整个用电系统，因此，由于开关故障造成的损失和灾害可能很大。

2）防火措施　自动开关的型号应根据使用场所、额定电流与负载、脱扣器额定电流，长、短延时动作电流值大小等参数来选择，必须符合安全要求。

自动开关不应安装在易燃、受振、潮湿、高温、多尘的场所，而应装在干燥、明亮、便于维修和施工的地方，并应配备电柜、箱。安装完毕启用前要保证电磁铁接触良好。

操作机构、脱扣器、触点和转动部分是自动开关易出故障的地方，在使用 1/4 机械寿命时，必须添加润滑油、清除毛刺灰垢、补焊触点、紧固螺钉等维护工作。

(2) 闸刀开关、铁壳开关及倒顺开关的防火

1) 火灾危险性　这三种开关主要用于照明、电热、电机控制等小型电气装置的电流分合控制中，由于其使用对象的普遍性和广泛性，其发生火灾的危险性也相对较大。一旦发生超载发热、绝缘损坏、缺相运行、机构故障等，引起短路、电击和由于刀口接触不良、闸刀开关与导线连接松弛，都将引起局部升温、电弧等现象，轻则破坏电气系统的正常运行，重则导致电力网发生火灾。

2) 防火措施　闸刀开关应根据额定电流与额定电压合理选用，严禁超载。其额定电流应为电动机额定电流的 2.5 倍以上。安装时，应选择干燥明亮处，并配备专用配电箱。电源接在静触点上，开关按规定安装成正装形式，而且应保证拉、合闸刀的动作方便灵活。使用过程中定期检查各开关刀口与导线及刀触点处是否接触良好，开关胶盒、瓷底座、手柄等处有无损坏等。

使用铁壳开关时，应合理选择开关型号，严禁长时间过载使用，保证开关铁壳接地良好。插入式熔断器损坏后应及时更换，严禁使用其他导体代替熔体使用，机械连锁装置及外盖损坏后勿冒险使用。

倒顺开关应根据电动机的容量和工作情况进行选用。在倒顺开关前级应加装能切断三相电源的控制开关和熔断器，倒顺开关每月至少检修一次，若发现触点接触不良、厚度磨损或不足原来的一半以及有裂痕、松动等现象时，应停电进行更换和修复。

潮湿场所应选用拉线开关。存放易燃、易爆、腐蚀性物品的房间，应把开关安在室外或合适的地方，也可采用相应的防爆、防腐开关。

在中性点接地的系统中，单级开关必须接在火线上，以防在火线接地时发生短路引起火灾。

(3) 接触器的防火

1) 火灾危险性　接触器的触头弹簧压力过小、触头熔焊、机构卡死、铁芯极表面积累油垢等现象都会导致接触器不释放，使电源长期导通，极易引起线路短路发生火灾，并且可能造成人员触电等恶性事故。

接触器的电源电压过高或过低、线圈参数与实际不符、操作频率过高、环境条件不良（如潮湿、高温、有腐蚀气体等）、运动部分卡住、交流铁芯不平或间隙太大等现象，都会引起线圈过热或烧毁，导致火灾。

造成相间短路的原因主要有：可逆转换接触器的连锁不可靠，错误操作使两台不同时序的接触器同时投入运行；接触器动作时间同步性差；转换过程中产生电弧；触点尘埃堆积、部件损坏等。

2) 防火措施　接触器安装前应检查铭牌及线圈上的技术数据是否符合实际使用要求；检查并按要求调整触头的工作参数，并使各级触头动作同步；确保接触器各活动部分动作无阻滞。

注意擦净铁芯极面上的防锈油；接线时要防止螺钉、垫圈等零件落入内部间隙，造成卡壳与短路；各接点需保证牢固无松动。

使用前应先在不接通主触头的情况下使吸引线圈通电，分合数次，以检查接触器动作是否确实可靠。可逆转换的接触器还可考虑加装机械连锁机构，以保证连锁可靠。

针对接触器频繁分、合的工作特点，应每月检查维修一次接触器各部件，紧固各接点，及时更换损坏的零件，保证各触点清洁无垢。

接触器一般应安装在干燥、少尘的控制箱内，其灭弧装置不能随意拆开，以免损坏。

（4）控制继电器的防火

1）火灾危险性　控制继电器本身火灾危险性并不太大，但由于它在自动控制和供电系统中都具有重要作用，一旦操作人员动作失误或机械失灵，后果将十分严重。

2）防火措施　控制继电器在选用时，除线圈电压、电流应满足要求外，还应考虑被控对象的延迟时间、脱扣电流倍数、触点个数等因素。

控制继电器要安装在少振、少尘、干燥的场所，现场严禁有易燃、易爆物品存在。安装完毕后必须检查各部分接点是否牢固、触点接触是否良好、有无绝缘损坏等，确认安装无误后方可投入运行。

由于控制继电器的动作十分频繁，回此必须做到每月至少检修两次。除例行检查外，重点应检查各触点的接触是否良好，有无绝缘老化，必要时应测其绝缘电阻值。另外还应注意保持控制继电器清洁无积尘，以确保其正常工作。

8. 电气照明的防火　电气照明是利用电能发光的一种光源。按发光原理可分为热辐射光源和气体发光光源。按使用性质可分为工作照明、装饰照明和事故照明。随着科学技术的发展和人民生活水平的不断提高，各种电气照明和装饰装置在生产、生活中得到广泛的应用。由于其使用的普遍性和多样性，人们对在日常生活中使用较多的白炽灯、荧光灯、高压汞灯、卤钨灯等照明灯具的火灾危险性应有足够的重视。

（1）火灾危险性

1）照明或装饰灯具在工作时，其玻璃灯泡、灯管等表面温度很高。若灯具选用不当，发生故障产生电火花、电弧或局部高温，都极可能引起灯具附近的可燃物起火燃烧，酿成火灾。

2）由于照明灯具一般安装在人员生产、居住的场所，装饰灯具一般安装在人员密集的场合，一旦发生火灾除了造成巨大财产损失外，还会造成重大人员伤亡。

3）白炽灯在工作时，其表面都会发热。且功率越大，连续使用时间越长，温度越高，若其表面与可燃物接触或靠近，在散热不良时，累积的热量能烤燃可燃物。另外，白炽灯的灯泡耐振性差易破碎而使高温灯丝外露，高温的灯泡碎片也易引起火灾。

4）荧光灯的火险隐患主要在镇流器上。如果由于制造质量不合格、散热条件不好或额定功率与灯管的不配套等原因，其内部温度会急剧上升，长期高温会破坏线圈的绝缘，形成匝间短路，产生瞬间巨大热量，引燃周围可燃物。

5）高压汞灯和钠灯的功率较高，一般在几百瓦以上，照明时灯具的表面温度很高。温升过高是这两种灯具的主要火险隐患。其次，高压汞灯的镇流器和高压钠灯的电子触发器都存在火险隐患。镇流器的火险隐患如上述荧光灯的镇流器，而电子触发器则可能由于内部电容漏电等原因产生热量而引起燃烧。

6）卤钨灯处于正常工作状态时，石英玻璃管壁温度高达 $500\sim800℃$，不仅能在短时间内烤燃附着的可燃物，亦可能将一定距离内的可燃物烤燃，其火灾危险性较之其他一般照明电器更大。

7）特效舞厅灯主要包括蜂巢灯、扫描灯、太阳灯、宇宙灯、双向飞碟灯及本身不发光的雪球灯等。其特点是为装饰和渲染气氛，往往带有驱动灯具旋转用的电动机。当旋转阻力增大或传动机构被卡住时，电动机便会迅速发热升温，加之舞台等场所的道具幕景多为可燃物，在电机高温作用下极易起火。

8）霓虹灯的引发电压在1万伏以上，需通过专门的变压器升压来取得。若变压器高压输出端的绝缘接线柱上积有尘垢，在潮湿天气下可能会发生漏电打火，引发火灾。同时长时间通电亦会因温升过高熔化变压器上封灌的沥青而发生意外。

9）电气照明和装饰过程中，除了各种照明和装饰灯具外，尚需大量的开关、保护器、导线、挂线盒、灯座、灯箱、支架等附件，这些设施如果由于容量选择不当、长期过载运行等原因导致绝缘损坏、短路起火等故障，亦会造成火灾事故。

（2）防火措施

1）合理选用灯具类型。在有爆炸性混合物或生产中易于产生爆炸介质的场所，应采用整体防爆装置。在有腐蚀性气体及特别潮湿的场所，应采用密封型或防潮型灯具，其部件还应进行防腐处理。在灼热多尘的场所（如炼钢、炼铁、轧钢等场所）可采用投光灯。户外照明可采用封闭型灯具或有防火灯座的开启型灯具。

2）应正确安装照明、装饰灯具

灯具与可燃物间距不小于50cm（卤钨灯为大于50cm），离地面高度不应低于2m，当低于此高度时，应加装防护设施。灯泡下方不宜堆放可燃物品。

灯具的防护罩必须完好无损，严禁用纸、布或其他可燃物遮挡灯具。

可燃吊顶上所有暗装、明装的灯具功率不宜过大，并应以白炽灯或荧光灯为主；暗装灯具及其发热附件的周围应有良好的散热条件。舞台暗装彩灯、舞池脚灯、可燃吊顶内灯具的导线均应穿钢管或阻燃硬塑套管敷设；卤钨灯灯管附近的导线应采用耐热绝缘护套；吊装彩灯的导线穿过龙骨处应有胶圈保护。

选用质量可靠的低温镇流器，不准将升温高的镇流器直接固定在可燃天花板等物体上，其电容与容量必须与灯管一致。

0级（指爆炸性气体区）、10级（指爆炸性粉尘区）爆炸危险场所，选用开启型灯具做成嵌墙式壁龛时，其检修门应向墙外开启，并保证通风良好；向室内照明的一侧应有双层玻璃严密封闭。其距门、窗框的水平距离不少于3m，距排风口水平距离不小于5m。

3）开关应装在相线上，螺口灯座必须接地良好，设施的金属外壳应接地。灯火线不得有接头，在天棚挂线盒内应做保险扣。质量超过1kg的悬吊灯具应用金属吊链等将其固定，质量超过3kg时应固定在预埋的吊钩、螺栓或主龙骨上。在可燃材料装修的场所敷线时，应穿金属套管、阻燃硬塑套管、转弯处应装接线盒，套管超过30m长时中间应加接拉线盒做好保护。在重要场所安装暗装灯具和安装特制大型吊装灯具时，应在全面安装前做出同类型"试装样板"，经核定无误后再组织专业人员全面安装。

4）合理控制电气照明。照明电流应分别有各自的分支回路，而不应接在动力总开关之后。各分支回路都要设置短路保护设施。为避免过载发热引起事故，一些重要场所及易燃易爆物品集中地还必须加装过载保护装置。非防爆型的照明配电箱及控制开关严禁在0级、10级爆炸危险场所使用。配电盘后尽量减少接头，盘面应有良好的接地。

5）严格照明电压等级和负载量。照明电压一般采用220V，携带式照明灯具的供电电压不应超过36V，在潮湿地区作业则不应超过12V，且禁止使用自耦变压器。36V以下的和220V以上的电源插座应有明显的差别和标记。一个分支回路内灯具的个数不应超过20个，民用照明电流应小于15A，工业用应小于20A。由负载量确定导线规格（每一插座以2～3A

负载计）。三相四线制照明电路还应做好三相负荷的平衡配置。

6）在商场、码头、车站、机场、医院、影剧院、控制室及各类大型建筑物和重要工作场所中一般应当安装事故应急照明灯具，以备发生事故正常电力系统无法使用时能及时处理现场，进行救护。事故照明灯具应设在易发生事故场所、建筑物主要出入口、重要工作场所等地方，并标以明显的颜色标记以备事故发生时能及时方便地启用。事故照明灯具不能采用启动缓慢的类型（如镇流器启动灯具等）。事故照明灯具应有独立的应急电池供电以保证在正常电力系统受到损坏时能不受影响地正常开启使用。

9. 爆炸危险场所的电气设备　电气设备和线路所产生的电火花或电气设备表面的温度过高，能引起爆炸性混合物爆炸。为保证安全，需根据电气设备和线路产生电火花及电气设备表面的发热温度，采取各种防爆措施，使这些电气设备和线路能在有爆炸危险的场所使用。

（1）爆炸危险场所的类型和等级　爆炸危险场所，是指在易燃易爆物质的生产、使用和贮存过程中，能够形成爆炸性混合物，或爆炸性混合物能够侵入的场所。根据发生事故的可能性及其后果、危险程度及物质状态的不同，将爆炸危险场所划分为二类五级，以便采取相应措施，防止由于电气设备及线路引起爆炸和发生火灾。

第一类：有气体或蒸气爆炸性混合物的爆炸危险场所，划分为三级。

Q-1级场所：是指在正常情况下能形成爆炸性混合物的场所，它包括正常的开车、运转、停车，例如敞开装料、卸料等。

Q-2级场所：是指在正常情况下不能形成，而仅在不正常情况下才能形成爆炸性混合物的场所。不正常情况包括装置或设备的事故损坏、误操作、维护不当及装置或设备的拆卸、检修等。

Q-3级场所：是指在不正常情况下整个空间形成爆炸性混合物可能性较小的场所。

第二类：有粉尘或纤维爆炸性混合物的爆炸危险场所，划分为二级。

G-1级场所：是指在正常情况下能形成爆炸性混合物的场所。例如：铝粉、面粉、硫黄粉等生产设备的内部空间，粉状塑料、树脂等的气流干燥设备内的空间。

G-2级场所：是指在有G-1生产设备的厂房内部空间划为G-2级场所。

（2）防爆电器设备的应用　防爆电气设备的类型，有防爆安全型（标志A）、隔爆型（标志B）、防爆充油型（标志G）、防爆通风充气型（标志E）、防爆安全火花型（标志H）、防爆特殊型（标志T）。

按爆炸性混合物的性质选用防爆电气设备，如果在同一场所范围内有多种爆炸性混合物，应按危险性大的选定防爆电气设备。对于一般有爆炸危险的场所，还可选用最普遍的型号，如B3c、B3d型电动机，B3c、B4c型照明灯具和COe型、AOd型防爆开关。

这样，只对少数几种物质，如水煤气、氢、乙炔、二硫化碳等，在选型时需进一步考虑外，对绝大多数的爆炸性混合物都合乎要求，这也正是比较普遍生产这些型号的重要原因。

10. 雷电的危害及预防措施　在雷雨季节里，常会出现强烈的光和声，这就是人们常见的雷电。雷电是一种大气中放电的现象，虽然放电作用时间短，但放电时产生数万伏至数十万伏冲击电压，放电电流可达几十到几十万安，电弧温度也可达几千度以上，对建筑群中高耸的建筑物及尖形物、空旷区内孤立物体以及特别潮湿的建筑物、屋顶内金属结构的建筑物及露天放置的金属设备等有很大威胁，可能引起倒塌、起火等事故。特别是在华南地区，年雷暴日常会达到80d甚至更多，频繁的雷击会造成生命和财产的巨大损失。

雷电的危害一般分为两类：一是雷直接击在建筑物上发生热效应作用和电动力作用；二是雷电的二次作用，即雷电流产生的静电感应和电磁感应。因此要做好防雷措施。

（1）火灾危险性

1）雷电流高压效应会产生高达数万伏甚至数十万伏的冲击电压，如此巨大的电压瞬间冲击电气设备，足以击穿绝缘使设备发生短路，导致燃烧、爆炸等直接灾害。

2）雷电流高热效应会放出几十至上千安的强大电流，并产生大量热能，在雷击点的热量会很高，可导致金属熔化，引发火灾和爆炸。

3）雷电流机械效应主要表现为被雷击物体发生爆炸、扭曲、崩溃、撕裂等现象，导致财产损失和人员伤亡。

4）雷电流静电感应可使被击物导体感生出与雷电性质相反的大量电荷，当雷电消失来不及流散时，即会产生很高电压发生放电现象从而导致火灾。

5）雷电流电磁感应会在雷击点周围产生强大的交变电磁场，其感生出的电流可引起变电器局部过热而导致火灾。

6）雷电波的侵入和防雷装置上的高电压对建筑物的反击作用也会引起配电装置或电气线路断路而燃烧导致火灾。

（2）预防措施

1）防雷装置　防雷装置由接闪器、引下线和接地体三部分组成。其作用是防止直接雷击或将雷电流引入大地，以保证人身及建（构）筑物安全。

接闪器包括避雷针、避雷线、避雷网、避雷带、避雷器等，是直接接受雷击的金属部分。避雷针一般设在高层建筑物的顶端和烟囱上，保护建筑物免受直接雷击；避雷线常用来架设在高压架空输电线路上，以保护架空线路免受直接雷击，也可用来保护较长的单层建（构）筑物；避雷网和避雷带普遍用来保护建筑物免受直接雷击和感应雷；避雷器是防止雷电过电压侵袭配电和其他电气设备的保护装置，安装在被保护设备的引入端，其上端接在架空输电线路上，下端接地，其中阀型避雷器是保护变、配电装置常用的一种避雷装置；管型避雷器一般是用于线路上；保护间隙是最简单最经济的防雷装置，俗称简单避雷器，一般安装在线路的进户处，用来保护电度表等设备。

引下线是避雷保护装置的中段部分。上接接闪器，下接接地装置。一般敷设在建筑物的外墙，并经最短线路接地。每座建筑物的引下线一般不少于两根。

接地装置包括埋设在地下的接地线和接地体，在腐蚀性较强的土壤中，应采取镀锌等防腐措施或加大截面。

2）防雷装置在工业与民用建（构）筑物上的具体应用

① 工业建筑按防雷要求的划分

第一类工业建筑指凡建筑物中制造、使用或储存大量的爆炸性物质，因电火花而引起爆炸，会造成巨大破坏和人员伤亡者；0区或10区爆炸危险场所。

第二类工业建筑是指凡建筑物中制造、使用或储存爆炸性物质，但电火花不易引起爆炸或不致造成巨大破坏和人身伤亡者。

第三类工业建筑物是根据雷击后对工业生产的影响，并结合当地气象、地形、地质及周围环境等因素，建筑物体计算雷击次数 $N>0.01$ 的 2 区爆炸危险场所；根据建筑物体计算雷击次数 $N>0.05$，并结合当地雷击情况，确定需要防雷的建筑物，多雷地区较重要的建筑物，高度在 15m 及 15m 以上的烟囱、水塔等孤立高耸建筑物；每年平均雷暴日天数不超过 15d 的地区，高度可限为 20m。

② 民用建筑物按防雷要求划分

第一类是指国家级重点文物保护的建筑物，具有特别重要用途的建筑物、建筑物体计算雷击次数 $N>0.04$ 的重要或人员密集的公共建筑物和建筑物体计算雷击次数 $N>0.2$ 的一般性民用建筑物。

第二类民用建筑物是指省、市级重点文物保护的建筑物及档案馆。建筑物体计算雷击次数为 $(0.04)N>0.01$ 的公共建筑物或人员密集场所；建筑物体计算雷击次数为 $(0.2)N>0.05$ 的一般性民用建筑物。

③ 防雷装置的检查

对于重要场所或消防重点保卫单位应在每年雷雨季节以前作定期检查，对于一般性场所或单位，应每 2～3 年在雷雨季节以前作定期检查，如有特殊情况，还要进行临时性的检查。特别是对避雷针、避雷器要进行定期校验。

当防雷装置各部分导体出现因腐蚀或其他原因引起的折断、锈蚀达 30% 以上时，必须进行更换。

检查是否由于维修建筑物或建筑物本身形状有变动，使防雷装置的保护范围出现缺口。

检查接闪器有无雷击后而发生熔化和折断，避雷器瓷套有无裂纹、碰伤等情况，并应定期进行预防性试验。

检查明装引下线有无在验收后又装设了交叉或平行电气线路；检查断接卡子有无接触不良情况和木结构的接闪器支杆有无腐朽现象；并检查接地装置周围的土壤有无沉陷现象等。

测量全部接地装置的接地电阻，应符合安全要求。若发现接地电阻值有很大变化时，应对接地系统进行全面检查，必要时可补打电极。

检查有无因挖土、敷设其他管道或种植树木而挖断接地装置等。

独立的避雷针及其接地装置不得设在行人经常通过或堆放易燃物的地方。对装有避雷针或避雷带的构架，不准装设低压线或通讯线等。避雷针、避雷带与引下线应采用焊接方法。

11. 静电的危害及预防措施　任何物体内部都是带有电荷的，一般状态下，其正、负电荷数量是相等的，对外不显出带电现象，但当两种不同物体接触或摩擦时，一种物体带负电荷的电子就会越过界面，进入另一种物体内，静电就产生了。而且因它们所带电荷发生积聚时产生了很高静电压，当带有不同电荷的两个物体分离或接触时出现电火花，这就是静电放电的现象。产生静电的原因主要有摩擦、压电效应、感应起电、吸附带电等。

在工农业生产中，静电具有很大的作用，如静电植绒、静电喷漆、静电除虫等，同时由于静电的存在，也往往会产生一些危害，如静电放电造成的火灾事故等。随着石化工业的飞速发展，易产生静电材料的用途越来越广泛，其火灾危险性也随之加大。

(1) 火灾危险性

1) 当物体产生的静电荷越积越多，形成很高的电位时，与其他不带电的物体接触时，就会形成很高的电位差，并发生放电现象。当电压达到 300V 以上，所产生的静电火花，即可引燃周围的可燃气体、粉尘。此外，静电对工业生产也有一定危害，还会对人体造成伤害。

2) 固体物质在搬运或生产工序中会受到大面积摩擦和挤压，如传动装置中皮带与皮带轮之间的摩擦；固定物质在压力下接触聚合或分离；固体物质在挤出、过滤时与管道、过滤器发生摩擦；固体物质在粉碎、研磨和搅拌过程及其他类似工艺过程中，均可产生静电。而且随着转速加快，所受压力的增大，以及摩擦、挤压时的接触面过大、空气干燥且设备无良好接地等原因，致使静电荷聚集放电，出现火灾危险性。

3）一般可燃液体都有较大的电阻，在灌装、输送、运输或生产过程中，由于相互碰撞、喷溅与管壁摩擦或受到冲击时，都能产生静电。特别是当液体内没有导电颗粒、输送管道内表面粗糙、液体流速过快等，都会产生很强摩擦，所产生的静电荷在没良好导除静电装置时，便积聚电压而发生放电现象，极易引发火灾。

4）粉尘在研磨、搅拌、筛分等工序中高速运动，使粉尘与粉尘之间，粉尘与管道壁、容器壁或其他器具、物体间产生碰撞和摩擦而产生大量的静电，轻则妨碍生产，重则引起爆炸。

5）压缩气体和液化气体，因其中含有液体或固体杂质，从管道口或破损处高速喷出时，都会在强烈摩擦下产生大量的静电，导致燃烧或爆炸事故。

（2）预防措施

1）为管道、储罐、过滤器、机械设备、加油站等能产生静电的设备设置良好的接地装置，以保证所产生的静电能迅速导入地下。装设接地装置时应注意，接地装置与冒出液体蒸气的地点要保持一定距离，接地电阻不应大于 10Ω，敷设在地下的部分不宜涂刷防腐油漆。土壤有强烈腐蚀性的地区，应采用铜或镀锌的接地体。

2）为防止设备与设备之间、设备与管道之间。管道与容器之间产生电位差，在其连接处，特别是在静电放电可引起燃烧的部位，用金属导体连接在一起，以消除电位差，达到安全的目的。对非导体管道，应在其连接处的内部或外部的表面缠绕金属导线，以消除部件之间的电位差。

3）在不导电或低导电性能的物质中，掺入导电性能较好的填料和防静电剂，或在物质表层涂抹防静电剂等方法增加其导电性，降低其电阻，从而消除生产过程中产生静电的火灾危险性。

4）减少摩擦的部位和强度也是减少和抑制静电产生的有效方法。如在传动装置中，采用三角皮带或直接用轴传动，以减少或避免因平面皮带摩擦面积和强度过大产生过多静电。限制和降低易燃液体、可燃气体在管道中的流速，也可减少和预防静电的产生。

5）检查盛装高压水蒸气和可燃气体容器的密封性，以防其喷射、漏泄引起爆炸，倾倒或灌注易燃液体时，应用导管沿容器壁伸至底部输出或注入，并需在净置一段时间后才可进行采样、测量、过滤、搅拌等处理。同时，要注意轻取轻放，不得使用未接地的金属器具操作。严禁用易燃液体作清洗剂。

6）在有易燃易爆危险的生产场所，应严防设备、容器和管道漏油、漏气。勤打扫卫生，清除粉尘，加强通风等措施，以降低可燃蒸汽、气体、粉尘的浓度。不得携带易燃易爆危险品进入易产生静电的场所。

7）可采用旋转式风扇喷雾器向空气中喷射水雾等方法，增大空气相对湿度，增强空气导电性能，防止和减少静电的产生与积聚。在有易燃易爆蒸气存在的场所，喷射水雾应由房外向内喷射。

8）在易燃易爆危险性较高的场所工作的人员，应先以触摸接地金属器件等方法导除人体所带静电，方可进入。同时还要避免穿化纤衣物和导电性能低的胶底鞋，以预防人体产生的静电在易燃易爆场所引发火灾及当人体接近另一高压电体时造成电击伤害。

9）可在产生静电较多的场所安装放电针（静电荷消除器），使放电范围的空气游离，空气成为导体，中和静电荷而无法积聚。但在使用这种装置时应注意采取一定的安全措施，因它的电压较高，防止伤人。

10）预防和消除静电危害的方法还有金属屏蔽法（将带电体用间接的金属导体加以屏蔽可防止静电荷向人体放电造成击伤）；惰性气体保护法（向输送或储存易燃、易爆液体、气体及粉尘的管道、储罐中充入二氧化碳或氮气等惰性气体以防止静电火花引起爆燃等）。

12. 家用电器使用的防火

家用电器种类繁多，但从其工作原理来看，大致可分为电热式（如电热炉、电烤箱、热水器、电饭锅等）和非电热式（如收音机、电视机、录像机、录音机、电冰箱、洗衣机、空调机等）两大类，电热式家用电器发生火灾的频率较高，原因之一是用户使用不当。本节以电热式家用电器为主，讲述家电产品在使用过程中应注意的防火措施。

（1）电热式家用电器的防火

1）电热炉具

① 火灾危险性　电源未及时切断，电热丝持续加热使炉具可燃部分或所接触物品升温起火。电热炉具由于在使用时未专人守护而造成火灾是家庭用电引起火灾的主要原因。

电热炉具长期使用，绝缘器件长期受高温老化，绝缘强度降低，发生短路从而导致火灾。

接头、插头、插座受潮或接触不良致使通电后局部发热，温升过高而起火。

② 防火措施　购买电热炉具时，应买合格产品。

电热炉具在使用过程中，应有人看护。

电炉、电热壶在使用时，其下方的台面必须为不燃材料制作。附近不得有可燃物质存放。

注意电热炉具的功率和导线型号的匹配，防止由于导线过负荷而发热融化，引起火灾。

接、插部分保持接触良好，并保持干燥。

防止电热炉具余热接触可燃物引起火灾。

2）电热取暖器

① 火灾危险性　电压波动或长期过载使用，使电热取暖用具的绝缘强度降低，或击穿绝缘引起短路导致火灾。

电热取暖用具散热不良，局部热能累积升温引起火灾。

电热取暖用具与导线接触不良，接头处急剧升温引燃可燃物品。

② 电热取暖器具的防火措施　避免电热器具与周围物品靠得太近，以免热能积聚而升温起火。

注意接线型号与电器功率的配套。

防止过电压或低电压长期运行。

防止绝缘长期受热老化引起短路。

设置短路、漏电保护装置。

（2）非电热式家用电器的防火

1）空调器

① 火灾危险性　空调器中油浸电容器被击穿起火。空调器油浸电容器质量太差或超负荷使用都会导致电容器击穿，工作温度迅速上升，使空调器的分隔板和衬垫受高温火花引燃。

电热型空调器的风扇停转起火。风扇停转会使电热部分热量积聚引燃电热管附近的可燃物而起火。

空调器停、开过于频繁。由于空调器中的电热部分电热惯性很大,过于频繁地停、开操作易增加压缩机负荷,电流剧增导致电动机烧毁。

② 防火措施　勿使可燃窗帘靠近窗式空调器,以免窗帘受热起火。

电热型空调器关机时牢记切断电热部分电源。需冷却的,应坚持冷却2min。

勿在短时间内连续停、开空调器。停电时勿忘将开关置于"停"的位置。

空调器电源线路的安装和连接应符合额定电流不小于5~15A的要求,并应设单独的过载保护装置。

2)电视机

① 火灾危险性　电视机若在过电压下长时间工作会使其功耗猛增,温升过高烧坏电压调整管,使变压器失去电压保护,在高压下发生剧烈升温而起火。

电视机内部电极间电压极高,若机内积灰、受潮等容易引起高压包放电打火,引燃周围的可燃零件而起火。这一问题一般在老式电视机中出现可能性较大。

电视机长期工作在通风条件不良的环境中,机内热量的积聚加速零件老化,进而引起故障而起火。

电视机遭受雷击而起火。

② 防火措施　不宜长时间连续收看,以免机内热量积聚。高温季节尤应如此。

关闭电视时,关闭机身开关的同时应关闭电源开关,切断电源。

保证电视机周围通风良好,以利散热。

防止电视机受潮,防止因潮湿损坏内部零件或造成短路。

雷雨天尽量不用室外天线以免遭受雷击。

3)电冰箱

① 火灾危险性　压缩机、冷凝器与易燃物质或电源线接触。电冰箱工作时,压缩机和冷凝器表面温度很高,易使与之接触的物品受热融化而起火。

电冰箱内存放的易燃易挥发性液体,当易燃气体浓度达到爆炸极限时,控制触点的电火花可能引燃。

温控电气开关受潮,产生漏电打火引燃内胆等塑料材料。

短时间内持续地开、停会使压缩机温升过大被烧毁而起火。

② 防火措施　保证电冰箱后部干燥通风,新买的冰箱的可燃性包装材料应及时拆走。

防止压缩机、冷凝器与电源线等接触。

勿在电冰箱中储存乙醚等低沸点易燃液体,若需存放时,应先将温控器改装机外。

勿用水冲洗电冰箱,防止温控电气开关受潮失灵。

勿频繁开启电冰箱,每次停机5min后方可再开机启动。

电源接地线勿与煤气管道相连,否则发生火灾时,损失惨重。

4)收录机

① 火灾危险性　长时间电源变压器通电短路引起电源变压器热量累积升温而起火。

录放机芯故障、电动机、变压器连续长时间升温,烧毁绝缘引发火灾。

收录机连续使用时间过长,散热不及时使机内零件绝缘强度降低,导致短路起火。

收录机受潮,短路起火。

② 防火措施　无独立电源开关的收录机使用后务必关掉电源，尤其不要带电过夜。高温季节勿长时间连续使用以免散热不畅而升温，一般连续工作时间勿超过 5h。

若边缘地区，收音机需装室外天线时，务必做好避雷措施。

勿使液体进入收录机，潮湿季节应定期打开盖驱潮，以免受潮短路而起火。

（二）接地与接零保护系统

1. 接地保护和接零保护的区别

（1）保护接地　接地保护又常称保护接地，就是将电气设备的金属外壳与接地体连接，以防止因电气设备绝缘损坏使外壳带电时，操作人员接触设备外壳而触电。

使电工设备的金属外壳接地的措施。可防止在绝缘损坏或意外情况下金属外壳带电时强电流通过人体，以保证人身安全。

所谓保护接地就是将正常情况下不带电，而在绝缘材料损坏后或其他情况下可能带电的电器金属部分（即与带电部分相绝缘的金属结构部分）用导线与接地体可靠连接起来的一种保护接线方式。接地保护一般用于配电变压器中性点不直接接地（三相三线制）的供电系统中，用以保证当电气设备因绝缘损坏而漏电时产生的对地电压不超过安全范围。如果家用电器未采用接地保护，当某一部分的绝缘损坏或某一相线碰及外壳时，家用电器的外壳将带电，人体万一触及到该绝缘损坏的电器设备外壳（构架）时，就会有触电的危险。相反，若将电器设备做了接地保护，单相接地短路电流就会沿接地装置和人体这两条并联支路分别流过。一般地说，人体的电阻大于 1000Ω，接地体的电阻按规定不能大于 4Ω，所以流经人体的电流就很小，而流经接地装置的电流很大。这样就减小了电器设备漏电后人体触电的危险。

（2）什么情况下采用保护接地　在中性点不接地的低压系统中，在正常情况下各种电力装置的不带电的金属外露部分，除有规定外都应接地。如：

1）电机、变压器、电器、携带式及移动式用电器具的外壳。

2）电力设备的传动装置。

3）配电屏与控制屏的框架。

4）电缆外皮及电力电缆接线盒，终端盒的外壳。

5）电力线路的金属保护管，敷设的钢索及起重机轨道。

6）装有避雷器电力线路的杆塔。

7）安装在电力线路杆塔上的开关、电容器等电力装置的外壳及支架。

（3）保护接地与接零保护各适用于什么场合？

1）在中性点直接接地的低压电力网中，电力装置应采用低压接零保护。

2）在中性点非直接接地的低压电力网中，电力装置应采用低压接地保护。

3）由同一台发电机、同一台变压器或同一段母线供电的低压电力网中，不宜同时采用接地保护与接零保护。

实践证明，采用保护接地是当前我国低压电力网中的一种行之有效的安全保护措施。由于保护接地又分为接地保护和接零保护，两种不同的保护方式使用的客观环境又不同，因此如果选择使用不当，不仅会影响客户使用的保护性能，还会影响电网的供电可靠性。

2. 保护接地的适用范围

（1）保护接地适用于不接地电网。这种电网中，凡由于绝缘破坏或其他原因而可能呈现危险电压的金属部分，除另有规定外，均应接地。

（2）把正常情况下不带电，而在故障情况下可能带电的电气设备外壳、构架、支架通过接地和大地接连起来叫保护接地。保护接地的作用就是将电气设备不带电的金属部分与接地体之间作良好的金属连接，降低接点的对地电压，避免人体触电危险。

3. 保护接零与保护接地的合理选用　根据《民用建筑电气设计规定》（JGJ/T 16—2008）中规定的定义：保护接零系统（TN 系统）为"电力系统有一点直接接地，受电设备的外露可导电部分通过保护线（PE 线）与接地点连接"。可见，TN 系统中工作零线（N）与保护接零线（PE 线）是由共同地点引出的导线，而保护接地系统（TT 系统）是"电力系统有一点直接接地，受电设备的外露可导电部分通过保护线（PE 线）接至与电力系统接地点无直接关联的接地极"。

由以上定义可见，保护接零系统（TN 系统）与保护接地系统（TT 系统）的根本区别在于工作零线（N 线）与保护线（PE 线）是否为同一地极引出。而当施工现场用电与外部共用一低压电网，即电力系统接地极不在施工现场时，就很难采用 TN 系统，只有采用 TT 系统了。

根据以上定义，应理解作为检查评分表，只写明重要的、最好的接地方式，当然，TN-S 是接地系统最好的接地方式。但当工程没有独立的低压供电系统，采用 TN-S 有困难时，采用 TT 系统也认为是合理的，正确的，不应扣分，这也符合有关的规定。在《建设工程施工现场供用电安全规范》（GB 50194—1993）中规定"当施工现场没有专供施工用的低压侧为 380/220V 中性点直接接地的变压器时，应采用保护导体和中性导体分离接地系统，或电源系统接地，保护导体就地接地保护系统（TT 系统）。"

同样在《施工现场临时用电安全技术规范》（JGJ 46—2005）中也规定"当施工与外电线路共用同一供电时，电气设备应根据当地的要求作保护接零或作保护接地。"因此，工程临时施工用电采用 TN-S 系统或采用 TT 都是允许的，也正因为如此，建设部建筑管理司组织编写的《建筑施工安全检查标准实施指南》中对施工用电采用 TN-S 系统或采用 TT 系统也进行了详细的阐述，其中说明：采用 TN 系统还是 TT 系统依现场电源情况而定。当施工现场采用电业部门高压侧供电，自己设置变压器形成独立电网的，应工作接地，必须采用 TN-S 系统，当施工现场采用电业部门低压侧供电，与外电线路员一电网时，应按当地供电部门的规定采用 TT 系统。

（三）配电箱开关箱

1. 配电箱、开关箱及漏电开关的配置选择

（1）配电箱　配电箱是施工现场电源与用电设备的中枢环节，而开关箱上接电源线，下接用电设备也是用电安全的关键，所以正确设置与否是一个非常重要的问题。按照标准要求，施工现场应实行"三级配电、两级保护"，即在总配电箱上设分配电箱，分配电箱以下设开关箱，开关箱是末级，以下就是用电设备，这样形成了三级配电。

两级保护是指除在末级（开关箱）设置漏电保护外，还要在上一级（分配电箱中）设置漏电保护开头，总体上形成两级保护，两级漏电保护器之间具有分级分段保护功能。

配电箱应采用铁质箱体，选用户外防雨型，箱内要设置保护零线端子排，视需要设置工作零线端子排。箱内电器安装板采用铁板，与保护零线端子排做良好连接。箱门也需用黄绿双色线与保护零线端子排做良好连接并上锁。箱体用红漆作"有电危险"等警告标记。箱内

电器设置应按照"一机一闸一漏"原则设置，每台用电设备都由一个电气开关控制，不能一个开关控制两台。《施工现场临时用电安全技术规范》（JGJ 46—2005）规定"每台用电设备应有各自专用的开关箱"、"必须实行一机一闸制"、"开关箱中必须装设漏电保护器"，把以上规定进行简单归纳，即为"一机一闸一漏一箱"。

（2）开关箱　在配置电箱内电器时，应慎重考虑上、下级保护动作的选择性。这里的选择性有两个内容，一个是上下级断路器短路保护的选择性，一个是上下级漏电开关漏电保护的选择性。在一个配电箱内总电源开关与支线开关之间便存在上、下级短路保护的选择性问题，一般为了配电箱整齐美观、划一，往往采用同型号的断路器，即使电源总开关与分支开关采用不同型式的瞬时脱扣器，也很难得到满意的选择性配合。而且即使是按照某生产企业给出的选择性配合要求进行配置也难得到有效的选择性配合。因此，在一个配电箱内的电源总开关应采用隔离开关而不是自动空气开关。隔离开关可以在正常情况下切断电源，起到隔离电源作用并方便维修，可省去一个级间保护选择性要求，使上一级配电箱更易保护选择性。因上一级配电箱至下一级配电箱有一定距离，可利用馈线长度的阻抗来限制下级发生短路时故障电流，使上、下级保护具有一定的选择性。

（3）漏电开关　要保证漏电开关的选择性，就要精心选择上下级额定漏电动作电流和上下级漏电动作时间。在进行选择时，应遵循以下原则进行：末端线路上（开关箱内）的漏电保护器的额定漏电动作电流 $I\Delta n$ 值选用 30mA；上级漏电保护电器的 $I\Delta n_1$ 值必须是下级 $I\Delta n_2$ 的 1 倍，即 $I\Delta n_1 \geqslant 2I\Delta n_2$；我国漏电保护器产品执行标准《剩余电流动作保护电器的一般要求》（GB/Z 6829—2008）规定：在漏电电流为 $I\Delta n$ 时，直接接触保护用的漏电保护器最大分断时间为 0.1s，间接接触保护用的漏电保护器最大分断时间为 0.2s。因此末端保护的漏电保护器应选用直接接触保护用的，额定动作时间要≤0.2s，上一级的漏电保护器额定动作时间要增加延时 0.2s 才不致引起误动作。目前国内市场的许多漏电保护器的产品说明书中都不说明是用作直接接触保护用还是用作间接接触保护用的，为此在选用时应选择符合要求的漏电保护器。采用漏电保护器作分级保护时最好为二级，过多级数将难于得到有选择性的保护。

2. 配电箱及开关箱的设置

（1）配电系统应设置配电柜或总配电箱、分配电箱、开关箱，实行三级配电。

配电系统宜使三相负荷平衡。220V 或 380V 单相用电设备宜接入 220/380V 三相四线系统；当单相照明线路电流大于 30A 时，宜采用 220/380V 三相四线制供电。

（2）总配电箱以下可设若干分配电箱，分配电箱以下可设若干开关箱。

总配电箱应设在靠近电源的区域，分配电箱应设在用电设备或负荷相对集中的区域。分配电箱与开关箱的距离不得超过 30m，开关箱与其控制的固定式用电设备的水平距离不宜超过 3m。

（3）每台用电设备必须有各自专用的开关箱，严禁用同一个开关箱直接控制 2 台及 2 台以上用电设备（含插座）。

（4）动力配电箱与照明配电箱宜分别设置。当合并设置为同一配电箱时，动力和照明应分路配电；动力开关箱与照明开关箱必须分设。

（5）配电箱、开关箱应装设在干燥、通风及常温场所，不得装设在有严重损伤作用的瓦斯、烟气、潮气及其他有害介质中，亦不得装设在易受外来固体物撞击、强烈振动、液体浸溅及热源烘烤场所。否则，应予清除或做防护处理。

（6）配电箱、开关箱周围应有足够 2 人同时工作的空间和通道，不得堆放任何妨碍操作、维修的物品，不得有灌木、杂草。

（7）配电箱、开关箱应采用冷轧钢板或阻燃绝缘材料制作，钢板厚度应为 1.2～2.0mm，其中开关箱箱体钢板厚度不得小于 1.2mm，配电箱箱体网板厚度不得小于 1.5mm，箱体表面应做防腐处理。

（8）配电箱、开关箱应装设端正、牢固。固定式配电箱、开关箱的中心点与地面的垂直距离应为 1.4～1.6m。移动式配电箱、开关箱应装设在坚固、稳定的支架上。其中心点与地面的垂直距离宜为 0.8～1.6m。

（9）配电箱、开关箱内的电器（含插座）应先安装在金属或非木质阻燃绝缘电器安装板上，然后方可整体紧固在配电箱、开关箱箱体内。

金属电器安装板与金属箱体应做电气连接。

（10）配电箱、开关箱内的电器（含插座）应按其规定位置紧固在电器安装板上，不得歪斜和松动。

（11）配电箱的电器安装板上必须分设 N 线端子板和 PE 线端子板。N 线端子板必须与金属电安装板绝缘；PE 线端子板必须与金属电器安装板做电气连接。

进出线中的 N 线必须通过 N 线端子板连接；PE 线必须通过 PE 线端子板连接。

（12）配电箱、开关箱内的连接线必须采用铜芯绝缘导线。导线绝缘的颜色标志应按相关要求配置并排列整齐；导线分支接头不得采用和螺栓压接，应采用焊接并做绝缘包扎，不得有外露带电部分。

（13）配电箱、开关箱的金属箱体、金属电器安装板以及电器正常不带电的金属底座、外壳等必须通过 PE 线端子板与 PE 线做电气连接，金属箱门与金属箱必须通过采用编织软铜线做电气连接。

（14）配电箱、开关箱的箱体尺寸应与箱内电器的数量和尺寸相适应。

（15）配电箱、开关箱中导线的进线口和出线口应设在箱体的下底面。

（16）配电箱、开关箱的进、出线口应配置固定线卡，进、出线应加绝缘护套并成束卡在箱体上，不得与箱体直接接触。移动式配电箱、开关箱的进、出线应采用橡皮护套绝缘电缆，不得有接头。

（17）配电箱、开关箱外形结构应能防雨、防尘。

（四）现场照明安全

1. 施工现场照明安全要求

（1）现场的照明线路，必须采用软质橡皮护套线，并配有漏电保护器保护。灯具的金属外壳应接地（零）保护。

（2）照明灯的相线应经开关控制，不得将相线直接引入。

（3）移动式碘钨灯的金属支架应有可靠接地（零），灯具距地高度不得低于 2.5m。

（4）高压钠灯安装支架应坚固可靠，并要有防雨措施。

2. 施工现场照明安全技术

（1）在坑洞内作业、夜间施工或自然采光差的场所、作业厂房、料具堆放场、道路、仓库、办公室、食堂、宿舍等，应设一般照明、局部照明或混合照明。在一个工作场所内，不得只装设局部照明。停电后，操作人员需要及时撤离现场的特殊工程，必须装设自备电源的应急照明。

（2）现场照明应采用高光效、长寿命的照明光源。对需要大面积照明的场所，应采用高压汞灯、高压钠灯或混光用的卤钨灯。

（3）照明器的选择应按下列环境条件确定：

1）正常湿度时，选用开启式照明器；

2）在潮湿或特别潮湿的场所，选用密闭型防水防尘照明器或配有防水灯头的开启式照明器；

3）含有大量尘埃但无爆炸和火灾危险的场所，采用防尘型照明器；

4）对有爆炸和火灾危险的场所，必须按危险场所等级选择相应的照明器；

5）在振动较大的场所，选用防振型照明器；

6）对有酸碱等强腐蚀的场所，采用耐酸碱型照明器。

（4）照明器具和器材的质量均应符合有关标准、规定的规定，不得使用绝缘老化或破损的器具和器材。

（5）照明灯具的金属外壳必须作保护接零。单相回路的照明开关箱（板）内必须装设漏电保护器。

（6）室外灯具距地面不得低于3m，室内灯具不得低于2.4m。

（7）路灯的每个灯具应单独装设熔断器保护。灯头线应做防水弯。

（8）荧光灯管应用管座固定或用吊链。悬挂镇流器不得安装在易燃的结构物上。

（9）钠、铊、铟等金属卤化物灯具的安装高度宜在5m以上，灯线应在接线柱上固定，不得靠近灯具表面。

（10）投光灯的底座应安装牢固，按需要的光轴方向将枢轴拧紧固定。

（11）螺口灯头及接线应符合下列要求：

1）相线接在与中心触头相连的一端，零线接在与螺纹口相连的一端；

2）灯头的绝缘外壳不得有损伤和漏电。

（12）灯具内的接线必须牢固。灯具外的接线必须做可靠的绝缘包扎。

（13）暂设工程的照明灯具宜采用拉线开关。开关安装位置宜符合下列要求：

1）拉线开关距地面高度为2～3m，与出、入口的水平距离为0.15～0.2m。拉线的出口应向下。

2）其他开关距地面高度为1.3m，与出、入口的水平距离为0.15～0.2m。严禁将插座与搬把开关靠近装设；严禁在床上装设开关。

（14）电器、灯具的相线必须经开关控制，不得将相线直接引入灯具。

（15）对于夜间影响飞机或车辆通行的在建工程或机械设备，必须安装设备醒目的红色信号灯。其电源应设在施工现场电源总开关的前侧。

（五）配电线路安全控制

1.架空线路安全技术

（1）保证架空线路安全运行的具体要求

1）水泥电杆无混凝土脱落、露筋现象。

2）线路上使用的器材，不应有松股、交叉、折叠和破损等缺陷。

3）导线截面和弛度应符合要求，一个挡距内一根导线上的接头不得超过一个，且接头位置距导线固定处应在 0.5m 以上；裸铝绞线不应有严重腐蚀现象；钢绞线、镀锌铁线的表面良好，无锈蚀。

4）工具应光洁，无裂纹、砂眼、气孔等缺陷，安全强度系数不应小于 2.5。

5）绝缘子瓷件与铁件应结合紧密，铁件镀锌良好；绝缘子瓷釉光滑，无裂纹、斑点、无损坏、歪斜，绑线未松脱。

6）横担应符合规程要求，上下歪斜和左右扭斜不得超过 20mm。

7）拉线未严重锈蚀和严重断股；居民区、厂矿内的混凝土电杆的拉线从导线间穿过时，应设拉线绝缘子。

8）线间、交叉、跨越和对地距离，均应符合规程要求。

9）防雷、防振设施良好，接地装置完整无损，接地电阻符合要求，避雷器预防试验合格。

10）运行标志完整醒目。

11）运行资料齐全，数据正确，且与现场情况相符。

（2）危害架空线路的行为及制止

1）向线路设施射击、抛掷物体。

2）在导线两侧 300m 内放风筝。

3）擅自攀登杆塔或杆塔上架设各种线路和广播喇叭。

4）擅自在导线上接用电器。

5）利用杆塔、拉线作起重牵引地锚，或拴牲畜、悬挂物体和攀附农作物。

6）在杆塔、拉线基础的规定保护范围内取土、打桩、钻探、开挖或倾倒有害化学物品。

7）在杆塔与拉线间修筑道路。

8）拆卸杆塔或拉线上的器材。

9）在架空线底下植树。要制止上述行为，除了广泛宣传电气安全知识外，还要加强巡视检查。发现问题，立即处理，以防止发生各种事故。

（3）架空线路一般都采用多股绞线而很少采用单股线

1）当截面较大时，若单股线由于制造工艺或外力而造成缺陷，不能保证其机械强度，而多股线在同一处都出现缺陷的几率很小，所以相对来说，多股线的机械强度较高。

2）当截面较大时，多股线较单股线柔性高，所以制造、安装和存放都较容易。

3）当导线受风力作用而产生振动时，单股线容易折断，多股线则不易折断。因此，架空线路一般都采用多股绞线。

（4）同一电杆上架设铜线和铝线时要把铜线架在上方

1）铜线和铝线混架在同一电杆上时，铜线必须架设在上方，因为铝线的膨胀系数大于铜线。在同一长度下，铝线弛度较铜线大。将铜线架设在铝线上方，可以保持铜线与铝线的垂直距离，防止发生事故。

2）高压架空线路建成后投入运行时要将电压慢慢地升高，不允许一次合闸送三相全电压。架空线路建成后，可能存在缺陷，而对线路又不能进行耐压试验，因此无法发现绝缘子破裂、对地距离不够等缺陷。如果一次送上全电压，可能造成短路接地事故，影响电力系统正常运行。慢慢升高电压，就可以发现故障而不致造成跳闸事故。

（5）10kV 及以下架空线路的挡距和导线间距的规定

1）10kV 及以下架空线路的挡距一般不大于 50m。为了降低线路造价，通过非居民区和农村的线路，挡距比城市、工厂或居民区可适当放大一些。但高压线路不宜超过 100m，低压线路不宜超过 70m。高低压线路同杆架设时，挡距的大小应满足低压线路的要求。

2）架空线路导线的线间距离，可根据运行经验确定。对于 1kV 以下线路，靠近电杆两侧导线间的水平距离不应小于 0.5m。

2. 导线连接安全技术

（1）架空线路导线连接的要求及焊接

1）接触良好紧密，接触电阻小。

2）连接接头的机械强度应不低于导线抗拉强度的 90%。

3）在线路连接处改变导线截面或由线路向下做 T 形连接时，应采用并沟线夹续接。

4）导线的连接一般可实行压接、插接、绕接或者焊接。但高压架空导线不宜实行焊接，因为焊接时必须将导线加热，导线加热后会造成退火，其机械强度降低，焊接处将成为薄弱环节。而高压架空线所承受的张力一般都较大，该薄弱环节往往断裂而造成事故。

5）导线的接头随导线材料不同而异。钢芯铝线、铝绞线相互连接时，一般采用插接法、钳压法或爆炸压接法；而铜线与铜线的连接一般采用绕接法或压接法。

（2）避免铜导线与铝导线相接时产生的电解腐蚀

1）铜导线与铝导线相接时，由于材质不同，互相之间存在一定的电位差。铜铝之间的电位差约为 1.7V。如果有水气、便会产生电解作用，接触面逐渐被腐蚀和氧化，导致接触面接触不良、接触电阻增大、导线发热而发生事故。因此，铜导线与铝导线相接时，应采取必要的防腐措施。如采用铜铝过渡线夹、铜铝过渡接头等，以避免电解腐蚀。

2）也可采用铜线搪锡法，即在铜导线的线头上镀上一层锡，然后与铝导线相接。虽然铜的导电率比锡高，但锡的表面氧化后会形成一层很薄的氧化膜，紧附在铜表面，从而可以防止导线内部继续被氧化。而且，这种锡的氧化物导电率较高，与铝导线之间的电触腐蚀作用也较小，不致因接触不良而发生事故。

（3）扎线要求

1）采用裸导线的架空线路中，将导线固定在绝缘子上的扎线，其材质应与导线的材质相同。

2）在潮湿环境中，如果导线和扎线分别用两种不同的金属材料制成，则在相互接触处会发生严重的电化学腐蚀作用，使导线产生斑点腐蚀或剥离腐蚀，久而久之导线就会断裂。所以，扎线和导线必须用同一种金属材料来制造。

（4）采用钳压法连接导线应注意的事项

采用钳压法连接导线时，为了保证连接可靠，除应按压接顺序正确进行操作外，尚须注意以下事项：

1）压接管和压模的型号应为所连接导线的型号一致。

2）钳压模数和模间距应符合规程要求。

3）压坑不得过浅，否则，压接管握着力不够，接头容易抽出。

4）每压完一个坑，应保持压力至少 1min，然后再松开。

5）如果是钢芯铝绞线，在压管中的两导线之间应填入铝垫片，以增加接头握着力，并保证导线接触良好。

6）在连接前，应将连接部分、连接管内壁用汽油清洗干净（导线的清洗长度应为连接管长度的 1.25 倍以上），然后涂上中性凡士林油，再用钢丝刷擦刷一遍。如果凡士林油已污染，应抹去重涂。

7）压接完毕，在压接管的两端应涂以红丹漆油。

8）有下列情形之一者就切断重接：

① 管身弯曲度超过管长的 3%；

② 连接管有裂纹；

③ 连接管电阻大于等长度导线的电阻。

（5）采用爆压法连接导线应注意的事项

爆压法的原理是，利用炸药在爆炸时产生的高压气体，使钳压管产生塑性变形，以代替钳压机的人工操作。爆压法主要有导爆索法、药包法和塑-B炸药法三种。采用爆压法连接导线应注意以下事项：

1）爆压法使用的钳压管，只有原压接管长度的 1/3。

2）应使用 8 号纸壳工业雷管或电雷管起爆，不得使用金属壳雷管，以免伤及钳压管或导线。

3）导火索的长度，在地面引爆时不得小于 200mm，高空引爆时不得小于 350mm；在引爆前应将接头周围的异物清除至 1m 以外，引爆人员点燃导火索后须快速撤至爆炸点 15～20m 以外。

4）为保证压接质量，钢绞线可对接，而铝绞线或钢芯铝绞线则必须搭接；压接质量必须符合《架空电力线路爆炸压接施工工艺规程》的要求。否则，应锯断重接。

5）爆压工作应由培训合格的人员担任，工作时应严格遵守操作要求和安全工作规程。

3. 导线与横担、绝缘子等的要求

（1）同一档距内的各相导线的弧垂必须保持一致

1）同一档距内的各相导线的弧垂，在放线时必须保持一致。如果松紧不一、弧垂不同，则在风吹摆动时，摆动幅度和摆动周期便不相同，容易造成碰线短路事故。通常，同一档距内的各相导线的弧垂不宜过大或过小，弧垂一般应根据架线当时当地气温下的规定值或计算值来确定。弧垂如果过大，则在夏天气温很高时，导线会因热胀而伸长，弧垂更大，对地或建筑物等的距离就会不符合要求；弧垂如果过小，则在冬天气温很低时，导线冷缩，承受的张力很大，遇到大风和冰冻，荷重更大，因而容易引起断线事故。

2）导线弧垂的大小与电杆的挡距也有关。挡距越大弧垂也越大（导线材质、型号确定后）。因此架线时必须按规定的弧垂放线，并进行适当的调整。在架设新线路的施工中，导线要稍收紧一些，一般比规定弧垂小 15% 左右。

（2）同杆架设多回路的架空线路，其横担间和导线间的距离

1）10kV 及以下线路与 35kV 线路同杆架设时，导线间垂直距离不应小于 2m。

2）对于 35kV 双回路或多回路线路，不同回路的不同相导线间的距离不应小于 3m。

（3）导线和电缆的允许持续电流

1）当电流通过导线或电缆时，由于两者都存在阻抗，所以会造成电能消耗，从而使导线或电缆发热，温度升高。通常，通过导线或电缆的电流越大，发热温度也越高。当温度上升到一定值时，导线或电缆的绝缘可能损坏，接头处的氧化也会加剧，结果导致漏电或断线，严重时甚至引起火灾等事故。

2）为了保证线路安全，选择导线或电缆的截面时，都要考虑发热情况，即在任何环境温度下，当线路持续通过最大负载电流时，其温度不超过允许最高温度（通常为 70℃ 左

右），这时的负载电流称为允许持续电流。导线和电缆的允许持续电流取决于它们的种类、规格、环境温度和敷设方式等，通常由有关单位（电缆研究所等）进行试验后提供此项数据和资料。

（4）架空线路采用瓷横担的优缺点

目前，许多国家的高低压线路多采用瓷横担，我国也广泛应用。在 6～10kV 线路上，一般使用圆锥形瓷横担。瓷横担有以下一些优点：

1）由于瓷横担可兼作横担和绝缘子，而且造价也较低，所以即简化了线路杆塔的结构，又具有明显的经济效益。

2）绝缘水平与耐雷水平都较高，自然清洁效果好，事故率也低，在污秽地区使用，较针式绝缘子可靠。

3）由于瓷横担比较轻，容易清扫，便于施工、检修和带电作业。

4）由于瓷横担能自动偏转一定角度，万一断线，可自行放松导线，防止事故扩大。瓷横担的主要缺点是机械强度低于铁横担，在施工、运输时容易损坏或断裂。因此，在人烟较稀少的地方用得较多。如果提高其强度，或进一步将其材质加以改进，则瓷横担将会进一步得到推广应用。

4. 电缆敷设安全技术

（1）敷设电缆时对其弯曲半径的规定　在施工过程中，如果过度弯曲电力电缆，就会损伤其绝缘、线芯和外部包皮等。因此，《规程》规定电缆的弯曲半径不得小于其直径的 6～25 倍。具体的弯曲半径，应根据产品说明书或地区标准确定。无说明书或标准时，也可参照下列数值：

1）油浸纸绝缘、多芯、铅包、铠装电力电缆，弯曲半径均为电缆外径的 15 倍；油浸纸绝缘、铝包、铠装电力电缆、油浸纸绝缘单芯电力电缆、铅包、铝包、铠装或无铠装的电力电缆、油浸纸绝缘不滴流电力电缆、干浸纸绝缘、多芯、电力电缆，弯曲半径均为电缆外径的 20～25 倍。

2）橡胶绝缘和塑料绝缘的多芯和单芯电力电缆、铅包铠装或塑料铠装的电力电缆，弯曲半径均为电缆外径的 10 倍（无铠装时为 6 倍）。

（2）电缆穿管保护　为保证电缆在运行中不受外力损伤，在下列情况下应将电缆穿入具有一定机械强度的管内或采取其他保护措施：

1）电缆引入和引出建筑物、隧道、沟道、楼板等处时。

2）电缆通过道路、铁路时。

3）电缆引出或引进地面时。

4）电缆与各种管道、沟道交叉时。

5）电缆通过其他可能受机械损伤的地段时。

6）电缆保护管的内径一般不应小于下列值：

① 保护管长度在 30m 以上时，管子内径不小于电缆外径的 1.5 倍。

② 保护管长度大于 30m 时，管子内径应不小于电缆外径的 2.5 倍。

（3）电缆在管内敷设时应满足的要求　电缆穿管敷设时应满足以下要求：

1）铠装电缆与铅包电缆不应穿入同一管内。

2）一根电缆管只许穿入一根电力电缆。

3）电力电缆与控制电缆不得穿入同一管内。

4）裸铅包电缆穿管时，应将电缆穿入段用麻布或其他纤维材料进行保护，穿送时用力不得过大。

（4）敷设电缆时应留有备用长度　敷设电缆时，一般应留有足够的备用长度，以补偿温度变化而引起的变形和供事故检查时备用。例如，在电缆从垂直面过渡到水平面的转变处、电缆管出入口、电缆井内、伸缩缝附近、电缆头安装地点和电缆接头处、引入隧道和建筑物等处，均应留有适当的备用长度。直接埋在电缆沟内的电缆，一般应按电缆沟全长的0.5%～1%留出电缆的备用长度，并做波形敷设。

（5）电缆线路设标志牌的规定　通常，在电缆线路的下列地点应设标志牌：

1）电缆线路的首尾端。

2）电缆线路改变方向的地点。

3）电缆从一平面跨越到另一平面的地点。

4）电缆隧道、电缆沟、混凝土隧道管、地下室和建筑物等处的电缆出入口。

5）电缆敷设在室内隧道和沟道内时，每隔30m的地点。

6）电缆头装设地点和电缆接头处。

7）电缆穿过楼板、墙和间壁的两侧。

8）隐蔽敷设的电缆标记处。制作标志牌时，规格应统一，其上应注明线路编号、电缆型号、芯数、截面和电压、起讫点和安装日期。

5. 室内配电线路安全技术

（1）低压配电线路的保护　低压配电线路必须有短路保护，而且在配电系统的各级保护之间最好有选择性的配合。下列线路还应有过负荷保护：

1）可能长时间过负荷的电力线路。

2）在燃烧体或难燃体的建筑物结构上，采用有延燃外层的绝缘导线配线的明敷线路。

3）居民建筑、重要的仓库和公共建筑物中的照明线路。低压配电线路的短路保护可采用熔断器或空气断路器。熔断器的熔体额定电流和断路器的整定电流应能够避开短时过负荷电流，并保证在正常的短时过负荷下，保护装置不被保护线路过负荷断开。装有过负荷保护装置的配电线路，其绝缘导线或电缆的允许载流量，不应小于熔断器熔体额定电流的1.25倍或断路器长延时过电流脱扣器整定电流的1.25倍。

（2）室内低压配线的导线连接的要求

1）剥除绝缘层时，不应损伤线芯。

2）在分支线的接线处，干线不应承受来自分支线的横向拉力。

3）绝缘导线的接头处，应使用绝缘带包缠均匀、严密，并不得低于原有绝缘强度.

4）使用锡焊法连接铜芯导线时，焊锡应灌得饱满，不应使用酸性焊剂。

（3）室内线路和低压线路在管内配线时的规定

1）管内绝缘导线的额定电压不应低于500V。

2）同一交流回路的导线穿于同一钢管内。

3）不同回路和不同电压的导线，以及交流和直流导线，不得穿入同一根管子内。但下列几种回路可以除外。

①　电压为65V及以下的回路；

②　同一台设备的电机回路和无抗干扰要求的控制回路；

③　照明花灯的所有回路。

4）导线在管内不得有接头和扭结，其接头应在接线盒内连接。

5）管内导线的总截面积（包括外护层）不应大于管子截面积的 40%。

6）导线穿入钢管后，在导线出口应装护线套保护导线；在不进入盒（箱）内的垂直管口穿入导线后，应将管口做密封处理。

7）管内穿线应在建筑物的抹灰和地面工程结束后进行。穿入导线之前，应将管中的积水和杂物清除干净。

（4）内穿导线的保护钢管管口必须套塑料或木制护圈　电流通过穿管导线时，由于电动力作用，导线会有微微抖动，特别是垂直敷设的大电流穿管导线，抖动更为剧烈，再加上导线自重下垂，久而久之，钢管管口的导线绝缘就被磨损而发生接地短路事故。因此，穿管布线时，除管口内壁必须除毛刺之外，还必须套塑料或木制护圈，以保护导线绝缘不受损坏。

（5）不允许使用铝导线场所

1）进户线、总表线和配电箱盘等的二次接线回路。

2）有爆炸危险和火灾危害的生产厂房、车间以及仓库中的配线，以及需要移动使用的导线。

3）手持电动工具、移动式电气设备、携带式照明灯具等的电源引线。

4）在有剧烈振动场所敷设的导线。

5）重要的资料室、档案室、仓库以及群众集会场所的配线。

6）舞台照明用的导线等。

（6）室内配线用的导线截面的要求

1）允许载流量不应小于负荷的计算电流。

2）从变压器到用电设备的电压损失不超过用电设备额定电压的 5%。

3）导线截面不小于规定的最小截面，以满足机械强度的要求。

4）应按配电线路的保护要求进行校验。

（7）电线管和木槽板内的导线禁止有接头　电线管和木槽板内的导线如果有接头或焊接点，运行一定时间之后，可能因接触不良而引起过热甚至着火。因此，《规程》规定使用电线管配线时，导线接头和焊接处必须在管外线接线盒内：木槽板配线时，导线接头或焊接点必须在槽板外（露在外面）。

（8）室内线路的巡视检查的内容

1）导线与建筑物等是否摩擦、相蹭；绝缘、支持物是否损坏和脱落。

2）车间裸导线各相的弛度和线间距离是否保持一致。

3）车间裸导线的防护网板与裸导线的距离有无变动。

4）明敷导线管和木槽板等有无碰裂、砸伤现象，铁管的接地是否完好。

5）铁管或塑料管的防水弯头有无脱落或导线蹭管口现象。

6）敷设在车间地下的塑料管线路，其上方是否堆放重物。

7）三相四线制照明线路，其零线回路各连接点的接触是否良好，有无腐蚀或脱开现象。

8）是否有未经电气负责人的许可，私自在线路上接用的电气设备以及乱拉、乱扯的线路。

（9）车间配电盘和闸箱的检查内容

1）导电部分的各接点处是否有过热现象。

2）检查各种仪表和指示灯是否完整，指示是否正确。

3）闸箱和箱门等是否破损。

4）室外闸箱有无漏雨进水现象。

5）导线与电器连接处的连接情况。

6）闸箱内所用的熔体容量是否与负荷电流相适应，禁止使用任何金属丝代替熔体；熔体的容量要求如下：

① 一般照明回路，熔体容量不应超过负荷电流的 1.5 倍。

② 动力回路，熔体容量不应超过负荷电流的 2.5 倍。

7）各回路所带负荷的标志应清楚，并与实际相符。

8）铁制闸箱的外皮应良好接地。

9）车间配电盘和闸箱总闸、分闸所控制负荷的标志应清楚、准确。

10）车间闸箱内不应存放其他物品。

11）车间内安装的三、四眼插销应无烧伤，保护接地接触良好。

（10）各种开关电器及熔断器的检查和检修内容

1）胶盖闸和瓷插式熔断器的上盖是否短缺和损坏，熔体安装地点有无积炭。

2）各种密闭式控制开关的"拉"、"合"标志是否清楚。

3）铁制控制开关的外皮接地是否良好。

4）清除开关内部的灰尘以及熔体熔化时残留的炭质。

5）开关接点是否紧固，损坏的接点应予以更换。

6）刀闸和操作杆连接应紧固，动作应灵活、可靠。

（11）车间配电线路停电清扫检查内容

1）清扫裸导线瓷绝缘子上的污垢。

2）检查绝缘是否残旧和老化，对于老化严重或绝缘破裂的导线应有计划地予以更换。

3）紧固导线的所有连接点。

4）更换或补充导线上损坏或缺少的支持物和绝缘子。

5）铁管配线时，如果铁管有脱漆锈蚀现象，应除锈刷漆。

6）建筑物伸缩、沉降缝处的接线箱有无异常。

7）在多股导线的第一支持物弓子处是否做了倒人字形接线，雨后有无进水现象。

（六）变配电装置安全技术控制

1. 高低压配电装置工作安全程序　为保障高低压操作员及维修员于设备维修时的安全，负责工程师需参阅以下高低压维修程序，以减低操作员及维修员因误会或疏忽所产生的工作意外，并保障大厦设备的可靠及安全。

（1）变配电值班人员　变配电值班人员必须严格遵守《员工手册》和各项规章制度。

（2）值班人员　值班人员必须持有合格技术证件，熟练掌握本物业供电运行方式、及设备技术性能，并且具有实际处理事故能力，方可上岗工作。

（3）配电装置进行前的检查

1）所有瓷瓶清洁无裂纹，门窗防鼠设施是否完好。

2）屏面电表指示及各种装置显示正常。

3）母线清洁无杂物，接触良好，测定母线绝缘电阻正常，每千伏不低于一兆欧。

4）互感器的母线、二次线路及接地线应连接牢固、完好不松动，一次测应绝缘合格，二次测应接地良好。

5）避雷器的瓷套管应清洁无裂纹，接线及接地线接良好。

6）电力电容器的外壳应无膨胀漏油，绝缘子完整良好，熔丝完整。

（4）正常运行中的巡视规定

1）每两小时巡视一遍并做好列表记录，包括有功电度表、无功电度表、电压表、电流表读数、直流电屏充电电压、充电电流读数、室内温度及变压器相芯温度。

2）定期巡视变压器运行状况，从声、味、温等现象观察变压器是否正常。

3）制柜及总开关的外观要清洁，巡视中留意柜内是否有异常响声，各指示灯是否完好。

4）直流电池柜内电池组液体是否足够，有无泄漏，充电情况是否良好。

5）各抽气扇运行是否正常，隔尘网应定时清理。

6）室内照明，紧急照明及卫生情况应良好。

（5）安全操作

1）必须执行操作申请制度和停电检修制度。

2）高压制柜停、送电操作应填写好工作票，操作并检查各项操作机械完好，严格执行一人操作、一人监护安全工作制度，按工作票填写程序进行操作。

3）配电值班员应熟悉配电房制柜的各项操作细则及工作程序，做到操作准确无误。

4）停电操作必须从低压到高压依次进行，送电操作必须先从高压侧进电，对变压器或线路充电，然后依次从高压至低压送电。

5）清洁、维修变压器必须先穿戴好防护用品，试验专用电笔是否正常，然后切断低压侧负荷及高压侧电源，验明无电后，用专用电棒逐一相对地放电，再将三相短接；由两人以上进行工作，接拆专用地线必须指定专人进行。

6）低压柜停电工作应注意验明无电后对电容放电，完毕后用专用接地线对相线可靠接地，并有两人以上时方可进入现场工作。

（6）事故处理

1）变压器故障跳闸时，应当手动判断高低压柜操作开关，并把分闸柜关上，保证其他设备正常供电，之后应及时查明故障原因，并向上级汇报。

2）低压总开关跳闸时，应先把分开关断开，检查无异常后，试送总开关，再送各分开关。

3）低压总开关跳闸时，应先把各功能区分开关拉开，检查无异常后先试分路开关，再试送各功能区分开关。

4）电梯、消防、清水泵、污水泵、设备楼双电源故障时应在检查维修自投开关时，将双电源刀闸拉开，验明无电时方可维修（尽快恢复供电）。

5）电容开关自动跳闸时，应马上退出运行，检查确认无异常情况或短路后方可送电。

（7）高低压配电室运行交接程序（正常）

1）交班人需于交接班前检查现有配电设备记录、当班运作事宜。

2）接班人需填写接班时间，并阅读上班运作纪要，以了解上班高低压配电情况。

3）接班人需与交班人共同再检查高低压配电设备，双方了解现有操作情况后，交接工作完成。

4）当完成三班配电运行后，工程师需核实每天高低压配电情况，作为对整个配电系统监察，并安排日后维修计划及员工培训。

（8）高低压配电紧急事故处理程序　为保障大厦供电正常及统一处理配电事宜。制定紧急事故处理程序，能提高配电操作员的水平，工程经理或总工程师需按时培训以下处理程序，以减少大厦配电事故发生，增强配电设备可靠性，达到高效率、低成本、高可靠性的服务。

（9）高低压电柜开关记录　为保障大厦用户配电的可靠性，物业管理公司在高低压设备监管上有较高要求，于每台高低压配电设备上，均有严格开关记录，以便各班配电操作员了解设备现有操作情况及过去维修记录，工程师可按有关操作记录，安排正常维修计划，以减低因操作或维修延误致停电，借此保障用户利益。

（10）高低压配电室运行交接记录　为保障大厦配电正常运作及保障各配电人员安全，现制定高低压配电运作交接记录，作为工程与各班操作员内部沟通桥梁，借有关记录能更了解每日高低压配电室操作情况，以保障电力能可靠地供应到每位用户单元内。

2．主要变配电设备安全

（1）电力变压器　电力变压器是变配电站的核心设备，按照绝缘结构分为油浸式变压器和干式变压器。油浸式变压器所用油的闪点在135～160℃之间，属于可燃液体。变压器内的固体绝缘衬垫、纸板、棉纱、布、木材等都属于可燃物质，其火灾危险性较大，而且有爆炸的危险。

1）变压器安装

① 变压器各部件及本体的固定必须牢固。

② 电气连接必须良好；铝导体与变压器的连接应采用铜铝过渡接头。

③ 变压器的接地一般是其低压绕组中性点、外壳及其阀型避雷器（避雷器 Y5WZ-7.6/27）三者共用的地。接地必须良好，接地线上应有可断开的连接点。

④ 变压器防爆管喷口前方不得有可燃物体。

⑤ 位于地下的变压器室的门、变压器室通向配电装置室的门、变压器室之间的门均应为防火门。

⑥ 居住建筑物内安装的油浸式变压器，单台容量不得超过400kV·A。

⑦ 10kV变压器壳体距门不应小于1m，距墙不应小于0.8m（装有操作开关时不应小于1.2m）。

⑧ 采用自然通风时，变压器室地面应高出室外地面1.1m。

⑨ 室外变压器容量不超过315kV·A者可柱上安装，315kV·A以上者应在台上安装；一次引线和二次引线均应采用绝缘导线；柱上变压器底部距地面高度不应小于2.5m、裸导体距地面高度不应小于3.5m；变压器台高度一般不应低于0.5m，其围栏高度不应低于1.7m、变压器壳体距围栏不应小于1m、变压器操作面距围栏不应小于2m。

⑩ 变压器室的门和围栏上应有"止步，高压危险！"的明显标志。

2）变压器运行　运行中变压器高压侧电压偏差不得超过额定值的5%、低压最大不平衡电流不得超过额定电流的25%。上层油温一般不应超过85℃；冷却装置应保持正常，呼吸器内吸潮剂的颜色应为淡蓝色；通向气体继电器的阀门和散热器的阀门应在打开状态，防爆管的膜片应完整，变压器室的门窗、通风孔、百叶窗、防护网、照明灯应完好；室外变压器基础不得下沉，电杆应牢固，不得倾斜。

干式变压器的安装场所应有良好的通风，且空气相对湿度不得超过70%。

（2）电力电容器　电力电容器是充油设备。安装、运行或操作不当即可能着火甚至发生爆炸，电容器的残留电荷还可能对人身安全构成直接威胁。

1）电容器安装

① 电容器所在环境温度一般不应超过 40℃，周围空气相对湿度不应大于 80％，海拔高度不应超过 1000m；周围不应有腐蚀性气体或蒸汽，不应有大量灰尘或纤维；所安装环境应无易燃、易爆危险或强烈振动。

② 总油量 300kg 以上的高压电容器应安装在单独的防爆室内；总油量 300kg 以下的高压电容器和低压电容器应视其油量的多少安装在有防爆墙的间隔内或有隔板的间隔内。

③ 电容器应避免阳光直射，受阳光直射的窗玻璃应涂以白色。

④ 电容器室应有良好的通风。电容器分层安装时应保证必要的通风条件。

⑤ 电容器外壳和钢架均应采取接地（或接零）措施。

⑥ 电容器应有合格的放电装置。

⑦ 高压电容器组总容量不超过 100kV·A 时，可用跌开式熔断器保护和控制；总容量 l00～300kV·A 时，应采用负荷开关保护和控制；总容量 300kV·A 以上时，应采用真空断路器或其他断路器保护和控制。低压电容器组总容量不超过 100kV·A 时，可用交流接触器、刀开关、熔断器或刀熔开关保护和控制；总容量 100kV·A 以上时，应采用低压断路器保护和控制。

2）电容器运行　电容器运行中电流不应长时间超过电容器额定电流的 1.3 倍；电压不应长时间超过电容器额定电压的 1.1 倍；电容器外壳温度不得超过生产厂家的规定值（一般为 60℃或 65℃）。电容器外壳不应有明显变形，不应有漏油痕迹。电容器的开关设备、保护电器和放电装置应保持完好。

（3）高压开关　高压开关主要包括高压断路器、高压负荷开关和高压隔离开关 GN19-10C/630A。高压开关用以完成电路的转换，有较大的危险性。

1）高压断路器　高压断路器是高压开关设备中最重要、最复杂的开关设备。高压断路器有强有力的灭弧装置，既能在正常情况下接通和分断负荷电流，又能借助继电保护装置在故障情况下切断过载电流和短路电流。

断路器分断电路时，如电弧不能及时熄灭，不但断路器本身可能受到严重损坏，还可能迅速发展为弧光短路，导致更为严重的事故。

按照灭弧介质和灭弧方式，高压断路器可分为少油断路器、多油断路器、真空断路器、六氟化硫断路器、压缩空气断路器、固体产气断路器和磁吹断路器。

高压断路器必须与高压隔离开关串联使用，由断路器接通和分断电流，由隔离开关隔断电源。因此，切断电路时必须先拉开断路器后拉开隔离开关；接通电路时必须先合上隔离开关后合上断路器。为确保断路器与隔离开关之间的正确操作顺序，除严格执行操作制度外，10kV 系统中常安装机械式或电磁式连锁装置。油断路器是有爆炸危险的设备。为了防止断路器爆炸，应根据额定电压、额定电流和额定开断电流等参数正确选用断路器，并应保持断路器在正常的运行状态。运行中，断路器的操作机构、传动机构、控制回路、控制电源应保持良好。

2）高压隔离开关　高压隔离开关简称刀闸。隔离开关没有专门的灭弧装置，不能用来接通和分断负荷电流，更不能用来切断短路电流。隔离开关主要用来隔断电源，以保证检修和倒闸操作的安全。隔离开关安装应当牢固，电气连接应当紧密、接触良好；与铜、铝导体连接须采用铜铝过渡接头。

隔离开关不能带负荷操作。拉闸、合闸前应检查与之串联安装的断路器是否在分闸位置。

运行中的高压隔离开关连接部位温度不得超过 75℃。机构应保持灵活。

3）高压负荷开关　高压负荷开关有比较简单的灭弧装置，用来接通和断开负荷电流。负荷开关必须与有高分断能力的高压熔断器配合使用，由熔断器切断短路电流。

高压负荷开关的安装要求与高压隔离开关相似。

高压负荷开关分断负荷电流时有强电弧产生。因此，其前方不得有可燃物。

3. 电气线路安全

（1）架空线路

1）凡挡距超过 25m，利用杆塔敷设的高、低压电力线路都属于架空线路。架空线路主要由导线、杆塔、横担、绝缘子、金具、基础及拉线组成。

2）架空线路木电杆梢径不应小于 150mm，不得有腐朽、严重弯曲、劈裂等迹象，顶部应做成斜坡形，根部应做防腐处理。水泥电杆钢筋不得外露，杆身弯曲不超过杆长的 0.2%。

绝缘子的瓷件与铁件应结合紧密，铁件镀锌良好，瓷釉光滑，无裂纹、烧痕、气泡或瓷釉烧坏等缺陷。

3）拉线与电杆的夹角不宜小于 45°，如果受到地形限制时，亦不应小于 30°。拉线穿过公路时其高度不应小于 6m。拉线绝缘子高度不应小于 2.5m。

4）架空线路的导线与地面、各种工程设施、建筑物、树木、其他线路之间，以及同一线路的导线与导线之间均应保持足够的安全距离。

（2）电缆线路

1）电缆线路主要由电力电缆、终端接头、中间接头及支撑件组成。

2）电缆线路有电缆沟或电缆隧道敷设、直接埋入地下敷设、桥架敷设、支架敷设、钢索吊挂敷设等敷设方式。

3）敷设电缆不应损坏电缆沟、隧道、电缆井和人井的防水层。

4）三相四线系统应采用四芯电力电缆，不应采用三芯电缆另加 1 根单芯电缆或以导线、电缆金属护套作中性线。

5）电缆进入电缆沟、隧道、竖井、建筑物、盘（柜）处应予封堵。

6）电缆直接敷设不得应用非铠装电缆。直埋电缆在直线段每隔 50～100m 处、电缆接头处、转弯处、进入建筑物等处应设置明显的标志或标桩。

7）电力电缆的终端头和中间接头，应保证密封良好，防止受潮。电缆终端头、中间接头的外壳与电缆金属护套及铠装层均应良好接地。

4. 配电柜（箱）

配电柜（箱）分动力配电柜（箱）和照明配电柜（箱），是配电系统的末级设备。

（1）配电柜（箱）安装

1）配电柜（箱）应用不可燃材料制作。

2）触电危险性小的生产场所和办公室，可安装开启式的配电板。

3）触电危险性大或作业环境较差的加工车间、铸造、锻造、热处理、锅炉房、木工房等场所，应安装封闭式箱柜。

4）有导电性粉尘或产生易燃易爆气体的危险作业场所，必须安装密闭式或防爆型的电气设施。

5）配电柜（箱）各电气元件、仪表、开关和线路应排列整齐，安装牢固，操作方便；柜（箱）应内无积尘、积水和杂物。

6）落地安装的柜（箱）底面应高出地面 50～100mm；操作手柄中心高度一般为 1.2～1.5m；柜（箱）前方 0.8～1.2m 的范围内无障碍物。

7）保护线连接可靠。

8）柜（箱）以外不得有裸带电体外露；必须装设在柜（箱）外表面或配电板上的电气元件，必须有可靠的屏护。

（2）配电柜（箱）运行

配电柜（箱）内各电气元件及线路应接触良好，连接可靠；不得有严重发热、烧损现象。配电柜（箱）的门应完好；门锁应有专人保管。

5. 用电设备和低压电器

（1）电气设备触电防护分类　按照触电防护方式，电气设备分为以下 5 类：

1）0 类。这种设备仅仅依靠基本绝缘来防止触电。0 类设备外壳上和内部的不带电导体上都没有接地端子。

2）01 类。这种设备也是依靠基本绝缘来防止触电的，但是，这种设备的金属外壳上装有接地（零）的端子，不提供带有保护芯线的电源线。

3）02 类。这种设备除依靠基本绝缘外，还有一个附加的安全措施。02 类设备外壳上没有接地端子，但内部有接地端子，自设备内引出带有保护插头的电源线。

4）Ⅰ类。这种设备具有双重绝缘和加强绝缘的安全防护措施。

5）Ⅱ类。这种设备依靠超低安全电压供电以防止触电。手持电动工具没有 0 类和 01 类产品，市售产品基本上都是Ⅱ类设备。移动式电气设备大部分是Ⅰ类产品。

（2）电气设备外壳防护

1）电气设备的外壳防护包括：对固体异物进入壳内设备的防护，对人体触及内部带电部分的防护，对水进入内部的防护。

2）外壳防护等级按如下方法标志：第一位数字表示第一种防护型式的等级；第二位数字表示第二种防护型式的等级。仅考虑一种防护时，另一位数字用"×"代替。如无特别说明，附加字母可以省略。例如，IP54 为防尘、防溅型电气设备，IP65 为尘密、防喷水型电气设备。

（3）电动机

1）电动机把电能转变为机械能，分为直流电动机和交流电动机。交流电动机又分为同步电动机和异步电动机（即感应电动机），而异步电动机又分为绕线型电动机和笼型电动机。电动机是工业企业最常用的用电设备。作为动力机，电动机具有结构简单、操作方便、效率高等优点。生产企业中电动机消耗的电能占总能源耗量的 50% 以上。

2）电动机的电压、电流、频率、温升等运行参数应符合要求，电压波动不得超过 -5%～+10%、电压不平衡不得超过 5%，电流不平衡不得超过 10%。

3）任何情况下，电动机的绝缘电阻不得低于每伏工作电压 1000Ω。

4）电动机必须装设短路保护和接地故障保护，并根据需要装设过载保护、断相保护和低电压保护。熔断器熔体的额定电流应取为异步电动机额定电流的 1.5～2.5 倍。热继电器热元件的额定电流应取为电动机额定电流的 1～1.5 倍，其整定值应接近但不小于电动机的额定电流。

5）电动机应保持主体完整、零附件齐全、无损坏，并保持清洁。

6）除原始技术资料外，还应建立电动机运行记录、试验记录、检修记录等资料。

（4）手持电动工具和移动式电气设备

手持电动工具包括手电钻、手砂轮、冲击电钻、电锤、手电锯等工具。移动式设备包括蛤蟆夯、振捣器、水磨石磨平机等电气设备。

1）触电危险性　手持电动工具和移动式电气设备是触电事故较多的用电设备。事故较多的主要原因是：

① 这些工具和设备是在人的紧握之下运行的，人与工具之间的接触电阻小，一旦工具带电，将有较大的电流通过人体，容易造成严重后果；同时，操作者一旦触电，由于肌肉收缩而难以摆脱带电体，也容易造成严重后果。

② 这些工具和设备有很大的移动性，其电源线容易受拉、磨而损坏，电源线连接处容易脱落而使金属外壳带电，导致触电事故。

③ 这些工具和设备没有固定的工位，运行时振动大，而且可能在恶劣的条件下运行，本身容易损坏而使金属外壳带电，导致触电事故。

2）安全使用条件

① Ⅱ类、Ⅲ类设备没有保护接地或保护接零的要求；Ⅰ类设备必须采取保护接地或保护接零措施。设备的保护线应接向保护干线。

② 移动式电气设备的保护零线（或地线）不应单独敷设，而应当与电源线采取同样的防护措施，即采用带有保护芯线的橡皮套软线作为电源线。专用保护芯线应当是截面积不小于 0.75～1.5mm 的软铜线。电缆不得有破损或龟裂，中间不得有接头；电源线与设备之间的防止拉脱的紧固装置应保持完好。设备的软电缆及其插头不得任意接长，拆除或调换。

③ 移动式电气设备的电源插座和插销应有专用的接零（地）插孔和插头。其结构应能保证插入时接零（地）插头在导电插头之前接通，拔出时接零（地）插头在导电插头之后拔出。

④ 一般场所手持电动工具应采用Ⅱ类设备。在潮湿或金属构架上等导电性能良好的作业场所必须使用Ⅱ类或Ⅲ类设备。在锅炉内、金属容器内、管道内等狭窄的特别危险场所应使用Ⅲ类设备，如果使用Ⅱ类设备，则必须装设额定漏电动作电流不大于 15mA、动作时间不大于 0.1s 漏电保护器；而且，Ⅲ类设备的隔离变压器、Ⅰ类设备的漏电保护器以及Ⅱ、Ⅲ类设备控制箱和电源连接器等必须放在外面。

⑤ 使用Ⅰ类设备应配用绝缘手套、绝缘鞋、绝缘垫等安全用具。

⑥ 设备的电源开关不得失灵、不得破损并应安装牢固，接线不得松动，转动部分应灵活。

⑦ 绝缘电阻合格，带电部分与可触及导体之间的绝缘电阻Ⅰ类设备不低于 2MΩ，Ⅱ类设备不低于 7MΩ。

（5）电焊设备

用手工操作焊条进行焊接的电弧焊即称为手工电弧焊。手工电弧焊应用很广，其不安全因素也比较多。其主要安全要求如下：

1）电弧熄灭时焊钳电压较高，为了防止触电及其他事故，电焊工人应当戴帆布手套、穿胶底鞋。在金属容器中工作时，还应戴上头盔、护肘等防护用品。电焊工人的防护用品还应能防止烧伤和射线伤害。

2）在高度触电危险环境中进行电焊时，可以安装空载自停装置。

3）固定使用的弧焊机的电源线与普通配电线路同样要求；移动使用的弧焊机的电源线应按临时线处理。弧焊机的二次线路最好采用2条绝缘线。

4）弧焊机的电源线上应装设有隔离电器、主开关和短路保护电器。

5）电焊机外露导电部分应采取保护接零（或接地）措施。为了防止高压窜入低压造成的危险和危害，交流弧焊机二次侧应当接零（或接地）。但必须注意二次侧接焊钳的一端是不允许接零或接地的，二次侧的另一条线也只能一点接零（或接地），以防止部分焊接电流经其他导体构成回路。

6）弧焊机一次绝缘电阻不应低于1MΩ，二次绝缘电阻不应低于0.5MΩ。弧焊机应安装在干燥、通风良好处，不应安装在易燃易爆环境、有腐蚀性气体的环境、有严重尘垢的环境或剧烈振动的环境。室外使用的弧焊机应采取防雨雪措施，工作地点下方有可燃物品时应采取适当的安全措施。

7）移动焊机时必须停电。

（6）低压控制电器

低压控制电器主要用来接通、断开线路和用来控制电气设备，包括刀开关、低压断路器、减压启动器、电磁启动器等。

1）控制电器一般安全要求

① 电压、电流、断流容量、操作频率、温升等运行参数符合要求。

② 结构型式与使用的环境条件相适应。

③ 灭弧装置（包括灭弧罩、灭弧触头、灭弧用绝缘板）完好。

④ 触头接触表面光洁，接触紧密，并有足够的接触压力；各极触头应当同时动作。

⑤ 防护完善，门（或盖）上的连锁装置可靠，外壳、手柄、漆层无变形和损伤。

⑥ 安装合理，牢固；操作方便，且能防止自行合闸；一般情况下，电源线应接在固定触头上。

⑦ 正常时不带电的金属部分接地（或接零）良好。

⑧ 绝缘电阻符合要求。

2）刀开关　刀开关是手动开关，包括胶盖刀开关、石板刀开关、铁壳开关、转扳开关、组合开关等。

刀开关没有或只有极为简单的灭弧装置，不能切断短路电流。因此，刀开关下方应装有熔体或熔断器。对于容量较大的线路，刀开关须与有切断短路电流能力的其他开关串联使用。

用刀开关操作异步电动机及其他有冲击电流的动力负荷时，刀开关的额定电流应大于负荷电流的3倍，并应该在刀开关上另装一组熔断器。刀开关所配用熔断器和熔体的额定电流不得大于开关的额定电流。

3）低压断路器　低压断路器是具有很强的灭弧能力的低压开关。低压断路器的合闸由人工操作；分闸可由人工操作，也可在故障情况下自动分闸。

低压断路器瞬时动作过电流脱扣器，电压脱扣线圈（用于2P，3P，4P）用于短路保护，其动作电流的调整范围多为额定电流的4～10倍。其整定电流应大于线路上可能出现的峰值电流，并应为线路末端单相短路电流的 2/3。长延时动作过电流脱扣器应按照线路计算负荷电流或电动机额定电流整定，用于过载保护。

运行中的低压断路器的机构应保持灵活，各部分应保持干净的 1/3 时，应予更换。应定期检查各脱扣器的整定值.

4）接触器　接触器是电磁启动器的核心元件。

接触器的额定电流应按电动机的额定电流和工作状态来选择为电动机的额定电流的 1.3～2 倍。工作繁重者应取较大的倍数。

接触器在运行中应注意以下问题：

① 工作电流不应超过额定电流，温度不得过高。分合指示应与接触器的实际状况相符，连接和安装应牢固，机构应灵活，接地或接零应良好，接接触器运行环境应无有害因素。

② 触头应接触良好、紧密，不得过热；主触头和辅助触头不得有变形和烧伤痕迹，触头应有足够的压力；主触头同时性应良好；灭弧罩不得松动、缺损。

③ 声音不得过大；铁芯应吸合良好；短路环不应脱落或损坏；铁芯固定螺栓不得松动；吸引线圈不得过热；绝缘电阻必须合格。

（7）低压保护电器　低压保护电器主要用来获取、转换和传递信号。并通过其他电器对电路实现控制。熔断器和热继电器属于最常见的低压保护电器。

1）熔断器　熔断器有管式熔断器（30RM3）、HH3 型无填料封闭管式熔断器、插式熔断器、螺塞式熔断器等多种型式。管式熔断器有两种：一种是纤维材料管，由纤维材料分解大量气体灭弧；一种是陶瓷管，管内填充石英砖，由石英砂冷却和熄灭电弧。管式熔断器和螺塞式熔断器都是封闭式结构，电弧不容易与外界接触，适用范围较广。管式熔断器多用于大容量的线路。螺塞式熔断器和插式熔断器用于中、小容量线路。熔断器熔体的热容量很小，动作很快，宜用作短路保护元件，在照明线路和其他没有冲击载荷的线路中；熔断器也可用作过载保护元件。

熔断器的防护形式应满足生产环境的要求；其额定电压符合线路电压；其额定电流满足安全条件和工作条件的要求；其极限分断电流大于线路上可能出现的最大故障电流。

对于单台笼型电动机，熔体额定电流按下式选取。

同一熔断器可以配用几种不同规格的熔体，但熔体的额定电流不得超过熔断器的额定电流。熔断器各接触部位应接触良好。爆炸危险的环境不得装设电弧可能与周围介质接触的熔断器；一般环境也必须考虑防止电弧飞出的措施。不得轻易改变熔体的规格；不得使用不明规格的熔体。

2）热继电器　热继电器也是利用电流的热效应制成的。它主要由热元件、双金属片、控制触头等组成。热继电器的热容量较大，动作不快，只用于过载保护。

热元件的额定电流原则上按电动机的额定电流选取，对于过载能力较低的电动机，如果启动条件允许，可按其额定电流的 60%～80% 选取；对于工作繁重的电动机，可按其额定电流的 110%～125% 选取；对于照明线路，可按负荷电流的 0.85～1 倍选取。

6. 变、配电装置的防火

当电力系统向用户供电时，为减少输送过程的电能损失，需先将发电机发出的电压升高，再用输电线路将电压输送到变、配电所，降为用户所需的电压，以便用户使用。

其他辅助设施等组成。常用的变压器是油浸电力变压器，另外干式电力变压器也在逐步使用之中。配电装置一般设在变、配电所内，油断路器是控制设备的主要部件。

（1）油浸电力变压器

1）火灾危险性

① 变压器内部的绝缘衬垫和支架，大多采用木材、纸板、棉纱、布等有机可燃物质，并有大量绝缘油。变压器油受到高温或电弧的作用，发热易分解，析出一些易燃气体，在电弧或火花的作用下极易爆炸和燃烧，使整个地区停电，影响正常生产、生活，造成很大损失。

② 由于线圈的绝缘老化、油质不佳或油量过少、铁芯绝缘老化、检修不慎、绝缘破裂进水受潮等原因造成变压器运行故障、保护系统失灵，导致变压器烧毁。

③ 由于螺栓松动、焊接不牢、分接开关接点损坏等引起的接触不良，都会产生局部高温或电弧而引起火灾。

④ 由于线圈的层间短路、各线圈的匝间和相间短路、线圈靠近油箱部分的绝缘被击穿，引起燃烧或爆炸。

⑤ 变压器的电流，大多由架空线引入，容易招致雷击产生的过电压的侵袭，击穿变压器的绝缘而发生火灾。

⑥ 磁路的"铁芯起火"。由于硅钢片之间的绝缘损坏，或者夹紧铁芯的螺栓套管损坏引发火灾。

⑦ 变压器内部绝缘管由于套管上有裂纹，其表面积有油分解的残渣及水分、酸和炭粒，或遇过电压，使套管与油箱上盖间发生闪络，产生电弧而引起火灾。

⑧ 变压器漏油、渗油，使油面发生变化，也能引起绝缘强度降低，产生大量的热而引起火灾。

2）防火措施

① 变压器的质量要符合制造厂的技术要求，安装前要进行绝缘测试，并仔细检查变压器的各个部件，看是否完好，确认完好后才能安装。

② 变压器应有熔断器或继电保护装置，其容量应等于最高安全电流，用以保护变压器在短路和过负荷时而不致造成线路着火。熔体的选择应保证各引出回路发生短路或过载时可熔断。

③ 各种容量的变压器，应安装温度计，并保证其灵敏好用，以掌握变压器的温升情况，温升不得超过 60℃。

④ 100kW 以上的变压器应装设油枕和玻璃油位指示计，且油面指示计上应刻有相当于油度－20℃、＋15℃、＋35℃等的油面温视线，经常监视油面不低于温视线，并检查变压器渗油漏油现象，注意检查油箱和套管是否完好。

⑤ 变压器应通风良好，保持周围温度不超过 35℃。变压器的容量应适应需要，禁止超负荷运载。

⑥ 1000kW 以上的变压器应安装排气保险管，减少变压器内的压力，防止油箱爆炸或爆裂。

⑦ 变压器的外壳应与设备接地网连接，使其可靠接地，引入线应装避雷器，雷雨季节前应认真进行检查，防止雷击起火。

⑧ 室外安装的变压器，有条件的应设专门的贮油池。一旦起火，可将油放入坑内避免油外流，防止爆炸和扩散。

⑨ 室内变压器应设置与变压器发热量相适应的通风口，并设置事故排油设施和集油坑。

相邻变压器间的距离不足 5m 的，应用防爆隔墙进行隔离，可防止火势蔓延。

⑩ 变压器正常运行后还要按《规程》的规定，定时进行检修。若变压器严重超负载，应予以更换或启用备用变压器使其得到缓和。

（2）油断路器

1）火灾危险性

① 油断路器触点至油面的油层过低、油箱内油面过高、油的绝缘强度劣化、操作机构调整不当、遮断容量小等原因会影响电力系统的正常运行而发生火灾。

② 油断路器的进出线都通过绝缘套管，当绝缘套管与油箱盖、油箱盖与油箱体密封不严时，油箱进水受潮，或油箱不洁、绝缘套管有机械损坏等都会造成对地短路引起爆炸或火灾事故。

2）防火措施

① 断路器在安装前应严格检查。断路器的遮断容量应大于装设该断路器回路的容量。检修时应进行操作试验，保证机件灵活可靠，并且调整好三相动作的同期性。

② 断路器与电气回路的连接要紧密，并可用试温蜡片观察温度。触头损坏应调换。检修完毕应进行绝缘测试，并由专人负责清点工具，防止工具掉入油箱内导致短路发生事故。

③ 油断路器投入运行前，还应检查绝缘套管和油箱盖的密封性能，以防油箱进水受潮，造成断路器爆炸燃烧。

④ 油断路器运行时应经常检查油面高度，油面必须严格控制在油位指示器范围之内。发现漏油、渗油或有不正常声音时，应立即降低负载或停电检修，严禁强行送电。

（3）变、配电所

1）火灾危险性

变、配电所的一些装置都含有大量易燃、易爆液体、气体，或者含有强腐蚀性液体，在高温和电弧作用下，都可能发生燃烧、爆炸等事故。

2）防火措施

① 高、低压配电室　高、低压配电室应采用一、二级耐火等级建筑。低压配电室的耐火等级不应低于三级，采用混凝土地面。长度大于 7m 的高压配电室和长度大于 10m 的低压配电室至少应有两个门，并应向外开启。相邻配电室之间一般不宜设门，如必须设门时，则应能向两个方向开启。配电室可以开窗，但应采取一定防范措施，如设网格不大于 20mm×20mm 的铁丝网和遮雨棚，以防雨雪侵入和小动物进入。高、低压配电装置如布置在同一室内时，装置间的距离应不小于 1m。

② 变压器室　油浸电力变压器室应采用一级耐火等级建筑，对不易取得钢材和水泥的地区，可以采用独立的三级耐火等级建筑。容量在 100kW 以上的油浸电力变压器应安装在单独的变压器室内。室内应有良好的自然通风，且室内温度勿超过 45℃。若室温过高，可使用机械通风。通风装置应设网格不大于 10mm×10mm 的铁丝网和防雨、雪侵入的措施。

油浸电力变压器室，不应设在人员聚集的室内，或医院病房的上面和下面，或贴近主要疏散出口的两旁。在无特殊防火要求的其他民用建筑的第一层内可设置油浸电力变压器室，但不应设在经常有积水的场所和厕所、浴室的下面。这时，一个变压器室内只能设一台油浸电力变压器，且其容量不应超过 400kW，还应有向外开启的门。

③ 电容器室　高压油浸电力电容器室应采用不低于二级耐火等级的建筑，室内应有良好的自然通风。若自然通风不能保证室内温度低于 45℃ 时，应另设通风装置，并采取防雨、雪和小动物进入的措施。高压电容器宜单独设置。1000V 以下的低压电容器可设置在高、低压配电室内。

电容器的分层不宜超过三层，下层底部距地面不应小于 100mm，电容器外壳相邻宽面之间至少保持 50mm 的间距，通道宽度不应小于 1m。电容器带电桩头离地低于 2.2m 时应加适当的遮护设施。

电容器组应由单独的总开关控制，设有自动放电装置和接地装置。每个电容器还应由单独的熔断器加以保护。

电容器投入运行时，室内温度不应超过 45℃，电容器表面温度不应超过 55℃，并保证室内、设备表面及支架的清洁，应经常检查电容器运行情况，发现问题及时处理和维修，修复后应进行绝缘测定。

④ 酸性蓄电池室　蓄电池组应安装在不燃材料建筑的专用房间内，并设有一定的防爆泄压面积，其门窗、墙壁、地面、顶棚应具有耐酸性能。室内的自然通风条件应保持良好，采用轴流式排风设备应独立设置，其通风管道也应采用不燃材料制作。

室内的电气设备应符合防爆要求，防上引起氢气的爆炸；穿墙导线应在穿墙处安装瓷管，孔洞则必须用耐酸防火材料封堵。室内必须保持清洁，更不准存放任何可燃物。

调酸室应另行设置，硫酸的储量只限于当天工作所需的数量。

⑤ 变、配电所　室内、外变配电装置都应有良好的防雷设施和保护接地或保护接零装置，电气设备必须保持清洁，防止油污灰尘导电引起短路。

七、脚手架安全防护

脚手架（图 7-14）是施工现场为工人操作并解决垂直和水平运输而搭设的各种支架，为建筑界的通用术语，用在建筑工地的外墙、内部装修或层高较高无法直接施工的地方，主要为了施工人员上下干活或外围安全网维护及高空安装构件等。

图 7-14　脚手架

长期以来，由于架设工具本身及其构造技术和使用安全管理工作处于较为落后的状态，致使事故的发生率较高。有关统计表明：在中国建筑施工系统每年所发生的伤亡事故中，大约有 1/3 直接或间接地与架设工具及其使用的问题有关。

不同类型的工程施工选用不同用途的脚手架和模板支架。目前，建筑主体结构施工落地脚手架使用扣件脚手架的居多，脚手架立杆的纵距一般为 1.2～1.8m；横距一般为 0.9～1.5m。桥梁支撑架使用碗扣或脚手架的居多，也有使用门式脚手架的。

（一）脚手架的安全规定

1. 脚手架安全管理工作的基本内容

（1）制订对脚手架工程进行规范管理的文件（规范、标准、工法、规定等）；

（2）编制施工组织设计、技术措施以及其他指导施工的文件；

（3）建立有效的安全管理机制和办法；

（4）检查验收的实施措施；

（5）及时处理和解决施工中所发生的问题；

（6）事故调查、定性、处理及其善后安排；

（7）施工总结。

2. 脚手架工程中的安全事故及其防止措施

建筑脚手架在搭设、使用和拆除过程中发生的安全事故，一般都会造成程度不同的人员伤亡和经济损失，甚至出现导致死亡 3 人以上的重大事故，带来严重的后果和不良的影响。在屡发不断、为数颇多的事故中，反复出现的多发事故占了很大的比重。

（1）脚手架工程多发事故的类型

1）整架倾倒或局部垮架；

2）整架失稳、垂直坍塌；

3）人员从脚手架上高处坠落；

4）落物伤人（物体打击）；

5）不当操作事故（闪失、碰撞等）。

（2）引发事故的直接原因

在造成事故的原因中，有直接原因和间接原因。这两方面原因都很重要，都要查找。在直接原因中有技术方面的、操作和指挥方面的以及自然因素的作用。

诱发以下两类多发事故的主要直接原因为：

1）整架倾倒、垂直坍塌或局部垮架

① 构架缺陷：构架缺少必需的结构杆件，未按规定数量和要求设连墙件等；

② 在使用过程中任意拆除必不可少的杆件和连墙件；

③ 构架尺寸过大、承载能力不足或设计安全度不够与严重超载；

④ 地基出现过大的不均匀沉降。

2）人员高空坠落

① 作业层未按规定设置围挡防护；

② 作业层未满铺脚手板或架面与墙之间的间隙过大；

③ 脚手板和杆件因搁置不稳、扎结不牢或发生断裂而坠落；

④ 不当操作产生的碰撞和闪失。

不当操作大致有以下情形：

a. 用力过猛，致使身体失去平衡；

b. 在架面上拉车退着行走；

c. 拥挤碰撞；

d. 集中多人搬运重物或安装较重的构件；

e. 架面上的冰雪未清除，造成滑跌。

（3）事故教训为人们提供的启示和防止事故发生的措施

1）必须确保脚手架的构架和防护设施达到承载可靠和使用安全的要求。在编制施工组织设计、技术措施和施工应用中，必须对以下方面作出明确的安排和规定：

① 对脚手架杆配件的质量和允许缺陷的规定；

② 脚手架的构架方案、尺寸以及对控制误差的要求；

③ 连墙点的设置方式、布点间距，对支承物的加固要求（需要时）以及某些部位不能设置时的弥补措施；

④ 在工程体形和施工要求变化部位的构架措施；

⑤ 作业层铺板和防护的设置要求；

⑥ 对脚手架中荷载大、跨度大、高空间部位的加固措施；

⑦ 对实际使用荷载（包括架上人员、材料机具以及多层同时作业）的限制；

⑧ 对施工过程中需要临时拆除杆部件和拉结件的限制以及在恢复前的安全弥补措施；

⑨ 安全网及其他防（围）护措施的设置要求；

⑩ 脚手架地基或其他支承物的技术要求和处理措施。

2）必须严格地按照规范、设计要求和有关规定进行脚手架的搭设、使用和拆除，坚决制止乱搭、乱改和乱用情况。在这方面出现的问题很多，难以全面地归纳起来，大致归纳如下：

有关乱改和乱搭问题：

① 任意改变构架结构及其尺寸；

② 任意改变连墙件设置位置，减少设置数量；

③ 使用不合格的杆配件和材料；

④ 任意减少铺板数量、防护杆件和设施；

⑤ 在不符合要求的地基和支承物上搭设；

⑥ 不按质量要求搭设，立杆偏斜，连接点松弛；

⑦ 不按规定的程序和要求进行搭设和拆除作业。在搭设时未及时设置拉撑杆件；在拆除时过早地拆除拉结杆件和连接件；

⑧ 在搭、拆作业中未采取安全防护措施，包括不设置防（围）护和不使用安全防护用品；

⑨ 不按规定要求设置安全网。

有关乱用问题：

① 随意增加上架的人员和材料，引起超载；

② 任意拆去构架的杆配件和拉结；

③ 任意抽掉、减少作业层脚手板；

④ 在架面上任意采取加高措施，增加了荷载；加高部分无可靠固定，不稳定，防护设施也未相应加高；

⑤ 站在不具备操作条件的横杆或单块板上操作；

⑥ 工人进行搭设和拆除作业不按规定使用安全防护用品；

⑦ 在把脚手架作为支撑和拉结的支承物时，未对构架采用相应的加强措施；

⑧ 在架上搬运超重构件和进行安装作业；

⑨ 在不安全的天气条件（六级以上风天，雷雨和雪天）下继续施工；

⑩ 在长期搁置以后未作检查的情况下重新启用。

3）必须健全规章制度，加强规范管理，制止和杜绝违章指挥和违章作业。

4）必须完善防护措施和提高施工管理人员的自我保护意识和素质。

3. 防止脚手架事故的技术与管理措施

（1）加强脚手架工程的技术与管理措施　加强建筑脚手架工程的技术和管理措施，不仅应注意前述常见问题，还应特别注意以下 6 个方面可能出现的新的情况和问题：

1）随着高层和高难度施工工程的大量出现，多层建筑脚手架的构架作法已不能适应和满足它们的施工要求，不能仅靠工人的经验进行搭设，必须进行严格的设计计算，并使施工管理人员掌握其技术和施工要求，以确保安全。

2）对于首次使用，没有先例的高、难、新脚手架，在周密设计的基础上，还需要进行必要的荷载试验，检验其承载能力和安全储备，在确保可靠后才能正式使用。

3）对于高层、高耸、大跨建筑以及有其他特殊要求的脚手架，由于在安全防护方面的要求相应提高，因此，必须对其设置、构造和使用要求加以严格的限制，并认真监控。

4）建筑脚手架多功能用途的发展，对其承载和变形性能（例如作模板支撑架时，将同时承受垂直和侧向荷载的作用）提出了更高的要求，必须予以考虑。

5）按提高综合管理水平的要求，除了技术的可靠性和安全保证性外，还要考虑进度、工效、材料的周转与消耗综合性管理要求。

6）对已经落后或较落后的架设工具的改造与更新要求。

（2）加强脚手架工程的规范化管理　为了确保脚手架工程的施工安全，预防和杜绝事故的发生，必须加强以确保安全为基本要求的规范化管理。这就需要尽快完善有关脚手架方面的施工安全标准，需要施工企业和项目经理部建立起相应的管理细则和管理人员。

脚手架安全技术规范是实施规范化管理的依据，其编制工作已进行了近 20 年，目前已公布实施的有《建筑施工扣件式钢管脚手架安全技术规范》（JGJ 130—2011）、《建筑施工门式钢管脚手架安全技术规范》（JGJ 128—2010）以及对附着升降脚手架管理的暂行规定等。

（二）脚手架构架与设置和使用要求的一般规定

1. 脚手架构架和设置要求的一般规定　脚手架的构架设计应充分考虑工程的使用要求、各种实施条件和因素，并符合以下各项规定：

（1）构架尺寸规定

1）双排结构脚手架和装修脚手架的立杆纵距和平杆步距应≤2.0m。

2）作业层距地（楼）面高度≥2.0m 的脚手架，作业层铺板的宽度不应小于：外脚手架为 750mm，里脚手架为 500mm。铺板边缘与墙面的间隙应≤300mm、与挡脚板的间隙应≤100mm。当边侧脚手板不贴靠立杆时，应予可靠固定。

（2）连墙点设置规定

当架高≥6m时，必须设置均匀分布的连墙点，其设置应符合以下规定：

1）门式钢管脚手架：当架高≤20m时，不小于50m² 一个连墙点，且连墙点的竖向间距应≤6m；当架高>20m时，不小于30m² 一个连墙点，且连墙点的竖向间距应≤4m。

2）其他落地（或底支托）式脚手架：当架高≤20m时，不小于40m² 一个连墙点，且连墙点的竖向间距应≤6m；当架高>20m时，不小于30m² 一个连墙点，且连墙点的竖向间距应≤4m。

3）脚手架上部未设置连墙点的自由高度不得大于6m。

4）当设计位置及其附近不能装设连墙件时，应采取其他可行的刚性拉结措施予以弥补。

（3）整体性拉结杆件设置规定

脚手架应根据确保整体稳定和抵抗侧力作用的要求，按以下规定设置剪刀撑或其他有相应作用的整体性拉结杆件：

1）周边交圈设置的单、双排木、竹脚手架和扣件式钢管脚手架，当架高为 6～25m 时，应于外侧面的两端和其间按≤15m的中心距并自下而上连续设置剪刀撑；当架高>25m时，应于外侧面满设剪刀撑。

2）周边交圈设置的碗扣式钢管脚手架，当架高为 9～25m 时，应按不小于其外侧面框格总数的 1/5 设置斜杆；当架高>25m时，按不小于外侧面框格总数的 1/3 设置斜杆。

3）门式钢管脚手架的两个侧面均应满设交叉支撑。当架高≤45m 时，水平框架允许间隔一层设置；当架高>45m时，每层均满设水平框架。此外，架高≥20m时，还应每隔6层加设一道双面水平加强杆，并与相应的连墙件层同高。

4）"一"字形单双排脚手架按上述相应要求增加 50％的设置量。

5）满堂脚手架应按构架稳定要求设置适量的竖向和水平整体拉结杆件。

6）剪刀撑的斜杆与水平面的交角宜在 45°～60°之间，水平投影宽度应不小于 2 跨或 4m 和不大于 4 跨或 8m。斜杆应与脚手架基本构架杆件加以可靠连接，且斜杆相邻连接点之间杆段的长细比不得大于 60。

7）在脚手架立杆底端之上 100～300mm 处一律遍设纵向和横向扫地杆，并与立杆连接牢固。

（4）杆件连接构造规定

1）多立杆式脚手架左右相邻立杆和上下相邻平杆的接头应相互错开并置于不同的构架框格内。

2）搭接杆件接头长度：扣件式钢管脚手架应≥10.8m；搭接部分的结扎应不少于 2 道，且结扎点间距应≤0.6m。

3）杆件在结扎处的端头伸出长度应≥0.1m。

（5）安全防（围）护规定

脚手架必须按以下规定设置安全防护措施，以确保架上作业和作业影响区域内的安全：

1）作业层距地（楼）面高度≥2.5m时，在其外侧边缘必须设置挡护高度≥1.1m的栏杆和挡脚板，且栏杆间的净空高度应≤0.5m。

2）临街脚手架，架高≥25m的外脚手架以及在脚手架高空落物影响范围内同时进行其他施工作业或有行人通过的脚手架，应视需要采用外立面全封闭、半封闭以及搭设通道防护棚等适合的防护措施。封闭围护材料应采用密目安全网、塑料编织布、竹笆或其他板材。

3）架高 9～25m 的外脚手架，还要视需要加设安全立网维护。

4）挑脚手架、吊篮和悬挂脚手架的外侧面应按防护需要采用立网围护。

（6）加设安全网要求

1）架高≥9m，未作外侧面封闭、半封闭或立网封护的脚手架，应按以下规定设置首层安全（平）网和层间（平）网：

① 首层网应距地面 4m 设置，悬出宽度应≥3.0m。

② 层间网自首层网每隔 3 层设一道，悬出高度应≥3.0m。

2）外墙施工作业采用栏杆或立网围护的吊篮，架设高度≤6.0m 的挑脚手架、挂脚手架和附墙升降脚手架时，应于其下 4～6m 起设置两道相隔的 3.0m 的随层安全网，其距外墙面的支架宽度应≥3.0m。

（7）上下脚手架的梯道、坡道、栈桥、斜梯、爬梯等均应设置扶手、栏杆或其他安全防（围）护措施并清除通道中的障碍，确保人员上下的安全。

采用定型的脚手架产品时，其安全防护配件的配备和设置应符合以上要求；当无相应安全防护配件时，应按上述要求增配和设置。

2. 搭设高度限制和卸载规定　脚手架的搭设高度一般不应超过表 7-10 的限值。当需要搭设超过表 7-10 规定高度的脚手架时，可采取下述方式及其相应的规定解决。

表 7-10　脚手架搭设高度的限值

序次	类别	型式	高度限值/m	备注
1	木脚手架	单排	30	架高≥30m 时,立杆纵距≤1.5m
		双排	60	
2	竹脚手架	单排	25	
		双排	50	
3	扣件式钢管脚手架	单排	20	
		双排	50	
4	碗扣式钢管脚手架	单排	20	架高≥30m 时,立杆纵距≯1.5m
		双排	60	
5	门式钢管脚手架	轻载	60	施工总荷载≤3kN/m²
		普通	45	施工总荷载≤5kN/m²

（1）在架高 20m 以下采用双立杆和在架高 30m 以上采用部分卸载措施。

（2）架高 50m 以上采用分段全部卸载措施。

（3）采用挑、挂、吊型式或附着升降脚手架。

3. 单排脚手架的设置规定

（1）单排脚手架不得用于以下砌体工程中：

1）墙厚小于 180mm 的砌体；

2）土坯墙、空斗砖墙、轻质墙体、有轻质保温层的复合墙和靠脚手架一侧的实体厚度小于 180mm 的空心墙；

3）砌筑砂浆强度等级小于 M1.0 的墙体。

（2）在墙体的以下部位不得留脚手眼：

1）梁和梁垫下及其左右各 240mm 范围内；

2）宽度小于 480mm 的砖柱和窗间墙；

3）墙体转角处每边各 360mm 范围内；

4）施工图上规定不允许留洞眼的部位。

（3）在墙体的以下部位不得留尺寸大于 60mm×60mm 的脚手眼：

1）砖过梁以上与梁端成 60°角的三角形范围内；

2）宽度小于 620mm 的窗间墙；

3）墙体转角处每边各 620mm 范围内。

4. 使用其他杆配件进行加强的规定　一般情况下，禁止不同材料和连接方式的脚手架杆配件混用。当所用脚手架杆件的构架能力不能满足施工需要和确保安全，而必须采用其他脚手架杆配件或其他杆件予以加强时，应遵守下列规定：

（1）混用的加强杆件，当其规格和连接方式不同时，均不得取代原脚手架基本构架结构的杆配件；

（2）混用的加强杆件，必须以可靠的连接方式与原脚手架的杆件连接；

（3）大面积采取混用加强立杆时，混用立杆应与原架立杆均匀错开，自基地向上连续搭设，先使用同种类平杆和斜杆形成整体构架并与原脚手架杆件可靠连接，确保起到分担荷载和加强原架整体稳定性的作用；

（4）混用低合金钢和碳钢钢管杆件时，应经过严格的设计和计算，且不得在搭设中搭错（见后述）。

（三）脚手架杆配件的一般规定

脚手架的杆件、构件、连接件、其他配件和脚手板必须符合以下质量要求，不合格者禁止使用：

1. 脚手架杆件　钢管件采用镀锌焊管，钢管的端部切口应平整。禁止使用有明显变形、裂纹和严重锈蚀的钢管。使用普通焊管时，应内外涂刷防锈层并定期复涂以保持其完好。

2. 脚手架连接件　应使用与钢管管径相配合的、符合我国现行标准的可锻铸铁扣件。使用铸钢和合金钢扣件时，其性能应符合相应可锻铸铁扣件的规定指标要求。严禁使用加工不合格、锈蚀和有裂纹的扣件。

3. 脚手架配件

（1）加工应符合产品的设计要求。

（2）确保与脚手架主体构架杆件的连接可靠。

4. 脚手板

（1）各种定型冲压钢脚手板、焊接钢脚手板、钢框镶板脚手板以及自行加工的各种型式金属脚手板，自重均不宜超过 0.3kN，性能应符合设计使用要求，且表面应具有防滑、防积水构造。

（2）使用大块铺面板材（如胶合板、竹笆板等）时，应进行设计和验算，确保满足承载和防滑要求。

（四）脚手架搭设、使用和拆除的一般规定

1. 脚手架的搭设规定

（1）搭设场地应平整，夯实并设置排水措施。

（2）立于土地面之上的立杆底部应加设宽度≥200m、厚度≥50mm 的垫木，垫板或其他刚性垫块，每根立杆的支垫面积应符合设计要求且不得小于 0.15m²。

（3）底端埋入土中的木立杆，其埋置深度不得小于 500mm，且应在坑底加垫后填土夯实。使用期较长时，埋入部分应作防腐处理。

（4）在搭设之前，必须对进场的脚手架杆配件进行严格的检查，禁止使用规格和质量不合格的杆配件。

（5）脚手架的搭设作业，必须在统一指挥下，严格按照以下规定程序进行：

1）按施工设计放线，铺垫板，设置底座或标定立杆位置；

2）周边脚手架应从一个角部开始并向两边延伸交圈搭设；"一"字形脚手架应从一端开始并向另一端延伸搭设；

3）应按定位依次竖起立杆，将立杆与纵、横向扫地杆连接固定，然后装设第 1 步的纵向和横向平杆，随校正立杆垂直之后予以固定，并按此要求继续向上搭设；

4）在设置第一排连墙件前，"一"字形脚手架应设置必要数量的抛撑，以确保构架稳定和架上作业人员的安全；边长≥20m 的周边脚手架，亦应适量设置抛撑；

5）剪刀撑、斜杆等整体拉结杆件和连墙件应随搭升的架子一起及时设置。

（6）脚手架处于顶层连墙点之上的自由高度不得大于 6m。当作业层高出其下连墙件 2 步或 4m 以上、且其上尚无连墙件时，应采取适当的临时撑拉措施。

（7）脚手板或其他作业层铺板的铺设应符合以下规定：

1）脚手板或其他铺板应铺平铺稳，必要时应予绑扎固定。

2）脚手板采用对接平铺时，在对接处，与其下两侧支承横杆的距离应控制在 100～200mm；采用挂扣式定型脚手板时，其两端挂扣必须可靠地接触支承横杆并与其扣紧。

3）脚手板采用搭设铺放时，其搭接长度不得小于 200mm，且应在搭接段的中部设有支承横杆。铺板严禁出现端头超出支承横杆 250mm 以上未作固定的探头板。

4）长脚手板采用纵向铺设时，其下支承横杆的间距不得大于：竹串片脚手板为 0.75m；木脚手板为 1.0m；冲压钢脚手板和钢框组合脚手板为 1.5m（挂扣式定型脚手板除外）。纵铺脚手板应按以下规定部位与其下支承横杆绑扎固定：脚手架的两端和拐角处；沿板长方向每隔 15～20m；坡道的两端；其他可能发生滑动和翘起的部位。

5）采用以下板材铺设架面时，其下支承杆件的间距不得大于：竹笆板为 400mm，七夹板为 500mm。

（8）当脚手架下部采用双立杆时，主立杆应沿其竖轴线搭设到顶，辅立杆与主立杆之间的中心距不得大于 200mm，且主辅立杆必须与相交的全部平杆进行可靠连接。

（9）用于支托挑、吊、挂脚手架的悬挑梁、架必须与支承结构可靠连接。其悬臂端应有适当的架设起拱量，同一层各挑梁、架上表面之间的水平误差应不大于 20mm，且应视需要在其间设置整体拉结构件，以保持整体稳定。

（10）装设连墙件或其他撑拉杆件时，应注意掌握撑拉的松紧程度，避免引起杆件和架体的显著变形。

（11）工人在架上进行搭设作业时，作业面上宜铺设必要数量的脚手板并予临时固定。工人必须戴安全帽和佩挂安全带。不得单人进行装设较重杆配件和其他易发生失衡、脱手、碰撞、滑跌等不安全的作业。

（12）在搭设中不得随意改变构架设计，减少杆配件设置和对立杆纵距作≥100mm的构架尺寸放大。确有实际情况，需要对构架作调整和改变时，应提交或请示技术主管人员解决。

2. 脚手架搭设质量的检查验收规定

（1）脚手架的验收标准规定

1）构架结构符合前述的规定和设计要求，个别部位的尺寸变化应在允许的调整范围之内。

2）节点的连接可靠。其中扣件的拧紧程度应控制在扭力矩达到 40～60N·m；碗扣应盖扣牢固（将上碗扣拧紧）；8 号钢丝十字交叉扎点应拧 1.5～2 圈后箍紧，不得有明显扭伤，且钢丝在扎点外露的长度应≥80mm。

3）钢脚手架立杆的垂直度偏差应≤1/300，且应同时控制其最大垂直偏差值：当架高≤20m时为不大于 50mm；当架高>20m 时为不大于 75mm。

4）纵向钢平杆的水平偏差应≤1/250，且全架长的水平偏差值应不大于 50mm。木、竹脚手架的搭接平杆按全长的上皮走向线（即各杆上皮线的折中位置）检查，其水平偏差应控制在 2 倍钢平杆的允许范围内。

5）作业层铺板、安全防护措施等均应符合前述要求。

（2）脚手架的验收和日常检查按以下规定进行，检查合格后，方允许投入使用或继续使用：

1）搭设完毕后；

2）连续使用达到 6 个月；

3）施工中途停止使用超过 15d，在重新使用之前；

4）在遭受暴风、大雨、大雪、地震等强力因素作用之后；

5）在使用过程中，发现有显著的变形、沉降、拆除杆件和拉结以及安全隐患存在的情况时。

3. 脚手架的使用规定

（1）作业层每 1m² 架面上实际的施工荷载（人员、材料和机具重量）不得超过以下的规定值或施工设计值：

施工荷载（作业层上人员、器具、材料的重量）的标准值，结构脚手架采取 3N/m²；装修脚手架取 2kN/m²；吊篮、桥式脚手架等工具式脚手架按实际值取用，但不得低于 1kN/m²。

（2）在架板上堆放的标准砖不得多于单排立码 3 层；砂浆和容器总重不得大于 1.5kN；施工设备单重不得大于 1kN，使用人力在架上搬运和安装的构件的自重不得大于 2.5kN。

（3）在架面上设置的材料应码放整齐稳固，不得影响施工操作和人员通行。按通行手推车要求搭设的脚手架应确保车道畅通。严禁上架人员在架面上奔跑、退行或倒退拉车。

（4）作业人员在架上的最大作业高度应以可进行正常操作为度，禁止在架板上加垫器物或单块脚手板以增加操作高度。

（5）在作业中，禁止随意拆除脚手架的基本构架杆件、整体性杆件、连接紧固件和连墙件。确因操作要求需要临时拆除时，必须经主管人员同意，采取相应弥补措施，并在作业完毕后，及时予以恢复。

（6）工人在架上作业中，应注意自我安全保护和他人的安全，避免发生碰撞、闪失和落物。严禁在架上嬉闹和坐在栏杆上等不安全处休息。

（7）人员上下脚手架必须走设安全防护的出入通（梯）道，严禁攀援脚手架上下。

（8）每班工人上架作业时，应先行检查有无影响安全作业的问题存在，在排除和解决后方许开始作业。在作业中发现有不安全的情况和迹象时，应立即停止作业进行检查，解决以后才能恢复正常作业；发现有异常和危险情况时，应立即通知所有架上人员撤离。

（9）在每步架的作业完成之后，必须将架上剩余材料物品移至上（下）步架或室内；每日收工前应清理架面，将架面上的材料物品堆放整齐，垃圾清运出去；在作业期间，应及时清理落入安全网内的材料和物品。在任何情况下，严禁自架上向下抛掷材料物品和倾倒垃圾。

4. 脚手架的拆除规定　脚手架的拆除作业应按确定的拆除程序进行。连墙件应在位于其上的全部可拆杆件都拆除之后才能拆除。在拆除过程中，凡已松开连接的杆配件应及时拆除运走，避免误扶和误靠已松脱连接的杆件。拆下的杆配件应以安全的方式运出和吊下，严禁向下抛掷。在拆除过程中，应作好配合、协调动作，禁止单人进行拆除较重杆件等危险性的作业。

5. 模板支撑架和特种脚手架的规定

（1）模板支撑架　使用脚手架杆配件搭设模板支撑架和其他重载架时，应遵守以下规定：

1）使用门式钢管脚手架构配件搭设模板支撑架和其他重载架时，数值≥5kN 集中荷载的作用点应避开门架横梁中部 1/3 架宽范围，或采用加设斜撑、双榀门架重叠交错布置等可靠措施。

2）使用扣件式和碗扣式钢管脚手架杆配件搭设模板支撑架和其他重载架时，作用于跨中的集中荷载应不大于以下规定值：相应于 0.9m、1.2m、1.5m 和 1.8m 跨度的允许值分别为 4.5kN、3.5kN、2.5kN 和 2kN。

3）支撑架的构架必须按确保整体稳定的要求设置整体性拉结杆件和其他撑拉、连墙措施。并根据不同的构架、荷载情况和控制变形的要求，给横杆件以适当的起拱量。

4）支撑架高度的调节宜采用可调底座或可调顶托解决。当采用搭接立杆时，其旋转扣件应按总抗滑承载力不小于 2 倍设计荷载设置，且不得少于 2 道。

5）配合垂直运输设施设置的多层转运平台架应按实际使用荷载设计，严格控制立杆间距，并单独构架和设置连墙、撑拉措施，禁止与脚手架的杆件共用。

6）当模板支撑架和其他重载架设置上人作业面时，应按前述规定设置安全防护。

（2）特种脚手架　凡不能按一般要求搭设的高耸、大悬挑、曲线形和提升等特种脚手架，应遵守下列规定：

1）特种脚手架只有在满足以下各项规定要求时，才能按所需高度和形式进行搭设：

① 按确保承载可靠和使用安全的要求经过严格的设计计算，在设计时必须考虑风荷载的作用；

② 有确保达到构架要求质量的可靠措施；

③ 脚手架的基础或支撑结构物必须具有足够的承受能力；

④ 有严格确保安全使用的实施措施和规定。

2）在特种脚手架中用于挂扣、张紧、固定、升降的机具和专用加工件，必须完好无损和无故障，且应有适量的备用品，在使用前和使用中应加强检查，以确保其工作安全可靠。

6. 脚手架对基础的要求　良好的脚手架底座和基础、地基，对于脚手架的安全极为重要，在搭设脚手架时，必须加设底座、垫木（板）或基础并作好对地基的处理。

（1）一般要求

1）脚手架地基应平整夯实；

2）脚手架的钢立柱不能直接立于土地面上，应加设底座和垫板（或垫木），垫板（木）厚度不小于 50mm；

3）遇有坑槽时，立杆应下到槽底或在槽上加设底梁（一般可用枕木或型钢梁）；

4）脚手架地基应有可靠的排水措施，防止积水浸泡地基；

5）脚手架旁有开挖的沟槽时，应控制外立杆距沟槽边的距离：当架高在 30m 以内时，不小于 1.5m；架高为 30～50m 时，不小于 2.0m；架高在 50m 以上时，不小于 2.5m。当不能满足上述距离时，应核算土坡承受脚手架的能力，不足时可加设挡土墙或其他可靠支护，避免槽壁坍塌危及脚手架安全；

6）位于通道处的脚手架底部垫木（板）应低于其两侧地面，并在其上加设盖板；避免扰动。

（2）一般作法

1）30m 以下的脚手架、其内立杆大多处在基坑回填土之上。回填土必须严格分层夯实。垫木宜采用长 2.0～2.5m，宽不小于 200mm、厚 50～60mm 的木板，垂直于墙面放置（用长 4.0m 左右平行于墙放置亦可），在脚手架外侧挖一浅排水沟排除雨水，如图 7-15 所示。

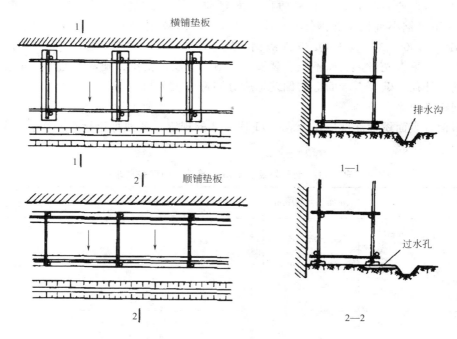

图 7-15　普通脚手架基底作法

2）架高超过 30m 的高层脚手架的基础作法为：

① 采用道木支垫；

② 在地基上加铺 20cm 厚道渣后铺混凝土预制块或硅酸盐砌块，在其上沿纵向铺放 12～16 号槽钢，将脚手架立杆坐于槽钢上。

若脚手架地基为回填土，应按规定分层夯实，达到密实度要求；并自地面以下 1m 深改作三七灰土。

高层脚手架基底作法见图 7-16。

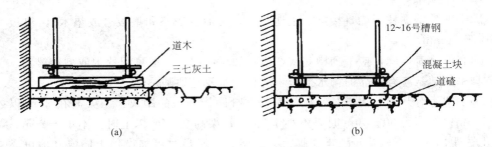

图 7-16　高层脚手架基底作法

(a) 垫道木；(b) 垫槽钢

（五）落地式外脚手架的安全使用

1. 脚手架使用材料要求

（1）钢管

1）钢管应有产品质量合格证。

2）应有质量检验报告，钢管材质检验质量应符合《直缝电焊钢管》（GB/T 13793—2008）或《不锈钢小直径无缝钢管》（GB/T 3090—2000）中规定的 3 号普通钢管《碳素结构钢》（GB/T 700—2006）中 Q235-A 级钢的规定。

3）钢管应平直光滑，表面不应有裂缝、结痕、分层、错位、硬弯、毛刺、压痕和划道。

4）钢管外径、壁厚、端面等的偏差，应分别符合表 7-11 要求。

5）钢管必须涂有防锈漆。

6）旧钢管表面锈蚀深度应符合表 7-11 序号 3 的规定，锈蚀每年检查一次。钢管弯曲应符合表 7-11 的规定。

表 7-11　钢管外径、壁厚、端面等的偏差要求

序号	项　目	允许偏差 Δ/mm	示意图	检查工具
1	焊接钢管尺寸/mm 外径:48 壁厚:3.5 外径:51 壁厚:3.0	−0.5 −0.5 −0.5 −0.45		游标卡尺
2	钢管两端面切斜偏差	1.70		塞尺、拐角尺

续表

序号	项　目	允许偏差 Δ/mm	示意图	检查工具
3	钢管外表面锈蚀深度	≤0.50		游标卡尺
4	钢管弯曲： a. 各种杆件钢管的端部弯曲 l≤1.5m	≤5		钢板尺
	b. 立杆钢管弯曲： 3m<l≤4m 4m<l≤6.5m	≤12 ≤20		
	c. 水平杆、斜杆的钢管弯曲：l≤6.5m	≤30		
5	冲压钢脚手板 a. 板面挠曲 l≤4m 　　　　　l>4m	≤12 ≤16		钢板尺
	b. 板面扭曲（任一角翘起）	≤5		

7）钢管上严禁打孔。

（2）扣件

1）扣件的材质必须符合《钢管脚手架扣件》（GB 15831—2006）的规定。新机件应有生产许可证，法定检测单位的测试报告和产品质量合格证。

2）扣件螺栓拧紧扭力矩达到 65N·m 时，不得发生破坏。旧扣件使用前应进行质量检查，有裂缝、变形的严禁使用，螺栓滑丝的必须更换。新旧扣件均应进行防锈处理。

（3）脚手板

1）脚手板可采用钢、木、竹材料制作，每块质量不宜大于 30kg，冲压脚手板应有产品质量合格证，冲压钢脚手板的尺寸偏差应符合表 7-11 序号 5 的规定，且不得有裂纹、开焊与硬弯。新旧脚手板均应涂防锈漆。

2）木脚手板应符合《木结构设计规定》（GB 50005—2003）中Ⅱ级材质规定，宽度不宜小于 200mm，厚度不应小于 50mm。两端应各设直径 4mm 的镀锌钢丝两道，腐朽的脚手板不得使用。

3）竹脚手板宜采用由毛竹或楠竹制作的竹串片板、竹笆板。

（4）连墙件材料

连墙件的材质应符合现行国家标准《碳素结构钢》（GB/T 700—2006）中 Q235-A 级的规定。

2. 允许施工荷载要求

装饰用脚手架与结构施工用脚手架应符合表 7-12 要求。

表 7-12 施工均布活荷载标准值

类　别	标准值/(kN/m²)
装饰脚手架	2
结构脚手架	3

3. 落地脚手架搭设的构造要求

(1) 常用脚手架设计尺寸（表 7-13、表 7-14）

表 7-13 常用敞开式单排脚手架的设计尺寸　　　　单位：m

连墙件设置	立杆横距	步距 h	下列荷载时的立杆纵距 l_a/m		脚手架允许搭接高度/h
			2+2×0.35 /(kN/m²)	3+2×0.35 /(kN/m²)	
二步三跨 三步三跨	1.20	1.20～1.35	2.0	1.8	24
		1.80	2.0	1.8	24
	1.40	1.20～1.35	1.8	1.5	24
		1.80	1.8	1.5	24

表 7-14 常用敞开式双排脚手架的设计尺寸　　　　单位：m

连墙件设置	立杆横距 l_b	步距 h	下列荷载时的立杆纵距 l_a/m				脚手架允许搭设高度/h
			2+4×0.35 /(kN/m²)	2+2+4×0.35 /(kN/m²)	3+4×0.35 /(kN/m²)	3+2+4×0.35 /(kN/m²)	
二步三跨	1.05	1.20～1.35	2.0	1.8	1.5	1.5	50
		1.80	2.0	1.8	1.5	1.5	50
	1.30	1.20～1.35	1.8	1.5	1.5	1.5	50
		1.80	1.8	1.5	1.5	1.2	50
	1.55	1.20～1.35	1.8	1.5	1.5	1.5	50
		1.80	1.8	1.5	1.5	1.2	37
三步三跨	1.05	1.20～1.35	2.0	1.5	1.5	1.5	50
		1.80	2.0	1.5	1.5	1.5	34
	1.30	1.20～1.35	1.8	1.5	1.5	1.5	50
		1.80	1.8	1.5	1.5	1.2	30

注：1. 表中所示 2+2+4×0.35（kN/m²），包括下列荷载：2+2（kN/m²）是二层装修作业层施工荷载；4×0.35（kN/m²）包括二层作业层脚手板。

2. 作业层横向水平杆间距，应按不大于 l_a/2 设置。

(2) 纵向水平杆、横向水平杆、脚手板的构造要求（图 7-17）

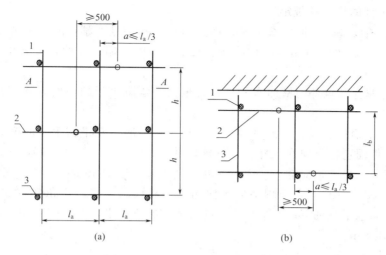

图 7-17　纵向水平杆对接接头布置

（a）接头不在同步内（立面）；（b）接头不在同跨内（平面）

1—立杆；2—纵向水平杆；3—横向水平杆

1）纵向水平杆宜设置在立杆内侧，其长度不宜小于 3 跨。

2）纵向水平杆接长宜采用对接扣件连接，也可采用搭接。对接、搭接应符合下列规定。

① 纵向水平杆的对接扣件应交错布置：两根相邻纵向水平杆的接头不宜设置在同步或同跨内；不同步或不同跨两个相邻接头在水平方向错开的距离不应小于 500mm；各接头中心至最近主节点的距离不宜大于纵距的 1/3。

② 搭接长度不应小于 1m，应等间距设置 3 个旋转扣件固定，端部扣件盖板边缘至搭接纵向水平杆杆端的距离不应小于 100mm。

当使用冲压钢脚手板、木脚手板、竹串片脚手板时，纵向水平杆应作为横向水平杆的支座，用直角扣件固定在立杆上；当使用竹笆脚手板时，纵向水平杆应采用直角扣件固定在横向水平杆上，并应等间距设置，间距不应大于 400mm，如图 7-18 所示。

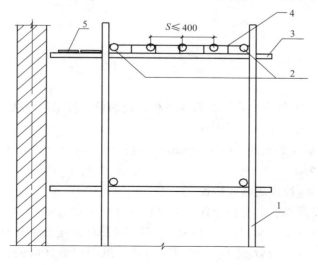

图 7-18　铺竹笆脚手架时纵向水平杆的构造

1—立杆；2—纵向水平杆；3—横向水平杆；4—竹笆脚手板；5—其他脚手架

3）横向水平杆的构造的规定

① 主节点必须设置一根横向水平杆，用直角扣件扣接且严禁拆除。主节点处两个直角扣件的中心距不应大于150mm。在双排脚手架中，靠墙一端的外伸长度 a 不应大于0.41，且不应大于500mm。

② 作业层上非主节点外的横向水平杆，宜根据支承脚手板的需要等间距设置，最大间距不应大于纵距的1/2。

③ 当使用冲压钢脚手板、木脚手板、竹串片脚手板时，双排脚手架的横向水平杆两端均应采用直角扣件固定在纵向水平杆上；单排脚手架的横向水平杆的一端，应用直角扣件固定在纵向水平杆上，另一端应插入墙内，插入长度不应小于180mm。

④ 使用竹笆脚手板时，双排脚手架的横向水平杆两端，应用直角扣件固定在立杆上；单排脚手架的横向水平杆的一端，应用直角扣件固定在立杆上，另一端应伸入墙内，插入长度亦不应小于180mm。

4）脚手板的设置规定

① 作业层脚手板应铺满、铺稳，离开墙面120～150mm。

② 冲压钢脚手板、木脚手板、竹串片脚手板等，应设置在三根横向水平杆上。当脚手板长度小于2m时，可采用两根横向水平杆支承，但应将脚手板两端与其可靠固定，严防倾翻。此三种脚手板的铺设可采用对接平铺，亦可采用搭接铺设。脚手板对接平铺时，接头处必须设两根横向水平杆，脚手板外伸长应取130～150mm，两块脚手板外伸长度的和不应大于300mm；脚手板搭接铺设时，接头必须支在横向水平杆上，搭接长度应大于200mm，其伸出横向水平杆的长度不应小于100mm，如图7-19所示。

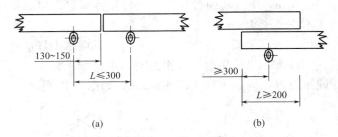

图 7-19　脚手板对接、搭接构造

（a）脚手板对接；（b）脚手板搭接

竹笆脚手板应按其主竹筋垂直于纵向水平杆方向铺设，且采用对接平铺，四个角应用直径1.2mm的镀锌钢丝固定在纵向水平杆上。

作业层端部脚手板探头长度应取150mm，其板长两端均应与支承杆可靠地固定。

（3）立杆的构造要求

1）每根立杆底部应设置底座或垫板。

2）脚手架必须设置纵、横向扫地杆。纵向扫地杆应采用直角扣件固定在距离底座上皮不大于200mm处的立杆上。横向扫地杆亦应采用直角扣件固定在紧靠纵向扫地杆下方的立杆上。当立杆基础不在同一高度上时，必须将高处的纵向扫地杆向低处延长两跨与立杆固定，高低差不应大于1m。靠边坡上方的立杆轴线到边坡的距离不应小于500mm，如图7-20所示。

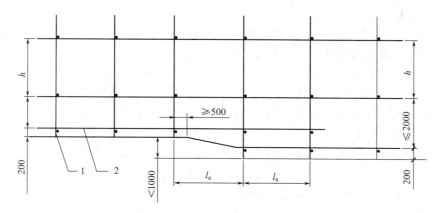

图 7-20　纵、横向扫地杆构造

1—横向扫地杆；2—纵向扫地杆

3）脚手架底层步距不应大于 2m。

4）立杆必须用连墙件与建筑物可靠连接，连墙件布置间距宜按连墙件布置最大间距采用。

5）立杆接长除顶层顶步可采用搭接外，其余各层各步接头必须采用对接扣件连接。对接、搭接应符合下列规定：

① 立杆上的对接扣件应交错布置：两根相邻立杆的接头不应设置在同步内，同步内隔一根立杆的两个相隔接头在高度方向错开的距离不宜小于 500mm；各接头中心至主节点的距离不宜大于步距的 1/3。

② 搭接长度不应小于 1m，应采用不少于 2 个旋转扣件固定，端部扣件盖板的边缘至杆端距离不应小于 100mm。

6）立杆顶端宜高出女儿墙上皮 1m，高出檐口上皮 1.5m。

7）双管立杆中副立杆的高度不应低于 3 步，钢管长度不应小于 6m。

（4）连墙件的构造要求

1）连墙件数量的设置除应满足要求外，尚应符合表 7-15 的规定。

表 7-15　连墙件布置最大间距

脚手架高度		竖向间距 h	水平间距 l_a	每根连墙件覆盖面积/m^2
双排	≤50m	3	3	≤40
	>50m	2	3	≤27
单排	≤24m	3	3	≤40

注：h—步距，m；l_a—纵距，m。

2）连墙件的布置规定

① 宜靠近主节点设置，偏离主节点的距离不应大于 300mm；

② 应从底层第一步纵向水平杆处开始设置，当该处设置有困难时，应采用其他可靠措施固定；

③ 宜优先采用菱形布置，也可采用方形、矩形布置；

④ 一字型、开口型脚手架的两端必须设置连墙件，连墙件的垂直间距不应大于建筑物

的层高，并不应大于 4m（2 步）。

3）对高度在 24m 以下的单、双排脚手架，宜采用刚性连墙件与建筑物可靠连接，亦可采用拉筋和顶撑配合使用的附墙连接方式。严禁使用仅有拉筋的柔性连墙件。

4）对高度 24m 以上的双排脚手架，必须采用刚性连墙件与建筑物可靠连接。

5）连墙件的构造应符合下列规定：

① 连墙件中的连墙杆或拉筋宜呈水平设置。当不能水平设置时，与脚手架连接的一端应下斜连接，不应采用上斜连接。

② 连墙件必须采用可承受拉力和压力构造。采用拉筋必须配用顶撑，顶撑应可靠地顶在混凝土圈梁、柱等结构部位。拉筋应采用两根以上直径 4mm 的钢丝拧成一股，使用时不应少于 2 股，亦可采用直径不小于 6mm 的钢筋。

6）当脚手架下部暂不能设连墙件时可搭设抛撑。抛撑应采用通长杆件与脚手架可靠连接，与地面的倾角应在 45°~60° 之间；连接点中心至主节点的距离不应大于 300mm。抛撑应在连墙件搭设后方可拆除。

7）架高超过 40m 且有风涡流作用时，应采取抗上升翻流作用的连墙措施。

（5）门洞搭设的构造要求：

1）单、双排脚手架门洞宜采用上升斜杆、平行弦杆桁架结构形式（图 7-21），斜杆与地面的倾角应在 45°~60° 之间。门洞桁架的形式宜按下列要求确定：

① 当步距（h）小于纵距（l_a）时，应采用 A 型。

② 当步距（h）大于纵距（l_a）时，应采用 B 型，并应符合下列规定：

当 $h=1.8m$ 时，纵距不应大于 1.5m；$h=2.0m$ 时，纵距不应大于 1.2m。

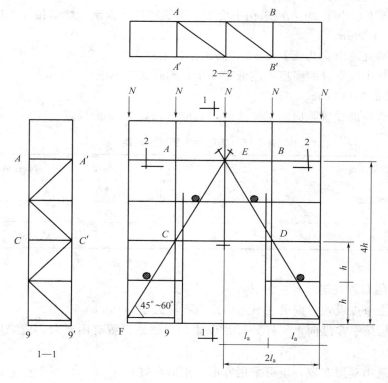

(a)

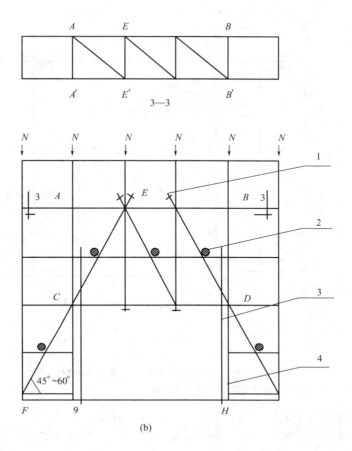

(b)

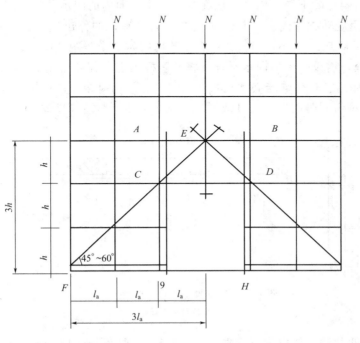

(c)

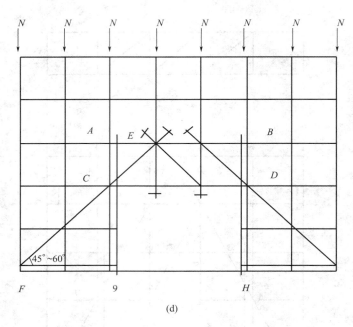

图 7-21 门洞处上升斜杆、平行弦杆桁架
（a）挑空一根立杆（A 型）；（b）挑空二根立杆（A 型）；
（c）挑空一根立杆（B 型）；（d）挑空二根立杆（B 型）
1—防滑扣件；2—增设的横向水平杆；3—副立杆；4—主立杆

2）单、双排脚手架门洞桁架的构造应符合下规定：

① 单排脚手架门洞处，应在平面桁架（图 7-21）的每一节间设置一根斜腹杆；双排脚手架门洞处的空间桁架，除下弦平面外，应在其余 5 个平面内的图示节间设置一根斜腹杆。

② 斜腹杆宜采用旋转扣件固定在与之相交的横向水平杆的伸出端上，旋转扣件中心线至主节点的距离不宜大于 150mm。当斜腹杆在 1 跨内跨越 2 个步距［图 7-21(a)］时，宜在相交的纵向水平杆处，增设一根横向水平杆，将斜腹杆固定在其伸出端上。

③ 斜腹杆宜采用通长杆件，当必须接长使用时，宜采用对接扣件连接，也可采用搭接。

3）单排脚手架过窗洞时应增设立杆或增设一根纵向水平杆（图 7-22）。

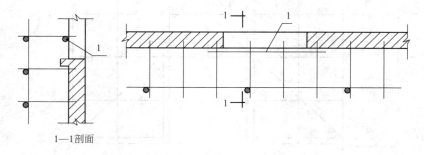

图 7-22 单排脚手架过窗构造
1—增设的纵向水平杆

4）门洞桁架下的两侧立杆应为双管立杆，副立杆高度应高于门洞 1～2 步。

5）门洞桁架中伸出上下弦杆的杆件端头，均应增设一个防滑扣件，该扣件宜紧靠主节点处的扣件。

（6）剪刀撑与横向斜撑的构造要求

1）双排脚手架应设剪刀撑与横向斜撑，单排脚手架应设剪刀撑。

2）剪刀撑的设置的规定

① 每道剪刀撑跨越立杆的根数宜按表7-16的规定确定，每道剪刀撑宽度不应小于4跨，且不应小于6m，斜杆与地面的倾角宜在45°～60°之间。

表 7-16　剪刀撑跨越立杆的最多根数

剪刀撑与地面的倾角 α	45°	50°	60°
剪刀撑跨越立杆的最多根数 n	7	6	5

② 高度在24m以下的单、双排脚手架，均必须在外侧立面的两端各设置一道剪刀撑，并应由底至顶连续设置；中间各道剪刀撑之间的净距不应大于15m（图7-23）。

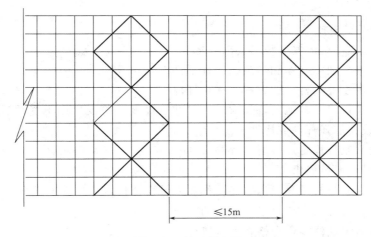

图 7-23　剪刀撑布置

③ 高度在24m以上的双排脚手架应在外侧立面整个长度和高度上连续设置剪刀撑。

④ 剪刀撑斜杆的接长宜采用搭接，搭接应符合规定。

⑤ 剪刀撑斜杆应用旋转扣件固定在与之相交的横向水平杆的伸出端或立杆上，旋转扣件中心线至主节点的距离不宜大于150mm。

3）横向斜撑的设置的规定

① 横向斜撑应在同一节间，由底至顶层呈之字型连续布置，斜撑的固定应符合规定。

② 一字型、开口型双排脚手架的两端均必须设置横向斜撑，中间宜每隔6跨设置一道。

③ 高度在24m以下的封闭型双排脚手架可不设横向斜撑，高度在24m以上的封闭型脚手架，除拐角应设置横向斜撑处，中间应每隔6跨设置一道。

（7）斜道的构造要求

1）人行并兼作材料运输的斜道的形式要求　高度不大于6m的脚手架，宜采用一字型斜道；高度大于6m的脚手架，宜采用之字型斜道。

2）斜道的构造规定

① 斜道宜附着外脚手架或建筑物设置。

② 运料斜道宽度不宜小于1.5m，坡度宜采用1：6；人行斜道宽度不宜小于1m，坡度

宜采用1:3。

③ 拐弯处应设置平台，其宽度不应小于斜道宽度。

④ 斜道两侧及平台外围均应设置栏杆及挡脚板。栏杆高度应为1.2m，挡脚板高度不应小于180mm。

⑤ 运料斜道两侧，平台外围和端部均应按本规定的规定设置连墙件；每两步应加设水平斜杆；应按本规定的规定设置剪刀撑和横向斜撑。

3）斜道脚手板构造的规定

① 脚手板横铺时，应在横向水平杆下增设纵向支托杆，纵向支托杆间距不应大于500mm。

② 脚手板顺铺时，接头宜采用搭接，下面的板头应压住上面的板头，板头的凸棱处宜采用三角木填顺。

③ 人行斜道和运料斜道的脚手板上应每隔250～300mm设置一根防滑木条，木条厚度宜为20～30mm。

4. 脚手架施工安全技术要求

（1）脚手架构架结构的安全技术要求

1）构架单元不得缺少基本和稳定构造杆部件。

2）整架按规定设置斜杆、剪刀撑、撑拉杆件。

3）在通道、洞口以及其他需要加大结构尺寸（高度、跨度）或承受超过规定荷载的部位，应根据需要设置加强杆件或构件。

4）整体稳定（立杆稳定）应通过计算。

（2）脚手架搭设人员要求

1）脚手架搭设人员必须是经过《特殊作业人员安全技术考核管理规则》（国家安全生产监督管理总局令第30号）考核合格的专业的架子工。

2）上岗人员需定期体检，合格者方可持证上岗。

3）搭设脚手架人员必须戴安全帽、系安全带、穿防滑鞋。

4）搭拆脚手架时，地面应设围栏和警戒标志，并派专人指挥，专人看守，严禁非操作人员进入现场。

（3）脚手架基础（地基）和拉撑承受结构的要求

1）脚手架立杆的基础（地基）应平整夯实，有足够的承载力和稳定性。设于坑边或台上时，立杆距坑边、台边缘不得小于1m，且边坡的坡度不得大于地面的自然安息角，否则，应作边坡的保护和加固处理。脚手架立杆下必须设垫块或垫板。

2）撑立点或悬挂（吊）点必须设置在能可靠的承受撑抗荷载的结构部位，必要时应进行结构验算。

3）作业层上的施工荷载应符合设计要求，不得超载。不得将模板支架、缆风绳、泵磅混凝土和砂浆的管道等固定在脚手架上，严禁悬挂起重设备。

4）不得在脚手架基础及其邻近处进行挖掘作业，否则应采取加固措施，报主管部门批准。

（4）脚手架施工的安全防护要求

1）作业现场应设安全围护和警示标志，禁止无关人员进入危险区域。

2）对尚未形成或已失去稳定结构的脚手架部位应搭设临时支撑或拉结。

3）在脚手架上进行电、气焊作业时，必须有防火措施和专人看守。

4）工地临时用电线路架设及脚手架接地、避雷措施等应按现行行业标准《施工现场临时用电安全技术规定》（JGJ 46—2005）有关规定执行。

5）在无可靠的安全带扣挂钩时应设安全绳。

6）设置材料提上或吊下的设施，禁止投掷。

7）作业面满铺脚手板，脚手板之间不留间隙。

8）作业面的外侧立面应绑挂高度不小于1m的竹笆或满挂安全网。

9）人行和运输通道必须设置板篷。

10）上下脚手架的有高度差的入口应设坡道和踏步，并设栏杆防护。

11）吊挂架子在移动至作业位置后，应采取撑、拉办法将其固定或减少其晃动。

12）当有六级及六级以上大风和雾、雨、雪天气时应停止脚手架搭设与拆除作业，雨、雪后上架作业应有防滑措施，并应扫除积雪。

5. 脚手架工程作业安全教育

（1）脚手架作业安全教育

脚手架的搭设作业要求如下：

① 按基本构架单元的要求逐排、逐跨和逐步进行搭设，多排（满堂）脚手架宜从一个角开始向两个方向延伸搭设。为确保已搭部分稳定，应遵守以下稳定构架要求：选放扫地杆。立杆（架）竖起后，其底部先按间距规定与扫地杆扣结牢固，装设第一步水平杆时，将立杆校正垂直后予以扣结，在搭设好位于一个角部两侧各1～2根长和一根标高的架子（一般不超过6m），按规定要求设置好斜杆或剪刀撑，以形成稳定的架子，然后延伸搭设。

② 脚手架搭设人员应戴安全帽、系好安全带、穿防滑鞋，施工中应铺设必要数量的脚手板，并应铺设平稳，不得有探头板，当暂时无法铺设落脚板时，用来落脚或抓握、把（夹）持的杆件均应为稳定的构架部分，着力点与构架节点的水平距离不应大于0.8m，垂直距离应不大于1.5m，位于立杆接头之上的自由立杆（未与水平横杆相连）不得用作把持杆。

③ 脚手架搭设中，架上作业人员应作好分工和配合，传递杆件时应掌握好重心，平稳传递，不要用力过猛，以免引起人身或杆件失衡，对每完成一道工序要相互询问并确认后才能进行下一道工序。

④ 脚手架搭设作业人员应佩带工具袋，工具用后装入袋中，不要放在架子上，以免掉落伤人，架设材料要随上随用，每次收工以前，所有上架材料必须全部用完，不要留在架子上，一定要形成稳定的构架，不能形成的要进行临时加固处理。在搭设作业中，下层人员应躲开可能落物的区域。

（2）脚手架工程架上作业

1）严格按脚手架设计荷载使用，无要求时按规定要求使用，不得超过$3kN/m^2$。

2）脚手架上铺脚手板层，同时作业层的数量不得超过设计要求。

3）架面荷载应力均匀分布，避免荷载集中于一侧。

4）垂直运输设施（井字架等）与脚手架之间的转运平台的铺板层数量和荷载控制应按施工组织设计的规定执行，不得任意增加铺板层的数量和转运平台上超限堆放材料。

5）所有建筑构件要随运随用，不得存放在脚架上，需要通过脚架时，要经验算确定是否超负荷。

6）不要随意拆除基本结构杆件，不要随意拆除安全防护设施。

（3）架上作业注意事项

1）作业时随时清理架面上的材料，材料、工具等不得乱设，以免影响作业的安全和发生落物伤人。

2）在进行撬、拉、推、拨等操作时，要注意采取正确姿势，站稳脚跟。

3）每次收工时，要把架面上的材料用完或码放整齐牢固。

4）严禁在架面上打闹、戏耍、退着行走和跨坐在外护栏上休息。

5）在脚手架上进行电、气焊作业时要铺铁皮，防止火星溅落及引燃易燃物品，要做好防火措施。

（4）脚手架工程的拆除作业

1）脚手架拆除作业的危险性大于搭设作业。在进行拆除作业前，应制订详细的拆除方案，统一指挥，并对作业人员进行安全技术交底，确保拆除工作顺利，安全进行。

2）要遵循先上后下、先外后内、先附加材料后构架材料、先辅件后结构件的顺序，一件一件地拆除，取出吊下。

3）尽量避免单人进行拆除作业，因单人作业时极易把持杆件不稳、失衡而出现事故。

4）多人或多组进行拆除作业时，应加强指挥，并相互询问和协调作业步骤，严格禁止不按程序进行任意拆除。

5）拆除现场要做好可能的安全围护，并设专人看护，严禁非施工人员进入拆除作业区内。

6）严禁将拆除下的杆部件和材料向地面抛掷，已吊至地面的材料及杆部件应及时运出拆除区域并分类堆放整齐，保持现场文明。

6.脚手架的拆除规定

脚手架的拆除作业应按确定的拆除程序进行。连墙件应在位于其上的全部可拆杆件都拆除之后才能拆除。在拆除过程中，凡已松开连接的杆配件应及时拆除运走，避免误扶和误靠已松脱连接的杆件。拆下的杆配件应以安全的方式运出和吊下，严禁向下抛掷。在拆除过程中，应作好配合、协调动作，禁止单人进行拆除较重杆件等危险性的作业。

（六）悬挑式脚手架安全使用

1.悬挑式脚手架的搭设

（1）方案编制

1）悬挑式脚手架必须编制专项施工方案。方案应有设计计算书（包括对架体整体稳定性、支撑杆件的受力计算），有针对性较强的、较具体的搭设拆卸方案和安全技术措施，并画出平面、立面图以及不同节点详图。

2）专项施工方案包括设计计算书必须经企业技术负责人审批签字盖章后方可施工。

（2）悬挑梁及架体稳定

1）挑架外挑梁或悬挑架应积极采用型钢或定型桁架。

2）悬挑型钢或悬挑架通过预埋与建筑结构固定，安装符合设计要求。

3）挑架立杆与悬挑型钢连接必须固定，防止滑移。

4）架体与建筑结构进行刚性拉结，按水平方向小于 7m、垂直方向等于层高设一拉结点，架体边缘及转角处 1m 范围内必须设拉结点。

（3）脚手板　挑架层层满铺脚手片，脚手片须用不细于 18 号铅丝双股并联绑扎不少于 4 点，要求牢固，交接处平整，无探头板，不留空隙，脚手片应保证完好无损，破损的及时更换。

（4）荷载 施工荷载均匀堆放，并不超过 3.0kN/m²。建筑垃圾或不用的物料必须及时清除。

（5）杆件间距 挑架步距不得大于 1.8m，横向立杆间距不大于 1m，纵向间距不大于 1.5m。

2. 架体防护

（1）挑架外侧必须用建设主管部门认证的合格的密目式安全网封闭围护，安全网用不小于 18 号铅丝张挂严密。且应将安全网挂在挑架立杆里侧，不得将网围在各杆件外侧。

（2）挑架与建筑物间距大于 20cm 处，铺设站人片。除挑架外侧、施工层设置 1.2m 高防护栏杆和 18cm 高踢脚杆外，挑架里侧遇到临边时（如大开间窗、门洞等）时，也应进行相应的防护。

3. 层间防护 挑架作业层和底层应用合格的安全网或采取其他措施进行分段封闭式防护

4. 交底与验收

（1）挑架必须按照专项施工方案和设计要求搭设。实际搭设与方案不同的，必须经原方案审批部门同意并及时做好方案的变更工作。

（2）挑架搭拆前必须进行针对性强的安全技术交底，每搭一段挑架均需交底一次，交底双方履行签字手续。

（3）每段挑架搭设后，由公司组织验收，合格后挂合格牌方可投入使用。验收人员须在验收单上签字，资料存档。

八、垂直运输设备安全使用

（一）物料提升机安全防护

提升机（图 7-24）包括斗式提升机、小型提升机、垂直提升机、螺旋提升机和物料提升机等。

图 7-24 井架物料提升机

1. 共用部分基本规定

(1) 断绳保护装置、停层保护装置（即安全停靠装置）应安全可靠，分别起作用且操作维修方便。

(2) 吊笼卸料侧安全内门的开启应与停层保护装置有效联动。

(3) 应设非自动复位的上极限开关、下极限开关和自动复位的上行程限位开关、下行程限位开关，其触发元件不应共用。上、下行程限位开关应能自动地将吊笼从额定速度上停止。不应以触发上、下限位开关来作为吊笼在最高层站和地面站停站的操作。

① 上行程限位开关的安装位置应保证触发该开关后，从吊篮的最高位置到天梁最低处的上部安全距离不小于 3.5m，吊篮停止上升，但可操作吊篮下行。

② 下行程限位开关的安装位置应保证吊笼以额定载重量下降时，触板触发该开关使吊笼制停，此时触板离下极限开关还应有一定行程。

③ 在正常工作状态下，上极限开关的安装位置应保证一旦触发该开关后，从吊篮的最高位置到天梁最低处的距离应不小于 3m，且上极限开关与上行程限位开关之间的越程距离为 0.5m。

④ 在正常工作状态下，下极限开关的安装位置应保证吊笼在碰到缓冲器之前下极限开关先动作。

(4) 井字架必须具备闭路电视系统和对讲通讯装置。司机通过闭路电视系统能清楚看到各站的进出料口及吊笼内的状况，以确保在吊笼内有人时不得开机；对讲通讯装置必须是闭路双向通讯系统，司机应能与每一站通话。

(5) 架体搭设时，每一杆件的节点及接头的一边螺栓数量不少于 2 个，不得漏装或以铅丝代替。

(6) 架体外侧应全封闭防护至吊篮行程所至高度，除卸料口外宜使用孔或间隙小于 400mm² 的小网眼安全网或金属网防护，不得使用阻碍视线或增加风荷载的材料。

(7) 附墙架与建筑物及架体之间均应采用刚性连接，并形成稳定结构，但不得直接焊接在架体结构件上（如立杆）。

(8) 首层进料口防护棚必须独立搭设，禁止支承在架体上。

(9) 卸料平台应单独设立，其设计和搭设承载能力应符合不小于 300kg/m² 要求，不得与井字架架体连接，与墙体拉接采用刚性连接。

(10) 卸料平台两侧应设立高度不低于 1.1m 的二道防护栏杆和踢脚板，脚手板满铺并固定。卸料平台与通道必须向建筑物内侧稍微倾斜，严禁其向提升机架体倾斜。

(11) 各卸料平台口必须悬挂安全警示标志（严禁探头、超载、乘人），限定荷载牌和楼层数标牌。

(12) 卸料平台外门应采用型材及钢网制作，开启灵活、轻便，且不得往架内开启，双掩门或水平滑动门高度应不低于 1.8m；垂直（上下）滑动门关闭时其高度应不低于 1.3m，门上缘至卸料口架体开口部位上缘之间部位应采用两端可靠固定而中间为柔性可移动调节的全封闭安全立网实施封闭，以确保吊篮在运行全过程人体任何部位无法进入井字架内。楼层安全门下缘与卸料平台地面的距离不大于 0.2m，卸料平台外门必须采用机械或电气联锁装置控制（任一层防护门未关闭，吊篮不得运行），并应在控制台设防护门未关闭到位的警示信号。

(13) 吊篮安全门应用钢板全封闭，高度不低于 1.0m；吊篮两侧应用高度不少于 1.1m

的安全挡板防护；顶部应采用钢板或密实钢板网进行封闭。

（14）垂直滑动门采用的滑轮其滑轮直径与钢丝绳直径的比值应不小于 15，门用平衡配重应安装导向立杆以避免坠落伤人。

（15）吊篮颜色应与架体颜色明显区别，并醒目。对重（平衡重）及门用对重的表面应涂黄黑相间安全色。

（16）钢丝绳应有过路保护并不得拖地，钢丝绳与其他保护装置间应有适当的操作距离。

（17）卷扬机应可靠固定，并有金属制作的防护罩，周围应有全封闭围护措施。

（18）司机操作室所支承处应安全稳固，应搭设坚固并远离危险作业区，否则其顶部应按防护棚的要求增设能防止高处坠物穿透的缓冲板。司机操作室应布置在视野良好的位置，方便司机观察吊笼和各层卸料平台的状况。

（19）司机操作室房门应设锁。操作室应有照明，且应与控制台电源相互独立，操作室应保证足够的设备维修空间。每个司机操作室只允许供一个司机操作一台设备。

（20）工地项目经理和安全管理人员必须每天进行巡查，并填写巡视记录。

（21）司机必须进行班前检查和保养，确认各类安全装置安全可靠方能投入工作。

（22）司机操作时，信号不清不得开机，发现安全装置、通讯装置失灵时应立即停机并通知维保人员修复。

（23）严禁人员攀登、穿越提升机架体和乘坐吊篮上下。

（24）装设摇臂把杆的井字架，其吊篮与摇臂把杆不得同时使用。

（25）井字架在工作状态下，不得进行维修、保养工作，否则应切断电源在醒目处挂"正在检修，禁止合闸"的标志，现场须有人监护。

（26）作业结束后，司机应降下吊篮，切断电源，锁好控制电箱，防止其他人员擅自启动提升机。

2. 卷筒卷扬式井架物料提升机安全防护要求

（1）基础设计方案和现场施工均应设置带集水井的基础底坑，确保吊篮降至底层时笼底不落地以保证卷扬机钢丝绳不松不乱。基础底部应安装蓄能型缓冲器（弹簧型）。

（2）提升吊笼钢丝绳应不少于两条。

（3）卷扬机构经改造的设备，应由具有质量技术监督部门颁发的同类建筑起重机械生产许可证的生产厂家或具有质量技术监督部门颁发的同类建筑起重机械维修许可证的单位出具改造产品合格证明和改造产品使用说明书，其卷扬机构应与井架结构及吊笼的载荷参数等相匹配，并采用带电阻启动的涡流调速电机。

3. 曳引式井架物料提升机安全防护要求

（1）初次安装时采用平衡系数法确定该机平衡重的最佳重量及其技术参数，由经认可的检验机构出具证明文件，以确保平衡重重量为额定载荷的 40%～50% 与吊篮自重之和，后续安装要核对初次安装平衡试验相关参数（必要时复试）。

（2）对重（平衡重）各组件安装应牢固可靠，对重的升降通道周围应设置不低于 1.5m 的防护围栏，其运行区域与建筑物及其他设施间应保证有足够的安全距离。

（3）曳引轮的 V 形绳槽完好，磨损量不得超出标准要求。

4. 卷筒卷扬式井架物料提升机提升高度大于 30m 的补充规定

（1）安装高度原则上不大于井架物料提升机按架体构件规格和斜杆布置类型控制的最大允许安装高度理论值。

（2）吊笼运行速度大于 40m/min 时应设启动、停止调速系统装置，以确保缓启缓停。

（3）应设电磁感应楼层门控制电机启动，吊篮升降自动平层，司机通过电子显示能知道吊笼停层位置和楼层门开关状态。

（4）超载限制器安全可靠。

（5）卸料平台搭设高度超过 30m，应采取可靠的卸荷措施，并有设计计算书，在专项施工方案中明确构造要求。

5. 曳引式井架物料提升机提升高度大于 30m 的补充规定

（1）安装高度原则上不大于井架物料提升机按架体构件规格和斜杆布置类型控制的最大允许安装高度理论值。

（2）钢丝绳张力均匀，调节装置有效。

（3）吊笼运行速度大于 35m/min 时应设启动、停止调速系统装置，以确保缓启缓停。

（4）基础设计方案和现场施工均应设置带集水井的基础底坑，确保吊篮降至底层时笼底不落地以保证卷扬机钢丝绳不松不乱。基础底部应安装蓄能型缓冲器（弹簧型）。

（5）设电磁感应楼层门控制电机启动，吊笼升降自动平层，司机通过电子显示能知道吊笼停层位置和楼层门开关状态。

（6）超载限制器安全可靠。

（7）卸料平台搭设高度超过 30m，应采取可靠的卸荷措施，并有设计计算书，在专项施工方案中明确构造要求。

6. 物料提升机操作工安全操作基本要求

（1）物料提升机操作人员必须经过安全技术培训，取得操作证，方可独立操作。

（2）卷扬机应安装在平整坚实的基础上，机身和地锚必须牢固。操作棚里视野良好。

（3）每日作业前，应检查钢丝绳、离合器、制动器、保险齿轮、传动滑轮和安全保险装置等，确认安全可靠、有效的，方准操作。发现安全保险装置失效时，应立即停机修复。作业中不得随意使用极限限位装置。钢丝绳变形或断丝断股超过规定的，必须按规定及时更换。

（4）钢丝绳卷筒必须设置防钢丝绳滑脱的保险装置。钢丝绳在卷筒上必须排列整齐，作业中最少需保留 3 圈。作业中发现钢丝绳缠绕的必须暂停使用，重新排列整齐。

（5）物料在吊笼里应均匀分布，不得超出吊笼。当长料在吊笼中立放时，应采取防滚落措施；散料应装箱或装笼。严禁超载使用。

（6）严禁人员攀登、穿越提升机和乘吊笼上下。

（7）高架提升机作业时，应使用通讯装置联系。低架提升机在多工种、多楼层同时使用时，应专设指挥人员，信号不清不得开机。作业中无论任何人发出紧急停车信号，应立即执行。

（8）操作中或吊笼尚悬空吊挂时，操作工不得离开驾驶座位。

（9）当支承安全装置没有支承好吊笼时，严禁人员进入吊笼。吊笼安全门未关好或人未走出吊笼时，不得升降吊笼。

（10）吊笼运行时，严禁人员将身体任何部位伸入架体内。在架体附近工作的人员，身体不得贴近架体。

（二）龙门架安全技术

龙门架是建筑工地常用的垂直运输设备，见图 7-25。

图 7-25　龙门架

提升机安装后，应由主管部门组织按照提升机说明书、规定标准和设计规定进行检查验收，确认合格发给准用证后，方可交付使用。使用前和使用中的检查宜包括下列内容：

1. 使用前的检查

（1）金属结构有无开焊和明显变形；

（2）架体各节点连接螺栓是否紧固；

（3）附墙架、缆风绳、地锚位置和安装情况；

（4）架体的安装精度是否符合要求；

（5）安全防护装置是否灵敏可靠；

（6）卷扬机的位置是否合理；

（7）电气设备及操作系统的可靠性；

（8）信号及通讯装置的使用效果是否良好清晰；

（9）钢丝绳、滑轮组的固接情况；

（10）提升机与输电线路的安全距离及防护情况。

2. 定期检查

定期检查每月进行 1 次，由有关部门和人员参加。检查内容包括：

（1）金属结构有无开焊、锈蚀、永久变形；

（2）扣件、螺栓连接的坚固情况；

（3）提升机构磨损情况及钢丝绳的完好性；

（4）安全防护装置有无缺少、失灵和损坏；

（5）缆风绳、地锚、附墙架等有无松动；

（6）电气设备的接地（或接零）情况；

（7）断绳保护装置的灵敏度试验。

3. 日常检查

日常检查由作业司机在班前进行，在确认提升机正常时，方可投入作业。检查内容包括：

（1）地锚与缆风绳的连接有无松动；

（2）空载提升吊篮做 1 次上、下运行，验证是否正常，并同时碰撞限位器和观察安全门是否灵敏完好；

（3）在额定荷载下，将用篮提升至离地面 1~2m 高度停机，检查制动器的可靠性和架体的稳定性；

（4）安全停靠装置和断绳保护装置的可靠性；

（5）吊篮运行通道内有无障碍物；

（6）作业司机的视线或通讯装置的使用效果是否清晰良好。

4. 使用提升机时应符合下列规定：

（1）物料在吊篮内应均匀分布，不得超出吊篮。当长料在吊篮中立放时，应采取防滚落措施；散料应装箱或装笼。严禁超载使用；

（2）严禁人员攀登、穿越提升机架体和乘吊篮上下；

（3）高架提升机作业时，应使用通讯装置联系。低架提升机在多工种、多楼层同时使用时，应专设指挥人员，信号不清不得开机。作业中不论任何人发出紧急停车信号，应立即执行；

（4）闭合主电源前或作业中突然断电时，应将所有开关扳回零位。在重新恢复作业前，应在确认提升机动作正常后方可继续使用；

（5）发现安全装置、通讯装置失灵时，应立即停机修复。作业中不得随意使用极限限位装置；

（6）使用中要经常检查钢丝绳、滑轮工作情况。如发现磨损严重，必须按照有关规定及时更换；

（7）采用摩擦式卷扬机为动力的提升机，吊篮下降时，应在吊篮行至离地面 1~2m 处，控制缓缓落地，不允许吊篮自由落下直接降至地面；

（8）装设摇臂把杆的提升机，作业时，吊篮与摇臂把杆不得同时使用；

（9）作业后，将吊篮降至地面，各控制开关扳至零位，切断主电源，锁好门箱。

5. 提升机使用中应进行经常性的维修保养，并符合下列规定：

（1）司机应按使用说明书的有关规定，对提升机各润滑部位，进行注油润滑；

（2）维修保养时，应将所有控制开关扳至零位，切断主电源，并在闸箱处挂"禁止合闸"标志，必须时应设专人监护；

（3）提升机处于工作状态时，不得进行保养、维修，排除故障应在停机后进行；

（4）更换零部件时，零部件必须与原部件的材质性能相同，并应符合设计与制造标准；

（5）维修主要结构所用焊条及焊缝质量，均应符合原设计要求；

（6）维修和保养提升机架体顶部时，应搭设上人平台，并应符合高处作业要求。

（三）外用电梯（人货两用电梯）安全使用

施工升降机通常称为：施工电梯，如图 7-26 所示。

施工升降机的种类很多，按起运行方式有无对重和有对重两种，按其控制方式分为手动控制式和自动控制式。按需要还可以添加变频装置和 PLC 控制模块，另外还可以添加楼层呼叫装置和平层装置。

目前市场上使用的大部分为无对重式的，驱动系统置于笼顶上方，减小笼内噪声，使吊

图 7-26　施工电梯

笼内净空增大，同时也使传动更加平稳、机构振动更小，无对重设计简化了安装过程；有对重的施工电梯运行起来更加的平稳，更节能，但是由于其有天滑轮结构，安装加节时就会更加的麻烦，所以有对重现在已经逐渐退出市场。

为了便于施工电梯的控制和其智能性，施工电梯还可以安装变频器，既节能又能无级调速、运行起来更加的平稳，乘坐也更加的舒适；安装平层装置的施工电梯能使控制起来更加方便，更精准地停靠在需要停靠的楼层；安装楼层呼叫装置能更加方便使用时的信息流通，也使管理更加方便。

在安全方面施工电梯得到了很好的保证，首先为电气安全保证，施工电梯安装有抽拉门行程开关、对开门行程开关、顶门行程开关、上限位行程开关、下限位行程开关等五个行程开关，只要有任何一个行程开关处于保护状态，电动机就会处于刹车状态，为了更加保证施工电梯的安全性，电气部分还增加了极限开关，当施工电梯的箱体冲顶或者是坠落时，上下极限碰块就会触发极限开关，电气系统就会切断电源，施工电梯则会停止运行来保证安全。

当上述部分全部失灵的时候，施工电梯还有最后一道安全屏障，就是防坠安全器，电梯下降的速度大于防坠器设定的速度，防坠器就会刹车来控制吊笼的下坠速度，从而保证电梯的安全。

防坠器在运行过程中还会发出控制信号来控制电气系统。

1. 施工电梯主要部件吊点（表 7-17）

表 7-17　施工电梯主要部件吊点

部件	塔机配合用吊索			吊　点
	直径	规格	长度	
标准节	φ15	6×37	4～6m	对角起吊，必须系扣主支撑角钢或立管
传动小车	φ15	6×37	4～6m	传动小车上部吊耳
梯笼	原厂配制来的四个头吊索			梯笼顶部吊耳

2. 主要安全技术措施

（1）现场施工技术负责人对电梯作全面检查，对安装区域安全防护作全面检查，组织所有安装人员学习安装方案，电梯司机对电梯各部机械构件和已准备的机具、设备、绳索、卸扣、轧头等作全面检查。

（2）参加人员必须持证上岗作业，进入施工现场必须遵守施工现场各项安全规章制度。

（3）及时收听气象预报，如突遇四级以上大风及大雨天气时应停止作业，并做好应急防范措施。

（4）凡参加作业人员应正确戴好安全帽，上高按规定系好经试验合格的安全带，一律穿胶底防滑鞋和工作服上岗。

（5）严禁无防护上下立体交叉作业，安装人员严禁酒后上岗。

（6）夜间作业必须有足够亮度的照明。

（7）安装作业区域和四周布置二道警戒线，安全防护左右各20m，挂起警示牌，严禁任何人进入作业区域或四周围观，现场安全监督员全权负责安装作业区域的安全监护工作，吊物下严禁站人。

（8）安装前要进行安全技术交底，服从统一指挥，明确分工，责任到人，严禁违章作业，冒险蛮干。

（9）加节时务必保证吊笼最上侧（含牵引小车）滚轮升至离最高齿条顶端1m左右停车，禁止再行爬升且操作人员必须在梯笼顶操作（因安装时已拆除上限，故必须特别提请注意）。

（10）电梯验收使用前必须按规定对各安全装置进行检查，确认无误后方可使用。

（11）作业中，严禁任何人倚坐在防护栏杆上。

（12）作业人员在工作中必须精力充沛，严禁开小差，思想麻痹。

3. 外用电梯（人货两用电梯）司机安全操作技术基本要求

（1）司机必须经过安全技术培训，身体健康，取得特种作业操作证，方可独立操作。

（2）司机必须身体健康，其中两眼视力良好，无色盲，两耳均无听力障碍，无高血压、心脏病、癫痫、眩晕和突发性的疾病，无妨碍操作的疾病和生理缺陷。

（3）司机必须熟知所操作电梯的性能、构造，按电梯有关规定进行操作，严禁违章作业。司机应熟知电梯的保养、检修知识，按规定对电梯进行日常保养。

（4）现场外用电梯基座5m范围内，不得挖掘沟槽；电梯底笼2.5m范围内，要搭设坚固的防护罩棚。

（5）认真做好交接班手续，检查电梯履历书及交班记录等的填写情况及记载事项，认真填写运转记录。

（6）工作前应检查外用电梯的技术状况，检查部位螺栓的坚固情况，检查横竖支撑和站台及防护门、钢丝绳及滑轮、传动系统、电气线路、仪表、附件及操纵按钮等情况，如发现不正常，应及时排除，司机排除不了时应及时上报。

（7）检查各部位限位器和安全装置情况，经检查无误后，先将梯笼升高至离地面1m处停车检查制动是否符合要求，然后继续上行，试验卸料平台、防护门、上限位、前后门限位的运转情况，确认正常后，方可运行。

（8）操作电梯运行起步前，均需鸣笛示警；电梯未切断总电源开关前，司机不准离开操作岗位。作业后，将电梯降到底层，各控制开关扳至零位，切断电源，锁好配电箱和梯门。

（9）严禁超载、超员，运载货物应做到均匀分布，防止偏载，物料不得超出梯笼之外。未到规定停靠位置，禁止人员上下。

（10）运行到上下尽端时，不准以限位停车检查除外；在运行中严禁进行保养作业，双笼电梯一只梯笼进行笼外维修保养时，另一只梯笼不得运行。

（11）遇恶劣天气，如雷雨、6 级以上大风、大雾、导轨结冰等应停止运行；灯光不明、信号不清应停止运行；电梯机械发生故障、未彻底排除前应停止运行；钢丝绳断丝磨损超过规定的应停止运行。

（12）暴风雨后，外用电梯的基座、电源、接地、过桥、暂设支撑等，要进行安全检查。

（四）塔吊安全技术控制

塔吊（图 7-27）是建筑工地上最常用的一种起重设备，以一节一节的接长（高），好像一个铁塔的形式，塔吊又叫塔式起重机，用来吊施工用的钢筋、木楞、脚手管等施工原材料的设备。是建筑施工一种必不可少的设备。

图 7-27　塔吊

塔吊尖的功能是承受臂架拉绳及平衡臂拉绳传来的上部荷载，并通过回转塔架、转台、承座等的结构部件式直接通过转台传递给塔身结构。自升塔顶有截锥柱式、前倾或后倾截锥柱式、人字架式及斜撑架式。凡是上回转塔机均需设平衡重，其功能是支承平衡重，用以构成设计上所要求的作用方面与起重力矩方向相反的平衡力矩。除平衡重外，还常在其尾部装设起升机构。起升机构之所以同平衡重一起安放在平衡臂尾端，一则可发挥部分配重作用，二则增大绳卷筒与塔尖导轮间的距离，以利钢丝绳的排绕并避免发生乱绳现象。平衡重的用量与平衡臂的长度成反比关系，而平衡臂长度与起重臂长度之间又存在一定比例关系。平衡重量相当可观，轻型塔机一般至少要 3～4t，重型的要近 30t。

1. 塔吊安装安全技术措施

（1）塔吊安装前安全检查验收

1）塔吊基础检查：检查塔基混凝土试压报告，待混凝土达到设计强度后方可进行组织塔吊安装。混凝土塔基的上表面水平误差不大于 0.5mm. 混凝土塔基应高于自然地面 150mm，并有良好的排水措施，严禁塔基积水。

2）对塔吊自身的各个部件、结构焊缝、螺栓、销轴、导向轮、钢丝绳、吊钩、吊具及起重顶升液压爬升系统、电气设备等进行仔细的检查，发现问题及时解决。

3）检查塔吊开关箱及供电线路，保证作业时安全供电。检查安装使用机具的技术性能是否良好，检查安装使用的安全防护用品是否符合要求，发现问题立即解决，保证安装过程中安装使用的机具设备及安全防护用品的使用安全。

4）塔吊在安装过程中必须保持现场清洁有序，以免妨碍作业影响安全。设置作业区警戒线，并设专人负责警戒，防止以塔吊安装无关的人进入塔吊安装现场。

5）塔吊安装必须在白天进行，并应避开阴雨、大风、大雾天气，如在作业时突然发生天气变化要停止作业。

6）参加塔吊安装拆除人员，必须经劳动部门专门培训，经考试合格后持证上岗。参加塔吊安装拆除人员必须戴好安全帽，高空作业人员要系好安全带，穿好防滑鞋和工作服，作业时要统一指挥，动作协调，防止意外事故发生。

7）塔吊作业防碰撞措施。塔与塔之间的最小架设距离应保证处于低位的塔吊臂端部与另一台塔吊的塔身之间最少距离不低于2m，处于高位的塔吊（吊钩升至最高点）与低位的塔吊之间，在任何情况下其垂直方向的间距不小于2m。

（2）塔吊安装工艺要求

1）塔吊安在施工前要由项目技术负责人编制塔吊安拆方案和安拆安全技术交底，使参加塔吊安装拆除的人员都知道自己的工作岗位及工作内容、技术要求和安全注意事项，并在施工过程中严格遵守。

2）塔吊安装完成后，由项目经理组织有关人员进行检查验收，经验收合格后，填写施工现场机械设备验收报审表，并提供以下材料：

产品生产许可证和出厂合格证；产品使用说明书、有关图纸及技术资料；产品的有关技术标准规范；企业自检验收表。报当地建筑施工安全监督站，待安全监督站检查、验收合格签发验收合格准用证后方可进行使用。

2. 塔吊使用、维修、保养技术措施

（1）塔吊司机安全操作技术基本要求

1）司机必须身体健康，两眼视力良好，无色盲，两耳无听力障碍。必须通过安全技术培训，取得特种作业人员操作证，方可独立操作。

2）司机必须熟知所操作塔吊的性能构造，按塔吊有关规定进行操作，严禁违章作业。应熟知机械的保养、检修知识，按规定对机械进行日常保养。

3）塔吊必须有灵敏的吊钩、绳筒、断绳保险装置，必须具备有效的超高限位、变幅限位、行走限位、力矩限制器、驾驶室升降限位器等，上升爬梯应有护圈。

4）作业前，应将轨钳提起，清除轨道上障碍物，拧好夹板螺钉；使用前应检查试吊。

5）作业时，应将驾驶室窗子打开，注意指挥信号；冬季驾驶室内取暖，应有防火、防触电措施。

6）多台塔吊作业时，应注意保持各机操作距离。

7）塔吊行走到接近轨道限位开关时，应提前减速停车；信号不明或可能引起事故时，应暂停操作。

8）起吊时起重臂下不得有人停留或行走，起重臂、物件必须与架空电线保持安全距离；起吊必须坚持"十不吊"的安全操作规定。

9）物件起吊时，禁止在物件上站人或进行加工。

10）起吊在满负荷或接近负荷时，严禁降落臂杆或同时进行两个动作。

11）起重物严禁自由下落，重物下落用手刹或脚刹控制缓慢下降。

12）作业完毕后，塔吊应停放在轨道中部，臂杆不应过高，应顺向风源，卡紧夹轨钳，切断电源；应将起吊物件放下，刹住制动器，操纵杆放在空挡，并关门上锁。

13）自升式塔吊在吊运物件时，平衡重必须移动至规定位置。

14）塔吊顶升时必须放松电缆，放松长度应略大于总的顶升高度，并固定好电缆卷筒；

应把起重小车和平衡重移近塔帽，并将旋转部分刹住，严禁塔帽旋转。

15）塔吊安装后经验收合格，方可投入使用。严禁使用未经验收或未通过验收的塔吊。

（2）塔吊起重机安全操作要求

1）起重机的路基和轨道铺设，必须严格按原厂规定，路基两旁应有较好的排水措施；轨距偏差不超过名义值的 0.1%，两轨道间每隔 6m 应设置水平拉杆，在纵横方向上钢轨顶面的倾斜度不大于 0.1%；轨道接头必须错开，钢轨接头间隙在 3～6mm，接头应大于行走轮半径。轨道防雷接地应可靠，接地电阻不大于 10Ω。

2）安装完毕，在无荷载的情况下，塔身的垂直偏差不得超过 0.3%，压重配重应符合原厂规定。

3）多台起重机在同一作业面工作时，两机之间操作的安全距离不得小于 5m。

4）起重机各传动机构应工作正常，制动器应灵敏可靠，夹轨器应完好。钢丝绳应符合起重机设计标准，长度满足使用要求，缠绕在卷筒上应排列整齐，起升机构钢丝绳，当吊钩处于最低位置时，卷筒上应至少保留三圈钢丝绳。

5）起重机控制室内各种指示灯、电流表、电压表齐全完好。机上应设信号装置，如电铃、喇叭等，高度在 45m 以上时，应增设高空指示灯、风速仪、幅度指示及重量指示装置。

6）起重机必须安装行走、变幅、吊钩高度、力矩限制器。配备升降驾驶室的起重机，应安装驾驶室上下高度限位及断绳保险装置。各种装置应保证灵敏可靠。

7）附着式起重机各附着装置的间距和附墙距离应按原厂规定设置。并对建筑物进行必要的结构复算。

8）作业完毕，起重机应停放在轨道中间位置，臂杆应转到顺风方向，并放松回转制动器。吊钩小车及平衡杆应转到顺风方向，并放松回转制动器，吊钩升到离臂杆顶端 2～3m 处，锁紧夹轨器，使起重机与轨道固定。如遇 8 级以上大风时，塔身上部应拉四根缆风绳与地锚固定。

3. 塔吊超载安全技术控制　一般地讲，就是工作荷载超过起重机本身的额定荷载。塔吊因类型不同，塔身高度不同，起重臂长度不同以及仰角不同，其起重量也不同。以上这些条件都可以从不同塔吊的说明书查到其相应的起重量，除了以上的可变条件外，由于施工中不按说明书规定的使用条件工作，也是造成超载的原因。下面举例说明。

（1）轨道高低差过大

如 TQ3-8t 塔吊规定轨道的纵向、横向偏差均为 1/1000。往往因地耐力达不到要求以及道木铺设不合规定等因素，造成轨顶偏差过大。

塔吊技术要求中，对整机组装规定了塔尖中心对地面中心点偏移值不大于 35mm（高度 35m）。为此规定了两条轨道顶部平差 4mm（1/1000）。当坡度超过 1/1000 时，塔吊的平衡力矩向倾覆点移近，即平衡力矩减小，相反倾覆力矩远离倾覆点，即倾覆力矩增大，稳定系数减小。坡度偏差越大，倾斜度也越大。使用中虽然塔吊表面上仍按吊重性能作业，但由于坡度偏差过大而改变了起重机的倾角，加大了回转半径，造成超载。

（2）不按说明书规定施工

塔吊的设计虽然有一定的安全系数，但因为组装条件、施工条件达不到设计要求，如路基条件、构件位置及操作起吊下降时严重的惯性力等影响，加上天气因素，特别是吊物迎风面较大时，也产生不利影响等，这些都是设计中很难准确考虑的。为此，设计中的安全系数，除在整机试运转时进行的超载试验外，实际施工中不准利用。

由于塔吊的承载力是由稳定性决定的,当使用中超越其额定承载力后,其稳定性将明显降低,虽然有时没有发生倒塌事故,但在由于阵风造成的倾覆力矩加大,或当起重臂由平行轨道方向往垂直轨道方向回转时,门架支承间距减小,稳定力矩减小,以及吊物行走时,因轨道不平,造成的荷载惯性力加大等都会使塔吊突然失稳而造成倒塌事故。

（3）施工中斜拉重物问题

往往因构件就位不当,采取斜拉就位起吊。斜吊不但加大了垂直起升荷载,同时还因产生一水平分力,不但对起重臂杆增大了侧向变形,同时,对塔身也产生一倾覆力矩,易造成失稳倒塌。

4. 塔吊使用、维修、保养要求

（1）塔吊司机指挥和司索人员必须经市以上劳动部门培训合格持证上岗,塔吊指挥必须使用旗语指挥。

（2）塔吊正常工作气温为+40～-20℃,风速低于20m/s,如遇雷雨、浓雾、大风等恶劣天气应立即停止使用。

（3）操作人员要严格执行操作要求,认真作好起重机工作前、工作中、工作后的安全检查和维护保养工作,严禁机械带病运转。工作完成后,保证起重机臂随风自由转动。

（4）起重吊装中坚决执行"十不吊"

1）吊物重量超过机械性能允许范围不准吊;

2）信号不清不准吊;

3）吊物下有人不准吊;

4）吊物上站人不准吊;

5）埋在地下物不准吊;

6）斜拉、斜挂不准吊;

7）散物捆扎不牢不准吊;

8）零杂物无容器不准吊;

9）吊物重量不明、吊索具不符合规定不准吊;

10）遇有大雨、大雪、大雾和六级以上大风等恶劣天气不准吊。

（5）起重机应经常进行检查、维护和保养,转动部分应有足够的润滑油,对易损件必须经常检查维修更换,对机械的螺栓,特别是振动部件,检查是否松动,如有松动及时拧紧。

（6）各机械制动器应经常进行检查和调整,在摩擦面上不应污垢。减速箱、变速箱、齿轮等各部的润滑及液压油均按润滑要求进行。

（7）要注意检查各部钢丝绳有无断丝和松股现象,如超过有关规定,必须立即更换。

（8）使用液压油严格按润滑表中的规定进行加油和更油,并清洗油箱内部。经常检查滤油器有无堵塞,安全阀在使用后调整值是否变动。油泵、油缸和控制阀是否漏油,如发现异常及时排除。

（9）经常检查电线、电缆有无损伤,如发现损伤应及时包扎或更换。

（10）各控制箱、配电箱应保持清洁,各安全装置的行程开关及开关触点必须灵活可靠,保证安全。

（11）塔机维修保养时间规定

1）日常保养（每班进行）;

2）塔机工作1000h后,对机械、电气系统进行小修一次;

3）塔机工作 4000h 后，对机械、电气系统进行中修一次；

4）塔机工作 8000h 后，对机械、电气系统进行大修一次。

5. 塔式起重机常见安全事故及其预防

（1）常见的塔机事故

1）倾翻 由于地基基础松软或不平，起重量限制器或力矩限制器等安全装置失灵，使塔身整体倾倒或造成塔机起重臂、平衡臂和塔帽倾翻坠地。另外在起重机支腿未能全部伸出时仍按原性能使用，以及塔机安装和拆卸过程中操作不符合规程，也容易引发倾翻事故。

2）断（折）臂 超力矩起吊、动臂限位失灵而过卷、起重机倾倒等原因均可造成折断臂事故。此外，当制造质量有问题，长期缺乏维护，臂节出现裂纹、超载、紧急制动产生振动等，也容易发生此类事故。

3）脱、断钩 指重物或专用吊具从吊钩口脱出而引起的重物失落事故。如吊钩无防脱装置、钩口变形、防脱装置失效等使重物脱落。此外，由于吊钩钢材制造缺陷或疲劳产生裂缝，当荷载过大或紧急制动时，吊钩发生断裂，从而引起断钩事故。

4）断绳 指起升绳或吊装用绳破断造成重物失落事故。超载起吊、起升限位开关失灵、偏拉斜吊以及钢丝绳超过报废标准继续使用是造成断绳的主要原因。

5）基础事故 场地狭小导致塔机基础四周承受能力不足，或者由于塔机基础悬于建筑物基础斜坡上而发生塔机倾斜或倾翻等事故。

6）触电 触电原因：一是电动机械本身漏电；二是由于高空作业离裸露的高压输电线太近而使起重机机体连电，造成人员遭受电击。

（2）塔机事故深层原因

1）塔机管理、操作、拆装、维修人员综合素质不高，造成违规安装及不合理操作是塔机发生事故的重要原因。

2）塔机设计、制造等环节的缺陷亦是其事故发生的原因之一。当前，由于制造企业过多，导致市场竞争激烈，一些塔机生产企业极力降低产品成本，偷工减料，造成产品先天不足，使故障和事故频发。

（3）安全事故预防措施

1）严格执行塔机操作要求，塔机须由专人操作。应有计划地对司机、装拆、维修人员进行技术和安全培训。使其了解起重设备的结构和工作原理，熟知安全操作要求并严格执行持证上岗。

2）保证塔机安全保护装置设置齐全。常用的有起重高度限位器、幅度限位器、起重量限制器和起重力限制器等。

3）加强塔机的检测、维修和日常保养。经过多年使用和拆装的塔机会有损伤，如裂纹和不良焊缝，如果维修不及时，将会危及塔机的安全。钢丝绳应经常检查保养，达到报废标准应立即更换。坚持由专业人员对塔机进行定期检测和维修，可有效防止安全事故发生。

4）加强防风措施。风力干扰塔机正常工作。随着塔机高度增加，风的影响更大，多风季节和沿海地区尤其要注意。

5）重视塔机基础设计，正确处理相邻设备的安全问题。地基土质不均会导致塔机倾斜。为防止纵横向倾斜度超过规定，对路基轨道的铺设要严格要求。此外，也要考虑相邻设备的安全问题，如相邻机械作业时产生的振动会影响塔机基础；挖掘机作业时会改变地基承受能力；相隔很近的塔机作业时可能产生碰撞等。

6）正确评估塔机寿命。现在很多省份对某些厂家生产的塔机已强行严禁使用，但对塔机的使用年限未有统一报废标准，建议相关部门制定出塔机报废标准，到了年限坚决报废。

7）做好起重作业的技术准备、风险分析与技术交底是确保大型起重吊装安全顺利完成的重要环节。首先必须经过认真计算和技术论证，制定切实可行的技术方案；其次要进行风险分析，分析起重吊装或拆装作业过程中的风险以及应如何防范和避免发生事故；第三，正式作业前要向参加作业的有关人员进行技术交底，明确分工、职责，落实安全措施，并对作业的所有准备工作作一次检查；第四，作业过程中要加强安全监控。

（4）塔式起重机出现事故征兆时的应急措施

1）塔吊基础下沉、倾斜　应立即停止作业，并将回转机构锁住，限制其转动。根据情况设置地锚，控制塔吊的倾斜。

2）塔吊平衡臂、起重臂折臂　塔吊不能做任何动作。

按照抢险方案，根据情况采用焊接等手段，将塔吊结构加固，或用连接方法将塔吊结构与其他物体连接，防止塔吊倾翻和在拆除过程中发生意外。

用2～3台适量吨位起重机，一台锁起重臂，一台锁平衡臂。其中一台在拆臂时起平衡力矩作用，防止因力的突然变化而造成倾翻。

按抢险方案规定的顺序，将起重臂或平衡臂连接件中变形的连接件取下，用气焊割开，用起重机将臂杆取下；

按正常的拆塔程序将塔吊拆除，遇变形结构用气焊割开。

3）塔吊倾翻　采取焊接、连接方法，在不破坏失稳受力情况下增加平衡力矩，控制险情发展。

选用适量吨位起重机按照抢险方案将塔吊拆除，变形部件用气焊割开或调整。

4）锚固系统险情　将塔式平衡臂对应到建筑物，转臂过程要平稳并锁住。

将塔吊锚固系统加固。

如需更换锚固系统部件，先将塔机降至规定高度后，再行更换部件。

5）塔身结构变形、断裂、开焊　将塔式平衡臂对应到变形部位，转臂过程要平稳并锁住。

根据情况采用焊接等手段，将塔吊结构变形或断裂、开焊部位加固。

落塔更换损坏结构。

九、施工机具安全控制

（一）平刨安全控制技术

平刨机是对木板进行刨平的设备（图7-28）。

图 7-28　平刨机

1. 木工平刨机使用安全技术

（1）在操作前应检查各部件的可靠性、电源的安全性，确认安全后方可使用。

（2）操作时左手压住木料，右手均匀推进，不要猛推猛拉，切勿将手指按于木料侧面。刨料时，先刨大面当做标准面，然后再刨小面。

（3）在刨较短、较薄的木料时，应用推板去推压木料。

（4）长度不足 400mm，或薄且窄的小料不得用手压刨。

（5）两人同时操作时，须待料推过 150mm 以外，下手方可接拖。

（6）操作人员衣袖要扎紧，不准戴手套。

（7）在刨旧木料前，必须将料上钉子、杂物清除干净。

（8）木工机械用电，必须符合施工用电规范要求，并定期进行检查。

2. 平刨机安全技术操作规程

（1）平刨机必须有安全防护装置，否则禁止使用。

（2）刨料应保持身体稳定，双手操作。刨大面时，手要按在料上面；刨小面时，手指不低于料高的一半，并不得少于 3cm。禁止手在料后推送。

（3）刨削量每次一般不得超过 1.5mm。进料速度保持均匀，经过刨口时用力要轻，禁止在刀上方回料。

（4）条刨厚度小于 1.5cm、长度小于 30cm 的木料，必须用压板或推棍。禁止用手推进。

（5）遇节疤、戗槎要减慢推料速度，禁止手按节疤上推料。刨旧料必须将铁钉、泥沙等清除干净。

（6）换刀片应拉闸断电或摘掉皮带。

（7）同一刨机的刀片重量、厚度必须一致，刀架、夹板必须吻合。刀片焊缝超出刀头和有裂缝的刀具不准使用。紧固刀片的螺钉，应嵌入槽内，并离刀背不少于 10mm。

（二）圆盘锯安全控制技术

圆盘锯是切割木板的机具（图 7-29）。

图 7-29 圆盘锯

（1）锯片上方必须安装保险挡板（罩），在锯片后面，离齿 10～15mm 处，必须安装弧形楔刀，锯片安装在轴上应保持对正轴心。

（2）锯片必须平整，锯齿尖锐，不得连续缺齿两个，裂纹长度不得超过 20mm，裂缝末端必须冲一个止裂孔。

（3）被锯木料厚度，以锯片能露出木料 10～20mm 为限，锯齿必须在同一圆周上，夹持锯片的法兰盘的直径应为锯片直径的 1/4。

（4）启动后，须待转速正常后方可进行锯料。锯料时不得将木料左右晃动或高抬，遇木节要缓慢匀速送料。锯料长度应不小于 500mm。接近端头时，应用推棍送料。

（5）如锯线走偏，应逐渐纠正，不得猛扳，以免损坏锯片。

（6）操作人员不得站在和面对与锯片旋转的离心力方向操作，手臂不得跨越锯片工作。

（7）锯片温度过高时，应用水冷却，直径 600mm 以上的锯片在操作中应喷水冷却。

（8）工作完毕，切断电源锁好电箱门。

1. 使用圆盘锯作业

（1）保持持证人员熟知安全操作知识，在作业进行前进行安全教育；

（2）进入现场戴合格安全帽，系好下额带，锁好带扣；

（3）操作人员遵守施工现场的劳动纪律，着装整齐，不得光背穿拖鞋，施工现场禁止吸烟、追逐打闹和酒后作业；

（4）电圆锯应安装在密封的木工房内并装设防爆灯具，严禁装设高温灯具（如碘钨灯）等，并配备灭火器；

（5）班前检查电锯转动部分的防护、分料器、电锯上方的安全挡板、电器控制元件等，应灵敏可靠；

（6）检查锯片必须平整，锯齿要尖锐，锯片上方必须装设保险挡板和滴水装置，锯片安装在轴上，应保持对正中心（轴心）；

（7）作业时不得使用连续缺两个齿的锯片，如有裂纹，其长度不得超过 2cm，裂缝末端须冲一个止裂孔；

（8）锯齿必须在同一圆周上，被锯木料厚度，以使锯齿能露出木料 1～2cm 为限。启动后，必须待转速正常后方可进行锯料，锯料时不得将木料左右晃动或高抬，锯料长度不应小于锯片直径的 1.5～2 倍。木料锯到接近端头时，应用推棍送料，不得用手推送；

（9）操作人员尽可能避免站在与锯片同一直线上操作，手臂不得跨越锯片工作。如锯线走偏，应逐渐纠正，不得猛扳，以免损坏锯片；

（10）锯片运转时间过长，温度过高时，应用水冷却，直径 60cm 以上的锯片，在操作中应喷水冷却；

（11）作业完毕后将碎木料、木屑清理干净并拉闸断电，配电箱上锁，木工房同时也上锁；

（12）圆锯盘必须专用，不得一机多用；

（13）圆锯盘使用电源必须一机一闸一箱，严格禁止一箱或一闸多用；

（14）作业人员严禁戴手套操作，长发外露；

（15）圆盘锯严禁使用倒顺开关；

（16）修理机具时必须先拉闸断电，并拉警示牌，设专人看护。

2. 圆盘锯噪声的产生机理与原因

（1）圆盘锯噪声的产生机理　圆盘锯主要噪声来源于圆盘锯锯片的偶极子音辐射，当圆盘锯锯齿撞击到被锯物件时，锯片与被锯件会共同产生振动。锯片上产生的各种振型的响应就会沿锯片的 2 个相反的方向传播，当 2 个相反的振波在锯片上一起相遇时，同相的振波相加，反相的振波相减，便会各自形成相应的波腹波节。如果圆盘锯锯齿的几何形状是对称的，锯片上便会形成固定的驻波或者各种形式的谐振波。这些驻波和谐振波便会大大加强锯片的噪声，圆盘锯便会产生噪声。

（2）圆盘锯噪声的产生原因

1）被切割物件振动辐射噪声。圆盘锯锯切时，锯齿冲击被切割物件，会引起物件表面的剧烈振动而辐射噪声，物件的振动往往增加了锯切噪声的产生。

2）锯片振动辐射噪声。锯片产生噪声是圆盘锯切割作业中产生噪声的主要来源，锯片的材料是大而薄的金属部件，对被切物件的强烈冲击很容易引发锯片强烈振动而产生噪声，因此可见，圆盘锯锯片产生剧烈振动是主要污染源之一。

3）空气动力噪声。空气动力噪声主要是由涡流噪声、齿尖噪声和排气噪声三种组成，但是相对于作业时的工作噪声要小很多。

4）圆盘锯结构噪声。圆盘锯电机及传动机构工作时，受到磨损的轴承也会产生较大的噪声，相对于其他噪声，圆盘锯结构噪声要小很多，也比较容易控制。

5）切削用量。切削用量越大，锯齿与工件之间的激励就越大，噪声就越大；切削用量越小，激励就越小，产生噪声就越小。但是切削用量的大小取决于生产工艺的要求，不容易控制。

6）锯齿结构。锯齿的制造结构、齿数和齿型也是影响圆盘锯噪声的主要因素，齿数越多，同时参加切割任务的齿数就越多，可以有效降低激励的幅值，大大降低噪声污染。但是齿数和齿型受到加工强度和生产工艺的影响，改变起来也比较困难。

7）卡盘的大小和机构。卡盘增大，一方面能提高锯片的强度，减小锯片振动的振幅；另一方面能减小锯片辐射音波的表面积，从而能降低锯片的噪声，但是卡盘的大小受到电机功率和电机启动转矩的影响。可以合理地选择卡盘直径和材料。

（3）噪声控制措施　影响圆盘锯噪声的因素很多，只有找出圆盘锯噪声的主要影响因素，才能针对性地选择降低噪声的措施。目前降低圆盘锯噪声的措施主要有以下几种：

1）锯片上开槽降噪　在锯片本体上开槽和应力释放孔，以破坏锯片形状的对称性，并有效地切断弯曲波的传播途径，将有效地抑制谐振波、共振和驻波。该措施虽然可以极大地降低噪声，却会影响锯片的刚度，因此在设计时必须两者兼顾，在不影响刚度的条件下抑制和抵消一部分冲击噪声。

2）喷液降噪　采用喷水或切削液的方法不但可以降低切削作业时工件的温度，保证工件加工的稳定性，而且还可以通过喷液阻尼的方法来降低高速切割过程中的噪声污染。

3）锯片上加阻尼及卡盘　可以在锯片上增加约束阻尼线圈及卡盘的办法降低切割时的噪声，阻尼线圈主要有阻尼合金型、塑料型、橡胶塑料复合型及新型高阻尼系数材料等类型，可以根据工件的不同进行选择。卡盘设计成外缘挡圈型，以防止在高速旋转时抛出，造成生产事故。

4）改防护罩为吸声隔声罩　该方法主要是用来控制外切口噪声，既可以不影响圆盘锯生产的效率和正常工作，又可以对切割产生的噪声实现屏蔽。

5）选择合理夹盘的直径　该方法通过轧件尺寸来控制圆盘锯的夹盘直径，加大夹盘直径，在夹盘与锯片之间使用金属橡胶的弹性垫，可以有效抑制圆盘锯锯片的振动响应，降低噪声的产生。

6）增加粉体阻尼技术　该方法是在圆盘锯的适当位置打入一些孔，在孔中填装适当的非金属或金属的粉末材料，然后封闭孔。孔中加入的粉末材料能够有效地吸收振动产生的能量，达到减小振动，降低噪声的目的。

7）压紧被锯件抑制振动噪声　当圆盘锯切割被锯件时，会产生强烈的振动和噪声，采用压紧被锯件的方法可以有效抑制振动所产生的噪声。主要有以下两种设计方法：

第一种方法：将其设计在吸声防护罩内，并配备相关机械系统控制其伸缩：当圆盘锯锯片切割被锯件之前，利用压紧装置将被锯件压紧，并在锯片切割被锯件的过程中，一直维持压紧状态。当切割完毕，圆盘锯锯片停止工作并退回后，压紧装置才可以松开被锯件。

第二种方法：在各个圆盘锯之间安装压紧装置，这种设计方法可以实现压紧装置更好的压紧被锯件，更好地降低振动和噪声。

（三）手持电动工具安全控制技术

用手握持或悬挂进行操作的电动工具（图 7-30）。如施工中常用的电钻，电焊钳等。

图 7-30　手持电动工具

1. 工具分类

（1）Ⅰ类工具　工具在防止触电的保护方面不仅依靠基本绝缘，而且它还包含一个附加的安全预防措施，其方法是将可触及的可导电的零件与已安装的固定线路中的保护（接地）导线连接起来，以这样的方法来使可触及的可导电的零件在基本绝缘损坏的事故中不成为带电体。

（2）Ⅱ类工具　其额定电压超过 50V，工具在防止触电的保护方面不仅依靠基本绝缘，而且它还提供双重绝缘或加强绝缘的附加安全预防措施和没有保护接地或依赖安装条件的措施。这类工具外壳有金属和非金属两种，但手持部分是非金属，非金属处有"回"符号标志。

（3）Ⅲ类工具　其额定电压不超过 50V；由特低电压电源供电，工具内部不产生比安全特低电压高的电压。这类工具外壳均为全塑料。

（4）各类工具的使用场所　空气湿度小于 75% 的一般场所可选用Ⅰ类或Ⅱ类手持式电动工具，其金属外壳与 PE 线的连接点不得少于 2 个；除塑料外壳Ⅱ类工具外，相关开关箱中漏电保护器的额定漏电动作电流不应大于 15mA，额定漏电动作时间不应大于 0.1s，其负荷线插头应具备专用的保护触头。所用插座和和插头在结构上应保持一致，避免导电触头和保护触头混用。

在潮湿场所或在金属构架上进行作业，应选用Ⅱ类或由安全隔离变压器供电的Ⅲ类工具。金属外壳Ⅱ类手持式电动工具使用时，其金属外壳与 PE 线的连接点不得少于 2 个，相关开关箱中漏电保护器的额定漏电动作电流不应大于 15mA，额定漏电动作时间不应大于 0.1s，其负荷线插头应具备专用的保护触头，所用插座和插头在结构上应保持一致，避免导电触头和保护触头混用；其开关箱和控制箱应设置在作业场所外面。在潮湿场所或金属架上严禁使用Ⅰ类手持式电动工具。

在狭窄场所（如锅炉、金属容器、金属管道内等）必须选用由安全隔离变压器供电的Ⅲ类手持式电动工具，其开关箱和安全隔离变压器均应设置在狭窄场所外面，并连接 PE 线。漏电保护器应采用防溅型产品，其额定漏电动作电流不应大于 15mA，额定漏电动作时间不应大于 0.1s。操作过程中，应有人在外面监护。

（5）安全注意事项　Ⅰ类工具的电源线必须采用三芯（单相工具）或四芯（三相工具）多股铜芯橡胶护套线，其中黄绿双色线在任何情况下都只能用作保护接地或接零线。

Ⅲ类工具的安全隔离变压器，Ⅱ类工具的漏电保护器，以及Ⅱ、Ⅲ类工具的控制箱和电源转接器等应放在外面，并设专人在外监护。

手持电动工具自带的软电缆不允许任意拆除或接长，插头不得任意拆除更换。

使用前应检查工具外壳、手柄、接零（地）、导线和插头、开关、电气保护装置和机械防护装置、工具转动部分等是否正常。

使用电动工具时不许用手提着导线或工具的转动部分，使用过程中要防止导线被绞住、受潮、受热或碰损。

严禁将导线线芯直接插入插座或挂在开关上使用。

2. 手持电动工具安全操作要求

（1）使用刀具的机具，应保持刃锋利，完好无损，安装正确，牢固可靠。

（2）使用砂轮的机具，应检查砂轮与接盘间的软垫并安装稳固，螺母不得过紧，凡受潮、变形、裂纹、破碎、磕边缺口或接触过油、碱类的砂轮均不得使用，并不得将受潮的砂轮片自行烘干使用。

（3）在潮湿地区或在金属构架、压力容器、管道等导电良好的场所作业时，必须使用双重绝缘或加强绝缘的电动工具。

（4）非金属壳体的电动机、电器在存放和使用时不应受压、受潮，并不得接触汽油等溶剂。

（5）作业前的检查要求

1）外壳、手柄不出现裂缝、破损；

2）电缆软线及插头等完好无损，开关动作正常，保护接零连接正确、牢固可靠；

3）各部防护罩齐全牢固，电气保护装置可靠。

（6）机具启动后，应空载运转，应检查并确认机具联动灵活无阻。作业时，加力应平衡，不得用力过猛。

（7）严禁超载使用。作业中应注意音响及温升，发现异常应立即停机检查。在作业时间过长，机具温升超过 60℃时，应停机，自然冷却后再行作业。

（8）作业中，不得用手触摸刀具、模具和砂轮，发现其有磨钝、破损情况时，应立即停机或更换，然后再继续进行作业。

（9）机具转动时，不得撒手不管。

（10）使用冲击电钻或电锤时的要求：

1）作业时应掌握电钻或电锤手柄，打孔时将钻头抵在工作表面，然后开动，用力适度，避免晃动；转速若急剧下降，应减少用力，防止电机过载，严禁用木杠加压；

2）钻孔时，应注意避开混凝土中的钢筋；

3）电钻和电锤为40%断续工作制，不得长时间连续使用；

4）作业孔径在25mm以上时，应有稳固的作业平台，周围应设护栏。

（11）使用瓷片切割机时应符合下列要求：

1）作业时应防止杂物、泥尘混入电动机内，并应随时观察机壳温度。当机壳温度过高及产生炭刷火花时，应立即停止检查处理；

2）切割过程中用力应均匀适当，推进刀片时不得用力过猛。当发生刀片卡死时，应立即停机，慢慢退出刀片，应在重新对正后方可再切割。

（12）使用角向磨光机时应符合下列要求：

1）砂轮应选用增强纤维树脂型，其安全线速度不得小于80m/s。配用的电缆与插头应具有加强绝缘性能，并不得任意更换；

2）磨削作业时，应使砂轮与工件面保持15°～30°的倾斜位置；切削作业时，砂轮不得倾斜。

（13）使用电剪时应符合下列要求：

1）作业前应先根据钢板厚度调节刀头间隙量；

2）作业时不得用力过猛，当遇刀轴往复次数急剧下降时，应立即减少推力。

（14）使用射钉枪时应符合下列要求：

1）严禁用手掌推压钉管和将枪口对准人；

2）击发时，应将射钉枪垂直压紧在工作面上，当两次扣动扳机，子弹均不击发时，应保持原射击位置数秒后，再退出射钉弹；

3）在更换零件或断开射钉枪之前，射枪内均不得装有射钉弹。

（15）使用拉铆枪时应符合下列要求：

1）被铆接物体上的铆钉孔应与铆体滑配合，并不得过盈量太大；

2）铆接时，当铆钉轴未拉断时，可重复扣动扳机，直到拉断为止，不得强行扭断或撬断；

3）作业中，接铆头子或柄帽若有松动，应立即拧紧。

3．手持电动工具的安全使用方法

手持电动工具按对触电的防护可分为三类：

（1）Ⅰ类工具的防止触电保护不仅依靠基本绝缘，而且还有一个附加的安全保护措施，如保护接地，使可触及的导电部分在基本绝缘损坏时不会变为带电体。

（2）Ⅱ类工具的防止触电保护不仅依靠基本绝缘，而且还包含附加的安全保护措施（但不提供保护接地或不依赖设备条件），如采用双重绝缘或加强绝缘，它的基本型式有：

① 绝缘材料外壳型，系具有坚固的基本上连续的绝缘外壳；

② 金属外壳型，它有基本连续的金属外壳，全部使用双重绝缘，当应用双重绝缘不行时，便运用加强绝缘；

③ 绝缘材料和金属外壳组合型。

（3）Ⅲ类工具是依靠安全特低电压供电。所谓安全特低电压，是指在相线间及相对地间的电压不超过42V，由安全隔离变压器供电。

（4）随着手持电动工具的广泛使用，其电气安全的重要性更显得突出，使用部门应按照国家标准对手持电动工具制定相应的安全操作要求。其内容至少应包含：工具的允许使用范围、正确的使用方法、操作程序、使用前的检查部位项目、使用中可能出现的危险和相应的防护措施、工具的存放和保养方法、操作者应注意的事项等。此外，还应对使用、保养、维修人员进行安全技术教育和培训，重视对手持电动工具的检查、使用维护的监督，防振防潮防腐蚀。

（5）使用前，应合量选用手持电动工具

1）一般作业场所，应尽可能使用Ⅰ类工具。使用Ⅰ类工具时，应配漏电保护器、隔离变压器等。在潮湿场所应使用Ⅱ或Ⅲ类工具。如采用Ⅰ类工具，必须装设动作电流不大于30mA、动作时间不大于0.1s的漏电保护器。在锅炉、金属容器、管道内作业时，应使用Ⅲ类工具，或装有漏电保护器的Ⅱ类工具，漏电保护器的动作电流不大于15mA、动作时间不大于0.1s。在特殊环境如湿热、雨雪、存在爆炸性或腐蚀性气体等作业环境，应使用具有相应防护等级和安全技术要求的工具。

2）安装使用时，Ⅲ类工具的安全隔离变压器，Ⅱ类工具的漏电保护器，Ⅱ、Ⅲ类工具的控制箱和电源装置应远离作业场所。

3）工具的电源引线应用坚韧橡皮包线或塑料护套软铜线，中间不得有接头，不得任意接长或拆换。保护接地电阻不得大于4Ω。作业时，不得将运转部件的防护罩盖拆卸，更换刀具磨具应停车。

（6）在狭窄作业场所应设有监护人。

（7）除使用36V及以下电压、供电的隔离变压器副绕组不接地、电源回路装有动作可靠的低压漏电保护器外，其余均戴橡胶绝缘手套，必要时还要穿绝缘鞋或站在绝缘垫上。操作隔离变压器应是原副双绕组，副绕组不得接地，金属外壳和铁心应可靠接地。接线端子应封闭或加护罩。原绕组应专设熔断器，用双极闸刀控制，引线长不应超过3m，不得有接头。

（8）工具在使用前后，保管人员必须进行日常检查，使用者在使用前应进行检查。日常检查的内容有：外壳、手柄有无破损裂纹，机械防护装置是否完好，工具转动部分是否灵活、轻快无阻，电气保护装置是否良好，保护线连接是否正确可靠，电源开关是否正常灵活，电源插头和电源线是否完好无损。发现问题应立即修复或更换。

（9）每年至少应由专职人员定期检查一次，在湿热和温度常有变化的地区或使用条件恶劣的地方，应相应缩短检查周期。梅雨季节前应及时检查，检查内容除上述检查外，还应用500V的兆欧表测量电路对外壳的绝缘电阻。对长期搁置不用的工具在使用前也须检测绝缘，Ⅰ类工具应不低于2MΩ，Ⅱ类工具应不低于7MΩ，Ⅲ类工具应不低于1MΩ；否则应进行干燥处理或维修。

（10）工具的维修应由专门指定的维修部门进行，配备有必要的检验设备仪器。不得任意改变该工具的原设计参数，不得使用低于原性能的代用材料，不得换上与原规格不符的零部件。工具内的绝缘衬垫、套管不得漏装或任意拆除。

（11）维修后应测绝缘，并在带电零件与外壳间做耐压试验。由基本绝缘与带电零件隔离的Ⅰ类工具其耐压试验电压为950V，Ⅲ类工具为380V，用加强绝缘与带电零件隔离的Ⅱ类工具的试验电压为2800V。

4. 手持电动工具的安全使用

手持式电动工具是携带式电动工具，种类繁多，应用广泛。手持式电动工具的挪动性大、振动较大，容易发生漏电及其他故障。由于此类工具又常常在人手紧握中使用，触电的危险性更大，故在管理、使用、检查、维护上应给予特别重视。

（1）工具的触电保护措施　《手持式电动工具的管理、使用检查和维修安全技术规程》（GB 3787—2006）中，将手持电动工具按触电保护措施的不同分为三类：

Ⅰ类工具：靠基本绝缘外加保护接零（地）来防止触电；

Ⅱ类工具：采用双重绝缘或加强绝缘来防止触电；

Ⅲ类工具：采用安全特低电压供电且在工具内部不会产生比安全特低电压高的电压来防止触电。

（2）根据环境合理选用

1）在一般场所，应选用Ⅱ类工具；工具本体良好的双重绝缘或外加绝缘是防止触电的安全可靠的措施。如果使用Ⅰ类工具，必须采用漏电保护器或经安全隔离变压器供电，否则，使用者须戴绝缘手套或站在绝缘垫上。

2）在潮湿场所或金属构架上作业，应选用Ⅱ类或Ⅲ类工具。如果使用Ⅰ类工具，必须装设额定动作电流不大于 30mA、动作时间不大于 0.1s 的漏电保护器。

3）在狭窄场所（如锅炉内、金属容器内）应使用Ⅲ类工具。如果使用Ⅱ类工具，必须装设额定漏电动作电流不大于 15mA、动作时间不大于 0.1s 的漏电保护器。且Ⅲ类工具的安全隔离变压器、控制箱、电源连接器等和Ⅱ类工具的漏电保护器必须放在外面，并设专人监护。此类场所严禁使用Ⅰ类工具。

4）在特殊环境，如湿热、雨雪、有爆炸性或腐蚀性气体的场所，使用的手持电动工具还必须符合相应环境的特殊安全要求。

（3）Ⅰ类工具的保护接零　前已述及，Ⅰ类工具是靠基本绝缘外加保护接零（地）来防止触电的。采用保护接零的Ⅰ类工具，保护零线应与工作零线分开，即保护零线应单独与电网的重复接地处连接。为了接零可靠，最好采用带有接零芯线的铜芯橡套软电缆作为电源线，其专用芯线即用作接零线。保护零线应采用截面积不小于 $1.5mm^2$ 的铜线。工具所用的电源插座和插销，应有专用的接零插孔和插头，不得乱插，防止把零线插入相线造成触电事故。

应当指出，虽然采取了保护接零措施，手持电动工具仍可能有触电的危险。这是因为单相线路分布很广，相线和零线很容易混淆，这时，相线和零线上一般都装有熔断器，零线保险熔断，而相线保险尚未熔断，就可能使设备外壳呈现对地电压，以酿成触电事故。因此，这种接零不能保证安全，尚须采用其他安全措施。

（4）使用与保管

1）手持式电动工具必须有专人管理、定期检修和健全的管理制度。

2）每次使用前都要进行外观检查和电气检查。

（5）外观检查

1）外壳、手柄有无裂缝和破损，紧固件是否齐全有效；

2）软电缆或软电线是否完好无损，保护接零（地）是否正确、牢固，插头是否完好无损；

3）开关动作是否正常、灵活、完好；

4）电气保护装置和机械保护装置是否完好；

5）工具转动部分是否灵活无障碍，卡头牢固。

（6）电气检查

1）通电后反应正常，开关控制有效；

2）通电后外壳经试电笔检查应不漏电；

3）信号指示正确，自动控制作用正常；

4）对于旋转工具，通电后观察电刷火花和声音应正常。

（7）手持电动工具在使用场所应加装单独的电源开关和保护装置。其电源线必须采用铜芯多股橡套软电缆或聚氯乙烯护套电缆；电缆应避开热源，且不能拖拉在地。

（8）电源开关或插销应完好，严禁将导线芯直接插入插座或挂钩在开关上。特别要防止将火线与零线对调。

（9）操作手电钻或电锤等旋转工具，不得带线手套，更不可用手握持工具的转动部分或电线，使用过程中要防止电线被转动部分绞缠。

（10）手持式电动工具使用完毕，必须在电源侧将电源断开。

（11）在高空使用手持式电动工具时，下面应设专人扶梯，且在发生电击时可迅速切断电源。

5. 手持式电动工具的检修

手持式电动工具的检修应由专职人员进行。修理后的工具，不应降低原有防护性能。对工具内部原有的绝缘衬垫、套管，不得任意拆除或调换。检修后的工具其绝缘电阻，经用 500V 兆欧表测试、Ⅰ类不低于 2MΩ；Ⅱ类不低于 7MΩ；Ⅲ类不低于 1MΩ。工具在大修后尚应进行交流耐压试验，试验电压标准分别为：Ⅰ类—950V，Ⅱ类—2800V，Ⅲ类—380V。

（四）钢筋机械安全控制技术

1. 常用钢筋加工设备

钢筋加工机械包括钢筋冷拉机、卷扬机、钢筋弯曲机、钢筋切断机等设备。

（1）钢筋冷拉机　钢筋冷拉机（图 7-31）是钢筋加工机械之一。利用超过屈服点的应力，在一定限度内将钢筋拉伸，从而使钢筋的屈服点提高 20%～25%。

图 7-31　钢筋冷拉机

冷拉机分卷扬冷拉机和阻力冷拉机。卷扬冷拉机用卷扬机通过滑轮组，将钢筋拉伸。冷拉速度在 5m/min 左右，可拉粗、细钢筋，但占地面积较大。

阻力冷拉机用于直径 8mm 以下盘条钢筋的拉伸。钢筋由卷筒强力牵行通过 4~6 个阻力轮而拉伸。该机可与钢筋调直切断机组合，直接加工出定长的冷拉钢筋，冷拉速度为 40m/min 左右，效率高，布置紧凑。

冷拉机操作安全要求：

1）应根据冷拉钢筋的直径，合理选用卷扬机。卷扬钢丝绳应经封闭式导向滑轮并和被拉钢筋水平方向成直角。卷扬机的位置应使操作人员能见到全部冷拉场地，卷扬机与冷拉中线距离不得少于 5m。

2）冷拉场地应在两端地锚外侧设置警戒区，并应安装防护栏及警告标志。无关人员不得在此停留。操作人员在作业时必须离开钢筋 2m 以外。

3）用配重控制的设备应与滑轮匹配，并应有指示起落的记号，没有指示记号时应有专人指挥。配重框提起时高度应限制在离地面 300mm 以内，配重架四周应有栏杆及警告标志。

4）作业前，应检查冷拉夹具，夹齿应完好，滑轮、拖拉小车应润滑灵活，拉钩、地锚及防护装置均应齐全牢固。确认良好后，方可作业。

5）卷扬机操作人员必须看到指挥人员发出信号，并待所有人员离开危险区后方可作业。冷拉应缓慢、均匀。当有停车信号或见到有人进入危险区时，应立即停拉，并稍稍放松卷扬钢丝绳。

6）用延伸率控制的装置，应装设明显的限位标志，并应有专人负责指挥。

7）夜间作业的照明设施，应装设在张拉危险区外。当需要装设在场地上空时超过 5m。灯泡应加防护罩，导线严禁采用裸线。其高度应超过 5m，灯泡应加防护罩。

8）作业后，应放松卷扬钢丝绳，落下配重，切断电源，锁好开关箱。

图 7-32　卷扬机

（2）卷扬机　卷扬机（又叫绞车）（图 7-32）是由人力或机械动力驱动卷筒、卷绕绳索来完成牵引工作的装置。可以垂直提升、水平或倾斜拽引重物。卷扬机分为手动卷扬机和电动卷扬机两种。现在以电动卷扬机为主。电动卷扬机由电动机、联轴器、制动器、齿轮箱和卷筒组成，共同安装在机架上。对于起升高度和装卸量大、工作频繁的情况，调速性能好，能令空钩快速下降。对安装就位或敏感的物料，能用较小速度。

常见的卷扬机吨位有：0.3t 卷扬机，0.5t 卷扬机，1t 卷扬机，1.5t 卷扬机，2t 卷扬机，3t 卷扬机，5t 卷扬机，6t 卷扬机，8t 卷扬机，10t 卷扬机，15t 卷扬机，20t 卷扬机，25t 卷扬机和 30t 卷扬机。

卷扬机可分为国标卷扬机、非标卷扬机。国标卷扬机指符合国家标准的卷扬机，非标卷扬机是指厂家自己定义标准的卷扬机。通常只有具有生产证的厂商才可以生产国标卷扬机，价格也比非标卷扬机贵一些。

特殊型号的卷扬机有：变频卷扬机、双筒卷扬机、手刹杠杆式双制动卷扬机、带限位器卷扬机、电控防爆卷扬机、电控手刹离合卷扬机、大型双筒双制动卷扬机、大型外齿轮卷扬机、大型液压式卷扬机、大型外齿轮带排绳器卷扬机、双曳引轮卷扬机、大型液压双筒双制动卷扬机、变频带限位器绳槽卷扬机。

卷扬机的分类及其不同特性卷扬机包括建筑卷扬机，同轴卷扬机。主要产品有：JM 电控慢速大吨位卷扬机、JM 电控慢速卷扬机、JK 电控高速卷扬机、JKL 手控快速溜放卷扬机、2JKL 手控双快溜放卷扬机、电控手控两用卷扬机、JT 调速卷扬机、KDJ 微型卷扬机等，仅能在地上使用，可以通过修改用于船上。它以电动机为动力，经弹性联轴器、三级封闭式齿轮减速箱、牙嵌式联轴器驱动。

卷筒，采用电磁制动。该产品通用性高、结构紧凑、体积小、重量轻、起重量大、使用转移方便，被广泛应用于建筑、水利工程、林业、矿山、码头等的物料升降或平拖，还可作现代化电控自动作业线的配套设备。JM 系列为齿轮减速机传动卷扬机，主要用于卷扬、拉卸、推、拖重物，如各种大中型混凝土、钢结构及机械设备的安装和拆卸，适用于建筑安装公司、矿区、工厂的土木建筑及安装工程。

由人力或机械动力驱动卷筒、卷绕绳索来完成牵引工作的装置。

同轴卷扬机：（又叫微型卷扬机）电机与钢丝绳在同一传动轴上，轻便小巧，节省空间（其吨位包括 200kg、250kg、300kg、500kg、750kg、1000kg 等）。

慢速卷扬机：卷筒上的钢丝绳额定速度约 7～12m/min 的卷扬机。

快速卷扬机：卷筒上的钢丝绳额定速度约 30m/min 的卷扬机。

电动卷扬机：由电动机作为动力，通过驱动装置使卷筒回转的卷扬机。

调速卷扬机：速度控制可以调节的卷扬机。

手摇卷扬机：以人力作为动力，通过驱动装置使卷筒回转的卷扬机。

大吨位非标卷扬机：主要用于卷扬、拉卸、推、拖重物，如各种大中型混凝土、钢结构及机械设备的安装和拆卸。其结构特点是钢丝绳排列有序、吊装可靠，适用于码头、桥梁、港口等路桥工程及大型厂矿安装设备。它利用外力（例如电动机）驱动运转，然后通过电磁制动器和抱死制动器控制其在无动力下不自由运转，同时经过电动机的带动减速后，驱动一个轮盘运转，轮盘上可以卷钢索或者其他东西。

通常提升高于 30t 的卷扬机为大吨位卷扬机，生产大吨位的卷扬机技术在中国只有少数，目前最大吨位是 65t。主要细分为 JK（快速），JM、JMW（慢速），JT（调速），JKL、2JKL 手控快速等系列卷扬机，广泛应用于工矿、冶金、起重、建筑、化工、路桥、水电安装等起重行业。

常见卷扬机型号有：

1）JK0.5-JK5 单卷筒快速卷扬机。

2）JK0.5-JK12.5 单卷筒慢速卷扬机。

3）JKL1.6-JKL5 溜放型快速卷扬机。

4）JML5、JML6、JML10 溜放型打桩用卷扬机。

5）2JK2-2JML10 双卷筒卷扬机。

6）JT800、JT700 型防爆提升卷扬机。

7）JK0.3-JK15 电控卷扬机。

8）非标卷扬机。

其中 JK 表示快速卷扬机，JM 表示慢速卷扬机，JT 表示防爆卷扬机，单卷筒表示一个卷筒容纳钢丝绳，双卷筒表示两个卷筒容纳钢丝绳。

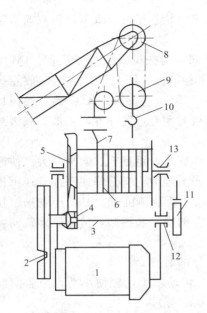

图 7-33 卷扬机结构

1—电动机；2—三角皮带；3—传动轴；
4、5—齿轮；6—卷筒；7—钢丝绳；
8—定滑轮；9—动滑轮；10—起重机
吊钩；11—制动器；12、13—轴承

特殊卷扬机型号有：

液压卷扬机。

变频卷扬机。

双筒卷扬机。

手刹杠杆式双制动卷扬机。

带限位器卷扬机。

双制动卷扬机。

卷扬机的结构如图 7-33 所示。

卷扬机把电能经过电动机 1 转换为机械能，即电动机的转子转动输出，经三角皮带 2、传动轴 3、齿轮 4、5 减速后再带动卷筒 6 旋转。卷筒卷绕钢丝绳 7 并通过滑轮组 8、9，使起重机吊钩 10 提升或落下载荷 Q，把机械能转变为机械功，完成载荷的垂直运输装卸工作。

（3）钢筋弯曲机　钢筋弯曲机（图 7-34）是钢筋加工机械之一。工作机构（图 7-35）是一个在垂直轴上旋转的水平工作圆盘，把钢筋置于图中虚线位置，支承销轴固定在机床上，中心销轴和压弯销轴装在工作圆盘上，圆盘回转时便将钢筋弯曲。为了弯曲各种直径的钢筋，在工作盘上有几个孔，用以插压弯销轴，也可相应地更换不同直径的中心销轴。

图 7-34　钢筋弯曲机

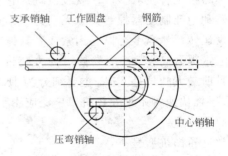

图 7-35　弯曲原理图

钢筋弯曲机包括减速机、大齿轮、小齿轮、弯曲盘面，其特征在于结构中：双级制动电机与减速机直联作一级减速；小齿轮与大齿轮啮合作二级减速；大齿轮始终带动弯曲盘面旋转；弯曲盘面上设置有中心轴孔和若干弯曲轴孔；工作台面的定位方杠上分别设置有若干定位轴孔。由于双级制动电机与减速机直联作一级减速，输入、输出转数比准确，弯曲速度稳定、准确，且可利用电气自动控制变换速度，制动器可保证弯曲角度。利用电机的正反转，对钢筋进行双向弯曲。中心轴可替换，便于维修。可以采用智能化控制。国外品牌都是贴牌生产，很少是全套进口。据调查所知，很多国外品牌都是国内生产商生产。

1）主要技术指标见表 7-18。

表 7-18 钢筋切断机的主要技术指标

型 号 技术指标	GW-12 型	GF16 型	GW40 型	GW50 型
弯曲钢筋直径:圆钢(Q235-A)	($\phi4\sim\phi12$)mm	($\phi4\sim\phi16$)mm	($\phi6\sim\phi40$)mm	($\phi10\sim\phi50$)mm
弯曲钢筋直径:Ⅱ级螺纹钢			($\phi8\sim\phi36$)mm	($\phi1\sim\phi40$)mm
工作圆盘直径			$\phi345$mm	$\phi400$mm
工作圆盘转速	20r/min	35～40r/min	5r/min,10r/min	5r/min,10r/min
电机功率	1.5kW	1.5kW	3kW	4kW

2) 注意事项 作业时,将钢筋需弯的一头插在转盘固定备有的间隙内,另一端紧靠机身固定并用手压紧,检查机身固定,确实安在挡住钢筋的一侧方可开动。作业中严禁更换芯轴和变换角度以及调速等作业,亦不得加油或清除。弯曲钢筋时,严禁加工超过机械规定的钢筋直径、根数及机械转速。弯曲高硬度或低合金钢筋时,应按机械铭牌规定换标最大限制直径,并调换相应的芯。

(4) 钢筋切断机 钢筋切断机是剪切钢筋所使用的一种工具,一般有全自动钢筋切断机和半自动钢筋切断机之分,它是钢筋加工必不可少的设备之一。它主要用于房屋建筑、桥梁、隧道、电站、大型水利等工程中对钢筋的定长切断。钢筋切断机与其他切断设备相比,具有重量轻、耗能少、工作可靠、效率高等特点,因此近年来逐步被机械加工和小型轧钢厂等广泛采用,在国民经济建设的各个领域发挥了重要的作用。

1) 钢筋切断机特点 一般有全自动钢筋切断机和半自动钢筋切断机之分。全自动的也叫电动切断机,是电能通过马达转化为动能控制切刀切口,来达到剪切钢筋效果的。而半自动的是人工控制切口,从而进行剪切钢筋操作。目前比较多的是液压钢筋切断机 液压钢筋切断机又分为充电式和便携式(图 7-36)两大类。

图 7-36 便携式钢筋切断机

2) 钢筋切断机分类 适用于建筑工程上各种普通碳素钢、热扎圆钢、螺纹钢、扁钢、方钢的切断。

切断圆钢:(Q235-A) 直径:($\phi6\sim\phi40$) mm。

切断扁钢最大规格:(70×15) mm。

切断方钢:(Q235-A) 最大规格:(32×32) mm。

切断角钢最大规格:(50×50) mm。

3) 钢筋切断机发展动态 国内外切断机的对比:由于切断机技术含量低、易仿造、利润不高等原因，所以厂家几十年来基本维持现状，发展不快，与国外同行相比具体有以下几方面差距。

国外切断机偏心轴的偏心距较大，如日本立式切断机偏心距为 24mm，而国内一般为 17mm。看似省料、齿轮结构偏小，但却给用户带来麻烦，不易管理。因为在由切大料到切小料时，不是换刀垫就是换刀片，有时还需要转换角度。）国外切断机的机架都是钢板焊接结构，零部件加工精度、粗糙度尤其是热处理工艺过硬，使切断机在承受过载荷、疲劳失效、磨损等方面都超过国产机器。

国内切断机刀片设计不合理，单螺栓固定，刀片厚度够薄，40 型和 50 型刀片厚度均为 17mm；而国外都是双螺栓固定，25～27mm 厚，因此国外刀片在受力及寿命等综合性能方面都较国内优良。国内切断机每分钟切断次数少：国内一般为 28～31 次，国外要高出 15～20 次，最高高出 30 次，工作效率较高。

国外机型一般采用半开式结构，齿轮、轴承用油脂润滑，曲轴轴径、连杆瓦、冲切刀座、转体处用手工加稀油润滑。国内机型结构有全开、全闭、半开半闭 3 种，润滑方式有集中稀油润滑和飞溅润滑 2 种。国内切断机外观质量、整机性能不尽如人意；国外厂家一般都是规模生产，在技术设备上舍得投入，自动化生产水平较高，形成一套完整的质量保证加工体系。尤其对外观质量更是精益求精，外罩一次性冲压成型，油漆经烤漆喷涂处理，色泽搭配科学合理，外观看不到哪儿有焊缝、毛刺、尖角，整机光洁美观。而国内一些厂家虽然生产历史较长，但没有一家形成规模，加之设备老化，加工过程拼体力、经验，生产工艺几十年一贯制，所以外观质量粗糙、观感较差。

2. 钢筋工安全技术操作要求

（1）钢材、半成品等应按规格、品种分别堆放整齐，加工制作现场要平整，工作台稳固，照明灯具必须加网罩。

（2）拉直钢筋、卡头要卡牢，拉筋线 2m 区域内禁止行人来往，人工拉直，不准用胸、肚接触，并缓慢松解，不得一次松开。

（3）展开盘圆钢筋要一次卡牢，防止回弹，切割时先用脚踩紧。

（4）多人合作运钢筋，运作要一致，人工上下传送不得在同一垂直线上，钢筋堆放要分散、牢稳，防止倾倒或塌落。

（5）绑扎立柱、墙体钢筋，不得站在钢筋骨架上或攀登骨架上下。

（6）所需各种钢筋机械，必须制定安全技术操作要求，并认真遵守，钢筋机械的安全防护设施必须安全可靠。

3. 钢筋机械安全操作要求

（1）钢筋冷拉机械安全操作要求

1）合理选用冷拉钢筋场地，卷扬机要用地锚固定牢固，卷扬机的钢丝绳应经封闭导向滑轮。

2）冷拉场地在两端地锚外侧设置警戒区，并设警示标志，严禁无关人员在此停留，操作人员在操作时必须离开钢筋最少 2m。

3）操作前必须检查冷拉夹具，滑轮拉钩、地锚必须牢固可靠，确保良好后方可作业。

4）卷扬机操作人员必须看到指挥人员发出的信号，并待有关人员离开危险区时方可作业，冷拉应缓慢、均匀地进行，随时注意停车信号或见有人进入危险区时应立即停车，并稍稍放松卷扬机钢丝绳。

5）用于控制延伸率的装置必须装设明显限位标志，并设专人负责指挥。

6）夜间作业照明设施应设在危险区外，如必须装设在场地上空，其高度应超过 5m，灯泡应加防护罩，导线不用裸线。

7）作业完毕，清理作业现场，切断电源后方能离开。

（2）卷扬机安全操作要求

1）工作前必须检查钢丝绳的接头是否牢固，离合器、制动器、滑轮是否灵活可靠。

2）操作时，司机要聚精会神，听从口令。

3）卷扬机不得超过起重机重量。

4）卷扬机启动或停止时，速度必须逐渐加快或减慢。

5）钢丝绳必须在筒上排列整齐，至少应在筒上保留三圈。

6）钢丝绳必须经常检查，不准有刺及扭绕现象。

7）电动卷扬机在工作中要注意电动机的温度，如发现异常，应停止工作。

8）禁止任何人跨越卷扬机在运动着的钢丝绳。

9）卷扬机不得用于人员上下。

10）制动器不能受潮或油污，如因制动器失灵时，应立即停止作业进行维修。

11）夜间作业时，现场有足够的照明设备。

12）卷扬机在工作中不得进行任何维修及保养。

（3）钢筋弯曲机安全操作要求

1）操作台面和弯曲机面要保持水平，并准备好各种芯轴及工具。

2）按加工钢筋的直径与弯曲钢筋半径的要求，装好芯轴、成形轴、挡铁轴、变挡轴，芯轴直径为钢筋的 2.5 倍。

3）启动前必须检查芯轴、挡铁、转盘无损坏和裂纹，防护罩牢固可靠，经运转确认安全后方可作业。

4）作业时将钢筋需要弯曲的插头插在固定销的间隙内，另端紧靠机身固定销，并用手压紧，检查机身固定销，确定在固定销的一侧，方可开动。

5）作业中严禁更换芯销子和变更角度或调速等作业，亦不能加油或清扫。

6）弯曲时，严禁超过本机规定的钢筋直径根数及机械速度。

7）弯曲高强度钢筋时，应按机械铭牌规定换算最大值并调换相的芯轴。

8）严禁在弯曲钢筋的作业半径和机身不设固定销一侧站人，弯曲好的钢筋要堆放整齐，弯钩不得向上。

9）转盘转向时，必须停稳后进行。

10）作业完毕，清理作业现场，切断电源，锁好开关箱。

（4）钢筋切断机安全操作要求

1）使用前必须检查切刀有无裂缝，刀架螺栓是否上紧，防灰罩牢固，然后用手转动皮带轮，检查齿合间隙，调整好齿轮间隙。

2）接送台应和切刀下部保持水平，工作台的长度可根据实际而定。

3）启动机先空转，检查传动部位及轴承运转正常后，方可作业。

4）机械未达到正常转速时不得切料，切料时，必须使用切刀的下部，紧握钢筋对准刀口迅速送入。

5）不得剪切直径及强度超过机械铭牌规定的钢筋，一次切断多根钢筋时，总截面积应在规定的范围内。

6）剪切低合金钢时，应换高硬度切刀，直径应符合铭牌规定。

7）切断短料时，手和切刀要保持 1500mm 以上，如手握小于 9mm 的钢筋时，应用套管将钢筋短头压住。

8）运动中，严禁用手直接清除切刀附近端杂物，钢筋摆动周围内切刀附近的非工作人员不得停留。

9）发现机械转动异常，应立即停机检修。

10）作业后，用钢刷清除切口间杂物，切断电源，锁好电源开关箱后离开。

（五）电焊机安全控制技术

1. 电焊机　电焊机是将电能转换为焊接能量的焊机（图 7-37）。

图 7-37　电焊机

电焊机是利用正负两极在瞬间短路时产生的高温电弧来熔化电焊条上的焊料和被焊材料，来达到使它们结合的目的。其结构十分简单，就是一个大功率的变压器。电焊机一般按输出电源种类可分为两种，一种是交流电源，一种是直流电源。系利用电感的原理做成的，电感量在接通和断开时会产生巨大的电压变化，利用正负两极在瞬间短路时产生的高压电弧来熔化电焊条上的焊料，来达到使它们结合的目的。

电焊机实际上就是具有下降外特性的变压器，将 220V 和 380V 交流电变为低压的直流电，直流的电焊机可以说是一个大功率的整流器，分正负极，交流电输入时，经变压器变压后，再由整流器整流，然后输出具有下降外特性的电源，输出端在接通和断开时会产生巨大的电压变化，两极在瞬间短路时引燃电弧，利用产生的电弧来熔化电焊条和焊材，冷却后来达到使它们结合的目的。焊接变压器有自身的特点，外特性就是在焊条引燃后电压急剧下降。

焊接由于具有灵活、简单、方便、牢固、可靠，焊接后甚至与母材同等强度的优点而广泛用于各个工业领域，如航空航天、船舶、汽车、容器等。

（1）电焊机的特点

1）电焊机优点　电焊机使用电能源，将电能瞬间转换为热能，电很普遍，接电用电很方便。电焊机适合在干燥的环境下工作，不需要太多要求，因体积小巧、操作简单、使用方便、速度较快、焊接后焊缝结实等优点而广泛用于各个领域，特别对要求强度很高的制件特实用，可以瞬间将同种金属材料（也可将异种金属连接，只是焊接方法不同）永久性地连接，焊缝经热处理后，与母材同等强度，密封很好，这给储存气体和液体容器的制造解决了密封和强度的问题。

2）电焊机缺点　电焊机在使用的过程中焊机的周围会产生一定的磁场，电弧燃烧时会向周围产生辐射，弧光中有红外线、紫外线等，还有金属蒸气和烟尘等有害物质，所以操作时必须要做足够的防护措施。焊接不适合于高碳钢的焊接，由于焊接焊缝金属结晶和偏析及氧化等过程，对于高碳钢来说焊接性能不良，焊后容易开裂，产生热裂纹和冷裂纹。低碳钢有良好的焊接性能，但过程中也要操作得当，除锈清洁方面较为烦琐，有时焊缝会出现夹渣、裂纹、气孔、咬边等缺陷，但操作得当会降低缺陷的产生。

（2）电焊机原理　电焊机是利用正负两极在瞬间短路时产生的高温电弧来熔化电焊条上的焊料和被焊材料，来达到使它们结合的目的。电焊机的结构十分简单，简单讲就是一个大功率的变压器，将220V交流电变为低电压，大电流的电源，可以是直流的也可以是交流的。电焊变压器有自身的特点，就是具有电压急剧下降的特性，在焊条引燃后电压下降。电焊机工作电压的调节，除了一次的220V/380V电压变换，二次线圈也有抽头变换电压，同时还有用铁芯来调节的。可调铁芯电焊机一般是一个大功率的变压器，系利用电感的原理做成的，电感量在接通和断开时会产生巨大的电压变化，利用正负两极在瞬间短路时产生的高压电弧来熔化电焊条上的焊料，来达到使它们结合的目的。在焊条和工件之间施加电压，通过划擦或接触引燃电弧，用电弧的能量熔化焊条和加热母材。

2. 操作规程

（1）电焊工安全技术操作规程

1）电焊机外壳必须接地良好，其电源的装拆应由电工进行。

2）电焊机要设单独的开关，开关应放在防雨的闸箱内，拉合时应戴手套，侧向操作。

3）严禁在带压力的容器或管道上施焊，焊接带电的设备必须先切断电源。

4）在密闭金属容器内焊接时，容器必须可靠接地，通风良好，并应有人监护，严禁向容器内输入氧气。

5）焊接预热部件时，应有石棉布或挡板等隔热措施。

6）更换移动把线时，应切断电源，并不得持把线爬梯登高。

7）多台焊机在一起集中焊接时，焊接平台或焊件必须接地，并应有隔光板。

8）雷雨时，应停止露天焊接作业。

9）焊接场地周围应清除易燃易爆物品，或进行覆盖隔离。

10）工作结束，应切断电焊机电源，并检查操作地点，确认无起火危险后，方可离开。

（2）电焊机安全操作规程

1）电焊机应设在干燥的地方，平稳牢固，要有可靠的接地装置，接线绝缘良好。

2）焊把不得破损，不得漏电。

3）操作时应佩戴防护镜和手套，并站在橡胶或木板上。

4）工棚要有防火材料搭设，棚内严禁堆放易燃易爆物品，并备灭火器材。

5）无操作的不得使用。

6）各接线处不得裸露导线和裸露接线端子板。

7）要有防雨防潮措施。

3. 对焊机安全操作要求

（1）对焊机应安装在室内或棚内，并有良好的接地，每台对焊机必须安装刀闸开关。

（2）操作前检查对焊机及压力机械是否灵活，夹具是否牢固。

（3）通电前必须通水，使电极及次极绕组变冷，同时检查有无漏水现象，漏水禁止使用。

（4）焊接现场禁止堆放易燃易爆物品，现场必须配备消防器材，操作人员必须佩戴防护镜、绝缘手套及帽子，站在垫木或其他绝缘材料上才能作业。

（5）焊接前，应根据所焊钢材的截面调整电压，禁止焊接超过对焊机规定的钢筋。

（6）焊机所有活动部位应定期注油，确保良好的润滑。

（7）接触器、继电器应保持清洁，冷水的温度不得超过40℃。

（8）焊接较长的钢筋时，应设支架，配合搬运人员。

（9）冬季施工室内温度不得小于8℃，用完后将机械内水吹干。

（10）工作完后，必须切断电源，清除切口及周围的焊渣，以确保焊机清洁后，收拾好工具，清扫现场对设备进行保养。

（六）搅拌机安全控制技术

混凝土搅拌机（图7-38）是把水泥、砂石骨料和水混合并拌制成混凝土混合料的机械。主要由拌筒、加料和卸料机构、供水系统、原动机、传动机构、机架和支承装置等组成。

图7-38　混凝土搅拌机

混凝土搅拌机，包括通过轴与传动机构连接的动力机构及由传动机构带动的滚筒，在滚筒筒体上装围绕滚筒筒体设置的齿圈，传动轴上设置与齿圈啮合的齿轮。本实用新型结构简单、合理，采用齿轮、齿圈啮合后，可有效克服雨雾天气时，托轮和搅拌机滚筒之间的打滑现象；采用的传动机构又可进一步保证消除托轮和搅拌机滚筒之间的打滑现象。

1. 混凝土搅拌功能

（1）使各组成成分宏观与微观上均匀。

（2）破坏水泥颗粒团聚现象，促进弥散现象的发展。

（3）破坏水泥颗粒表面的初始水化物薄膜包裹层。

（4）促使物料颗粒间碰撞摩擦，减少灰尘薄膜的影响。

（5）提高拌合料各单元体参与运动的次数和运动轨迹的交叉频率，加速匀质化。

2. 混凝土搅拌机的分类　按工作性质分间歇式（分批式）和连续式；按搅拌原理分自落式和强制式；按安装方式分固定式和移动式；按出料方式分倾翻式和非倾翻式；按拌筒结构形式分梨式、鼓筒式、双锥、圆盘立轴式和圆槽卧轴式等。

（1）按工作性质分：

1）周期性工作搅拌机；

2）连续性工作搅拌机。

（2）按搅拌原理分

1）自落式搅拌机；

2）强制式搅拌机。

（3）按搅拌桶形状分

1）鼓筒式；

2）锥式；

3）圆盘式。

另外，搅拌机还分为裂筒式和圆槽式（即卧轴式）搅拌机。

3. 搅拌机概况

（1）自落式搅拌机 自落式搅拌机有较长的历史，早在 20 世纪初，由蒸汽机驱动的鼓筒式混凝土搅拌机已开始出现。50 年代后，反转出料式和倾翻出料式的双锥形搅拌机以及裂筒式搅拌机等相继问世并获得发展。自落式混凝土搅拌机的拌筒内壁上有径向布置的搅拌叶片。工作时，拌筒绕其水平轴线回转，加入拌筒内的物料被叶片提升至一定高度后，借自重下落，这样周而复始地运动，达到均匀搅拌的效果。自落式混凝土搅拌机的结构简单，一般以搅拌塑性混凝土为主。

（2）强制式搅拌机 从 20 世纪 50 年代初兴起后，强制式搅拌机得到了迅速的发展和推广。最先出现的是圆盘立轴式强制混凝土搅拌机。这种搅拌机分为涡桨式和行星式两种。70 年代后，随着轻骨料的应用，出现了圆槽卧轴式强制搅拌机，它又分单卧轴式和双卧轴式两种，兼有自落和强制两种搅拌的特点。其搅拌叶片的线速度小，耐磨性好，耗能少，发展较快。强制式混凝土搅拌机拌筒内的转轴臂架上装有搅拌叶片，加入拌筒内的物料在搅拌叶片的强力搅动下，形成交叉的物流。这种搅拌方式远比自落搅拌方式作用强烈，主要适于搅拌干硬性混凝土。

（3）连续式混凝土搅拌机 装有螺旋状搅拌叶片，各种材料分别按配合比经连续称量后送入搅拌机内，搅拌好的混凝土从卸料端连续向外卸出。这种搅拌机的搅拌时间短，生产率高、其发展引人注目。

随着混凝土材料和施工工艺的发展、又相继出现了许多新型结构的混凝土搅拌机，如蒸汽加热式搅拌机，超临界转速搅拌机，声波搅拌机，无搅拌叶片的摇摆盘式搅拌机和二次搅拌的混凝土搅拌机等。

4. 搅拌机的维护保养

（1）保养机体的清洁，清除机体上的污物和障碍物。

（2）检查各润滑处的油料及电路和控制设备，并按要求加注润滑油。

（3）每班工作前，在搅拌筒内加水空转 1～2min，同时检查离合器和制动装置工作的可靠性。

（4）混凝土搅拌机运转过程中，应随时检听电动机、减速器、传动齿轮的噪声是否正常，温升是否过高。

（5）每班工作结束后，应认真清洗混凝土搅拌机。

5. 混凝土搅拌机的操作要求

（1）搅拌机应安置在坚实的地方，用支架或支脚筒架稳。不准以轮胎代替支撑。

（2）开动搅拌机前应检查各控制器及机件是否良好。滚筒内不得有异物。

（3）搅拌机进料斗升起时，严禁人员在料斗下通过或停留。工作完毕后应将搅拌机料斗固定好。

（4）搅拌机运转时，严禁将工具伸进滚筒内。

（5）现场检修时，应固定好搅拌机料斗，切断电源。进入搅拌机滚筒时，外面应有人监护。

6. 搅拌机的使用安全

（1）搅拌机应设置在平坦的位置，用方木垫起前后轮轴，使轮胎搁高架空，以免在开动时发生走动。

（2）搅拌机应实施二级漏电保护，上班前电源接通后，必须仔细检查，经空车试转认为合格，方可使用。试运转时应检验拌筒转速是否合适，一般情况下，空车速度比重车（装料后）稍快 $2\sim3r/min$，如相差较多，应调整动轮与传动轮的比例。

（3）拌筒的旋转方向应符合箭头指示方向，如不符实，应更正电机接线。

（4）检查传动离合器和制动器是否灵活可靠，钢丝绳有无损坏，轨道滑轮是否良好，周围有无障碍及各部位的润滑情况等。

（5）开机后，经常注意搅拌机各部件的运转是否正常。停机时，经常检查搅拌机叶片是否打弯，螺丝有无打落或松动。

（6）当混凝土搅拌完毕或预计停歇 1h 以上，除将余料除净外，应用石子和清水倒入料筒内，开机转动，把粘在料筒上的砂浆冲洗干净后全部卸出。料筒内不得有积水，以免料筒和叶片生锈。同时还应清理搅拌筒外积灰，使机械保持清洁完好。

（7）下班后及停机不用时，应拉闸断电，并锁好开关箱，以确保安全。

7. 混凝土搅拌机操作安全技术

（1）作业场地应有良好的排水条件，机械近旁应有水源，机棚内应有良好的通风、采光及防雨、防冻设施，并不得有积水。

（2）当气温降到5℃以下时，管道、水泵、机内均应采取防冻保温措施。

（3）作业后，应及时将机内、水箱内、管道内的存料、积水放尽，并应清洁保养机械，清理工作场地，切断电源，锁好开关箱。

（4）固定式搅拌机应安装在牢固的台座上。当长期固定时，应埋置地脚螺栓；在短期使用时，应在机座上铺设木枕并找平放稳。

（5）固定式搅拌机的操纵台，应使操作人员能看到各部工作情况。电动搅拌机的操纵台应垫上橡胶板或干燥木板。

（6）移动式搅拌机的停放位置应选择平整坚实的场地，周围应有良好的排水沟渠。就位后，应放下支腿将机架顶起达到水平位置，使轮胎离地。当使用期较长时，应将轮胎卸下妥善保管，轮轴端部用油布包扎好，并用枕木将机架垫起支牢。

（7）对需设置上料斗地坑的搅拌机，其坑口周围应垫高夯实，应防止地面水流入坑内。上料轨道架的底端支承面应夯实或铺砖，轨道架的后面应采用木料加以支承，应防止作业时轨道变化。

（8）料斗放到最低位置时，在料斗与地面之间应加一层缓冲垫木。

（9）作业前重点检查项目应符合下列要求：

1）电源电压升降幅度不超过额定值的5％；

2）电动机和电器元件的接线牢固，保护接零或接地电阻符合规定；

3）各传动机构、工作装置、制动器等均紧固可靠，开式齿轮、皮带轮等均有防护罩；

4）齿轮箱的油质、油量符合规定。

（10）作业前，应先启动搅拌机空载运转。应确认搅拌筒或叶片旋转方向与筒体上箭头所示方向一致。对反转出料的搅拌机，应使搅拌筒正、反转运转数分钟，并应无冲击抖动现象和异常噪声。

（11）作业前，应进行料斗提升试验，应观察并确认离合器、制动器灵活可靠。

（12）应检查并校正供水系统的指示水量与实际水量的一致性；当误差超过2％时，应检查管路的漏水点，或应校正节流阀。

（13）应检查集料规格并应与搅拌机性能相符，超出许可范围的不得使用。

（14）搅拌机启动后，应使搅拌筒达到正常转速后进行上料。上料时应及时加水。每次加入的拌合料不得超过搅拌机的额定容量并应减少物料粘罐现象，加料的次序应为石子—水泥—砂子或砂子—水泥—石子。

（15）进料时，严禁将头或手伸入料斗与机架之间。运转中，严禁用手或工具伸入搅拌筒内扒料、出料。

（16）搅拌机作业中，当料斗升起时，严禁任何人在料斗下停留或通过；当需要在料斗下检修或清理料坑时，应将料斗提升后用铁链或插入销锁住。

（17）向搅拌筒内加料应在运转中进行，添加新料应先将搅拌筒内原有的混凝土全部卸出后方可进行。

（18）作业中，应观察机械运转情况，当有异常或轴承温升过高等现象时，应停机检查；当需检修时，应将搅拌筒内的混凝土清除干净，然后再进行检修。

（19）加入强制式搅拌机的集料最大粒径不得超过允许值，并应防止卡料。每次搅拌时，加入搅拌筒的物料不应超过规定的进料容量。

（20）强制式搅拌机的搅拌叶片与搅拌筒底及侧壁的间隙，应经常检查并确认符合规定，当间隙超过标准时，应及时调整。当搅拌叶片磨损超过标准时，应及时修补或更换。

（21）作业后，应对搅拌机进行全面清理；当操作人员需进入筒内时，必须切断电源或卸下熔断器，锁好开关箱，挂上"禁止合闸"标牌，并应有专人在外监护。

（22）作业后，应将料斗降落到坑底，当需升起时，应用链条或插销扣牢。

（23）冬季作业后，应将水泵、放水开关、量水器中的积水排尽。

（24）搅拌机在场内移动或远距离运输时，应将进料斗提升到上止点，用保险铁链或插销锁住。

（七）气瓶安全控制技术

气瓶（图7-39）也是一种压力容器。气瓶应包括不同压力、不同容积、不同结构形式和不同材料用以贮运永久气体、液化气体和溶解气体的一次性或可重复充气的移动式的压力容器。

图 7-39　气瓶

对压力容器的安全要求，一般来讲对气瓶也是适用的。但由于气瓶在使用方面有它的特殊性，因此为保证安全，气瓶除符合压力容器的安全要求外，还要有一些特殊要求。

气瓶是储运式压力容器。它在生产中的使用日益广泛。目前使用最多的是无缝钢瓶，其公称容积为 40L，外径 219mm。此外，氧气和乙炔气瓶的公称容积袋重有 10kg、15kg、20kg、50kg 四种。溶解乙炔气瓶的公称容积有 ≤25L（直径 200mm）、40L（直径 250mm）、50L（直径 250mm）、60L（直径 300mm）四种。还有公称容积为 400L、800L 盛装液氯 0.5t、1t 的焊接气瓶等。因此，从气瓶的设计、制造、使用上全面加强管理是十分必要的。

1. 气瓶的概述和分类

气瓶的分类方法很多。按气瓶充装气体的物理性质分为压缩气体气瓶、液化气体气瓶（高压液化气体、低压液化气体）；按充装气体的化学性质分为惰性气体气瓶、助燃气体气瓶、易燃气体气瓶和有毒气体气瓶；按气瓶设计压力分为高压气瓶（$2940N/cm^2$、$1960N/cm^2$、$1470N/cm^2$、$1225N/cm^2$）和中压气瓶（$784N/cm^2$、$490N/cm^2$、$294N/cm^2$、$19698N/cm^2$）；按制造材料分为钢制气瓶（不锈钢气瓶）、玻璃钢气瓶；按气瓶结构分为无缝气瓶和焊接气瓶。

(1) 气瓶的结构分类

从结构上分类有无缝气瓶和焊接气瓶；从材质上分类有钢质气瓶（含不锈钢气瓶）、铝合金气瓶、复合气瓶、其他材质气瓶，从充装介质上分类为永久性气体气瓶、液化气体气瓶、溶解乙炔气瓶；从公称工作压力和水压试验压力上分类有高压气瓶、低压气瓶。

(2) 气瓶的容积分类

公称容积不大于 1000L，用于盛装压缩气体的可重复充气而无绝热装置的移动式压力容器。常用的有氧气瓶、乙炔瓶等。车载天然气瓶：一般容积在 50～140L，压力 20MPa，外径 325mm。现在有两种类型：一种是全钢瓶，一种是环向全缠绕。缠绕瓶属于新技术，安全性更高，重量轻，缠绕层材料是玻璃纤维，气瓶主体材料 30CrMo，一般改装安放在车后备箱内。

2. 液化气的充装

(1) 充装计量用衡器的最大称量值不得大于气瓶实重（包括自重与装液重量）的 3 倍，不小于 1.5 倍。衡器应按有关规定，定期进行校验，并且至少在每天使用前校正一次。

(2) 易燃液化气体中的氧含量达到或超过下列规定值时，禁止装瓶：

1) 乙烯中的氧含量 2%（按体积计，下同）；

2）其他易燃气体中的氧含量4%。

（3）气瓶充装液化气体时，必须严格遵守下列各项：

1）充气前必须检查确认气瓶是经过检查合格或妥善处理的。

2）用卡子连接代替螺纹连接进行充装时，必须认真仔细检查，确认瓶阀出口螺纹与所装气体所规定的螺纹形式相符。

3）开启瓶阀应缓慢操作，并应注意监听瓶内有无异常声响。

4）充装易燃气体的操作过程中，禁止用扳手等金属器具敲击瓶阀或管道。

5）在充装过程中，应随时检查气瓶各处的密封状况，瓶壁温度是否正常。发现异常时应及时妥善处理。

（4）氧气和乙炔气体的充装量不得大于所装气瓶型号中用数字表示的公称容量（以千克计）。其他液化气体的充装量不得大于气瓶的公称容积与充装系数的乘积。

（5）低压液化气体充装系数的确定，应符合下列原则：

1）充装系数应不大于在气瓶最高使用温度下，液体密度的97%。

2）在温度高于气瓶最高使用温度5℃时，瓶内不满液。

（6）高压液化气体充装系数的确定，应符合下列原则

1）瓶内气体在气瓶最高使用温度下所达到的压力不超过气瓶许用压力。

2）在温度高于最高使用温度5℃时，瓶内气体压力不超过气瓶许用压力的20%。

（7）液化气体的充装量必须精确计量和严格控制，禁止用贮罐减量法（即根据气瓶充装前后贮罐存液量之差）来确定充装量。充装过量的气瓶，必须及时将超装的液量妥善排出。

（8）充装后的气瓶，应有专人负责，逐只进行检查。不符合要求时，应进行妥善处理。检查内容应包括：

1）充装量是否在规定范围内。

2）瓶阀及其与瓶口连接的密封是否良好。

3）瓶体是否出现鼓包变形或泄漏等严重缺陷。

4）瓶体的温度是否有异常升高的迹象。

3．气瓶改装

（1）使用过的气瓶，严禁随意更改颜色标记，换装别种气体。

（2）使用单位需要更换气瓶盛装气体的种类时，应提出申请，由气瓶检验单位对气瓶进行改装。

（3）对低压液化气体气瓶，充气单位应先进行校验，确认换装的气体，在气瓶最高使用温度下的饱和蒸气压力不大于气瓶的许用压力后，方可进行改装。

（4）气瓶改装时，应对瓶内部进行彻底清理、检验，换装相应的附件，并按《气瓶颜色标志》（GB 7144—1999）的规定，更改换装气体的字样、色环和颜色标记。

4．充装记录

（1）充气单位应由专人负责填写气瓶充装记录。记录内容至少应包括：充气日期、瓶号、室温、气瓶标记重量、装气后总重量、有无发现异常情况等。

（2）充气单位应负责妥善保管气瓶充装记录，保存时间不应小于一年。

5．常见气瓶颜色标志（表7-19）

表 7-19　常见气瓶颜色标志

充装气体名称	化学式	瓶色	字样	字色	色环
乙炔	CH≡CH	白	乙炔不可近火	大红	
氢	H_2	淡绿	氢	大红	$p=20$,淡黄色单环 $p=30$,淡黄色双环
氧	O_2	淡蓝	氧	黑	$p=20$,白色单环 $p=30$,白色双环
氮	N_2	黑	氮	淡黄	
空气		黑	空气	白	
二氧化碳	CO_2	铝白	液化二氧化碳	黑	$p=20$,黑色单环
氨	NH_3	淡黄	液化氨	黑	
氯	Cl_2	深绿	液化氯	白	
氩	Ar	银灰	氩	深绿	
氧气和乙炔气 工业用		棕	白		$p=20$,白色单环 $p=30$,白色双环
民用		银灰	氧气和乙炔气	大红	

注：1. 色环栏内的 p 是气瓶的公称工作压力，MPa。

2. 民用氧气和乙炔气瓶上的字样应排成两行，"家用燃料"居中的下方为 "（LPG）"。

6. 对充装、使用、运输气瓶的安全要求

（1）气瓶充装　气瓶充装的安全要求应包括：

1）在充气前，要对气瓶进行严格检查。检查的内容包括：气瓶的漆色是否完好，是否与所充装气体的规定气瓶漆色一致；气瓶内是否按规定留有余气，气瓶原装气体是否与将要充装的气体一致，辨别不清时应取样化验；气瓶的安全附件是否齐全、完好；气瓶是否有鼓包、凹陷变形等缺陷；氧气瓶及强氧化剂气瓶瓶体及瓶阀处是否沾有油污；气瓶进气口的螺纹是否符合规定（可燃气体气瓶的螺纹应左旋，非可燃气体气瓶应右旋）等。

2）采取有效措施，防止充装超量。这些措施应包括：充装压缩气体时要具体规定充装温度、充装压力，以保证气瓶在最高温度下，瓶内气压不超过气瓶的设计压力；充装液化气体时，严禁超量充装；为防止测量误差造成超装，压力表、磅秤等应按规定的适用范围选用，并定期进行校验；没有原始重量数据和标注不清的气瓶不予充装，充装量应包括气瓶内原有的余气（液），且不得用贮罐减量法（即贮罐充装气瓶前后的重量差）确定气瓶的充装量。

（2）气瓶的使用　气瓶使用应注意以下几点：

1）防止气瓶受热升温。主要是气瓶不要在烈日下暴晒；不要靠近高温热源或火源，更不得用高压蒸汽直接喷射气瓶；瓶阀冻结时，应把气瓶移到较暖处，用温水解冻，禁止用明火烘烤。

2）正确操作，合理使用。开瓶阀动作要慢，以防加压过快产生高温，对盛装可燃气体的气瓶更要注意；禁止用钢制工具敲击气瓶阀，以防产生火花；氧气瓶要注意不能沾污油脂；氧气瓶和可燃气瓶的减压阀不能互用；瓶阀或减压阀泄漏时不得继续使用；气瓶用到最后应留有余气，防止空气或其他气体进入气瓶引起事故。

一般压缩气体应留有剩余压力为 $19.6\sim29.4N/cm^2$ 以上，液化气体应留有 $4.9\sim9.8N/$

cm² 以上。

3）气瓶外表面的油漆作为气瓶标志和保护层，要经常保持完好；如因水压试验或其他原因，气瓶内进入水分，在装气前应进行干燥，防止腐蚀；气瓶一般不应改装其他气体，如需改装时，必须由有关单位负责放气、置换、清洗、改变漆色等。

（3）气瓶的运输　气瓶运输时应做到：

1）防止振动或撞击。带好防振圈和瓶帽，固定好位置，防止运输中振动滚落。禁止装卸中用抛装、滑放、滚动等方法，做到轻装轻卸。

2）防止受压或着火。气瓶运输中不得长时间在日光下暴晒，氧气瓶不得和可燃气体气瓶、其他易燃物质及油脂同车运输，随车人员不得在车上吸烟。

7. 气瓶的储存保管

存放气瓶的仓库必须符合有关安全防火要求。首先是与其他建筑物的安全距离、与明火作业以及散发易燃气体作业场所的安全距离，都必须符合防火设计范围；气瓶库不要建在高压线附近；对于易燃气体气瓶仓库，电气要防爆还要考虑避雷设施；为便于气瓶装卸，仓库应设计装卸平台；仓库应是轻质屋顶的单层建筑，门窗应向外开，地面应平整而又要粗糙不滑（储存可燃气瓶、地面可用沥青水泥制成）；每座仓库储量不宜过多，盛装有毒气体气瓶或介质相互抵触的气瓶应分室加锁储存，并有通风换气设施；在附近设置防毒面具和消防器材，库房温度不应超过 35℃；冬季取暖不准用火炉。为了加强管理，应建立安全出入管理制度，张贴严禁烟火标志，控制无关人员入内等。

气瓶仓库符合安全要求，为气瓶储存安全创造了条件。但是管理人员还必须严格认真地贯彻《气瓶安全监察规程》的有关规定。

（1）气瓶储存一定要按照气体性质和气瓶设计压力分类。每个气瓶都要有防振圈，瓶阀出气管端要装上帽盖，并拧上瓶帽。有底座的气瓶，应将气瓶直立于气瓶的栅栏内，并用小铁链扣住。无底座气瓶，可水平横放在带有衬垫的槽木上，以防气瓶滚动，气瓶均朝向一方，如果需要堆放，层数不得超过五层，高度不得超过 1m，距离取暖设备 1m 以上，气瓶存放整齐，要留有通道，宽度不小于 1m，便于检查与搬运。

（2）为了使先入库或定期技术检验临近的气瓶预先发出使用，应尽量将这些气瓶放在一起，并在栅栏的牌子上注明。对于盛装易于起聚合反应、规定储存期限的气瓶应注明储存期限，及时发出使用。

（3）在火热的夏季，要随时注意仓库室内温度，加强通风，保持室温在 39℃ 以下。存放有毒气体或易燃气体气瓶的仓库，要经常检查有无渗漏，发现有渗漏的气瓶，应采取措施或送气瓶制造厂处理。

（4）加强气瓶入库和发放管理工作，认真填写入库和发放气瓶登记表，以备查。

（5）对临时存放充满气体的气瓶，一定要注意数量一般不超过 5 瓶，不能受日益暴晒，周围 10m 内严禁堆放易燃物质和使用明火作业。

（八）翻斗车安全控制技术

翻斗车（图 7-40）是一种特殊的料斗可倾翻的短途输送物料的车辆。车身上安装有一个"斗"

图 7-40　翻斗车

状容器，可以翻转以方便卸货。

适用于建筑、水利、筑路、矿山等作混凝土、砂石、土方、煤炭、矿石等各种散装物料的短途运输，动力强劲，通常有机械回斗功能。

由料斗和行走底架组成。料斗装在轮胎行走底架前部，借助斗内物料的重力或液压缸推力倾翻卸料。卸料按方位不同，分前翻卸料、回转卸料、侧翻卸料、高支点卸料（卸料高度一定）和举升倾翻卸料（卸料高度可任意改变）等方式。为了适应工地道路不平，避免物料撒落，并做到卸料就位准确、迅速、操作省力，以及越野性能好和爬坡能力强，要求翻斗车行驶速度不能太快（一般最高车速在 20km/h 以下）。驱动桥在前（料斗在其上方）、驾驶座在后的翻斗车适用于短途运输砂、石、灰浆、砖块、混凝土等材料。根据不同的施工作业要求，目前翻斗车正朝一机多用的方向发展，能快速换装起重、推土、装载等多种工作装置，使之具有多功能、高效率的特点。

1. 机动翻斗车司机安全操作基本要求

（1）严格遵守交通规则和有关规定，驾驶车辆必须证、照齐全，不准驾驶与证件不符的车辆，严禁酒后开车。

（2）发动前应将变速杆放在空挡位置，并拉紧手刹车。

（3）发动后应检查各种仪表、方向机构、制动器、灯光等是否灵敏可靠，确认一切正常和周围无障碍物后，方可鸣号起步。

（4）在坡道上被迫熄火停车时，应拉紧手制动器，下坡挂倒挡，上坡挂前进挡，并将前后轮楔牢。

（5）机动翻斗车时速不超过 5km/h，车辆通过泥泞路面时，应保持低速行驶，不得急刹车。

（6）向坑槽混凝土集料斗内卸料时，应保持适当安全距离和设置挡墩，以防翻车。

（7）卸料时不得启动车子，车子未停稳不得卸料。

（8）车上严禁超带人，料斗内不准乘人，转弯时应减速，不得违章行车，注意来往行人。

2. 前置式翻斗车安全技术操作规程

（1）行车前检查

1）按规定项目、标准检查车辆各部安全技术状态，尤其要检查锁紧装置是否将料斗锁牢。

2）行车前应检查车辆行驶证、驾驶证等行车所必需的各种证件，不准无证驾车。

（2）行驶

1）厂内翻斗车司机在行驶途中必须严格遵守各单位《厂内交通安全管理标准》和《方向盘拖拉机安全操作规程》。

2）起步前应观察车辆四周情况，确认安全无误后鸣笛起步，在坡道上或路面不良时，一律用一挡起步。

3）厂内前翻斗车不准超载、超宽、超高运行。在狭窄环境中行驶应注意四周的安全，转弯时注意刮碰。

4）厂内前翻斗车装卸货物时应将车刹住，在铁路附近装卸时，必须在铁道 2m 以外停车，严禁跨轨装卸车。

5）装载块状物品不得有散落。载运炽热炉灰等须先浇水冷却。黏结在翻斗内壁上的物料不易倒出时，应人工清除掉，禁止利用车辆高速行驶制动的惯性卸料。

6）厂内前翻斗车行驶时，车上严禁载人，只准走规定的通道和过道，转弯时应减速，注意过往行人。下坡时不准脱挡滑行，以免急刹车时发生事故。

7）在危险地带如坑、沟边缘以及土质松软地段卸料时，应保持适当安全距离，设置挡墩，车辆应提前减速行驶至安全挡板处倒料。车辆通过坑沟或在坑沟上部作业时，通道必须搭设牢固。

8）厂内前翻斗车卸料后，需翻斗复位后再行驶。在翻斗起翻时，不准进行修理，必须修理时，应将翻斗掩住；采取可靠的安全措施。

9）在有高处作业的施工现场行驶时，驾驶员需配戴安全帽，不得驾车擅自出入安全封闭区域。

（3）收车后保养

1）检修车辆时，变速杆应置于空挡，采取制动、掩轮等安全防护措施。

2）检查补充润滑油，燃油等。清洁全车，检查各部螺丝锁紧情况，翻斗的锁止机件应齐全，锁止机构的开启、锁止应灵敏、可靠。

（九）打桩机械安全控制技术

打桩机（图7-41）由桩锤、桩架及附属设备等组成。

1. 打桩施工的一般要求

（1）打桩现场要求场地平整、坚实，高空无障碍，地下无孔洞，道路畅通，雨后不积水，并应圈定安全生产警戒区，禁止无关人员出入。

（2）司机和指挥人之间，应按事先规定的统一信号，精心指挥和谨慎操作。如指挥人员发的信号不明或违反本规程时，司机应拒绝执行；但司机对任何人发来的停止信号，都应果断地采取制动或其他措施。

（3）组、拆装桩架时，严禁用千斤捆铁架料作吊环，以免滑下伤人；对孔必须用芒刺；每个螺栓都应加垫弹簧垫圈；高空拧紧或拆除螺栓时，应用呆板手，并用力要适当。

（4）起板桩架前应按规定压足配重，系好溜绳。当扳至70°以上时应稍加停歇，等拉好溜绳，垫好避震木后再扳直。

（5）安装桩锤，应将桩锤拖到龙门前2m以内再起吊；桩锤贯入龙门时应用撬棍引导，谨防扎手。

（6）走桩架时，都应将桩锤降到桩架最低层搁置。

（7）吊桩时，桩上应拉好溜绳，切忌远距离斜吊，以免桩架失稳。无缆风绳时严禁

图7-41 打桩机

侧向吊桩。

（8）桩帽制作应使顶部上下两个受力面厚薄一致，垫在桩帽与桩顶之间的垫层应恰当，使锤击平面和桩的长轴线基本垂直。安装帽应在桩身自重产生的沉降结束后再进行。

（9）必须放在桩架上的小型工具，如打锤的销子等物都应用绳子系牢在桩架上。

（10）打桩应尽量采用重锤低击和尽量不在硬土层、流沙层上停歇。

（11）打桩时，操作人员应远离正前方，以免落物伤人。

（12）严禁任何人在起板的桩架和吊起的桩头下，以及导向滑轮绳的里侧窜来窜去或进行工作。严禁任何人探身或将手臂伸入龙门架以内。

（13）打桩机的检查保养和排除故障，都应在停机后进行，尤其在锤下进行修理，必须用有足够强度的材料将桩锤支撑好。

（14）打送桩时，送桩要与被松的主桩在一条直线上。拔送桩时，卷扬机应缓慢开动，以免钢丝绳拉断或送桩弹跳伤人。

（15）桩锤起到桩架高处要有长时间的停留时，应将桩锤轻轻放在安全销或锤杠上，以免发生危险。

2. 蒸汽打桩机安全技术要求

（1）给走桩架铺设的方木，接头应错开，高差不平时，应用薄板找平，确保龙门垂直；

（2）组装桩架和打桩时，桩架或底座不得置于走管两端（即桩架下对称铺设的方木不少于四根），并拉好旁缆风。

（3）如用地锚卷扬机扳桩架时，地锚应经计算。并将桩架底座合理固定，以防滑动。

（4）走桩架或桩架转向时，桩架应尽可能置于走管当中，并且预先清除路障，将走桩架的副卷扬索绕在紧靠桩架底座的走管上，其绕向应与主卷扬索一致，同时切记配合松紧缆风，以及谨防"马口"抓走管。

（5）高压蒸汽胶管接头都应用双道卡子卡紧，并应用铅丝把卡互相牵牢。

（6）如送蒸汽管路故障、蒸汽压力消失，以及卷扬机停止工作，应将机器上的一切进气阀关闭，并把放水和放气阀打开，以防锅炉总气阀开动时，卷扬机自行转动。

（7）打桩机走到新桩位后，应及时将桩架左右两根旁缆风拉好。

（8）使用千斤顶顶桩架时，应遵守千斤顶安全和技术操作规程。

3. 柴油打桩机安全技术要求

（1）用拉杆调整螺管（松紧螺母），调整打桩架是否垂直时，必须通过挑战管内的检视孔观察。为了防止固定螺母自行松脱，螺杆的下端应用保险螺母固定，并在操作过程中经常进行检查。

（2）严禁汽缸体（活动部分）在悬空状态下走桩架。严禁桩架走到位后，没有固定好就起锤。

（3）起锤时应将保险销拉杆，以免整个锤体被吊离桩顶，发生桩头倾倒事故。

（4）打桩时，应严格控制油门进油量，谨防汽缸中冲撞吊钩。并及时松卷扬绳，以免桩锤打下时猛扭钢丝绳。

（5）打桩结束后，应将桩锤放在桩架最低层，汽缸应放在活塞座上。

4. 落锤式打桩机安全技术要求

（1）给桩架铺设的方木道路，如是单根方木道路的接头时，旁边应揣楞头，如是两根以上方木道路的接头时，其接头应交错开。

（2）桩架一般应设三根后缆风，两侧应各设一根旁缆风。

（3）桩架走到位后，应将所有托板用木楔操实，并将桩架临时固定好。

（4）拉上下钩的操作人员，应尽可能离开正前方一定距离。

（5）禁止在钩上加润滑油。

（6）桩架一般都应配备桩帽，无帽打桩加垫垫层的操作，应指定有经验的技术工人担任，并应用工具进行操作。

课程小结

本节课安排了基坑支护安全防护、"四口""五临边"防护、施工用电安全防护、脚手架安全防护、施工机具设备安全使用与防护等内容，目的是让学生学会施工现场的主要安全防护。本节内容多且杂，可根据各校课程设置的学时自主选修。

课外作业

1. 学习《施工现场临时用电安全技术规范》（JGJ 46—2005）、《建筑施工扣件式钢管脚手架安全技术规范》（JGJ 130—2011）、《建筑施工碗扣式钢管脚手架安全技术规范》（JGJ 166—2008）。

2. 调查了解学校附近建筑工程安全防护情况及存在的问题。

课后讨论

1. 施工现场临时用电安全技术规范包括哪些内容？

2. 建筑施工高处作业安全防护包括哪些内容？

3. 怎样验收脚手架？

4. 坑（槽）壁支护工程施工安全要点是什么？

5. 防爆场所电气设备的安全基本要求是什么？

6. 塔吊操作中有什么要求？

学习单元4
建筑施工事故处置

学习目标 ▶▶

1. 掌握一旦发生事故后的紧急处置方法。
2. 懂得一般的救护常识。

关键概念 ▶▶

1. 事故。
2. 事故调查处理。
3. 救护。

提示 ▶▶

在施工现场，防不胜防的事故时有发生。当事故发生时，应知道怎样处置，才有可能将损失降到最低。这就包含着事故发生时的伤员急救、事故报告、现场保护等工作，事故发生后的调查、处理等工作。

相关知识 ▶▶

1. 事故识别与应急处理。
2. 伤号急救与事故报告、现场保护。
3. 事故调查与事故处理。

学习情境 8　事故识别

学习目标 ▶▶

1. 了解事故发生的原因。
2. 了解轻伤、重伤与死亡的相关规定。
3. 了解一般死亡、较大死亡、重大死亡及特大死亡的规定。

关键概念 ▶▶

1. 事故隐患。
2. 轻伤、重伤与死亡。
3. 一般死亡、较大死亡、重大死亡及特大死亡。

提示 ▶▶

事故一旦发生，首先要对伤者进行抢救；紧接着向有关领导、有关部门汇报事故发生地点，现场情况以及处置措施；尽可能保护好现场，以便于查找事故发生的原因。

要根据事故的性质与责任权限，组织事故的调查处理，做到"事故发生的原因没分析清楚不放过，事故没调查处理不放过，有关人员没受到教育不放过，没有制定纠正与预防措施不放过"。

相关知识 ▶▶

伤害事故、生产事故、火灾事故、交通事故、中毒事故、淹溺事故、触电事故等。

一、事故与事故类别

（一）事故

事故是指人们在进行有目的的活动过程中，突然发生的违背人们意志的不幸事件。它的发生，可能迫使有目的的活动暂时地或者永久地停止下来；其后果可能造成人员伤亡，或者财产损失（环境污染）；也可能两种后果同时产生。

在人们活动的过程中（包括日常生活、工作和社会活动等）经常会遇到各种各样大大小小的意外事件，如伤害事故、生产事故、火灾事故、交通事故、中毒事故、淹溺事故、触电事故，等等。

此外，还有如洪水、台风、地震、海啸等不可抗拒的自然灾害与事故。这些对人类的安全构成了严重的威胁，危险始终存在于人类生活、劳动或生产之中，在人类活动的各个方面都有发生事故的可能性。

在生产或劳动过程中发生的事故或与生产过程有关的事故，简称为生产事故（包括生产过程中发生的设备事故、火灾事故、交通事故、人身伤害事故、工（死）亡事故、职业中毒事故和所有与生产有关的事故）。本书重点讨论的是生产事故和与此相关的各类伤亡事故。

1. 事故隐患　事故隐患泛指生产系统中可导致事故发生的人的不安全行为、物的不安全状态和管理上的缺陷。

根据《重大事故隐患管理规定》（劳部发〔1995〕322号），重大事故隐患，是指可能导致重大人身伤亡或者重大经济损失的事故隐患。

2. 事故的特性　事故也同世界上任何事物一样，具有其自己的特性或规律。只有了解了事故的特性或规律，才能采取有效的措施或方法，进行预防和减少事故及其造成各方面的损失。一般地说，事故具有以下三个重要特性或规律。

（1）事故的因果性　所谓事故的因果性，就是说一切事故的发生，都是由于事故各方面的原因相互作用的结果。也就是说，绝对不会无缘无故地发生事故，大多数事故的原因都是可以认识到的。事故给人们造成的直接伤害或财产损失的原因是比较容易掌握或找到的，这是因为它所产生的后果是显而易见的。但是比较复杂的事故，要找出究竟为何原因又是经过何种过程而造成这样的后果，并非是一件容易的事，因为很多事故的形成是由于有各种因素同时存在，并且它们之间存在相互制约的关系。当然，有极少的事故，由于受到当今科学、技术水平的限制，可能暂时分析不出原因。但实际上原因是客观存在的，这就是事故的因果性。事故的因果性表明事故的发生是有其规律的必然性事件。

所以，事故发生后，深入剖析其事故的根源，研究事故的因果关系，根据找出的事故因果性制定事故的防范措施，防止同类事故重演或发生是非常重要的（我国目前有的行业或企业，其事故屡禁不止，就是在查找事故根源上不能下工夫）。

（2）事故的偶然性　事故是由于客观某种不安全因素的存在，随着时间进程而产生某些意外情况而显现的一种现象。所以，我们说事故的发生是随机的，即事故具有偶然性。

然而，事故的偶然性寓于必然性之中。用一定的科学手段或事故的统计方法，就可以找出事故发生的近似规律。这就是从事故的偶然性中找出了必然性和认识了事故发生的规律性。了解了这一点，也就明白了倘若生产过程中存在着不安全因素（危险因素或事故隐患），如果不能及时治理或整改，则必然要发生事故、至于何时发生何种事故，则是偶然的事情。

所以，科学的安全管理，就应该及时的消除生产中的不安全因素或事故隐患；就是根据事故的必然性规律消除事故的偶然性。

（3）事故的潜伏性　在一般的情况下，事故都是突然发生的。事故尚未发生或造成损失之前，似乎一切都处于"正常"和"平静"状态。但是，这并不意味着不会发生事故。只要存在事故隐患或潜在的危险因素（不安全因素），并没有被认识或没被重视或进行整改，随着时间的推移，一旦条件成熟，就会显现而酿成事故，这就是事故的潜伏性。

事故的潜伏性还说明一个最重要问题，就是说事故具有一定的预兆性，因为事故潜伏、既已经存在了，在等待一定的时机或条件爆发，这"等待"的过程就有可能发出一种预兆。大量的事故调查和实践已经证明，事故在发生之前都是有预兆发出的（有的是长时间的、有的是瞬间的），可惜很少被人们认识或捕捉。

所以，安全管理中的安全检查、检测与监控，就是寻找事故的潜藏性或潜伏性和事故预兆，从而全面地根除事故，保证生产或人们的生活正常进行。

（二）事故的分类

为了对事故进行调查和处理，必须对事故进行归纳分类，至于如何分类，由于研究的目的不同，角度不同，分类的方法也就不同。

需要指出的是，事故的分类在此主要是指伤亡事故，特别是指企业职工伤亡事故的分类。伤亡事故分类的原则是：适合国情，统一口径，提高可比性，有利于科学分析和积累事故资料、有利于安全生产的科学管理。

伤亡事故的分类，分别从不同方面描述了事故的不同特点。根据我国有关安全法律、法规、标准和管理体制以及今后防范事故的要求，目前应用比较广泛的事故分类主要有以下几种事故分类方法。

1. 按事故的属性分类

（1）自然事故　自然事故是指运用现代的科技手段和人类目前的力量难以预知或不可抗

拒的自然因素所造成的事故。它属于人为能力还不能完全控制的领域。如地震、海啸、台风、突发洪水、火山爆发、滑坡、陷落、冰雹、异常干旱、气压突变，等等，都是自然事故。一般地讲，对这类事故目前还不能准确地进行预测、预报，或者虽然有一定程度的预报或预测，但也只限于采取一些应急措施来减少受害范围和减轻受害的程度。

需要强调指出的是，在人类生活、劳动、生产和工业设计中，如果考虑到自然因素的变化而带来的危险或灾难，就不属于自然事故。例如，在台风多发地带建设的工业建筑、人类生活设施，就必须考虑到台风因素的作用，从而加大安全系数和防范措施。否则，就不属于自然事故领域。当然，在考虑到了自然因素之后，用目前人类的力量仍不可抗拒所造成的事故，就是自然事故。

在生产领域内（人造工程），有人为了逃脱事故责任追究，把有的生产事故硬说成自然事故，显然是不正确的，也是不符合客观规律要求的。

（2）人为事故　人为事故是指由于人们违背自然规律、违反科学程序或违反法（律）令、法规、条例、规程等不良行为而造成的事故。发生这类事故的主要原因在于人，而不在于"天"。因此，人为事故是完全可以预防的。生产中发生的事故基本上都属于人为事故。

2. 按事故的危害后果分类

（1）伤亡事故　是指人体受到伤害后，暂时地、部分地或永久地丧失劳动能力或人员死亡的事故。

（2）物质损失事故　物质损失事故是指在生产过程中发生的、只有物质、财产受到破坏、使其报废或需要修复的事故。如建筑物的倒塌，机器设备的损坏，原、材料及半成品或成品的损失，动力及燃料的损失，等等，都属于物质损失事故（即只有财产或经济损失与破坏，而没有人员伤亡的事故）。

（3）险肇事故　险肇事故是指发生事故后，既未发生人员伤害，又未出现物质经济损失，则称为险肇事故。这类事故常常被人们所忽视。

我国目前有的地区或行业事故如此多发，尤其是重特大伤亡事故接连不断发生，根据事故发生规律和海因利希法则原理，其中一个很重要的原因就是忽视了险肇事故的治理、统计或教育（教训）。

3. 按事故的行业分类

依照事故监督管理的行业不同，事故又分为行业或企业事故，我国主要有如下八大类。

（1）企业职工伤亡事故　是指工矿商贸企业、事业或单位职工发生的伤亡事故，由安全生产监督管理部门负责统计、管理。

（2）火灾事故　是指失去控制的燃烧所造成的灾害都为火灾事故，由公安消防部门负责统计、管理。

（3）道路交通事故　是指在道路交通运输中发生的事故，由公安交警部门负责统计、管理。

（4）水上交通事故　是指在水上交通运输中发生的事故。由交通管理部门负责统计、管理。

（5）铁路交通事故　是指在铁路交通运输中发生的事故。由铁路管理部门负责统计、管理。

（6）民航飞行事故　是指在民航飞机飞行中发生的事故，由民航管理部门负责统计、管理。

（7）农业机械事故 是指在农业机械制造和运行中发生的事故，由农业管理部门负责统计、管理。

（8）渔业船舶事故 是指在渔业船舶运行中发生的事故，由渔业船舶部门负责统计、管理。

其中，企业职工伤亡事故与火灾事故是建筑工程中重点关注的事故类型，道路交通事故也应该关注。

4. 按事故的伤害程度分类

（1）轻伤事故 是指造成职工肢体伤残，或某器官功能性或器质性轻度损伤，表现为劳动能力轻度或暂时丧失的伤害。一般是指受伤职工歇工在一个工作日以上，计算损失工作日低于105日的失能伤害，但够不上重伤者。

（2）重伤事故 是指造成职工肢体残缺或视觉、听觉等器官受到严重损伤，一般能引起人体长期存在功能障碍，或损失工作日等于和超过105日（最多不超过6000日），劳动能力有重大损失的失能伤害。

（3）死亡事故 是指事故发生后当即死亡（含极性中毒死亡）或负伤后在30日以内死亡的事故（其损失工作日定为6000日，这是根据我国职工的平均退休年龄和平均死亡年龄计算出来的）。

此种分类是按伤亡事故造成损失工作日的多少来衡量的，而损失工作日是指受伤害者丧失劳动能力（简称失能）的工作日。各种伤害情况的损失工作日数，按国家标准《企业职工伤亡事故分类》（GB 6441—1986）中的有关规定计算或选取。

5. 按事故的严重程度分类 事故发生后，按一次事故的伤亡严重程度分类（最常用的一种分类），就是指发生事故之后，按照职工所受伤害严重程度和伤亡人数分类：

（1）轻伤事故：是指只有轻伤的事故。

（2）重伤事故：是指有重伤没有死亡的事故。

（3）死亡事故：是指只有人员死亡的事故。

6. 按事故的伤害程度和伤亡人数分类 根据2007年6月1日国务院颁布实行的《生产安全事故报告和调查处理条例》规定，事故的伤害程度和伤亡人数（经济损失多少）又可分为：

（1）一般事故：是指造成1到2人死亡，或者9人以下重伤（包括急性工业中毒），或者直接经济损失不超过1000万元的事故。

（2）较大事故：是指造成3到9人死亡，或者10到49人重伤（包括急性工业中毒），或者直接经济损失1000万元以上、不超过5000万元的事故。

（3）重大事故：是指造成10人到29人死亡，或者50人到99人重伤（包括急性工业中毒），或者直接经济损失5000万元以上、不超过1亿元的事故。

（4）特别重大事故：是指造成30人以上死亡，或者100人以上重伤（包括急性工业中毒），或者1亿元以上直接经济损失的事故。

7. 按事故的类别分类 根据国家标准《企业职工伤亡事故分类》（GB 6441—1986）中，将事故类别划分为20类，具体分类如下：

（1）物体打击 是指失控物体的惯性力造成的人身伤害事故。如落物、滚石、锤击、碎裂、崩块、砸伤等造成的伤害，不包括爆炸而引起的物体打击。

（2）车辆伤害 是指企业机动车辆引起的机械伤害事故。如机动车辆在行驶中挤、压、撞车或倾覆等事故，在行驶中上下车、搭乘矿车或放飞车所引起的事故，以及车辆运输挂钩、跑车事故。

（3）机械伤害 是指机械设备与工具引起的绞、辗、碰、割、戳、切等伤害。如工件或刀具飞出伤人，切屑伤人，手或身体被卷入，手或其他部位被刀具碰伤，被转动的机构缠压住等。但属于车辆、起重设备的情况除外。

（4）起重伤害 是指从事起重作业时引起的机械伤害事故。包括各种起重作业引起的机械伤害，但不包括触电、检修时制动失灵引起的伤害，上下驾驶室时引起的坠落式跌倒。

（5）触电 是指电流流经人体，造成生理伤害的事故。适用于触电、雷击伤害。如人体接触带电的设备金属外壳或裸露的临时线，漏电的手持电动工具；起重设备误触高压线或感应带电；雷击伤害；触电坠落等事故。

（6）淹溺 是指因大量水经口、鼻进入肺内，造成呼吸道阻塞，发生急性缺氧而窒息死亡的事故。适用于船舶、排筏、设施在航行、停泊作业时发生的落水事故。

（7）灼烫 是指强酸、强碱溅到身体引起的灼伤，或因火焰引起的烧伤，高温物体引起的烫伤，放射线引起的皮肤损伤等事故。适用于烧伤、烫伤、化学灼伤、放射性皮肤损伤等伤害，不包括电烧伤以及火灾事故引起的烧伤。

（8）火灾 是指造成人身伤亡的企业火灾事故。不适用于非企业原因造成的火灾，比如，居民火灾蔓延到企业，此类事故属于消防部门统计的事故。

（9）高处坠落 是指由于重力势能差引起的伤害事故。适用于脚手架、平台、陡壁施工等高于地面的坠落，也适用于由地面踏空失足坠入洞、坑、沟、升降口、漏斗等情况。但排除以其他类别为诱发条件的坠落。如高处作业时，因触电失足坠落应定为触电事故，不能按高处坠落划分。

（10）坍塌 是指建筑物、构筑物、堆置物等倒塌以及土石塌方引起的事故。适用于因设计或施工不合理而造成的倒塌以及土方、岩石发生的塌陷事故。如建筑物倒塌，脚手架倒塌，挖掘沟、坑、洞时土石的塌方等情况。不适用于矿山冒顶片帮事故，或因爆炸、爆破引起的坍塌事故。

（11）冒顶片帮 是指矿井工作面、巷道侧壁由于支护不当、压力过大造成的坍塌，称为片帮；顶板垮落为冒顶。两者常同时发生，简称为冒顶片帮。适用于矿山、地下开采、掘进及其他坑道作业发生的坍塌事故。

（12）透水 是指矿山、地下开采或其他坑道作业时，意外水源带来的伤亡事故。适用于井巷与含水岩层、地下含水带、溶洞或与被淹巷道、地面水域相通时，涌水成灾的事故。不适用于地面水害事故。

（13）放炮 是指施工时，放炮作业造成的伤亡事故。适用于各种爆破作业。如采石、采矿、采煤、开山、修路、拆除建筑物等工程进行的放炮作业引起的伤亡事故。

（14）瓦斯爆炸 是指可燃性气体瓦斯、煤尘与空气混合形成了达到燃烧极限的混合物，接触火源时，引起的化学性爆炸事故。主要适用于煤矿，同时也适用于空气不流通，瓦斯、煤尘积聚的场合。

（15）火药爆炸 是指火药与炸药在生产、运输、贮藏的过程中发生的爆炸事故。适用于火药与炸药在配料、运输、贮藏、加工过程中，由于振动、明火、摩擦、静电作用，或因炸药的热分解作用，贮藏时间过长或因存药过多发生的化学性爆炸事故，以及熔炼金属时，废料处理不净，残存火药或炸药引起的爆炸事故。

（16）锅炉爆炸　是指锅炉发生的物理性爆炸事故，适用于使用工作压力大于 0.7 个大气压（0.07MPa）、以水为介质的蒸汽锅炉（以下简称锅炉）。但不适用于铁路机车、船舶上的锅炉以及列车电站和船舶电站的锅炉。

（17）容器爆炸　容器（压力容器的简称）是指比较容易发生事故，且事故危害性较大的承受压力载荷的密闭装置。容器爆炸是压力容器破裂引起的气体爆炸，即物理性爆炸，包括容器内盛装的可燃性液化气在容器破裂后，立即蒸发，与周围的空气混合形成爆炸性气体混合物，遇到火源时产生的化学爆炸，也称容器的二次爆炸。

（18）其他爆炸　凡不属于上述爆炸的事故均列为其他爆炸事故。

（19）中毒和窒息　是指人接触有毒物质，如误吃有毒食物或呼吸有毒气体引起的人体急性中毒事故，或在废弃的坑道、暗井、涵洞、地下管道等不通风的地方工作，因为氧气缺乏，有时会发生突然晕倒，甚至死亡的事故称为窒息。两种现象合为一体，称为中毒和窒息事故。不适用于病理变化导致的中毒和窒息的事故，也不适用于慢性中毒的职业病导致的死亡。

（20）其他伤害　不属于上述伤害的事故均称为其他伤害（如扭伤、跌伤、冻伤、野兽咬伤，钉子扎伤等）。

8. 按事故的责任分类　在伤亡事故中，特别是生产事故，基本上都是人为因素造成的，这就要分清是责任事故，还是非责任事故；是指挥不当，还是人为蓄意破坏。一般可分为三大类：

（1）责任事故　是指由于有关人员的过失所造成的伤害事故，即上面讲的人为事故。

（2）非责任事故　是指由于自然界的因素或属于未知领域的原因所引起的、用当前的科技手段难以解决而不可抗拒的伤害事故，即上面讲的自然事故。

（3）破坏事故　是指为了达到某种目的而人为故意制造出来的事故。

9. 按事故的发生原因分类　按照事故发生的原因，一般可分为三类（常用的原因）：

（1）物质技术原因　是指由于物质或技术方面而引起的事故，称为物质技术原因（简称物质原因）。

（2）人为原因　是指由于人的操作、违章和违纪等方面的原因而引起的事故。

（3）管理原因　是指由于管理上的缺陷、失误和混乱等方面而引起的事故。也可以按直接原因、间接原因对事故进行分类。直接原因是指在发生事故时刻直接导致事故发生的原因，包括物质技术原因和人为原因。间接原因就是指间接的、不是直接促成事故的原因，如管理的、基础的、社会的等原因引起的事故。

由图 8-1（事故的 A 分类）和图 8-2（事故的 B 分类）看出，此两个图各有特点，但图 8-2 更具有代表性，在一般的情况下，基本都采纳图 8-2 的分类法。

图 8-1　事故的 A 分类

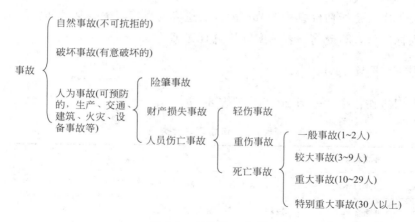

图 8-2　事故的 B 分类

　　上面列举了九种事故的分类方法，除此以外，还有许多分类方法。如按作业时间进行分类，按事故的危害性质进行分类，按操作技术水平进行分类，按地区、工种、工龄、年龄或性别等进行分类，等等。因其实际应用价值不大，在此就不详细介绍了。

　　总之，企业或单位应当结合自己的实际情况，根据事故管理工作的需要，去恰当地选择适合于自己实际情况的某种或数种事故分类方法，将事故进行科学的分类，以便找出事故发生的规律性，从而采取有效的针对性措施，进行事故预测预防或将事故危害造成的损失降低到最低限度。

二、工伤事故

　　工伤事故是指职工在施工生产过程中发生的人身伤害、急性中毒等事故。

　　职工在施工劳动过程中从事本岗位劳动，或虽不在本岗位劳动，但由于施工设备和设施不安全、劳动条件和作业环境不良、管理不善，以及领导指派在外从事本企业活动，所发生的人身伤害（即轻伤、重伤、死亡）和急性中毒事故都属于伤亡事故。

（一）伤亡事故等级

　　根据国务院 1991 年 3 月 1 日起实施的《企业职工伤亡事故报告和处理规定》和《企业职工伤亡事故分类》（GB 6441—1986）的规定，职工在劳动过程中发生的人身伤害、急性中毒伤亡事故。

　　1. 轻伤　损失工作日 1～105 个工作日的失能伤害。

　　2. 重伤　损失工作日等于或超过 105 个工作日的失能伤害。

　　3. 死亡　损失工作日 6000 工日。

　　4. 重大死亡事故

　　（1）一级重大事故　死亡 30 人以上或直接经济损失 300 万元以上。

　　（2）二级重大事故　死亡 10～29 人或直接经济损失 100 万～300 万元。

　　（3）三级重大事故　死亡 3～9 人；重伤 20 人以上或直接经济损失 30 万～100 万元。

　　（4）四级重大事故　死亡 2 人以下；重伤 3～19 人或直接经济损失 10 万～30 万元。

注：损失工作日是指估价事故在劳动力方面造成的直接损失。某种伤害的损失工作日一经确定，即为标准值，与受伤害者的实际休息日无关。

（二）伤亡事故种类

按产生原因将伤亡事故分为 20 类，见表 8-1。

表 8-1　伤亡事故分类表

序号	事故类别	说　明
1	物体打击	指落物、滚石、锤击、碎裂、崩块、砸伤等伤害,不包括因爆炸而引起的物体打击
2	车辆伤害	包括挤、压、撞、倾覆等
3	机器工具伤害	包括碾、碰、割、戳等
4	起重伤害	指起重设备或操作过程中所引起的伤害
5	触电	包括雷击
6	淹溺	
7	灼烫	
8	火灾	
9	刺割	指机械工具伤害以外的刺割,如钉子扎脚、尖刃物划破等
10	高空坠落	包括从架子上、屋顶上坠落以及从平地上坠入坑内等
11	坍塌	包括建筑物、堆置物倒塌和土石方塌方等
12	冒顶片帮	
13	透水	
14	放炮	
15	火药爆炸	指生产、运输、贮藏过程中发生的爆炸
16	瓦斯爆炸	包括煤尘爆炸
17	锅炉和受压容器爆炸	
18	其他爆炸	包括化学物爆炸,炉膛、钢水包爆炸等
19	中毒和窒息	煤气、油气、沥青、化学、一氧化碳等中毒
20	其他伤害	扭伤、跌伤、冻伤、野兽咬伤等

（三）事故原因

事故原因有直接原因、间接原因和基础原因，其具体表现最接近发生事故的时刻，并直接导致事故发生的原因。

1. 直接原因　包括人的原因、环境和物的原因。

（1）人的原因　指人的不安全行为。包括身体缺陷、错误行为和违纪违章。

1）身体缺陷　包括疾病、职业病、精神失常、智商过低（呆滞、接受能力差、判断能力差等）、紧张、烦躁、疲劳、易冲动、易兴奋、运动精神迟钝、对自然条件和环境过敏、不适应复杂和快速动作、应变能力差等。

2）错误行为

① 嗜酒、吸毒、吸烟、打赌、逞强、戏耍、嬉笑、追逐等。

② 错视、错听、错嗅、误触、误动作、误判断、突然受阻、无意相碰、意外滑倒、误入危险区域等。

3）违纪违章　粗心大意、漫不经心、注意力不集中、不懂装懂、无知而又不虚心、凭过时的经验办事、不履行安全措施、安全检查不认真、随意乱放物品物件、任意使用规定外的机械装置、不按规定使用防护用品用具、碰运气、图省事、盲目相信自己的技术、企图恢复不正常的机械设备、玩忽职守、有意违章、只顾自己而不顾他人等。

（2）环境的原因和物的原因　指环境和物的不安全状态。包括设备、装置、物品的缺陷，作业场所的缺陷，有危险源（物质和环境）。

1）设备、装置、物品的缺陷　技术性能降低、强度不够、结构不良、磨损、老化、失灵、霉烂、物理和化学性能达不到要求等。

2）作业场所的缺陷　狭窄、立体交叉作业、多工种密集作业、通道不宽敞、机械拥挤、多单位同时施工等。

3）有危险源（物质和环境）

① 化学方面的氧化、自然、易燃、毒性、腐蚀、致癌、分解、光反应、水反应等。

② 机械方面的重物、振动、位移、冲撞、落物、尖角、旋转、冲压、轧压、剪切、切削、磨研、钳夹、切割、陷落、抛飞、铆锻、倾覆、翻滚、崩断、往复运动、凸轮运动等；电气方面的漏电、短路、火花、电弧、电辐射、超负荷、过热、爆炸、绝缘不良、无接地接零、反接、高压带电作业等。

③ 环境方面的辐射线、红外线、紫外线、强光、雷电、风暴、骤雨、浓雾、高低温、潮湿、气压、气流、洪水、地震、山崩、海啸、泥石流、强磁场、冲击波、射频、微波、噪声、粉尘、烟雾、高压气体、火源等。

2. 间接原因　也是管理缺陷，指使直接原因得以产生和存在的原因，主要是管理原因。包括目标与规划方面的原因，责任制方面的原因、管理机构方面的原因、教育培训方面的原因、技术管理方面的原因、安全检查方面的原因以及其他方面的原因。

（1）目标与规划方面的原因　主要是目标不清、计划不周、标准不明、措施不力、方法不当、安排不细、要求不具体、分工不落实、时间不明确、信息不畅通等。

（2）责任制方面的原因　主要是责权利结合不好、责任不分明、责任制有空挡、相互关系不严密、缺少考核办法、考核不严格、奖罚不严等。

（3）管理机构方面的原因　主要是机构设置不当、人浮于事或缺员、管理人员质量不高、岗位责任不具体、业务部门之间缺乏有机联系等。

（4）教育培训方面的原因　主要是无安全教育规划、未建立安全教育制度、只教育而无考核、考核考试不严格、教育方法单调、日常教育抓得不紧、安全技术知识缺乏等。

（5）技术管理方面的原因

1）建筑物、结构物、机械设备、仪器仪表的设计、选材、布置、安装、维护、检修有缺陷；

2）工艺流程和操作方法不当；

3）安全技术操作规程不健全；

4）安全防护措施不落实；

5）检测、试验、化验有缺陷；

6）防护用品质量欠佳；安全技术措施费用不落实等。

（6）安全检查方面的原因

1）检查不及时；

2）检查出的问题未及时处理；

3）检查不严、不细；安全自检坚持得不够好；

4）检查的标准不清；

5）检查中发现的隐患没立即消除；

6）有漏查漏检现象等。

（7）其他方面的原因　主要是指令有误、指挥失灵、联络欠佳、手续不清、基础工作不牢、分析研究不够、报告不详、确认有误、处理不当等。

3. 基础原因　主要是指造成间接原因的因素。包括经济、文化、社会历史、法律、民族习惯等社会因素等。

由于基础原因造成了间接原因——管理缺陷；管理缺陷与不安全状态的结合就构成了事故的隐患；当事故隐患形成并偶然被人的不安全行为所触发时就发生了事故，即施工中的危险因素＋触发因素＝事故，这个事故发生规律的过程可用图8-3示意表示。

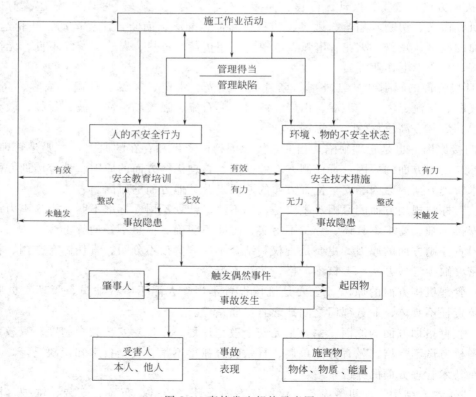

图 8-3　事故发生规律示意图

（四）工伤事故的管理

工伤事故按严重程度，一般可分为轻伤事故、重伤事故、死亡事故、重大死亡事故四类。工伤事故的管理包括下列内容。

1. 事故应急救援预案　项目经理部应在工程开工前按照企业管理标准《生产安全事故应急救援预案》及一体化程序文件的要求编制相应的事故应急救援预案，成立由安全、工程、技术、物资设备、办公室和保卫人员组成的生产安全事故应急救援小组，明确成员职责分工。

2. 应急救援人员　要求各专业项目部配备义务救援人员不得少于 5 人。

3. 救援装备　配备足量的救援装备，基本装备有：安全帽、安全带、安全网、护目镜、防尘口罩、架梯、木板床、担架、急救箱等；专用装备有：应急灯、电工工具、铁锹、撬杠、钢丝绳、卡环、千斤顶、吊车、自备小车、对讲机、电话、灭火器等，填写《应急设备清单》。

4. 应急处置记录　重大事故发生时，应由项目经理部立即启动《应急救援预案》，最大限度降低事故损失，同时按规定报告填写《应急情况（事故）处理记录》。

三、事故处理

（一）事故报告

1. 施工现场无论发生大小工伤事故，事故单位都必须在 15min 内口头或电话报告项目经理部安全监督检查站；

2. 安全监督检查站对重伤以上事故应立即组织抢救和保护好事故现场，同时须在 4h 内将事故发生的时间、地点、人员伤亡情况及简要经过电话报告企业安全处，在 24h 内报告当地政府主管部门。并于当月 25 日前按规定要求如实填写《伤亡事故月报表》向企业安全处书面报告。

（二）事故调查

1. 事故调查的责任人

（1）轻伤事故由事故单位组成事故调查组对事故进行调查；

（2）重伤事故由项目经理部安全监督检查站和二级企业安全主管部门共同组成事故调查组对事故进行调查；

（3）死亡事故必须由企业安全处及相关部门组成事故调查组对事故进行调查。

2. 伤亡事故的调查程序　发生伤亡事故后，负伤人员或最先发现事故的人应立即报告领导。企业对受伤人员歇工满一个工作日以上的事故，应填写伤亡事故登记表并及时上报。

企业发生重伤和重大伤亡事故，必须立即将事故概况（包括伤亡人数、发生事故的时间、地点、原因）等，用快速方法分别报告企业主管部门、行业安全管理部门和当地公安部门、人民检察院。发生重大伤亡事故，各有关部门接到报告后应立即转报各自的上级主管部门。

对事故的调查处理，必须坚持"事故原因不清不放过，事故责任者和群众没有受到教育不放过，没有防范措施不放过"的"三不放过"原则，事故调查的工作关系如图 8-4 所示。

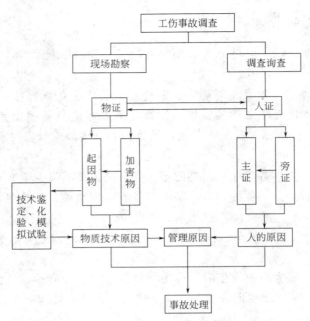

图 8-4 事故调查工作关系图

(三) 伤亡事故的处理程序

事故的调查处理程序包括抢救伤员保护现场、组织调查组、现场勘察、分析事故原因、事故责任分析、制订预防措施、撰写调查报告、事故审理和结案、员工伤亡事故记录和工伤事故统计说明等。

1. 抢救伤员保护现场

(1) 事故发生后，负伤人员或最先发现事故的人应立即报告有关领导，并逐级上报。

(2) 单位领导接到事故报告后，应立即赶赴现场组织抢救，制止事故蔓延扩大。

(3) 现场人员应有组织，服从指挥，首先抢救伤员，排除险情。

(4) 保护好事故现场，防止人为或自然因素破坏，在需要移动现场物品时，应做好标识。

2. 组织调查组 在组织抢救的同时，应迅速组织调查组开展调查工作，调查组的组成：

(1) 轻伤重伤事故，由企业负责人或其指定人员组织生产、技术、安全、工会等部门组成。

(2) 伤亡事故，由企业主管部门会同企业所在地区的行政安全部门、公安部门、工会组成。

(3) 重大死亡事故，按照企业的隶属关系，由省、自治区、直辖市企业主管部门或国务院有关主管部门会同同级行政安全管理部门、公安部门、监察部门、工会组成。

(4) 死亡和重大死亡事故调查组还应邀请人民检察院参加，还可邀请有关专业技术人员参加。

与发生事故有关直接利害关系的人员不得参加调查组。

3. 现场勘察 现场勘查必须及时、全面、准确、客观，其主要内容有：

(1) 现场调查笔录：

① 事故发生的时间（年、月、日、时、分、班次）。

② 具体地点（施工所在地、现场工号位置）。

③ 现场自然环境、气象、污染、噪声、辐射等。

④ 现场勘察人员姓名、单位、职务和现场勘察的起止时间和勘察过程。

⑤ 受伤害人员自然状况（姓名、年龄、工龄、工种、安全教育等）、伤害部位、性质、程度。

⑥ 事故发生前劳动组合、现场人员的位置和行动，受伤害人数及事故类别。

⑦ 导致伤亡事故发生的起因物（建筑物、构筑物、机械设备、材料、用具等）。

⑧ 发生事故作业的工艺条件、操作方法、设备状况及工作参数。

⑨ 设备损坏或异常情况及事故前后的位置，能量失散所造成的破坏情况、状态、程度。

⑩ 重要物证的特征、位置、散落情况及鉴定、化验、模拟试验等检验情况。

⑪ 安全技术措施计划的编制、交底、执行情况，安全管理各项制度执行情况。

（2）现场拍照

① 方位拍照，能反映事故现场在周围环境中的位置。

② 全面拍照，能反映事故现场各部分之间的联系。

③ 中心拍照，能反映事故现场中心情况。

④ 细目拍照，提示事故直接原因的痕迹物、致害物等。

⑤ 人体拍照，反映伤亡者主要受伤和造成死亡伤害的部位。

（3）现场绘图

① 根据事故类别和规模以及调查工作的需要现场绘制示意图；

② 平面图、剖面图；

③ 事故时现场人员位置及活动图；

④ 破坏物立体图或展开图；

⑤ 涉及范围图；

⑥ 设备或工、器具构造简图。

4. 分析事故原因

（1）认真、客观、全面、细致、准确地分析造成事故的原因，确定事故的性质。

（2）按《企业职工伤亡事故分类》（GB 6441—1986）标准附录 A，受伤部位、受伤性质、起因物、致害物、伤害方法、不安全状态和不安全行为等七项内容进行分析，确定事故的直接原因和间接原因。

（3）根据调查所确认的事实，从直接原因入手，深入查出间接原因，分析确定事故的直接责任者和领导责任者，并根据其在事故发生过程中的作用确定主要责任者。

5. 事故的性质

（1）责任事故　由于人的过失造成的事故。

（2）非责任事故　由于不可预见或不可抗力的自然条件变化所造成的事故或在技术改造、发明创造、科学试验活动中，由于科学技术条件的限制而发生的无法预料的事故。

（3）破坏性事故　即为达到既定目的而故意制造的事故。对此类事故应由公安机关立案、追查处理。

6. 事故责任分析

（1）根据调查掌握的事实，按有关人员职责、分工、工作态度和在事故中的作用追究其应负责任。

（2）按照生产技术因素和组织管理因素，追究最初造成事故隐患的责任。

（3）按照技术规定的性质、技术难度、明确程度，追究属于明显违反技术规定的责任。

（4）根据其情节轻重和损失大小，分清责任、主要责任、其次责任、重要责任、一般责任、领导责任等。

（5）因设计上的错误和缺陷而发生的事故，由设计者负责。

（6）因施工、制造、安装、检修上的错误或缺陷所发生的事故，由施工、制造、安装、检修、检验者负责。

（7）因工艺条件或技术操作确定上的错误和缺陷而发生的事故，由其确定者负责。

（8）因官僚主义的错误决定、瞎指挥而造成的事故，由指挥者负责。

（9）事故发生未及时采取措施，致使类似事故重复发生，由有关领导负责。

（10）因缺少安全生产规章制度而发生的事故，由生产组织者负责。

（11）因违反规定或操作错误而造成的事故，由操作者负责。

（12）未经教育、培训，不懂安全操作规程就上岗作业而发生的事故，由指派者负责。

（13）因随便拆除安全防护装置而造成的事故，由决定拆除者负责。

（14）对已发现的重大事故隐患，未及时解决而造成的事故，由主管领导或贻误部门领导负责。

7. 事故处理　对发生伤亡事故后，有下列行为者要给予从严处理：

（1）发生伤亡事故后，隐瞒不报、虚报、拖报的。

（2）发生伤亡事故后，不积极组织抢救或抢救不力而造成更大伤亡的。

（3）发生伤亡事故后，不认真采取防范措施，致使同类事故重复发生的。

（4）发生伤亡事故后，滥用职权，擅自处理事故或袒护、包庇事故责任者的有关人员。

（5）事故调查中，隐瞒真相、弄虚作假、嫁祸于人的。

（6）根据事故后果和认识态度，按规定提出对责任者以经济处罚、行政处分或追究刑事责任等处理意见。

8. 制订预防措施

（1）根据事故原因分析，制订防止类似事故再次发生的预防措施。

（2）分析事故责任，使责任者、领导者、职工群众吸取教训，改进工作，加强安全意识。

（3）对重大未遂事故也应按上述要求查找原因、严肃处理。

9. 撰写调查报告

（1）调查报告应包括事故发生的经过、原因、责任分析和处理意见以及本事故的教训和改进工作的建议等内容。

（2）调查报告须经调查组全体成员签字后报批。

（3）调查组内部存在分歧时，持不同意见者可保留意见，在签字时加以说明。

10. 事故审理和结案

（1）事故处理结论，经有关机关审批后，即可结案。

（2）伤亡事故处理工作应当在 90d 结案，特殊情况不得超过 180d。

（3）事故案件的审批权限应同企业的隶属关系及人事管理权限一致。

（4）事故调查处理的文件、图纸、照片、资料等记录应完整并长期保存。

11. 员工伤亡事故记录

（1）员工伤亡事故登记记录主要有：

（2）员工重伤、死亡事故调查报告书，现场勘察记录、图纸、照片等资料；

（3）物证、人证调查材料；技术鉴定和试验报告；

（4）医疗部门对伤亡者的诊断结论及影印件；

（5）事故调查组人员的姓名、职务，并应逐个签字；

（6）企业及其主管部门对事故的结案报告；

（7）受处理人员的检查材料；

（8）有关部门对事故的结案批复等。

12. 工伤事故统计说明

（1）"工人职员在生产区域内所发生的和生产有关的伤亡事故"，是指企业在册职工在企业活动所涉及的区域内（不包括托儿所、食堂、诊疗所、俱乐部、球场等生活区域），由于生产过程中存在的危险因素的影响．突然使人体组织受到损伤或某些器官失去正常机能，以致负伤人员立即中断工作的一切事故。

（2）员工负伤后一个月内死亡，应作为死亡事故填报或补报，超过者不作死亡事故统计。

（3）员工在生产工作岗位干私活或打闹造成伤亡事故，不作工伤统计。

（4）企业车辆执行生产运输任务（包括本企业职工乘坐企业车辆）行驶在场外公路上发生的伤亡事故，一律由交通部门统计。

（5）企业发生火灾、爆炸、翻车、沉船、倒塌、中毒等事故造成旅客、居民、行人伤亡，均不作职工统计。

（6）伤亡统计。停薪留职的职工到外单位工作发生伤亡事故由外单位统计。

课程小结

本节课程安排了事故与事故处理相关的内容，要求学生对事故及事故处置有充分的认识，一旦发生事故时必须熟悉处置程序，将事故的损失降低到最低。

课外作业

1. 学习《企业职工伤亡事故分类》（GB 6441—1986）与《企业职工伤亡事故调查分析规则》（GB 6442—1986）两个标准。

2. 到地方行业主管部门调查了解当地近年来工伤事故发生的情况与对策。

课后讨论

1. 什么是轻伤、重伤、死亡事故？

2. 怎样减少死亡事故发生？

3. 什么是一般死亡事故、较大死亡事故、重大死亡事故、特大死亡事故？

4. 施工现场一旦发生事故怎样处置？

学习情境 9　伤害急救

学习目标　▶▶

1. 了解常见工伤的症状，以便一旦出现工伤事故后，好进行正确的判断，方便与有关方面沟通。

2. 熟悉施工现场常见的工伤临时处置方法，为急救做好前期工作，将事故损失降到最低。

关键概念　▶▶

1. 职业创伤与现场急救。
2. 临时处置与伤病移动。
3. 心肺复苏与人工呼吸。

提示　▶▶

当人体受到外伤流血时，首先要进行止血，以等待120救援。现场止血时，禁止使用铁丝等作止血带。

当发生食物中毒事故时，应尽快设法使中毒者将毒物吐出。

相关知识　▶▶

1. 止血与包扎。
2. 紧急呼救常识。
3. 临时处置常识。

据估计，全球每年约发生 1.5 亿次职业事故。据美国等国家的有关资料报道，在各种职业中致命性创伤发生最高的相关职业主要为：木材业、渔业、矿业、建筑业；相关职业为：建筑、货物运输、农业、木材搬运；相关工人为：老年工人、自我经营的工人；创伤原因主要为：机动车压轧、物体倒塌和坠落等。表明职业创伤的危险性与职业有着密切的关系。

在职业创伤中，由于行业、工种、劳动强度、劳动体位、劳动持续时间、个人体质和安全防护条件等因素的差异，其职业创伤发生的部位、性质和特点也各有不同。

一、创伤急救

在急性职业创伤中，急性软组织伤最多见，可以是小伤口或小裂口，也可能是大片组织的撕脱，常见于有大型滚筒、连动皮带和大型切刀等的工作环境，因挤压、碾轧、绞拉、切削或被硬物撞击致伤；腹部伤多见于坠跌、撞击、挤压和利器刺入时。半数以上的急性职业创伤是因违反操作规程所致，其次是因设备缺陷或管理缺陷所致。这些创伤完全可以防止。

（一）施工现场事故创伤发生的特点与分类

1. 施工现场事故创伤发生的特点

（1）伤情复杂。往往是多发伤、复合伤并存，表现为多个部位损伤或多种因素的损伤。

（2）发病突然，病情凶险，变化快。休克、昏迷等早期并发症发生率高。

（3）现场急救至关重要。往往影响着临床救治时机和创伤的转归。

（4）处理不好，致残率高。

这些都要求现场急救人员、事故处理人员、医务人员等有关工作人员尽最大努力争取时间，抢救伤员生命，避免或减少并发症的发生。

2. 创伤的基本分类　创伤分类有几种方法，如按体表有无伤口分类，按人体的受伤部位分类，按致伤因素分类等。这里简单介绍按体表有无伤口常用的基本分类法，以供相关人员对创伤的性质和伤情有一个概括性了解和掌握。

依据体表结构的完整性是否受到破坏即体表有无开放的伤口将创伤分为开放性和闭合性两大类。一般来说，开放性创伤容易诊断，易发生伤口污染而继发感染；闭合性创伤诊断有时相当困难（如某些内脏伤），常需要一定时间的临床密切观察期或一定的检查手段才能排除或确诊。多数闭合性损伤可无明显感染，但某些情况下（如空腔脏器破裂）也可以造成严重的感染。

（1）开放性创伤　按受伤机制不同一般可分为擦伤、撕裂伤、切割伤和刺伤。

1）擦伤　是创伤中最轻的一种，是皮肤的浅表损伤，通常仅有受伤皮肤表面擦痕，有少数点状出血或渗血、渗液。

2）撕裂伤　是由钝性暴力作用于人体造成皮肤和皮下组织的撕裂，多由行驶车辆的拖拉、碾锉所致。伤口呈碎裂状，创缘多不规则，污染多较严重。

3）切割伤（图 9-1）　为锐利物体切开体表所致，如破碎的玻璃、断裂的金属材料，塑料材料等，伤口创缘较整齐，伤口大小及深浅不一，严重者可伤及深部的血管、神经、肌肉，甚至脏器，出血较多。

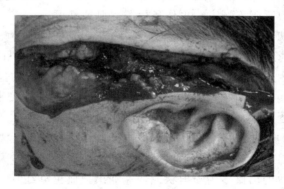

图 9-1　切割伤

4）刺伤　由尖细的锐性物体刺入体内所致，刺伤的伤口多较小，但较深，有时会伤及内脏器官。

（2）闭合性创伤　闭合性损伤按受伤机制和表现形式的不同通常分为挫伤、挤压伤、扭伤、冲击伤和振荡伤。

1）挫伤　系钝性暴力或重物打击所致的皮下软组织的损伤，多因车辆碰撞、颠覆、坠落造成，主要表现为伤部肿胀、皮下淤血，严重者可有肌纤维的撕裂和深部形成血肿。如果作用力的方向为螺旋方向称为捻挫，其损伤更为严重。

2）挤压伤　肢体或躯干大面积的、长时间的受到外部重物的挤压或固定体位的自压所造成的肌肉组织损伤。局部出现严重水肿，血管内可发生血栓形成，组织细胞可发生变性坏死，可发生挤压综合征。挤压伤与挫伤相似，但受力更大，接触面积大，受压时间长。对人体伤害较挫伤更重。

3）扭伤　是关节部位一侧受到过大的牵张力，相关的韧带超过其正常活动范围而造成的损伤。关节可能会出现一过性的半脱位和韧带纤维部分撕裂，并有内出血、局部肿胀、皮肤青紫和活动障碍。严重的扭伤可伤及肌肉及肌腱，以至发生关节软骨损伤、骨撕脱等。

4）振荡伤　是头部或身体某些部位受到钝力打击，造成暂时性的意识丧失或功能障碍，无明显的器质性改变。如脑振荡、脊髓振荡、视网膜振荡等。

5）关节脱位和半脱位　不匀称的暴力作用于关节所致。按骨骼完全脱离或部分脱离关节面分为：关节脱位和半脱位。暴力同时造成关节囊损伤，重者复位后易复发。

6）闭合型骨折　骨组织受到强暴力作用造成部分或全部断裂。虽然体表没有伤口，但有时造成邻近的神经血管损伤。

7）闭合性内脏伤　人体受暴力损伤，体表完好无损但能量传入体内造成伤害。如头部受伤时，出现颅内出血、脑挫伤；腹部受撞击时，肝、脾破裂。

此外，在道路交通事故中除机械性创伤外还可能发生由车辆损毁引发的火灾、爆炸、落水等所致的烧伤、冲击伤、溺水等损伤，其损伤的情况视部位、程度而不同。

（二）正确进行现场急救

1. 通气　通气系指保证伤员有通畅的气道。可采取如下措施：
（1）解开衣领，迅速清除伤员口、鼻、咽喉的异物、凝血块、痰液、呕吐物等。
（2）对下颌骨骨折而无颈椎损伤的伤员，可将颈项部托起，头后仰，使气道开放。
（3）对于有颅脑损伤而深昏迷及舌后坠的伤员，可将舌拉出并固定，或放置口咽通气管。
（4）对喉部损伤所致呼吸不畅者，可作环甲膜穿刺或切开。
（5）紧急现场气管切开置管通气。

2. 止血　止血是现场急救首先要掌握的一项基本技术，其主要目的是阻止伤口的持续性出血，防止伤者出现因失血导致的休克和死亡，为伤者赢得宝贵的抢救时间，从而挽救伤者的生命。

在现场急救止血过程中，一般首先应判断伤者出血的原因：

毛细血管破裂导致的出血多呈血珠状，可以自动凝结。在现场无需特殊处理，或给予局部压迫即可达到止血的目的。静脉破裂的出血多为涌出，血色暗红，大静脉破裂导致的出血比较快速。动脉破裂导致的出血多为喷射状或快速涌出，血色鲜红。

3. 包扎　包扎的主要目的是：压迫止血；保护伤口，减轻疼痛；便于固定。

现场包扎使用的材料主要有绷带、三角巾、十字绷带等。如果没有这些急救用品，可以使用清洁的毛巾、围巾、衣物等作为替代品。包扎时的力量以达到止血目的为准。如果出血比较凶猛，难于依靠加压包扎达到止血目的时，可使用动脉压迫止血或使用止血带。

在包扎过程中，如果发现伤口有骨折端外露，请勿将骨折断端还纳，否则可能导致深层感染。

腹壁开放性创伤导致肠管外露的情况在交通意外中十分罕见。一旦发生，可以使用清洁的碗盆扣住外露肠管，达到保护的目的，严禁在现场将流出的肠管还纳。

4. 固定　固定的主要目的是防止骨折端移位导致的二次损伤，同时缓解疼痛。

现场急救时，固定均为临时性的，因此一般以夹板固定为主。可以用木板、竹竿、树枝等替代。固定范围必须包括骨折邻近的关节，如前臂骨折，固定范围应包括肘关节和腕关节。

如果事故现场没有这些材料，可以利用伤者自身进行固定：上肢骨折者可将伤肢与躯干固定；下肢骨折者可将伤肢与健侧肢体固定。

5. 转运　转运是现场急救的最后一个环节。正确及时的转运可能挽救伤者的生命，不正确的转运可能导致在此之前的现场急救措施前功尽弃。

昏迷伤者的转运：在昏迷患者的转运过程中，最为重要的是保持伤者的呼吸道通畅。方法是使患者侧卧，随时注意观察伤者。如果伤者出现呕吐，应及时清除其口腔内的呕吐物，防止误吸。

对于有脊柱损伤的伤者，搬动必须平稳，防止出现脊柱的弯曲。一般使用三人搬运法，严禁背、抱或二人抬。运送脊柱骨折伤者，应使用硬质担架。有颈椎损伤者，搬运过程中必须固定头部，如：在颈部及头部两侧放置沙袋等物品，防止头颈部的旋转。注意对怀疑有脊柱骨折或不能排除外脊柱骨折者，必须按照有脊柱骨折对待。

对于使用止血带的伤者，必须在显著部位注明使用止血带的时间。如无条件，需向参与转运者说明止血带使用的时间。

（三）创伤事故的处理

1. 处理的基本原则　在施工现场事故损伤中，对受伤比较轻微或简单的创伤处置自然容易，而对那些严重的损伤或复杂的复合伤处置起来就比较困难。在紧急情况下，由于伤情在不断变化，有些闭合性损伤诊断的明确还需一个临床过程，在这种情况下，要求医护人员边抢救、边诊断、边治疗，不失时机地救治伤员。

2. 止血法　一般成年人总血量大概4000mL左右。短时间内丢失总血量的三分之一时，就会发生休克。表现为脸色苍白，出冷汗，血压下降，脉搏细弱等。如果丢失血量的一半，则组织器官处于严重缺血状态，很快可导致死亡。外伤后出血，分外出血和内出血。内出血如胸腔内、腹腔内和颅内出血，情况较严重，现场无法处理，急需送到医院处理。

（1）简单止血法

1）包扎法止血　包扎法止血一般限于无明显动脉性出血为宜（图9-2）。小创口出血，有条件时先用生理盐水冲洗局部，再用消毒纱布覆盖创口，用绷带或三角巾包扎。无条件时可用冷开水冲洗，再用干净毛巾或其他软质布料覆盖包扎。

如果创口较大而出血较多时，要加压包扎止血。包扎的压力应适度，除达到止血而又不影响肢体远端血运为度。包扎后若远端动脉还可触到搏动，皮色无明显变化即为适度。严禁用泥土、面粉等不洁物撒在伤口上，选成伤口进一步污染，而且给下一步清创带来困难。

2）指压法止血　指压法止血用于急救处理较急剧的动脉出血。

手头一时无包扎材料和止血带时，或运送途中放止血带的间隔时间，可用此法。

手指压在出血动脉的近心端的邻近骨头上，能迅速有效地达到止血目的，缺点是止血不易持久。

3）屈曲加垫法止血 当前臂或小腿出血时，可在肘窝、窝内放置棉纱垫、毛巾或衣服等物品，屈曲关节，用三角巾或布带做"8"字形固定。注意有骨折或关节脱位者不能使用，同时因此法伤员痛苦较大，不宜首选。

4）止血带法止血 四肢大血管出血用加压包扎法不能有效止血时，可用有弹性的空心橡胶管或橡胶条止血（图9-3、图9-4）。或用宽布条、毛巾等作为止血带，在上臂或大腿的上部或下部垫一层毛巾或几层纱布，将止血带缠绕肢体2周后，在肢体外侧打结，在其中插入一节小木棍，边绞紧边观察出血情况，以出血止住时的松紧度为宜。止血带止血是临时急救措施，不能长时间使用，以免造成远端组织缺血。

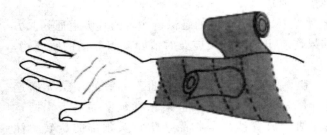
图9-2 包扎法止血

图9-3 硅胶止血带图片

图9-4 纽扣式止血带

（2）指压止血常用的压迫止血点 使用指压法止血应先了解正确的压迫点，才能见效。常用的压迫止血点如下：

1）头顶部、颞部出血（图9-5、图9-6） 在伤侧耳前，用拇指对准下颌面关节处，压迫颞浅动脉。

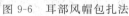
图9-5 头部帽式包扎法 　　　　图9-6 耳部风帽包扎法

2）面部出血（图 9-7、图 9-8） 用拇指、食指或中指压迫双侧下颌骨与咬肌前缘交界处的面动脉。即使一侧面部出血，亦要压迫双侧。

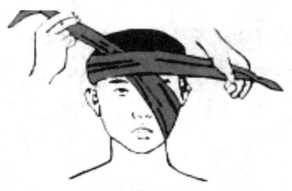 

图 9-7 单眼带式包扎法   图 9-8 三角巾双眼包扎法

3）头面部、颈部出血 四手指并拢，在胸锁乳突肌中段内侧将颈总动脉压向颈椎。但不能同时压迫双侧颈总动脉，以免造成脑缺血坏死；同时压迫止血时间亦不能太久，以免引起颈动脉化学感受器反应而出现生命危险。

4）耳后出血 用拇指压迫同侧耳后动脉。

5）头皮后半部出血 压迫耳后乳突与枕骨粗隆间接压迫枕动脉。

6）肩部、腋部出血 用拇指压迫同侧锁骨上窝中部、胸锁乳突肌外缘，将锁骨下动脉压向第一肋骨。采用三角巾胸部包扎法（图 9-9）。

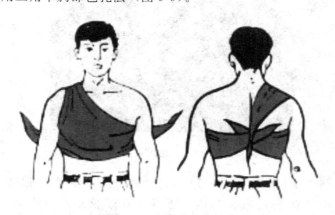

图 9-9 三角巾胸部包扎法

7）上肢出血 用四指压迫腋动脉（腋窝部）或对着肱骨压迫肱动脉，将患肢抬高，并采用绷带包扎法（图 9-10）。

8）前臂出血 在肘窝部压迫肱动脉。

9）手掌出血 在腕部压迫桡、尺动脉。

10）手指出血 用拇、食指分别压迫手指两侧动脉。

11）下肢出血 在大腿根部用双手拇指向后用力压迫股动脉。采用三角巾腹部包扎法（图 9-11）。

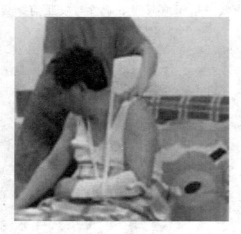

图 9-10　绷带包扎法

图 9-11　三角巾腹部包扎法

12）足部出血　用两手拇指分别压迫足背中部近脚腕处的胫前动脉和足跟内侧与内踝之间的胫后动脉。并采用三角巾包扎法（图 9-12）。

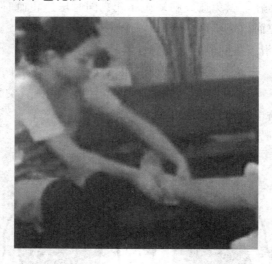

图 9-12　三角巾包扎法

（3）使用止血带时的注意事项　止血带的使用方法比较简单，但如果操作时忽略了一些细节问题，不仅不能挽救生命和肢体，还将导致截肢致残。使用止血带需注意以下问题：

1）上止血带前，应先将伤肢抬高，促使其中静脉血液流回体内，从而减少血液丢失。

2）上止血带的位置应在有效止血的前提下，尽量靠近出血部位。但在上臂中段禁止使用止血带，因为该处有桡神经从肱骨表面通过，止血带的压迫可造成桡神经损伤，进而使前臂以下的功能日后难以恢复。

3）止血带不能直接绑在肢体上，准备上止血带的部位应先垫一层敷料、毛巾等柔软的布垫，用以保护皮肤。

4）用毛巾、大手帕等现场制作的布性止血带时，应先将其叠成长条状，宽约 5cm，以便受力均匀。严禁使用电线、铁丝、细绳等过细而且无弹性物品充做止血带。

（四）移动伤病员的方法

1. 移动伤病员的一般方法

（1）背负法　背负法（图9-13）多用于伤者不能自行行走，救护人员只有一人之时。对于失去意识神志不清的伤者，可采用交叉双臂紧握手腕的背负法。这样可以使伤者紧贴救护者，减少行走时摇动可能给伤者带来的损伤。

对于神志清醒的伤者可采用普通背负法，只要抓紧伤者的手腕使其不要左右摇晃即可。当救护者需要攀附其他物体才能保持平衡脱离险境时，可将伤者横扛在肩上，用一只手臂固定伤者，另一只手臂用于攀附。但这种方法不适用于脊柱骨折、股骨干骨折和胸部损伤的伤者。

（2）抱持法（图9-14）　救护者一手抱其背部，一手托其大腿将伤者抱起。若伤者还有意识可让其一手抱着救护者的颈部。

（3）扶持法（图9-15）　如果伤者较轻，无需背负或抱持时，救护者可从旁边扶持伤者。

图9-13　背负法　　　　　图9-14　抱持法　　　　　图9-15　扶持法

（4）双人搬运法

① 椅托法（图9-16）　两名救护者面对面分别站在伤者两侧，各伸出一只手放于伤者大腿之下并相互握紧，另一只手彼此交替搭在对方肩上，起支持伤者背部的作用。

② 双人拉车法（图9-17）　两名救护者，一个站在伤者的头部两手伸于腋下，将其抱入怀中；另一个站在伤者的两腿之间，抱住双腿。两人步调一致将伤者抬起运走。

图9-16　椅托法　　　　　　　　　　图9-17　拉车法

③ 桥扛法（图 9-18）　两名救护者，双手护握成桥形，让伤者坐在上面，使伤者双臂搭在救护者肩上。

④ 平卧托运法（图 9-19）　两名救护者站在同一方向，面朝伤者，双手平托，使伤者平卧，注意保持伤者头、腰、腿部相对水平。

图 9-18　桥扛法

图 9-19　平卧托运法

（5）器械搬运法　对病情严重、路途遥远又不适于徒手搬运的患者，应用器械救护搬运法。常用的器械有担架、床单、被褥、竹木椅、木板等，多为临时使用的搬运工具。

① 担架搬运法（图 9-20）　是送医院前急救最常用的方法。用担架搬运伤病员必须注意：对不同病（伤）情的伤病员要求有不同的体位；伤病员抬上担架后必须扣好安全带，以防止翻落跌地；伤病员上下楼梯时应保持头高位，尽量保持水平状态；担架上车后应予固定，伤病员保持头朝前脚向后的体位。

图 9-20　担架搬运法

② 床单、被褥搬运法（图 9-21）　是遇有窄梯、狭道，担架或其他搬运工具难以搬运，且天气寒冷，徒手搬运会使伤病员受凉的情况下所采用的一种方法。

搬运步骤为：取一条牢固的被单（被褥、毛毯）平铺在床上，将伤病员轻轻地搬到被单上，然后半条被单盖在伤病员身上，露出其头部（俗称半垫半盖），搬运者面对面紧抓被单两角，脚前头后（上楼则相反）缓慢移动，搬运时有人托腰则更好。

这种搬运方式容易造成伤病员肢体弯曲，故胸部创伤、四肢骨折、脊柱损伤以及呼吸困难等伤病员不宜用此法。

③ 椅子搬运法（图 9-22）　伤病员采用坐位，并用宽带将其固定在椅背和凳上。两位救护人员一人抓住椅背，另一人紧握椅脚，然后以 45°角向椅背方向倾斜，缓慢地移动脚步。对于失去知觉的伤病员不宜用此法。

图 9-21 床单、被褥搬运法

图 9-22 椅子搬运法

2. 危重伤病员的移动方法

（1）脊柱、脊髓损伤者的搬运 遇有脊柱、脊髓损伤或疑有损伤的伤员，不可任意搬运或扭曲其脊柱部。在确定性诊断前，按脊柱损伤原则处理。搬运时，顺应伤病员脊柱或躯干轴线，滚身移至硬担架上，一般为仰卧位。搬运时，原则上应有 2～4 人同时进行，动作一致。切忌一人抱胸另一人搬腿的双人拉车式搬运法（它会造成脊柱的前屈，使脊椎骨进一步压缩而加重损伤）。遇有颈椎受伤的伤员，首先应注意不要轻易改变其原有体位。头部左右两侧可用软枕、衣服等固定，然后一人托住其头部，其余的人协调一致用力将伤病员平直地抬到担架上。搬运时注意用力一致，以防止因头部扭动和前屈而加重伤情。

（2）颅脑损伤者的搬运 颅脑损伤者常有脑组织暴露和呼吸道不畅等表现。搬运时应使伤病员半仰卧位或侧卧位，易保持呼吸道通畅。脑组织暴露者，应保护好其脑组织，并用衣物、枕头等将伤病员头部垫好，以减轻振动。注意颅脑损伤常合并颈椎损伤。

（3）胸部损伤者的搬运 胸部损伤者常伴有开放性血气胸，需包扎。搬运已包扎的气胸伤病员时，以坐椅式搬运为宜，伤病员取坐位或半卧位。

（4）腹部损伤者的搬运 宜用担架或木板搬运。伤病员取仰卧位，屈曲下肢，防止腹腔脏器受压而脱出。脱出的肠段要湿敷包扎，不要回纳。

（5）休克者的搬运 病人取平卧位，不用枕头，或脚高头低位，搬运时用普通担架即可。

（6）呼吸困难者的搬运 病人取坐位，不能背驮。搬运时注意不能使病人躯干屈曲。

（7）昏迷者的搬运 昏迷病人咽喉部肌肉松弛，仰卧位易引起呼吸道阻塞。

此类病人宜采用平卧位（头转向一侧）或侧卧位。搬运时用普通担架或活动床。

3. 搬运危重伤病员时注意事项

（1）对疑有颈椎骨折者，搬运时需加倍小心，以免加重损伤而致高位截瘫或死亡。急救者可靠近病人背后，双手穿过其腋下，抓住未受伤的肢臂，轻轻将病人抬起，小心地向后拖拉。拖动时，务必保持头、颈、胸部呈一直线，头位于中央，防止摆动和扭转。然后将病人放置在木板上，头颈用沙袋或毛毯固定，最好用塑料颈托。

（2）对有呼吸困难或昏迷的伤员，应及时清除口腔内分泌物，保持呼吸道通畅。

（3）伤员昏迷不醒而呼吸正常，宜取仰卧位或侧卧位，注意头向后仰。

（4）病人烦躁不安、心跳加快、脉搏细弱、皮肤湿冷、少尿或无尿者，应想到休克的可能，要保持仰卧位，抬高下肢，以增加下肢的回心血量和脑部血流量。

（5）凡有软组织活动性出血或肢体骨折者，宜加压包扎固定制动，迅速送医院进一步诊治。

（6）危重患者在转送途中应禁食，以避免麻醉时胃内良物反流，可能引起窒息的危险。

4. 固定术及其要求　固定术是针对骨折的急救措施，可以防止骨折部位移动，具有减轻伤员痛苦的功效，同时能有效地防止因骨折部位的移动而损伤血管、神经等组织造成的严重并发症。

（1）固定术的基本要求

1）注意伤员的全身状况，遇有呼吸、心跳停止者先行心肺复苏措施；有休克者先治疗休克，待病情有根本好转后再进行固定；有开放性的伤口应先止血、包扎或进行就地抢救，待病情稳定后再固定。

2）对骨折后造成的畸形禁止整复，不能把骨折断端送回伤口内（只要适当固定即可）。

3）怀疑有脊椎、大腿、小腿骨折者，切忌随便移动病人，应就地固定。

4）固定材料的长度应超过两端关节，以达到牢靠稳定的目的；固定时动作要轻巧，固定要牢靠、松紧要适度，应不松不紧、牢固稳定。

5）夹板器材不能直接接触皮肤，应先用棉花、毛巾等软物垫在夹板与皮肤之间，尤其是在肢体弯曲处要适当加厚。

6）固定四肢时应尽可能暴露手指（足趾），以观察有无指（趾）尖发紫、肿胀、疼痛、血循环障碍等。

（2）正确使用夹板　夹板在处理骨折中起到固定及防止加重局部再出血和损伤的作用。故应正确使用夹板。

1）夹板要固定在骨折部位的前后两个关节处。

2）把有一定强度、长宽适当的夹板用布缠好后再使用。

3）为了使患部舒展，在关节的空隙处，可塞入用毛巾、衣物等做成的垫子。

4）进行急救时，身边常常找不到正式的夹板，这时要尽可能地利用周围现有的材料，做成临时合适的夹板使用。

5）骨折部位若有弯曲时，如果受伤部位不疼痛，则不需要强行伸展，只要按弯曲形态固定即可。

（五）常见创伤的急救

1. 外出血急救　野外施工时，人体受各种意外伤害的机会增多，全身各部位受损伤出血的可能性增大。一般小的出血无须特殊处理可自行止血，但较大的出血则要采取人工方法止血。

小的出血经处理可自行愈合，严重出血时常危及伤员生命，故需及时的抢救。常见的出血有外出血，即可见血液自伤口向外流出。

（1）内出血　即出血流入人体腔形成胸腹等积血或流入组织间隙内形成血肿，在身体表面看不见出血。止血方法有以下几种：

1）手指压迫止血法　就是直接压迫伤口出血处，但不能持久。压迫部位可在伤口近端的动脉上或直接压迫伤口出血处。一般颈部、锁骨上窝、腋窝、腘窝和腹股沟等大血管出血，可直接压迫出血处，以便暂时止血，赢得彻底止血的时间。

2）加压包扎止血法　用敷料盖在伤口上，再用绷带缠紧，这是急救时最常用的临时止血法，适用于静脉式中等动脉出血。

3）局部填塞止血法　将清洁纱布、吸收性明胶海绵或止血棉等止血剂填塞在伤口内，再用加压绷带固定。实际同加压止血法基本原理相同。

（2）四肢大出血急救　对四肢大出血急救时较简单而有效的止血法是止血带止血法：止血带有多种，临时可用绳子等物代替，而最佳的是空气止血带。

止血带止血效果好，但有一最大缺点是它完全阻断肢体的血循环，增加了肢体的感染和坏死率，所以一般情况下不要轻易使用。

（3）其他注意事项

1）缚扎的部位应尽可能靠近伤口。

2）在膝和肘关节以下缚止血带无止血作用。

3）在上臂缚止血带时要注意避开桡神经，以免发生损伤。

4）上止血带时要衬垫衣服、毛布等布类，不可直接接触皮肤。同时要注意衬垫物要放平整。

5）缚止血带时松紧要合适，不可过紧、损伤组织神经；过松使静脉血回流受阻，出血增多。

在冬季上止血后要注意肢体保温，但千万不要加温，以免发生意外。上止血带的时间一次最好不超过两小时，同时每小时应放松数秒钟后再上紧。当然有个别情况病人不允许再失血或大的血管损伤有可能大量失血者，不可轻易松带。

2.挤压伤急救　挤压伤是指因暴力挤压或土块、石块等压埋，引起身体一系列的病理性变化，甚至引起肾脏功能衰竭的严重情况。受伤部位表面无明显伤口，可有淤血、水肿、紫绀、尿量减少、心慌、恶心，甚至神志不清等症状。

挤压伤害到心脏，可引起胃出血、肺出血、肝脾破裂出血，这时可引起呕血、咯血以及休克。可按下列方法急救：

（1）尽快解除挤压的因素，如被压埋，应先从废墟下将伤员扒出来。

（2）若为手和足趾的挤压伤，指（趾）甲下血肿呈黑紫色，可立即用冷水冷敷，减少出血和减轻疼痛。

也可采取以下方法尽快排出指（趾）积血：用烧红的缝衣针、曲别针头，垂直按压在积血的指（趾）甲上，稍用力将甲壳灼通，再从灼孔挤出积血。

（3）若怀疑伤员已有内脏损伤，应密切观察有无休克先兆，同时按呕血、咯血、休克的急救原则处理。

（4）严重的挤压伤，应呼叫"120"急救医生前来处理，并护送到医院进行外科手术治疗。

（5）由于挤压综合征是在肢体埋压后逐渐形成的，因此要对伤员进行密切观察，及时送医院治疗，千万不要因为当时无伤口，就认为问题不大而忽视治疗。

（6）在转运伤员途中，应减少肢体活动，不管有无骨折都要用夹板固定，并让肢体暴露在凉爽的空气中。切忌按摩和热敷，以免加重病情。

3.高空坠落伤急救　高空坠落伤，顾名思义，从高处坠落，受到高速的冲击力使人体组织和器官遭到一定程度破坏而引起的损伤。坠落的原因有意外事故，也有故意行为。

高空坠落伤通常有多个系统或多个器官的损伤，严重者当场死亡。

高空坠落伤除有直接或间接受伤器官表现外，尚可有昏迷、呼吸窘迫、面色苍白和表情淡漠等症状，可导致胸、腹腔内脏组织器官发生广泛的损伤。

高空坠落时，足或臀部先着地，外力沿脊柱传导到颅脑而致伤；由高处仰面跌下时，背或腰部受冲击，可引起腰椎前纵韧带撕裂，椎体裂开或椎弓根骨折，易引起脊髓损伤。脑干损伤时常有较重的意识障碍、光反射消失等症状，也可有严重并发症的出现。

（1）坠落伤常见原因

1）在高层建筑施工、高空架线等高空作业的工人不慎坠落。

2）高层楼房居民不慎由阳台、窗台上跌落，以小孩多见。

3）自高楼顶或窗台、阳台上故意跳下。

4）如发生火灾时逃生。

5）地震恐慌以及自杀行为。

（2）伤害特点　坠落伤的伤害特点与坠落高度和人体先着地的部位有关。

1）坠落起点越高，人体下落的加速度越大，地面的作用越大，造成损伤越严重。从10m高坠落，生还的希望很小。但如果中途被其他物件阻挡，受伤程度可减轻。

2）身体各部位着地所造成伤害特点

① 足部先着地，造成足部—下肢—脊柱—颅脑连锁损伤，引起足关节、下肢、脊柱、颅底骨折，其中脊柱骨折或移位可导致瘫痪；颅内出血可危及生命。

② 双手支撑着地：造成双上肢骨折，面部损伤。

③ 如果是头、胸、腹直接着地或者在坠落中撞击在尖硬物体上，多半坠落在地来不及救治已经死亡。

（3）急救原则

1）坠落在地的伤员，应初步检查伤情，不乱搬动摇晃，应立即呼叫"120"急救医生前来救治。

2）采取救护措施，初步止血、包扎、固定。

3）昏迷伤员按昏迷的急救原则处理。

4）怀疑脊柱骨折，按脊柱骨折的搬运原则。切忌一人抱胸，一人扶腿搬运。伤员上下担架应由3～4人分别抱住头、胸、臀、腿，保持动作一致平稳，避免脊柱弯曲扭动加重伤情。

（4）急救方法

1）去除伤员身上的用具和口袋中的硬物。

2）在搬运和转送过程中，颈部和躯干不能前屈或扭转，而应使脊柱伸直，绝对禁止一个抬肩一个抬腿的搬法，以免发生或加重截瘫。

3）创伤局部妥善包扎，但对疑有颅底骨折和脑脊液漏患者切忌作填塞，以免导致颅内感染。

4）颌面部伤员首先应保持呼吸道畅通，摘除假牙，清除移位的组织碎片、血凝块、口腔分泌物等，同时松解伤员的颈、胸部纽扣。

5）复合伤要求平仰卧位，保持呼吸道畅通，解开衣领扣。

6）周围血管伤，压迫伤部以上动脉干至骨骼。直接在伤口上放置厚敷料，绷带加压包扎以不出血和不影响肢体血循环为宜。

当上述方法无效时可慎用止血带，原则上尽量缩短使用时间，一般以不超过1小时为宜，做好标记，注明上止血带时间。

7）有条件时迅速给予静脉补液，补充血容量。

　　8）尽快送医院救治。

　　4. 跌伤急救　跌伤是因各种原因跌倒在地面上而受伤，跌伤建筑工地伤害中较为常见。

　　跌伤的轻重程度与跌伤的部位有关，跌伤头部，容易导致颅内出血。跌伤臀部可造成股骨颈骨折。小儿若跌伤头部，可引起广泛头皮血肿。由于大多外伤力小，创伤相对较轻，形成患侧肢体骨折等损伤，对全身状况影响一般较小。

　　（1）急救原则

　　1）检查伤情；

　　2）伤肢用木板临时固定；

　　3）呼叫车辆将伤者一送入医院急诊。

　　（2）急救方法

　　1）跌伤后伤口出血，应及时包扎止血。

　　2）跌伤后骨折的，应固定后立即送医院。

　　3）若为头部跌伤导致昏迷的，将患者头部侧向一边，防止吸入呕吐物，保持呼吸畅通，尽快送医院救治。

　　5. 踩踏伤急救　踩踏伤的伤情与受到踩踏用力的部位有关。

　　（1）胸部踩踏伤可使伤者发生窒息，头面部、颈部、肩部、胸部的皮肤点状出血，可合并肋骨骨折、气胸、血胸、心脏或肺挫伤。

　　（2）头颈部踩踏伤可引起颈部皮肤大片紫红斑，肩部、上胸部针尖样皮下出血点、皮下淤斑，也可引起眼结膜出血、耳鼻出血、耳鸣、鼓膜穿孔，甚至视力减退、失明。

　　（3）踩踏伤后可发生昏迷、呼吸困难、窒息等。

　　（4）发生踩踏伤后立即向"120"呼救，发生窒息时应开放呼吸道，保证呼吸畅通，吸氧、人工呼吸、胸外心脏按压急救；有出血和骨折的进行初步止血、包扎、固定。

　　6. 打砸伤救护

　　（1）遭打砸伤后皮肤软组织受到损伤，出现内出血、肿痛等，可用冷敷疗法止痛。2～3d内不要入浴。

　　（2）如果受打砸的部位是肢体，可将其两头关节固定，不要碰到受伤部位，也不要摆动肢体，马上送医院。关节部受打砸或有骨折时，有剧烈疼痛，冷敷不能解决问题，必须马上送医院治疗。

　　7. 运动伤害救治

　　（1）当发生运动伤害时，最好要马上处理。处理的原则有5项：保护、休息、冰敷、压迫及抬高。

　　1）保护　保护的目的是不要引发再次伤害。

　　2）休息　休息是为了减少疼痛、出血、肿胀并防止伤势恶化。压迫及抬高也都有上述的效果。

　　3）冰敷　冰敷还能有止痛的功能。挫伤、淤青、轻度肌肉拉伤、韧带扭伤，经由上面几种方式处理，以及适当的康复保健治疗，都能够在短时间内恢复健康。严重的肌肉拉伤（断裂）、韧带扭伤（断裂）、骨折，则必须由专科医师手术治疗。

　　（2）肌肉或肌腱断裂需要手术缝合，韧带断裂则需韧带重建手术。肌腱炎或第一、二度肌肉拉伤、韧带扭伤只需保守治疗都可痊愈。半月软骨或膝韧带断裂在诊断上，常需借助关节镜，以达正确诊断。

（3）发生中暑时，视程度而定，通常较轻者降温、补足水分、电解质就可以，但严重者需送医院急救。

（4）肌肉抽筋时，必须马上休息、按摩，使肌肉慢慢放松。千万不可用力踢脚底，以防止跟腱断裂。

8. 脚踩着铁钉的救治　施工现场免不了有许多钉子。人们在劳动或走路时，往往因为不留神，被铁钉扎伤。切不可以为这是小伤而不予处理，正因为伤口小、出血少，脏东西排不出来，才容易引起化脓感染。因为伤口深，最易发生破伤风。足部被铁钉刺进后，要进行下述应急处理。

（1）首先应将铁钉拔出，然后用双手大拇指将伤口内的血挤出来，或用干净的较硬的木条抽打伤口，让伤口内带菌的脏东西随血排出。

（2）去除伤口上的污泥、铁锈等物，用碘酒或酒精局部消毒，再用消毒纱布对伤口进行包扎。伤口处理完结，再到医院治疗。

（3）踩到细铁钉或铁针，如铁钉或铁针是断钉、断针，切勿丢弃，可将相同的钉针一起带到医院，供医生判断伤口深度作参考。

（4）被铁钉扎伤者一定要在12h以内注射破伤风抗毒素，因为一旦染上破伤风，治疗是非常困难的，据临床统计，破伤风患者的死亡率在70%～80%之间。

9. 擦皮伤处理　擦皮伤就是摩擦性的物体擦破皮肤造成皮肤的表皮、表层分离，并有血清渗出或少量毛细血管出血。很多人不能正确处理这种擦皮伤，可能会造成不必要的痛苦。

（1）当发生擦皮伤时，应立即用肥皂水和清水将伤口上的泥土清洗干净。

（2）如出血较多，可用棉球或纱布，干净手帕和卫生纸也可，压在伤口处数分钟，待不出血时将红药水涂于伤口处即可。

（3）伤口不是过深不要包扎、覆盖，将伤口暴露，更有利于伤口愈合，并注意暂时不要着水，如过几小时或第二天发现伤口处有清亮的液体渗出，可用家里的理疗灯或台灯对着伤口烤上10min左右，再涂些红药水即可，一般3～5d即可愈合。

（4）伤口过深的应及时到医院就诊，以免延误伤情。

10. 刀伤处理

（1）现象

1）刃器刺伤的严重程度与刺伤部位、伤口深浅及大小有关。

2）如果刺伤胸部，可损伤肺及胸腔造成气胸和血胸。

3）如刺伤心脏，可使心脏停止跳动，迅速死亡。

4）如刺伤腹部，可引起肠穿孔、小肠脱落出来。

5）如刺伤大血管，立即大出血从而危及生命。

（2）急救原则

1）轻浅刺伤，先包扎伤口，后到医院进一步治疗。

2）刺伤胸背、腹部、头部，如果刺伤的刃器仍插在伤处的，切不可立即拔出来，以免造成大出血从而无法止血，应将刃器固定好，然后将病人尽快送到医院，在做好手术准备后，妥当地取出来。在转送途中刃器四周以衣物或其他物品围好，绷带固定，注意保护，使其不得脱出或造成再损害。

3）如果刃器已被拔出，胸背有刺伤、病者呼吸困难，应考虑开放性气胸即按住伤口，用消毒纱布或清洗毛巾覆盖伤口，外加不透气的塑料膜，以防进一步受伤。

4）头部受伤者有伤口出血，应给予包扎伤口，有条件患者可吸氧，尽快送医院急诊。

5）腹部刺伤者如刃器仍留在伤口上，切忌立即拔出来，应固定好，立即送医院。

6）如刺伤中腹，导致肠管等内脏脱出来，切忌将脱出的肠管送回腹腔内，否则增加感染机会，而应该在脱出的肠管上覆盖消毒纱布，再用干净的盆倒扣在伤口上，用绷带固定，迅速送往医院抢救，双腿弯曲以缓解腹部张力，禁饮禁食。

7）弄脏的伤口，可用清洁的水冲洗伤口周围，有活动性出血的伤口不要冲洗。

8）用清洁的纱布盖住伤口，手放在纱布上压迫止血，一般压迫10～20min。大伤口千万不要碰，用干净的纱布覆盖伤口后，马上送医院处理。

9）伤口有时不大，但在脏污环境里受伤，在作简单处理后，要上医院进一步治疗。

10）伤口要及时做消毒处理。

11. 挫伤急救　身体受钝器或重物打击时，引起皮下软组织的损伤，但表皮完整，称挫伤。伤后皮下组织可破裂，出血而出现疼痛、青紫，出血多可见血肿，受伤部位肿胀，四肢的挫伤会影响运动功能。广泛的、严重的挤压伤可损伤肌肉、神经、血管，甚至因外伤而出现肾衰竭、休克等。

轻微的挫伤，只需局部制动、休息、抬高患肢，很快可消肿、愈合。

重度挫伤则需局部外敷，每日更换，或用伤湿膏外贴，口服舒筋活血药物，必要时使用预防的抗生素或消炎药，同时谨防休克和肾功能的改变。

12. 刺伤应急处理

（1）先将伤口洗干净，用酒精等消毒，用镊子将刺全部拔出，然后再次消毒。

（2）手指甲里扎进刺，自己不容易取出，最好是请医生处理。但如果扎入的刺较浅，即可以自己用指甲钳将指甲剪去一部分呈"V"字形，露出刺的根部就容易将刺取出了。

（3）如果扎在肉中的刺没有全部取出时，应及早请医生取出余下的部分，以免留下后患。

（4）无论刺伤大与小，都容易发生化脓。如在土壤中被刺扎伤，则容易引起破伤风，故对刺伤也不可轻视。

（5）被树枝的刺、竹刺或木片刺伤，确信刺不在肉中或已被取出后，最后是用手挤压伤口，把伤口中的淤血挤出来，然后进行消毒，用清洁的纱布包扎好。

（6）如果被针或金属片刺伤，而怀疑有针头折断残留在体内时，应立即用拇指和食指捏紧针眼处的肌肉，速去医院请外科医生处理。因针头移位后更不容易取出来，所以尽量不要变换姿势，使局部肌肉收缩。医生可以在X射线下取出针头。

（7）深的伤口可能有深部重要组织损伤，常并发感染，可用抗炎药物治疗。

（8）不洁物的刺伤要预防破伤风的发生，宜到医院注射破伤风针。

13. 冻伤后应急处理　低温寒冷侵袭所引起的损伤称冻伤。

冻伤可为局部或全身（冻僵），多因寒冷、潮湿、衣物及鞋带过紧所致，常发生于皮肤及手、足、指、趾、耳、鼻等处。

冻伤分四度。一度冻伤最轻，亦即常见的"冻疮"，受损在表皮层，受冻部位皮肤红肿充血，自觉热、痒、灼痛，症状在数日后消失，愈后除有表皮脱落外，不留瘢痕。二度冻伤伤及真皮浅层，伤后除红肿外，伴有水泡，泡内可为血性液，深部可出现水肿，剧痛，皮肤感觉迟钝。三度冻伤伤及皮肤全层，出现黑色或紫褐色，痛感觉丧失。伤后不易愈合，除遗有瘢痕外，可有长期感觉过敏或疼痛。四度冻伤伤及皮肤、皮下组织、肌肉甚至骨头，可出现坏死，感觉丧失，愈后可有疤痕形成。

治疗时首先需离开寒冷环境，除去潮湿衣物，置身于温水中逐渐复温，对全身严重冻伤必要时可行人工呼吸，增强心脏功能，抗休克，补液。

对冻疮除复温、按摩外，可用酒精、辣椒水涂擦，效果较好，或用5％樟脑酒精、各种冻疮膏涂抹，有一定疗效。二度冻疮如有水泡可用消毒针穿刺抽出液体，再涂抹冻疮膏。三、四度冻伤则需在保暖的条件下抢救治疗。

（1）对局部冻伤的急救要领是一点一点地、慢慢地用与体温一样的温水浸泡患部使之升温。如果仅仅是手冻伤，可以把手放在自己的腋下升温，然后用干净纱布包裹患部，并去医院治疗。

（2）全身冻伤，体温降到20℃以下就很危险。此时一定不要睡觉，强打精神并活动是很重要的。

（3）当全身冻伤者出现脉搏、呼吸变慢的话，就要保证呼吸道畅通，并进行人工呼吸和心脏按压。要渐渐使身体恢复温度，然后速去医院。

对局部冻伤的急救目的是使冷结的体液恢复正常。因此，若能使患部周围变温暖，很快可以治愈。禁止把患部直接泡入热水中或用火烤患部，这样会使冻伤加重。由于按摩能引起感染，最好也不要做按摩。用茄子秸或辣椒秸煮水，洗冻伤的部位，或用生姜涂擦局部皮肤，有预防冻伤的作用。

14. 断肢伤与断指伤急救

（1）现象　断肢伤与断指伤很多病例只要现场进行正确的处理，在伤后2～3h内通过手术进行断肢（断指）再植，恢复断肢的血液循环和神经功能，是有可能保存肢体（指）的完整功能。

（2）急救原则

1）对断肢（指）的残端首先必须止血，用干净纱布对伤口加压包扎，尽量不用止血带止血，以免给断肢（指）再手术造成困难。

2）就地取材，用夹板将残肢固定，以免运送途中加重损伤。

3）找齐断肢（指）残端，用无菌纱布或干净的毛巾、手帕等包好，立即装入干净的塑料袋中，扎紧袋口，然后放入盛满冰块（或冰棍）的容器中，如无冰块，可用冷水代替，但注意塑料袋切不可漏水，同时注意切忌将断肢或断指自接放在水中或乙醇等消毒液中，更不能用热水袋保温，否则会使组织坏死、失去再植的条件。

4）经上述妥善处理后，应最快速度送到有条件进行断肢（指）再植的医院，千万不要随意丢弃血肉模糊的指、趾和肢体。

15. 压砸伤、外物砸伤急救

（1）现象　多表现为脊柱、双下肢受伤，部分病者合并胸腹及头颅损伤。

（2）急救原则

1）不要随意搬运，呼120急救。

2）检查伤情，脊柱损伤应按脊柱骨折的搬运原则转运。

3）下肢受伤可就地取材用夹板固定受伤下肢，如合并胸腹部损伤，应即送医院抢救。

16. 机器伤急救

（1）现象　机器伤多造成伤害肢体开放性损伤，甚至皮瓣脱套、人体软组织缺损，开放骨折、依附神经、血管损伤发生率很高，人易失血，甚至发生失血性休克，部分病者甚至有胸腹损伤。

（2）急救原则

1）伤情危急，即呼 120 急救。

2）受伤肢体马上止血，必要时上止血带（记录使用时间），就地取材，用夹板固定伤害肢体。

3）用最快的交通工具将病人送往医院。

17．撞击伤急救

（1）现象　根据撞击受伤的部位不同，病情差别很大。

（2）急救原则

1）检查伤情，如四肢受伤，先用纱布包扎患者伤口，再用木板固定患侧肢体送医院处理即可。

2）胸部撞击伤，如出现呼吸困难，应考虑外伤性气胸，即送医院急救，有条件可以吸氧等处理。

3）腹部受伤，如出现腹胀、大汗淋漓、脸色口唇苍白，应考虑腹内脏器破裂出血，如失血性休克，应最快速度送往医院。

二、骨折与软组织损伤急救

（一）骨折急救

骨或骨小梁的完整性或连续性发生任何断裂，就叫做骨折。

骨折一般都有疼痛、伤肢畸形、活动困难、血肿等症状，严重者可发生休克。首先要确诊是否存在骨折，方法是：检查一下有否异常活动，有否局部压痛，有否变形。上肢部位可以用拍打手掌，下肢拍打脚跟部来检查。如果存在骨折，拍打时可感到骨折部位有骨摩擦的声音，骨折处剧烈疼痛。

1．骨折分型

（1）按骨折处是否与外界相通分型

1）骨折处皮肤未破损，骨折处于外界不相通的称为闭合性骨折；

2）骨折处与外界相通的称为开放性骨折。

（2）按照骨折复位后的稳定程度来分有稳定性骨折和不稳定性骨折。一般来讲斜形、粉碎性、一骨多段骨折为不稳定性骨折，而横断或近似横断、锯齿形骨折多为稳定性骨折。

2．症状与诊断

（1）有从高处坠落或暴力伤及肢体的病史。

（2）疼痛和压痛。这是骨折最常见的症状，骨折处都有程度不等的疼痛和压痛。局限性的压痛还可准确判定部位及范围。

（3）局部肿胀、淤血和皮肤擦破伤，有时可在皮肤破损处见到骨折断端。

（4）畸形变位。骨折后暴力、肌肉收缩、肢体重量等原因造成骨折端不同程度的变位畸形，如短缩、成角、旋转及不正常的隆起或凹陷等畸形。

（5）功能障碍。肢体根据部位及受伤的严重程度而有不同程度的功能丧失。上肢骨折不能举上肢，下肢骨折不能站立或行走。

（6）异常假关节活动或摩擦声。骨折后因骨骼失去连续性，可出现肢体的异常活动并且在活动时可闻及骨断端之间的骨擦声。

有条件作 X 线摄片检查，可明确诊断。

3. 处置原则

（1）首先应了解病人有无休克等危及病人生命的外伤，如颅脑外伤，大出血等要优先处理。抢救病人的生命，积极抗休克，避免不必要的检查和搬动病人。

（2）妥善地包扎伤口。一般伤口出血可用绷带急救包或较清洁的布类将伤口压迫包扎止血，有大血管出血时，可用上止血带并记录上止血带时间，上止血带时间一般 1h 松一次。

（3）骨折肢体固定：目的是减轻疼痛，避免并发损伤，防止休克便于搬送。固定材料要力求简单、轻便、易于携带或干脆就地取材，如用门板、木板、木棍等，也可将受伤的上肢固定于胸部，将受伤下肢固定于对侧健肢。

（4）还有一种充气式夹板可作为四肢骨折有效的临时固定器材，它是由透明塑料制成，可以观察伤口部位的出血情况，只是在使用时避免锋利物品刺破。

（5）对于闭合骨折一般不要求复位，但如发现肢体畸形严重，骨折端顶压皮肤，肢体远端有血循环障碍者，则应用手牵引肢体以解除严重畸形和压迫，然后固定。对于开放性骨折也不应复位，但可将肢体远端摆在合适的位置上，以避免对皮肤或血管、神经的压迫。

（6）经过初步处理后根据伤员伤势轻重来组织后送。首先转送危及生命的重伤员，然后是开放损伤和大部位骨折患者，最后是轻伤员。

（7）对于神志不清昏迷的病人应特别给予注意，要保持呼吸道通畅，严密观察神志和面部表情的变化。

1）对于脊柱骨折或疑有脊柱骨折的伤员，在搬运时应特别注意保持脊柱平直，以免发生或加重脊髓损伤。一般应有三人以上将伤员平托放在木板上，或滚翻到木板上，仰卧或俯卧，绝对禁止弯腰，如用软担架则应俯卧位。对颈椎损伤者则应增加一人轻牵头部与躯干长轴一致，并随之转动防止颈椎过伸过屈和旋转，平卧后在头颈两侧用软物垫好，防止在搬运中发生旋转活动。在搬运脊柱骨折伤员时禁止一人背起或一人抬肩、一人抱腿的方法。

2）伤员重度休克未见好转及伤肢未固定好一般不应转运。

3）脊柱损伤病人后送途中不得应用软性担架，而需用硬帆布或木板担架，或让病人保持双俯卧位，不可让病人坐起或站立。

4）随时注意伤口出血情况，观察有无活动性出血。上止血带的伤员要注意上止血带的时间，一定要按时松放。

5）对神志不清、危重伤员要随时注意其呼吸道是否畅通。

4. 身体各部位骨折的临时固定法

（1）上肢骨折的临时固定法（图 9-23）

1）锁骨骨折和肩胛损伤　可用三角巾悬吊前臂于胸前。有严重损害时，应将患肢固定于胸壁。方法：

① 腋下置一大棉垫；

② 三角巾悬吊胸前；

③ 另一绷带将上臂固定于胸部。

2）肱骨干骨折（图 9-24）　方法：屈肘 90°，上臂以有垫夹板固定，前臂放于中立位，用三角巾悬吊于胸前。

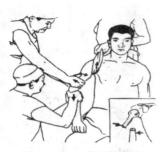

图 9-23　上肢骨折固定

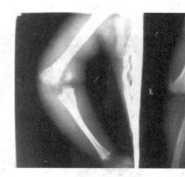

图 9-24　肱骨干骨折

3）前臂及腕部骨折（图 9-25、图 9-26）　方法：用一块或两块有垫夹板在掌、背侧固定前臂，并用三角巾悬吊于胸前。

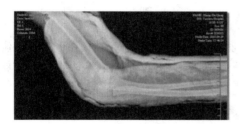

图 9-25　右肱骨髁间骨折

图 9-26　胫腓骨骨折

4）手部骨折（图 9-27、图 9-28）　方法：用手握纱布棉花团或绷带卷，然后用有垫夹板固定手及前臂，并用三角悬吊于胸前。

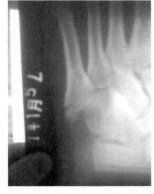

图 9-27　骨基底部骨折

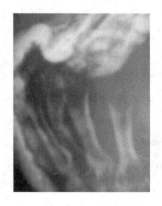

图 9-28　手部骨折

（2）下肢骨折的临时固定法

1) 股骨骨折　方法：用有垫长木板置于下肢及股外侧，下起足跟部，上达腋下，另外有垫短木板置于大腿内侧。用布带或绷带绕躯干包扎。也可将两下肢并拢捆住。

2) 胫、腓骨及踝部骨折（图 9-29、图 9-30）　方法：用有垫长夹板一或两块，上自大腿小部，下至足跟部包扎固定。亦可先用折叠的床单及毯子自大腿下端到足部加以包裹，然后外用木板固定。

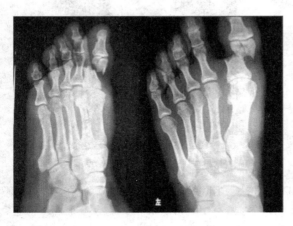

图 9-29　脚部骨折

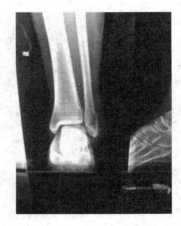

图 9-30　足踝骨折

（3）骨盆骨折　盆骨骨折多由强大外移的暴力所致，并可合并膀胱、尿道和直肠损伤及大量内出血，患者可能有不同程度的休克。在这种情况下，首先应仔细检查病人的全身情况，并确定有无内脏损伤和内出血。

有严重脏器损伤及大量内出血的骨盆骨折患者要优先处理并发伤、休克等一系列抢救和治疗。

方法：以宽绷带或多头带包扎骨盆，双膝及内髁部垫以软枕，把两腿捆在一起，然后将病人抬到担架上，并用布带将膝上、下部捆住，固定在硬担架上，避免振动，减轻疼痛。注意臀部两旁亦应垫以软垫或衣服。

（4）颈椎骨折或损伤的临时固定及搬运　颈椎损伤的病人，如搬动不当，有引起脊髓损伤的危险，可立即发生四肢与躯干的高位截瘫，甚至影响呼吸以致造成短期内死亡。

方法：搬运时，要使头部固定于中立位置，垫以沙袋、纸匣或卷迭的衣服，防止颈部左、右旋转，弯曲。

（5）脊髓骨折的临时固定及搬运　应尽量避免骨折处有移动，更不能让伤员站立和坐起，以免引起或加重脊髓的损伤。不论伤员是仰卧或是侧卧，尽可能不变原来的位置。方法如下：

1) 用硬板床（门板或硬板床），由二人轻轻将患者推滚到木板上，仰卧，用宽布带捆在担架上，如腰背部悬空时，应在其下垫以小枕或卷迭衣服。

2) 用布担架，患者仰卧其上，使脊柱伸直，禁止屈曲。搬动时最好一人扶头，一人抬腿，中间二人用宽布带托住脊柱骨折部，避免屈曲。放下和抬起时力求动作一致，绝对禁止一人拖肩，一人抬腿搬动病人或一人背送。

（6）颅骨骨折急救　头颅突然受到外力的作用，极易造成颅底骨折。即使着力部位在头顶，骨折却往往发生在颅底。这主要是因为头顶部骨质较厚，致密，坚实，整个头颅呈"拱桥形"，吃力后易将力分散；而颅底骨质较薄，疏松，有许多孔道（通过神经和血管），头顶传来稍大的力使颅底骨折。

另外，颅底正好坐落在有弹性又十分坚硬的脊柱上，来自脊柱的反冲力可直接作用于此。有时，人不慎摔倒明明是枕部着地，表面看来局部无任何皮损和骨折，而颅底却发生了骨折。

颅底骨折后，很快会出现颅内出血。病人出现呼吸困难、昏迷等症状。急救者应清除病人口腔内的呕吐物和血块，头向一侧，牵拉出舌头，以防止舌头后附和呕吐物反流到气管，造成窒息。

颅内血液可渗入组织疏松的眼眶周围，形成血肿，并使眼球突出。此时，切勿用棉球、纱布或其他物品填塞。因为可造成血液反流，引起颅内压升高，细菌也能趁机逆行到颅内引起脑膜发炎。此时，急救者应用消毒棉花或纱布轻擦流出的血液，保持局部清洁，速送医院。

颅骨因受暴力骨折后，常立即昏迷，头部有伤口或血肿，局部头骨变形或塌陷，耳鼻流血或脑脊液。此时应按下列方法急救：

1) 让病人取平卧位，头部可稍抬高些。

2) 保持头部稳定，对伤口进行包扎止血。

3) 立即送医院做进一步检查治疗，搬运过程中可在伤员头部两侧放置枕头将头部固定。在将病人送往具备开颅手术的医院途中，要密切注意病人的神态、呼吸和脉搏，如有反常，及时采取相应的急救措施。

（7）颈部骨折时急救　头颈部受到严重撞击后，出现颈部疼痛，头部及四肢不能活动，颈后正中部按压时剧痛，此时应该是颈部骨折。可按下列方法急救：

1) 不可让病人翻身，不能使颈部扭曲或左右旋转。

2) 就地取材固定颈部，始终保持头部在正中位置。

3) 搬运时要使头颈与躯体保持直线，将伤员头与躯体作为一整体搬运至平板上，可用毛巾、衣物、枕头等填塞在头颈两侧固定之防止转运过程中晃动。

4) 如果骨折的病人意识已经丧失，应保持昏迷伤员呼吸道通畅，若没有呼吸，应进行人工呼吸。禁止将头扭向一侧，可将下颌轻轻抬起。

5) 立即平稳转送伤员去医院。

（8）脊柱骨折急救　脊柱骨折多是由于多种暴力引起，或车祸及高处坠落伤，表现为立即出现局部疼痛，站立及翻身困难；如出现脊髓损伤，可表现瘫痪。

急救要点为：

1) 不可让病人翻身，不能使脊柱扭曲或旋转。如果有伤口，应紧急包扎。

2) 就地取材固定躯体，搬运时要有人双手抱于伤员头部两侧，始终保证头颈与躯体保持直位，搬运者协调配合，沿脊柱轴线牵引，将伤员身体作为一个整体搬运至平板上。

3) 用毛巾、衣物、枕头等填塞在颈部或躯体两侧并固定，防止转运过程中身体晃动；颈椎骨折要用颈托或现场制作纸卷，固定好颈部。

4) 立即平稳转送伤员去医院。

5）因颈椎骨折伤员易致呼吸肌麻痹，现场和转送途中要注意观察，必要时做人工呼吸。

（9）上肢骨折急救　上肢骨折主要是遭受外力直接打击或摔倒时手掌着地所致。上肢骨折主要包括手腕部及前臂骨折、上臂骨折。

前臂骨折主要表现为前臂受外力作用发生疼痛、肿胀、畸形，手腕不能旋转。上臂骨折是指肱骨骨折。上臂受外力打击后，病人从肩到肘出现疼痛、肿胀、短缩、成角状或有异常活动。如果肱骨骨折合并挠神经损伤，可表现为手腕下垂，拇指不能伸直，手背、虎口部位的皮肤无感觉等症状。急救方法如下：

1）前臂骨折应妥善固定，然后用三角巾或布条等将前臂悬吊在胸前。

2）上臂骨折时，切不可猛力牵拉伤肢，以免加重对神经和血管的损伤，必须加以妥善固定。必要时可贴胸包扎固定。

3）上肢骨折如有开放性伤口，应包扎后再固定。

4）急送医院进一步检查治疗。

（10）下肢骨折急救　下肢骨折是遭受暴力的直接打击、运动中跌倒、从高处坠落、车辆撞击等情况下发生的，包括大腿骨折、小腿骨折。

大腿骨折时是指股骨骨折。股骨骨折时，下肢不能活动，不能站立行走。骨折处严重肿胀、疼痛，还可出现肢体短缩或成角等畸形，病情严重时并发休克、大出血。小腿指胫、腓骨骨折后表现为小腿局部肿胀、疼痛，病人不能站立，有时肢体缩短，发生畸形。急救方法如下：

1）股骨是全身最大的长骨，骨折后如不及时处理，可引起大出血、神经损伤等严重并发症，必须迅速明确地进行包扎固定。股骨骨折如为开放性骨折，常合并有大动脉的损伤，引起大出血，必须进行有效的止血，必要时采用止血带结扎止血为宜。

2）胫骨、腓骨骨折按骨折一般急救原则进行急救处理，包括止血、包扎、固定。

3）下肢骨折固定好后，可找些棉花、衣物塞入膝关节、踝关节周围，以免骨折性凸起与固定的木板相挤压引起疼痛。

（11）肋骨骨折急救　肋骨骨折多为直接暴力或间接暴力伤及胸部所致。通常多发生在第4～7肋骨，可单根或多根肋骨骨折。主要表现为局部疼痛，在深呼吸或咳嗽时疼痛加重，局部有痕血斑，有明显的触痛，可摸到骨折断端或听到骨摩擦声，两手前后挤压胸骨与脊柱时，骨折处有剧痛。如多条肋骨骨折时，因胸壁软化出现反常呼吸运动，即吸气时伤处的胸壁不随全胸廓扩张，而却向内塌陷；在呼气时则相反，患者多有呼吸困难，出现紫绀，甚至发生休克。

对肋骨骨折患者，应采取以下方法紧急处理：

1）对疑有肋骨骨折的患者，应嘱咐其静卧休息，不要活动，严密观察病情变化，必要时送医院检查治疗。

2）对确诊为单纯性肋骨骨折者，症状不重时，可用大号膏药如狗皮膏或留香伤湿膏贴于患处，具有止痛、固定的作用；或用胶布固定胸壁，其方法是：先用酒精擦净皮肤上的油脂，取60mm宽的长胶布，让患者深呼气后屏气，贴在折断的肋骨平面的胸壁上，其前后两端应超过中线。若为数根肋骨骨折，应由下向上用几条胶布作叠瓦式粘贴，相互重叠2～3cm。胶布固定时间约2～3周。

3）多根多处肋骨骨折造成胸壁反常呼吸运动时，胸壁软化的范围较小，可使用厚敷料或平整的衣服折叠数层，加压盖于胸壁软化区，再粘贴胶布固定，并用多头带包扎胸廓。

4）对伤势过重如双侧肋骨骨折或开放性肋骨骨折，应在保持呼吸道通畅、吸氧及必要的局部包扎紧急处理后，立即送医院抢救。

（12）锁骨骨折急救　锁骨骨折多是在跌倒时手或肩先着地，锁骨受间接外力所致。骨折的好发部位在锁骨中 1/3 处，表现为局部肿胀、皮下有淤斑、疼痛，尤其在上臂外展或屈曲时疼痛加剧。可触摸到骨折的断端，患者呈特殊姿势，头偏向患侧，下颌转向健侧，健侧的手托着患侧的肘部，以减轻上肢的重量牵拉所引起的疼痛。

锁骨骨折后的应急处理方法如下：

1）当受伤时仅感到锁骨处有疼痛，哪怕是极轻微的疼痛，应警惕锁骨骨折，不要做过多的盲目检查，以防加重损伤或造成移位。

2）无移位或移位较轻的骨折，以绷带固定，固定时双肩应向后过伸，两侧腋窝处垫棉垫，用宽绷带从患肩前部经上背部及对侧腋下，绕过健侧肩前部，从背后返回患侧腋下，再绕过患侧肩前部，如此反复 5～7 层，然后用宽胶布拉紧粘贴。

（13）髌骨骨折急救　髌骨骨折是因跌倒时膝盖跪地或直接打击膝盖所致。表现为骨折处肿胀、淤斑，活动时剧痛，膝关节不能活动。急救方法如下：

1）酌情给予止痛，对症治疗。

2）患肢取屈曲 90°位置。

3）到医院进行 X 线检查，明确有无骨折等情况。

（14）尾骨骨折急救　尾骨骨折一般因失足跌倒后仰坐地时所致，为直接暴力损伤。压骨骨折由于暴力及肌肉牵拉，骨折块一般向前移位。跌伤后，伤员患部有明显疼痛，坐地更明显，不敢跨步行走，局部检查可及明显压痛点。急救方法如下：

1）尾部跌伤后，应立即去医院就诊，拍片检查，了解是否有尾骨骨折。

2）骨折后看骨折移位是否明显，移位明显应请骨科医师行肛门指法复位。

3）骨折移位不明显可以卧床休息 3～4 周。坐起时垫以气圈，口服止痛药物。

4）骨折后期，出现疼痛等情况时，可行理疗封闭等治疗。

5）少数病人在尾骨骨折后，疼痛长期不缓解，经保守治疗无效，影响工作、学习、生活时，应行尾骨切除术。

（15）骨盆骨折急救　骨盆骨折多因强大外力从左右或前后方向挤压或冲击骨盆造成，见于车祸或高空坠落伤引起。骨盆骨折引起局部疼痛，会阴部、腹股沟部或腰部可出现皮下淤血斑，下肢活动和翻身困难。骨盆挤压能引起骨折部疼痛。骨盆大出血者可引起休克。腹膜后血肿时可出现腹膜刺激症状。尿道或膀胱受损伤时有尿血、排尿困难、尿外渗等。发生骨盆骨折后应采取如下方法急救：

1）搬运尤为重要，一般采用平托法。让患者平卧，用担架或硬板床平托，送医院进行 X 线检查，明确骨折情况。

2）骨盆出血量大时，应密切注意患者是否有神志淡漠、周身湿冷、脉搏细弱，若出现上述症状则为休克，需大量补液，并尽快送往医院。

3）骨盆骨折发生有移位者，不要强行复位。

4）确有盆腔脏器的损伤，再给予相应的手术治疗。

（16）足踝骨折急救 足踝骨折多因跌倒时或绊倒时踝部过度屈曲，或者由高处跌下时足部首先着地。骨折症状有：一是疼痛，往往难以忍受；二是踝部很快肿胀或出现淤伤；三是足踝活动时有疼痛感；四是患者难以站立。

若发生踝部骨折，可用冷敷法减轻肿胀并尽快去医院。冷敷法是将小毛巾或其他布料放在冷水中浸湿，拧干后，再包裹足踝。也可以把一些冰块放入塑料袋内，扎紧袋口，用布包住冰袋，用锤子将冰块敲碎，然后敷在足踝上。

（17）跟腱断裂急救 跟腱断裂多由重物直接打击、不恰当的起跳、落地时小腿肌肉剧烈收缩引起，也可由玻璃、刀割伤引起，表现为在受伤时可以听到跟腱断裂的响声，立即出现疼痛、肿胀、皮下淤斑、行走无力、不能提起足跟部等。急救方法如下：

1）伤员跟腱断裂时，应立即让伤员平躺，禁止活动。

2）立即进行冷敷，减小局部出血和肿胀。

3）将伤员俯卧于床板，将脚伸直，脚背伸展与地面平行。

4）不要活动患肢，不要让伤员行走，不要让伤员脚向前伸。

5）用木板或硬纸板等物作夹板，将患肢的大腿根部至脚尖固定，脚踝部下方垫以毛巾或衣物。

6）伤口出血应用无菌纱布或清洁毛巾包扎伤口。

7）立即送医院治疗。

5.骨折的急救注意事项

（1）首先处理危及生命的急症，呼吸、心跳停止者立即进行心肺复苏。把伤口周围消毒后，用无菌纱布覆盖，加压包扎止血。没有大血管损伤时，不要使用止血带止血。防止休克。

（2）任何骨折都要给予临时性固定，目的是限制骨折活动，以免加重损伤，可用夹板固定。

（3）对于开放性骨折，仅做周围皮肤消毒，覆盖干净纱布后适当包扎和固定，不要冲洗伤口，不要复位，以免将污物带入伤口深处，导致感染。

（4）固定包扎后立即转送医院，将患部抬高，可冷敷以减轻肿胀，防止不正确的运送方法而加重损伤。

（5）骨折后不能揉捏。骨折后有人为减轻疼痛，习惯用手揉捏伤部，其实揉捏可能会造成十分严重的后果。

（二）脱位急救

人体正常关节遭受直接或间接暴力使关节的相互关系发生变化，以致失去正常的活动功能称为脱位。

关节脱位有先天性、病理性及外伤性三种。这里要讨论外伤性关节脱位。

1.脱位病因 关节脱扭多为间接暴力所致，如外展、外旋、上举暴力可产生肩头节脱位；过伸暴力可产生肘关节脱位；屈曲、内收暴力可产生髋关节脱位。

2.症状与诊断 脱位的临床症状较明显，易于诊断。

（1）疼痛　关节脱位时附近的软组织也有损伤，滑膜及关节囊富含感觉神经末梢，因刺激可引起剧烈疼痛。

（2）肿胀和皮下淤血　由于血管破裂和滑膜反应，关节腔内及周围软组织内可有不同程度的积血，造成关节肿胀和皮下淤血。

（3）功能障碍　关节脱位时由于关节正常结构遭到破坏，周围组织反应性痉挛，造成关节活动受限。晚期则由于关节发生粘连，造成关节的正常功能发生障碍。

（4）关节的变化和畸形　由于关节脱位，可造成伤侧肢体短缩、外展、外旋、屈曲、内收等各种各样的畸形。肩关节脱位可出现肩胛盂空虚。

（5）X线片可证实关节脱位。

3. 处理原则

（1）关节脱位宜尽早手法复位，并要求达到完全解剖复位。

（2）对于合并的关节周围撕脱骨折，一般在关节脱位康复时随同复位，无需特殊治疗。

（3）复位要越早越好，早期复位容易，效果好，有时甚至不需要麻醉。

（4）复位后需将肢体固定在关节不宜脱位的位置，根据脱位关节的不同，一般固定时间为 1～4 周不等。

（5）不能早期复位者，则需及时去医院就诊。

（三）软组织损伤急救

软组织损伤可由直接暴力和间接暴力所引起。直接暴力多可引起局部肌肉等软组织的钝挫伤，而间接暴力则可引起关节周围的韧带扭伤。还有一种是由于肌肉的猛烈收缩引起肌肉或肌腱的完全断裂，甚至撕脱性骨折。本节主要讨论闭合性软组织损伤。

1. 软组织损伤病因　软组织损伤的主要症状为受伤局部疼痛、肿胀、压痛。并可造成相邻关节的功能障碍。

（1）挫伤　多由于钝性暴力直接打击所致的皮下组织损伤，重者可伤及筋膜、肌肉等。局部表现为皮肤青紫，皮下淤血肿胀或血肿、疼痛和压痛以及功能障碍。

（2）扭伤　由于关节受到外力作用（过伸或过屈）超过了正常的活动范围而引起的关节周围韧带损伤。韧带损伤轻者部分纤维破裂，重者韧带完全断裂。表现为局部肿胀、皮肤青紫、关节活动障碍等。多见于手指、腕、踝、膝关节及腰部。

（3）肌肉和肌腱断　这是一种比较严重的闭合性软组织损伤。症状为断裂处局部疼痛、压痛、肿胀，并出现受伤肌肉暂时性或永久性的功能丧失。常见的有岗上肌肌腱断裂，股四头肌肌腱断裂以及跟腱断裂等。

2. 软组织损伤的处理　首先要排除有无脏器的损伤，如胸壁挫伤有无肋骨骨折并发血气胸；腹壁挫伤有无腹内脏器的破裂并发出血；腰背挫伤有无肾挫伤或脊柱骨折等。如有重要脏器损伤时应及时确诊处理。

对一般的挫伤或扭伤，可用中草药外敷，必要时用夹板固定，限制关节活动 2～3 周，以利于损伤的韧带修复。

对肌肉或肌腱断裂，若为部分断裂，可采用上述非手术法。若主要的肌肉或肌腱完全断裂，则必须进行手术缝合，术后肢体要固定 4～6 周。

3. 腰扭伤急救处理　运动中准备不充分或姿势不当；弯腰提举东西或摔、滚时；肩负重担或上肢举重时，用力过度或力气不支；容易造成腰部扭伤。

扭伤后，病人突然感觉腰部疼痛，严重者不能活动，咳嗽时使疼痛加剧。腰部扭伤时可采取下列措施：

(1) 让伤者采取舒适的体位，安静地躺在硬板上，不能用软床。

(2) 局部可用冰袋冷敷，以止痛和防止水肿。

(3) 通常可以将两膝屈起躺下，这个姿势可使疼痛减轻。

(4) 疼痛剧烈难忍时，可酌服止痛药物。

(5) 搬运时应用冷湿布包好，同时不要移动患部，固定后才搬运。休息两三天后，可适当进行按摩、热敷，活血消肿。有条件的，做做针灸、理疗，效果更佳。

(6) 受伤后不要立即入浴或按摩，休息后待疼痛和肿痛消退后，再逐渐活动患部，一般是约一星期左右才入浴。如果伤后数日仍不见好转，则应去医院检查治疗。

(7) 上述均是在肯定没有骨折的情况下采用的措施。如不能肯定有无骨折，则应迅速去医院治疗。

4. 脚扭伤救治

(1) 一旦扭伤，应立即停止行走，在肿胀还不明显时，可用冰袋、冷水袋或冷毛巾湿敷，以减轻疼痛及皮下出血。

(2) 伤后 24h 内不要按摩推拿伤处，也不要热敷或洗热水澡，以免加重淤血和肿痛。为了减轻肿胀疼痛，可将患肢抬高；也可用 20mm 宽的胶布从小腿内侧下 1/3 处起，绕过足底，贴至小腿外侧 1/3 处，使足踝呈轻度外翻位置作胶布固定，同时减少伤脚的活动，并注意观察脚趾部皮肤颜色的变化。

(3) 可在肿胀处用热毛巾或热水袋热敷，也可用红花油、正骨水、解痉镇痛酊涂擦以消肿活血，促使肿胀消退。

5. 踝关节扭伤救治

(1) 踝关节扭伤，首先是要静养。

(2) 冷敷患部。用毛巾浸湿冰水冷敷患部。如果用湿布药膏时，不要将药膏直接涂贴在皮肤上，因为这样可能会由于药膏的刺激影响而出现斑疹现象。

(3) 用胶布采用闭合式包扎法将踝关节固定好，不要随便地走动，以免再发生扭伤。

(4) 为了减轻肿胀现象，应将患肢抬高，可以将患肢搁置在软垫上。

(5) 为防止再度发生踝关节扭伤，要在鞋底外侧后半段垫高半厘米（即在外侧钉一片胶皮或塑料），以保护韧带。

6. 膝关节半月板损伤急救　膝关节半月板损伤易发于半蹲、蹲位工作的人员，如煤矿工人等易发生此病。表现为伤后膝关节剧痛、伸不直，关节肿胀，急性期过后出现关节活动后疼痛，有弹响"咯哒"声；有时关节突然不能伸直，忍痛挥动几下小腿后，可再听到"咯哒"声，关节又可伸直，此现象叫做关节交锁。膝关节半月板损伤的急救方法为：

(1) 给予局部止痛，对症治疗。

(2) 到医院进行 X 线检查，明确脱位或有无骨折等情况，但 X 线不能显示半月板状态，需进行膝关节的核磁共振检查，明确有无半月板的损伤。

（3）一旦发现有半月板损伤，急性期可用石膏固定 4 周，急性期过后可以做股四头肌的锻炼进行恢复。

（四）脊柱损伤

1.脊柱损伤症状

（1）有严重外伤史，如从高空落下，重物打击头、颈、肩或背部。

（2）胸腰椎损伤后，病人局部疼痛，腰背部肌肉痉挛，不能起立，翻身困难，感觉腰部软弱无力。如合并有腹膜后血肿时，常出现腹胀、腹痛、大便秘结等症状。颈椎损伤时，有头、颈痛，不能活动，伤员常用两手扶住头部。

（3）造成脊髓或马尾发生不同程度的损伤。受伤平面以下，肢体感觉、运动、反射不同程度障碍或消失，膀胱、肛门括约肌功能完全丧失或不完全丧失，颈段脊髓损伤后，双上肢也有神经功能障碍。

（4）脊柱损伤是常规严重复合伤的一部分，检查时首先要详细询问受伤时间、受伤原因、现场情况、当时身体姿势、直接受到暴力的部位，伤后有无感觉及运动障碍等。

（5）根据病史提供的线索，考虑直接暴力平面、传导暴力可能损伤的部位，按顺序地进行检查。

（6）检查脊柱时用手指从上到下逐个按压棘突，可发现位于中线的、伤部肿胀平面明显的局部压痛。胸腰段损伤时常有向后突畸形。颈椎损伤时肿胀和后突畸形并不明显，但有明显压痛。

2.脊柱损伤处理　卧硬板床休息约 8 周。若有脊髓损伤，则需送医院诊治。搬动时病人要躺在硬板床上一起搬。

三、昏迷急救

昏迷是脑功能的严重障碍，表现为意识丧失时间较长，不易迅速逆转，任何刺激均不能使患者唤醒。

（一）症状

昏迷是临床上常见而又危急的症状。病人生命的挽救常常取决于是否能够迅速地找出昏迷的原因，并及时积极地给予合理的处理。当发现身边的病人处于昏迷状态时，请注意以下几点：

1.昏迷发生的形式

（1）要了解其发生的急缓、时间的长短及其演变过程。

1）当昏迷起始于疾病的早期且昏迷时间较长者，多为颅脑损伤、脑血管意外、急性中毒、急性脑缺氧等。

2）昏迷发生突然且时间短暂者，多为一时性脑供血不足、高血压脑病、轻度脑外伤、癫痫性昏迷等。

3）昏迷若在疾病的晚期或发病一段时间后，多见于各种急性感染、颅内疾病及全身代谢性疾病等。

（2）了解昏迷时是否有其他的并发症状　如外伤史，抽搐、惊厥可能有癫痫；呕吐、呕血、咯血者，可能为失血性休克；恶心、呕吐、偏瘫可能为脑血管病。

（3）了解病史更为重要　如既往有高血压、动脉硬化者，脑血管病的可能性大；有感染史者，可能为中毒性昏迷；有糖尿病史者，可能会发生高渗性昏迷，或低血糖昏迷；有肾脏病史者可能会发生尿毒症昏迷。

（4）另外了解病人最近的精神状态、思想及周围环境，以免发生药物中毒。

（5）遇到昏迷病人时要注意患者的皮肤、黏膜颜色的改变、呼吸的频率、气味、体温、脉搏、血压等，以便给医生提供详尽的资料。

2. 昏迷的程度　昏迷在程度上可分为轻度昏迷、中度昏迷和深度昏迷三个阶段。

（1）轻度昏迷　轻度昏迷亦称为浅昏迷或半昏迷。患者的随意运动丧失，对周围事物及声、光等刺激完全无反应，但强烈的疼痛刺激（如压迫患者上眼眶）可见病人有痛苦表情、呻吟或下肢抽动。用一个棉花纤维轻轻触角膜，立即引起眼睛的闭合动作（称为角膜反射），呼吸、脉搏、血压一般无明显改变，可伴有大小便潴留或失禁，有些人有烦躁现象。

（2）中度昏迷　中度昏迷对周围事物及各种刺激都没有反应，但对强烈的刺激可出现防御性动作，呼吸、脉搏、血压亦有变化。

（3）深度昏迷　深度昏迷时全身肌肉松弛，对各种刺激均无反应，各种反射消失，呼吸不规则，血压或有下降，大小便失禁，这时机体只能维持最基本功能。

（二）救治方法

1. 常规处置　一旦发现昏迷病人，无论是何种原因，应注意不要紧张，要冷静处理。

（1）保持呼吸道通畅　病人去枕平卧，头偏向一侧；以防舌根后坠或口腔分泌物阻塞气道，如病人发生呕吐或口腔中有分泌物，应用手帕或纱布缠在食指上及时清除。

（2）松解衣扣：以保持呼吸运动。

（3）如有条件应给病人吸氧。

（4）保持安静，伴有抽搐的病人，应扶持抽动的肢体，以免受伤。

（5）低血糖昏迷者可给病人口服少量糖水，喂水时应将病人头偏向一侧，以防发生误吸。

（6）在上述治疗的同时，必须小心谨慎地护送患者到医院诊治。

2. 人工呼吸　遇突发事故，病人发生呼吸和心搏骤停时，如在 5min 内，及时采取恢复心跳、呼吸的急救措施，可明显提高病人生存率。

（1）口对口人工呼吸　口对口人工呼吸（图 9-31）是最及时最有效的方式。

具体操作步骤如下：

1）做人工呼吸前，先要清理病人的口腔、鼻腔里的痰涕及异物，摘掉活动的义齿，保持呼吸道通畅。

2）病人仰卧，面部向上，颈后部（不是头后部）垫一软枕，使其头尽量后仰。

3）挽救者位于病人头部一边，一手捏紧病人鼻子，以防止空气从鼻孔漏掉。同时用口对着病人的口吹气，在病人胸壁扩张后，即停止吹气，让病人胸壁自行回缩，呼出空气。

图 9-31　打开气道并人工吹气
(a) 抬颚吹气；(b) 托颈吹气；(c) 抬颈吹气

4) 吹气要快而有力。此时要密切注意病人的胸部，如胸部有活动后，立即停止吹气。并将病人的头偏向一侧，让其呼出空气。

5) 吹完气，救护人员的嘴离开，捏鼻子的手放松，让病人的胸部回缩呼气。

6) 反复进行，每分钟吹气 15 次左右，对牙关紧闭的病人，也可对其鼻孔吹气，如病人的心跳也停止了，应同时做心脏按压。

（2）口对鼻人工呼吸　患者面部损伤时可能不宜将气体吹入其口中，可以口对鼻方式进行吹气。深吸一口气并用嘴将患者鼻子包住，将患者下巴抬起使其嘴紧闭，用力将气吹入患者鼻腔内，然后将自己的嘴移开，用手把患者的嘴拉开以使气体溢出。

若伤重者为婴幼儿，也可进行口对鼻方式吹气。吹气的量以幼儿肚脐以上腹区不膨胀为宜。人工呼吸操作时要注意：

1) 成人每次吹气量应大于 800mL，但不要超过 1200mL。即每分钟呼吸约 16～18 次。

2) 每次吹气后抢救者都要迅速掉头朝向病人胸部，以求吸入新鲜空气。

3) 对儿童进行人工呼吸，一分钟吹气 20 次。要规律地、正确地反复进行。对婴儿一分钟长达 40～50 次。

4) 进行 4～5 次人工呼吸后，应触摸颈动脉、腋动脉或腹股沟动脉。如无脉搏，则应同时进行胸外心脏按压。

（3）做胸外心脏按压

1) 心前区叩击　一旦确认心搏骤停，立即以"空心拳头"在按压部位以 30～50cm 的高度，用 50N 的力量垂直向下猛捶心前区 1～2 次。此法对心搏骤停 1min 以内者有效。

2) 寻找心脏按压部位　救护者跪于患者胸侧，手食、中指从肋骨下缘开始向腹部中央（剑突部）上移至胸骨下端，取胸骨中下 1/3 交界处（剑突上 2 横指）为心脏按压部位。

3) 掌根放在按压区，双手掌重叠并翘起，使手指抬离而不压迫胸壁（图 9-32）。

① 右手的食指和中指沿伤员的右侧肋弓下缘向上，找到肋骨和胸骨结合处的中点。

② 两手指并齐，中指放在切迹中点（剑突底部），食指平放在胸骨下部。

③ 另一只手的张根紧挨食指上缘，置上胸骨上，即为正确按压位置。

（4）救治者双臂绷直与地面垂直，肩、肘、腕关节在一条直线上，利用上半身重量及臂肌、肩的力量，平稳、规律、垂直地向下用力按压，按压深度成人为 4～5cm，儿童为 2～3cm。按压至最低点时应有一明显停顿，放松时手掌不要离开胸壁，待胸部恢复至原状后才可完全放松，并在此位置反复按压。

下压时使伤员仰面躺在平硬的地方，救护人员或立或跪在伤员的一侧肩旁，救护人员的两肩位于伤员胸骨正上方，两臂伸直，肘关节固定不屈，两手掌根相叠，手指翘起，不接触伤员胸膛（图9-33）。

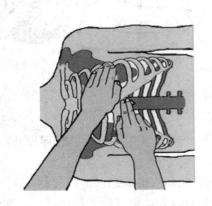

图 9-32 找按压部位

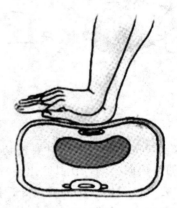

图 9-33 用力按压

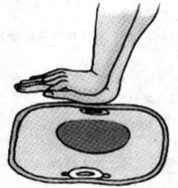

图 9-34 压陷后放松

放松时，以髋关节为支点，利用上身的重力，垂直将正常成人胸骨压陷3～5cm，压至要求程度后，立即全部放松，但放松时救护人员的掌根不得离开胸膛（图9-34）。

（5）按压速度为80～100次/min，以压迫时间与放松时间相等的节律进行。

3. 做胸外心脏按压时的注意事项 抢救者在伤病员胸部加压时，不可用力过猛，动作切忌粗暴。同时，挤压位置要正确，若位置过左过右或过高过低，则不仅达不到救治目的，反而容易折断伤病员肋骨或损伤其内脏。另外，为避免在心脏按压时伤病员呕吐物倒流或吸入气管，之前应将伤病员的头部放低些，并使其面部偏向一侧。进行胸外心脏按压时，要随时观察抢救效果。如经过一段时间按压与人工呼吸后，不见伤病员心跳、呼吸恢复，而且面色灰黄，手与皮肤冰凉，瞳孔散大，全身僵直，肌肉变硬或已见皮肤出现紫青斑块状，则表明伤病员已死亡，可停止抢救。

（三）心肺复苏术

当意外事故发生，导致伤者呼吸和心搏停止，在这种关键时刻，除了立即向医疗单位求援之外，应立即进行心肺复苏术，以挽救伤者的生命。

心肺复苏术是一种立即而有效的救援法，结合了人工呼吸和胸外心脏按压，施救者应受过专业的训练方能进行急救，未受过训练者对伤者可能会造成伤害，因此人们应在平时就参加红十字会或是各大医院的心肺复苏术（CPR）训练，以备不时之需。现场心肺复苏术的操作程序：

1. 单人心肺复苏（图9-35）

（1）在开放气道的情况下，由救助者顺次轮番完成口对口人工呼吸和胸外心脏按压。

（2）先进行2次连续吹气后，救助者迅速回到患者胸侧，重新确定按压部位，作15次胸外心脏按压。

（3）再移至患者头侧，进行口对口人工呼吸2次。进行4次循环（1min内）后，再用"看/听/感觉法"确定有无呼吸和脉搏（要求在5s内完成）。若无呼吸和脉搏，再进行4次循环，如此周而复始。如有多人在场，可轮流替换操作。

2. 双人心肺复苏

（1）两个救助者分别进行口对口人工呼吸与胸外心脏按压。其中一人位于患者头侧，另一人位于胸侧（图9-36）。

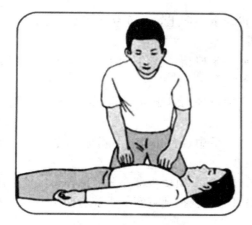

图9-35　单人心肺复苏

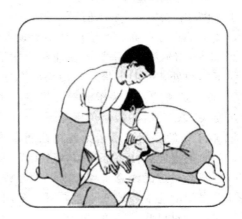

图9-36　双人心肺复苏

（2）按压频率为80～100次/min，按压与人工呼吸的比值为5：1，即5次胸外心脏按压后，予1次人工呼吸，每5s一轮动作。

（3）位于患者头侧的救助者承担监测脉搏和呼吸，以确定复苏的效果；位于胸侧的救助者负责胸外心脏按压。

判断病人心跳呼吸停止，应尽快开始施行心肺复苏术。为便于记忆，操作方便，将心肺复苏按ABC步骤进行。ABC正好是三个步骤英文单词的第一个字母。

心肺复苏分三个步骤：判断意识和开放气道、人工呼吸、人工循环。其中，人工呼吸与人工循环见"三、昏迷急救中的（二）所述内容"。

3. 判断意识和开放气道步骤

（1）首先判断病人意识是否存在　轻拍病人面部或肩部，并大声叫喊："喂，你怎么啦？"如无反应，说明意识已丧失。

（2）立即高声呼救　目的在于呼唤其他人前来帮助救人，并且尽快帮助拨打"120"急救电话，向急救中心呼救，使急救医生尽快赶来。

（3）心肺复苏时病人的体位

1）病人仰卧在坚实的平面上，头部不得高于胸部，应与躯干在一个平面上。

2）如果病人躺在软床或沙发上，应移至地面上或在背部垫上与床同宽的硬板。

3）如果发病时，病人俯卧或侧卧位，应使其成为仰卧位。

4）方法：一手扶病人颈后部，一手置于腋下，使病人头颈部与躯干呈一个整体同时翻动。

5）施术者的位置：站、跪在病人的一侧，以病人的右侧较为方便操作。

（4）清理口腔异物　异物包括呕吐物、痰液、泥沙、杂草等。清理方法：使头偏向一侧，液体状的异物可顺位流出，还可用食指包上纱布或手帕等将口腔异物掏取出来，并注意取出病人的义齿。

（5）开放气道　气道就是呼吸道。这一步是关键步骤。

当病人意识丧失以后，舌肌松弛，舌根后坠，舌根部贴附在咽后壁，造成气道阻塞。开放气道的目的是使舌根离开咽后壁，使气道畅通。气道畅通后，人工呼吸时提供的氧气才能到达肺部，人的脑组织以及其他重要器官才能得到氧气供应。

（6）开放气道的四种方法

① 仰头抬颈法　一手压前额，另一手五指并拢、掌心向上，放在病人的颈项部，向上抬起，使头部充分后仰。此法严禁用于颈椎受伤者。

② 仰头推颌法　一手掌放在前额，向下压，另一手拇指、食指、中指分别固定在病人的两侧下颌角处，并向上推举，使头部充分后仰。

③ 仰头提颏法　一手压前额，另一手中、食指尖对齐，置于下颏的骨性部分，并向上抬起，使头部充分后仰，避免压迫颈部软组织。

④ 双手拉颌法　施术者站、跪在病人头顶端，双手中、食指并拢，分别固定两侧的下颌角，并向上提起，使头部后仰，适用于颈椎受伤者。

（7）开放气道的注意事项　前三种开放气道的方法都必须使头部充分后仰，最终使下颌角与耳垂之间的连线与地面垂直即可。第四种方法只需轻轻拉动下颌、头部后仰到另一施术者可以进行口对口吹气即可。

开放气道后，马上检查有无呼吸。检查呼吸的方法与"判断心跳、呼吸停止的要点"相同。

（8）判断有无自主呼吸的具体方法　方法：一看、二听、三感觉。

一看：胸部、腹部有无起伏。

二听：有无呼吸气流通过。环境嘈杂不易准确判断。

三感觉：用面颊贴近病人口鼻部，有无呼气气流的吹拂感。

呼吸停止的表现：观察胸部、上腹部无起伏，无呼吸气流通过。如果呼吸停止应立即进行下一步骤。

（9）心肺复苏的有效标志　通过人工呼吸和胸外心脏按压复苏的抢救进行 1min 后可暂停 5s 进行观察。现场心肺复苏的有效指征为：

1）瞳孔　若瞳孔由大变小，复苏有效；反之，瞳孔由小变大、固定、角膜混浊，说明复苏失败；

2）面色　由发绀转为红润，复苏有效；变为灰白或陶土色，说明复苏无效；

3）颈动脉搏动　胸外心脏按压有效时，每次按压可摸到 1 次搏动。如停止按压，脉搏仍继续有跳动，说明心跳恢复；若停止按压，搏动消失，应继续进行胸外心脏按压；

4）意识　复苏有效，可见患者有眼球活动，并出现睫毛反射和对光反射，少数患者开始出现手脚活动；

5）自主呼吸：出现自主呼吸，复苏有效，但呼吸仍微弱者应继续口对口人工呼吸。

四、烧（灼）伤和烫伤急救

机体直接接触高温物体或受到强的热辐射所发生的变化。由火焰、高温固体和强辐射热引起的损伤称之为烧伤。烧伤是由高温、化学物质或电引起的组织损伤。烧伤的程度由温度的高低、作用时间的长短而不同。局部的变化可分为四度。

大多数人都认为高温是引起烧伤的唯一原因，然而，某些化学物质和电流也能引起灼伤。皮肤常常只是身体烧伤的一部分，皮下组织也可能被烧伤，甚至没有皮肤烧伤时，也可能有内部器官烧伤。例如，饮入很烫的液体或腐蚀性的物质（如酸等）能灼伤食管和胃。在建筑物火灾中，吸入烟或热空气，可能造成肺部烧伤。

（一）烧伤症状

烧伤（图 9-37）是日常生活工作中常见的突发事件。据介绍：许多烧伤患者在烧伤现场未做紧急冷处理就急于赶往医院求治，实际上是一个误区。

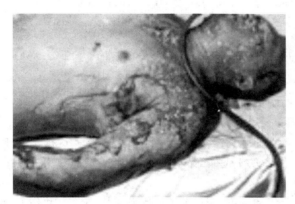

图 9-37 烧伤

疼痛是烧伤后病人最痛苦的事情之一。由于皮肤表皮损伤后，真皮表层的神经末梢失去表皮保护，受冷、热及空气中有害因子刺激所致。冷疗可使这些神经末梢暂时失去知觉，产生类似低温麻醉效应，从而减轻痛觉。有人认为烧伤创面怕水，创面沾水会引起创面发炎，这种认识是片面的，甚至是错误的。大多数烧伤表面有轻重不同的尘土、煤屑、杂物等污染，冷却冲洗会减轻污染，有助于烧伤面积、深度的估算，为及时正确进行烧伤诊断提供方便。

烧伤疼痛等刺激还可能导致一些炎性介质释放入血中加重局部和全身损伤，冷却使血管收缩，可减轻有害因子损伤反应。但是，由于冷疗使局部组织的血管收缩致周围组织循环阻力增加，引起组织缺氧，对机体不利，故烧伤冷却疗法对于大面积烧伤，尤其是小儿大面积烧伤应慎用，以免加重休克。

由热水、火焰和蒸汽等单纯高温所造成的机体局部组织细胞损害及机体各种反应。

烧伤对机体造成的变化有局部病变和全身反应。

局部病变：热力作用于皮肤及黏膜。造成不同层次的细胞蛋白质变性和酶失活等变性坏死，烧伤区及邻近组织的毛细血管发生充血，渗出和血栓形成，强热力则可使皮肤甚至深部组织破坏。

全身反应：常见于面积较大、较深的烧灼伤，包括因毛细血管通透性增高所致的血容量减少，严重时可发生休克，其次有低蛋白血症、红细胞丢失及免疫系统功能障碍。严重的全身反应可造成许多并发症，如休克、脓毒血症、应激性溃疡和胃扩张、急性肾衰竭、呼吸功能衰竭甚至可出现多器官衰竭。

（二）烧伤严重程度分类

1. 轻度烧伤　总面积在 10% 以下的 Ⅱ 度烧伤。

2. 中度烧伤　总面积在 10%～30% 的 Ⅰ 度烧伤或 Ⅱ 度在 10% 以下。

3. 重度烧伤　总面积在 30% 以上的 Ⅱ 度烧伤或 Ⅲ 度在 10% 以上，或总面积达到 30%，但有下列情况之一者：

（1）全身情况较重或已有休克。

（2）复合伤、合并伤或合并中毒。

（3）中、重度呼吸道烧伤。

（4）特殊部位（如面、颈．手、足、会阴等）的深度烧伤。

（5）深达肌肉、骨、关节、内脏、大血管的烧伤。

（三）烧（烫）伤急救

1. 现场急救

（1）灭火：尽量帮助伤员脱去热浸溃的衣服。

（2）带火者迅速卧倒，就地打滚灭火，或用水灭火，也可用棉被、大衣等覆盖灭火。

（3）迅速脱离现场，立即脱离险境，但不能带火奔跑，这样不利于灭火，并加重呼吸道烧伤。对立即危及伤员生命的一些情况，如大出血、窒息、开放性气胸等应迅速处理与抢救。

（4）简单估计烧伤面积和深度，注意有无呼吸道烧伤、合并伤或合并中毒等。

（5）冷却受伤部位，用冷自来水冲洗伤肢，冷却烧伤处。对面积不大的肢体烧伤可用冷水或冰水浸泡 1/2～1h，可减轻损伤与疼痛。

（6）脱掉伤处的手表、戒指、衣物。

（7）消毒敷料（或清洗毛巾、床单等）覆盖伤处。

（8）勿刺破水泡，伤处勿涂药膏，勿粘贴受伤皮肤。

（9）口渴严重时可饮盐水，以减少皮肤渗出，有利于预防休克。

（10）镇静止痛：一般可用哌替啶或吗啡，但有颅脑损伤或呼吸功能障碍者忌用。

（11）创面处理：可用烧伤制式敷料或其他三角巾、急救包等进行包扎，但不要涂甲胆紫一类有色的外用药，以免影响对深度的估计。对较大面积的烧伤，可不包扎，而用干净衣服、被单等手边材料遮盖保护创面，以减轻疼痛，避免污染和再损伤，便于搬运。

（12）烧伤后正确的做法是在事故现场立即寻找水源进行冷却疗法。具体方法是将烧伤创面浸入 10～20℃ 的自来水或清水中、或者用浸湿的毛巾覆盖创面。冷疗时间一般要求在 30～60min 以上，冷疗一般在烧伤后半小时内进行较好。由于流动自来水得来容易，被认为是较好的水源。烧伤后进行冷疗还能减轻疼痛、减轻污染。

2. 一般的小面积轻度烫伤处理　没起水疱时，立即用冷水冲或浸泡，一般时间在 15～30min，可用干纱布轻轻外敷，切勿揉搓，以免破皮。已起疱尤其是皮肤已破，不可用水冲，不可把疱弄破，有衣物粘连不可撕拉，可剪去伤口周围的衣物，及时以冰袋降温。

3. 大面积和重度烫伤处理　切不可擅自涂抹任何东西，保持创面清洁完整，用清洁的床单或衬衫盖住伤口，立即送往医院作首次处理。伤口表面不可涂抹酱油、牙膏、外用药膏、红药水、紫药水等，应到医院处理。

4. 早期处理对烧（烫）伤的抢救与治疗要求

（1）无论被烧或被烫，均应立即脱去着火或被热液浸透的衣服；或用水浇灭燃烧的衣服火焰，如有水塘、溪河可迅速入水灭火；无水时可就地卧倒慢慢滚动全身而灭；或将身边棉被、大衣等浸湿后覆盖着火处，以隔绝空气，使火自灭。

（2）身上起火时千万不可乱跑，以免风助火燃，加重烧伤；火势很旺时不可用手扑打，以免烧坏手指。在被火围困场合，切忌乱喊大叫，以免吸入火焰，造成呼吸道烧伤。

（3）除去热源后，应用冷水给伤员冲身或将他泡在水中，以求迅速降温。但炽热金属烧伤时，在热金属附着伤面时，不可向伤员身上泼水，以免将其皮肉撕裂掉。

（4）对各类烧（烫）伤应视情处理。煤气中毒病人引起的烧伤，应以中毒抢救为主（见煤气中毒部分），同时对烧伤进行救治；呼吸道烧伤时，应先去掉口、鼻内吸入的污物，再冲刷干净口、鼻，然后，可灌涂鸡蛋清液，以保护其呼吸道黏膜；凡有休克、昏迷者，除注意其保暖外，还应给予温热糖盐饮料或咖啡、浓茶，以促其苏醒。总之，此时以对症处理为主，保护生命为主，不可过于求繁求细，以免延误紧急救治时机。

（5）凡是Ⅱ、Ⅲ度烧（烫）伤员及有昏迷、呼吸道烧伤者，应尽早安全送往医院救治。护送途中，使伤员取仰卧或侧卧（呼吸道烧伤者）位，以便于伤员排出其口鼻内污物和便于时刻观察伤者呼吸、脉搏等生命指征。

（6）凡是小面积的轻度烧（烫）伤在家庭处理时，应先用淡盐水或冷开水冲洗创面，然后立即涂上獾油或用酱油、蜂蜜、植物油、黄瓜汁、鸡蛋清、凡士林等的任何一种涂擦，目的是保护创面，防止起泡与感染。若已起泡，一定不可穿破，因泡破容易引起感染。对烧（烫）伤处，可用金霉素、四环素、氯霉素、庆大霉素或磺胺等任何一种软膏涂擦。创面可以暴露，保持干燥，又防感染。如家中有红外线灯（用台灯灯泡即可）直接照射受伤局部，有促进愈合、防止感染和止痛作用，但距离不可太近，防止烧伤皮肤。如烧（烫）伤结痂后痂下有脓，应先用消毒棉纱蘸消毒淡盐水、呋喃西林或3%过氧化氢等揭痂去脓后，再敷盖浸有 0.2%～0.5% 庆大霉素或 10% 新霉素溶液的纱布，保护好创面。如有条件，可采用中药大黄适量，焙研粉末，用蛋清或麻油调糊涂于创面；也可用生地榆、大黄各 30 克，焙研细末，用植物油调匀后敷于创面；对小儿烫伤，可用绿豆粉 30 克、鸡蛋 2 个取清拌匀擦患处；如烧烫伤有化脓，去痂或脓后，用黄柏、黄连、生地榆各适量，焙研细末后，用桐油调匀为糊状，敷于创面，每日一换。

（四）化学烧伤急救

造成烧伤的化学物质，常见的为硫酸、盐酸、硝酸和石灰、氨等酸碱类，以及磷、苯、酚类，烧伤部位一般为手、胳膊、面部等外露体位。

化学性烧伤最简易有效的现场急救办法是，立即脱离危害源，就近迅速清除伤员患处的残余化学物质，脱去被污染或浸湿的衣裤，用自来水反复冲洗烧伤、烫伤、灼伤的部位，以稀释或除去化学物质，时间不应少于半小时。冲洗后可用消毒敷药或干净被单覆盖创面以减少污染，不要在受伤处随便使用消炎类的药膏或油剂，以免影响治疗。

在经过简单的自救后，要赶快送医院救治。护送者最好是现场人员，因为他们熟知当时的烧伤情况。在到达医院以后，要提供烧伤化学物质的品类、浓度和化学特性。以便医务人员尽快对症治疗。

1. 强酸（硫酸、盐酸等）烧伤处理　立即用大量温水或清水反复冲洗皮肤上的强酸，再用碳酸氢钠的饱和溶液清洗。冲洗得越早、越彻底就越好，冲洗干净后再用清洁纱布覆盖伤口，送医院做进一步治疗。

2. 强碱烧伤处理　氢氧化钠、氢氧化钾、氨水、氧化钙、碳酸钠、碳酸钾等烧伤，应先用大量的清水冲洗至少 20min，再用乙酸溶液冲洗、或撒以硼酸粉。其中对氧化钙灼伤者，可用植物油洗涤创面。再用清洁纱布覆盖伤口送医院做进一步治疗。

3. 生石灰烧伤处理

（1）石灰属碱性较强的一种腐蚀性物质，应首先尽量抹掉粘在身体上的有灰颗粒，然后用大量清水冲洗创面 10min 左右。生石灰遇水产生大量热量，加重烧伤，千万不要直接用水冲。

（2）冲洗要及时彻底，特别注意手指、足趾之间残留的石灰要清洗干净。千万不可将损伤部位泡在水中，以免石灰遇水生热，加重组织损伤。也不能用弱酸溶液作为中和剂来冲洗，以免产生中和热增加组织损伤，并且中和剂本身对组织有刺激和热性作用。早期清除完毕后，应迅速送往医院进一步治疗。

4. 无水三氯化铝触及皮肤时，可先干拭，然后用大量清水冲洗。

5. 甲醛触及皮肤时，可先用水冲洗后，再用酒精擦洗，最后涂以甘油。

6. 碘触及皮肤时，可用淀粉质（如米饭等）涂擦，这样可以减轻疼痛，也能褪色。

7. 被铬酸灼伤后先用大量清水冲洗，再用硫化铵溶液洗涤。

8. 被氢氟酸灼伤后，先用大量冷水冲洗较长时间，直至伤口表面发红后，用碳酸钠溶液清洗，再用甘油镁油膏(甘油：氧化镁＝2：1)涂抹，最后用消毒纱布包扎。

9. 被氰氢酸灼伤后，先用高锰酸钠溶液洗，再用硫化铵溶液洗。

10. 被硝酸银、氯化锌灼伤后先用水冲洗，再用碳酸氢钠溶液（50g/L）清洗，然后涂以油膏及磺胺粉。

11. 被酸灼伤后，用 1 体积的 25％氨水加 10 体积的 95％乙醇再加 1 体积松节油的混合溶液处理。

12. 磷烧伤处理

（1）被磷（三氯化磷、三氧化磷、五氯化磷、五氧化磷）灼伤后，先用硫酸铜溶液（10g/L）洗残余的磷，再用 1：1000 的高锰酸钾溶液湿敷，外面再涂以保护剂，禁用油质敷料，然后用绷带包扎。

（2）浸在流水中冲洗，除去磷颗粒，创面用湿纱布包扎或暴露创面，忌用油质敷料或药膏。紧急时，可用干净床单、毛巾、衣服等包裹，速送医院救治。

13. 被苯酚灼伤后，应立即脱去或剪下污染衣着，包括手套、鞋袜等。

（1）尽快用大量流动清水冲洗。再用 50％乙醇液擦抹创面，以除去残存的结晶型苯酚，然后再用流动清水冲洗 10min 以上。也可用 7：3 的甘油与乙醇混合液擦抹创面以除去苯酚。

（2）用饱和的硫酸钠溶液或 5％碳酸氢钠液湿敷创面。

（3）鼓励患者多喝水，以便促进苯酚与甲酚从尿中排出。

（4）送医院诊治时，应向医师说明需要密切监护。

14. 如果一旦发生酸碱化学性眼损伤，要立即用大量细流清水冲洗眼睛，以达到清洗和稀释的目的。但要注意水压不能高，还要避免水流直射眼球和用手揉搓眼睛。

冲洗时要睁眼，眼球要不断地转动，持续 15min 左右，也可将整个脸部浸入水盆中，用手把上下眼皮扒开，暴露角膜和结膜。头部在水中左右晃动，使眼睛里的化学物质残留物被水冲掉。然后用生理盐水冲洗一遍。眼睛经冲洗后，可滴用中和溶液（酸烧伤用 2%～3%的碳酸氢钠溶液，碱烧伤用 2%～3%硼酸液）作进一步冲洗。

最后，滴用抗生素药水或眼膏以防止细菌感染，而后将眼睛用纱布或干净手帕蒙起，送往医院治疗。

15. 对于电石、石灰烧伤眼睛者，须先用蘸石蜡或植物油的镊子或棉签，将眼部的电石、石灰颗粒剔去，然后再用水清洗。冲洗后，伤眼可滴入阿托品眼药水及抗生素眼药水，再用干纱布或手帕遮盖伤眼，去医院治疗。

安全贵在预防。接触化学物品的工作人员，要遵守操作规程，搬运、移动装有化学物品的容器时，要轻拿轻放，避免意外烧伤事故的发生。

（五）皮肤烫伤急救

烫伤是日常生活中经常遇到的事。最轻的烫伤是伤了表皮，皮肤轻度红肿，火辣辣的痛，这叫"一度烫伤"。更重一点的烫伤是伤处皮肤出现水泡，疼痛难忍，这叫"二度烫伤"。如果烫得皮焦肉烂，完全失去疼痛感觉，可见红润的肌肉，这叫"三度烫伤"。

1. 紧急处理

（1）烫伤后的紧急处理是立即用清水或自来水冲洗烫伤处，这样能降低局部温度，减轻疼痛肿胀，防止起疱。

（2）冲洗可持续 15～20min，冲洗时间越长，越能减轻烫伤引起的破坏程度。

（3）冲洗的范围要比烫伤的范围大一些，这样能防止烫伤的扩大。冲洗前应立即将外衣脱掉或剪掉，以免引起皮肤的损伤。

（4）如果没有自来水，可迅速用井水浸泡。这一步处理得及时有效可为以后的治疗打下良好的基础。

（5）冲洗完后，可在烫伤的局部涂上烫伤膏，或用清凉油或鸡蛋清涂在烫伤的皮肤上，既可保护皮肤，又能促进受损伤皮肤迅速修复。

（6）对于二度烫伤，用水洗净伤处皮肤后，再用酒精或白酒消毒，用消毒的针把大水泡刺破，疱液流出后，再涂上龙胆紫，不用包扎，让创面自然暴露、干燥而结痂。

（7）对于三度烫伤或多处较大面积的烫伤，在冲洗后应立即送医院救治。

2. 烫伤后涂药

（1）一旦被开水、蒸气、热油等烫伤，应立即用冷水冲洗 15min 以上，降低局部温度，减少创面的进一步损伤，也可减少疼痛，再及时就医确定用药。如果起泡，可以不做任何处理。

（2）对黄豆大小的水泡，如果创面也比较浅，可以用消毒剪刀剪开水泡，用消毒棉球或纱布蘸干后，涂点紫草油或紫花膏即可。为避免感染，最好还是到医院做进一步治疗。

（3）恢复阶段，可用喜疗妥软膏、海普林软膏、康瑞保软膏来防止色素沉着和疤痕的形成，还有止痒的作用，其中康瑞保的效果最好；如果色素沉着或疤痕较深，影响了美观和功能，还需要接受康复治疗。

（4）万花油、京万红、正红花油等副作用较大，紫草油则要好一些。如果烫伤面破损，再用上述药，更容易加深创面引起感染，给治疗带来困难，必须先诊断创面的深浅、大小程度后，再在医生的指导下用药。

（5）由于小孩皮肤特别娇嫩，耐受力有限，烫伤后往往比较严重，更容易发生感染，引起并发症。因此，最好不要自行用药，应尽快到医院就诊。

3. 烧伤后救治

（1）尽快脱去着火或沸液浸渍的衣服，特别是化纤衣服。以免着火衣服和衣服上的热液继续作用，使创面加大加深。

（2）用水将火浇灭，或跳入附近水池、河沟内。

（3）迅速卧倒后，慢慢地在地上滚动，压灭火焰。禁止伤员衣服着火时站立或奔跑呼叫，以防增加头面部烧伤后吸入性损伤。

（4）迅速离开密闭和通风不良的现场，以免发生吸入性损伤和窒息。

（5）用身边不易燃的材料，如毯子、雨衣、大衣、棉被等，最好是阻燃材料，迅速覆盖着火处，使与空气隔绝。

4. 冷疗

（1）热力烧伤后及时冷疗可防止热力继续作用于创面使其加深，并可减轻疼痛，减少渗出和水肿。因此如有条件，热力烧伤后宜尽早进行，越早效果越好。

（2）方法是将烧伤创面在自来水笼头下淋洗或浸入水中（水温以伤员能忍受为准，一般为 15～20℃，热天可在水中加冰块），后用冷水浸湿的毛巾、纱垫等敷于创面。时间无明确限制，一般掌握到冷疗之后不再剧痛为止，多需 0.5～1h。

（3）冷疗一般适用于中小面积烧伤，特别是四肢的烧伤。

（4）对于大面积烧伤，冷疗并非完全禁忌，但由于大面积烧伤采用冷水浸泡，伤员多不能忍受，特别是寒冷季节。为了减轻寒冷的刺激，如无禁忌，可适当应用镇静剂，如吗啡、哌替啶等。

五、电击伤急救

人体是导电体，因此当有一定强度之电流通过时，烧伤、虚脱以及心脏停顿等情况可能会出现。这些情况大部分是因为误触破损之开关掣、磨损之电线或损毁之电器而引致的。

（一）电击伤症状

1. 皮肤烧伤、炽热、红肿、电流进入及穿出身体之伤口出现烧焦的现象。

2. 电击伤（图 9-38）是由于一定的电流或电能量通过人体引起的组织损伤和功能障碍。重者可引起心搏骤停和呼吸停止。高压电尚可引起电热灼伤。

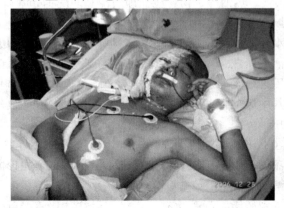

图 9-38　电击伤

3. 电击伤对人体的危害与接触电压高低、电流强弱、通电时间、接触部位、直流电或交流电及所在环境的气象条件等有密切关系。低电压40V即有电损伤的危险。

4. 交流电因其有持续肌肉收缩作用而较直流电危害更大，而低频交流电，尤其是频率50～60Hz时更为危险，因其易落在心脏应激期，引起心室颤动而导致立即心跳停止而死亡。此外，电流能量可转变为热能，引起各部组织的灼伤。

5. 人体接触电流以后，轻者当即发生头晕、心悸、四肢无力、惊慌呆滞、面色苍白、肌肉收缩，重者则出现昏迷、持续抽搐、心室颤动、心跳和呼吸骤停。

6. 对触电病人不可轻易放弃抢救。因为部分病人触电后呼吸心跳微弱，类似假死状态。由电流引起灼伤在电流入口处要重于电流出口处，常出现受损组织缺血坏死，并可有肌球蛋白尿、急性肾衰竭。

（二）电击伤的处置

1. 应立即切断电源或用绝缘体使病人脱离电源，对有呼吸心脏停止的病人应立即进行心肺复苏术。

2. 由于电击后组织缺氧和高血钾症的影响，易引起心肌损害和心律失常，故必须进行心脏监护，对于有肢体远端缺血坏死征象者，需要行筋膜松解术以减轻局部压力，改善肢体远端血液循环。

3. 在治疗期间，应注意预防感染，纠正水和电解质平衡紊乱，防治脑水肿和急性肾衰竭等。

（三）触电、雷击救治

有人计算，如果从触电算起，5min内赶到现场抢救，则抢救成功率可达60％，超过15min才抢救，则多数触电者死亡。因此，触电的现场抢救必须做到迅速、就地、准确、坚持。

1. 触电、雷击会导致灼伤、呼吸及心跳停止。有时电击的冲击力会使整个身体被弹起，因而造成撞伤、骨折。触电原因大多是没有关掉机器，用湿手碰触电器，电线受损，屋外电线断掉垂落。遇到这样的情况，施工人员应争分夺秒以最快的速度使伤者脱离电源。

2. 尽可能关掉总电源，如果做不到这一点，就站在绝缘的东西上，如橡胶上或一堆干燥的报纸上，用这两种方法使伤者离开电源。用一些干燥的不导电的东西，如，木棍拨开导线或移开伤者。如果没有适用的物品，就尽可能用干布或干报纸把手包起来，抓住伤者的衣服，避免触及伤者的皮肤。

3. 检查伤者是否神志清醒，如果神志不清，应检查呼吸，必要时进行人工呼吸。如果还有呼吸，应把伤者放于恢复姿势。如果神志清醒，安抚并使伤者安心。检查电击引起的各种症状。

4. 检查烧伤病情：查看身体接触电源以及地面的两个部位。烧伤处看来发红或已烧焦，也可能肿起，不管出现哪些症状均要按严重烧伤治疗。电流能使触电后的损伤程度可分重、中、轻三型。重者可因电流通过心脏引起心室颤动，造成心搏骤停或电流通过呼吸肌引起肌肉强直收缩造成呼吸停止。损伤中等者可出现血压下降、抽搐、尖叫、心律不齐、休克等症。同时，电灼伤时，局部组织呈焦黄或炭化、肌肉凝固等变化。触电一瞬间，人体肌肉强烈收缩使身体突然弹离电源，若从高处跌下，可并发颅脑伤、胸部伤、内脏破裂、脱臼和四肢骨折等。

5. 家庭急救第一步是切断电源或用绝缘体如干木棒、竹竿挑开电线。除非已经脱离接触，否则千万不能去拉触电者，否则会引火烧身造成自己也触电。

第二步是保护触电者，防止跌落。

第三步是对触电者进行检查和处理，检查或恢复心跳、呼吸是急救的首要任务，若心跳呼吸停止的要立即做心肺复苏初级救生术，有骨折的进行临时固定，有出血或局部烧伤的应进行止血和包扎术。对损伤较轻者，尽量给予精神安慰，并让其喝些糖开水或浓茶。

6. 对触电者应尽快将其移至通风干燥处仰卧，松开衣领、裤带，畅通呼吸道。

7. 对遭遇雷击者应尽快将其移至避雨处，擦干伤员身上的雨水，若发现心跳呼吸已停止，先进行心肺复苏初级救生术。

8. 在现场急救同时，立即向当地"120"急救中心呼救，并将急救"接力棒"及时传递给急救医生。

9. 一旦发生高压电线落地引起触电事故时，应派人看守，不让人或车靠近现场，因为离电线 10～15m 范围内仍带电，救护者贸然进入该圈子内很易触电。应通知电工或供电部门处理电线后再救人。

六、中暑急救

中暑是受热作用而发生的一种急性疾病的统称，是由于高温环境（多为长时间日照）体温调节中枢功能障碍，汗腺失去作用和水分，电解质流失过多，体热无法发散引起的疾病。这种疾病的分类，国内外尚不一致。我国法定职业病名单中规定有热射病、热痉挛及日射病三种，但实际常按症状分为先兆中暑、轻症中暑和重症中暑三型。

当温度升高时，人体有以下两种反应：一种是皮肤血管扩张，使更多血液流到皮肤表面，给皮肤降温，另一种是流汗增加。

流汗会导致水分、电解质（盐分）的流失，在水分蒸发过程中可以降温。有口渴之感并不是身体缺水的可靠标志，在人体流失约 1.14L 水分后，才有口渴之感。体温升高，电解质和水分过度流失，都可导致热伤害疾病。

（一）中暑原因

高温可使作业工人产生热、头晕、心慌、烦、渴、无力疲倦等不适感，可出现一系列生理功能的改变，主要表现为体温升高、体内酸碱平衡和渗透压失调、血压下降、消化不良和其他胃肠道疾病增加、神经系统可出现中枢神经系统抑制。

1. 高温作业　生产作业环境的气象条件主要指空气的温度、湿度、风速和热辐射及气压。高温属不良气象条件，高温作业系指工作地点有生产性热源，当室外温度达到本地区夏季通风设计计算温度时，工作地点的气温高于室外 2℃或 2℃以上的作业。

高温作业使人体产生一系列的生理改变。当机体获热与产热大于散热时体温升高，因大量出汗造成机体严重缺水和缺盐、心脏负荷加重、心率增加、血压下降、食欲减退、消化不良，严重时还可导致中暑。

防暑降温措施为：合理设计工艺流程，隔热及通风，加强个人防护及医疗预防。

在高温或同时存在高气温和热辐射的不良气象条件下进行的生产劳动，通称为高温作业。一般将散热量大于 $8.37\times10^4\text{J/(m}^3\cdot\text{h)}$ 的车间称为高温车间。

2. 高温强辐射作业　常见作业场所有炼焦、炼铁、炼钢、轧钢等车间，在这类作业环境中，同时存在着两种不同性质的热，即对流热（被加热了的空气）和辐射热（热源及二次热源）。对流热作用于体表，通过血液循环使全身加热。辐射热除作用于体表外，尚作用于深部组织，加热作用更快更强。人在此环境下劳动，大量出汗，且易于蒸发散热。如通风不良，则汗液难于蒸发，就可能因蒸发散热困难而发生蓄热和过热。

3. 高温高湿作业　气象特点是气温、湿度均高，而热辐射强度不大。人在此环境下劳动，即使气温尚不很高，但由于蒸发散热困难，大量出汗而不能发挥有效的散热作用，故易导致体内热蓄积或水、电解质平衡失调，从而可引发中暑。

4. 夏季露天作业　露天作业中的热辐射强度虽较高温车间更低，但其作用的持续时间较长，且头颅常受阳光直接照射，加之中午前后气温较高，此时如劳动强度过大，则人体极易因过度蓄热而中暑。

（二）中暑的症状

处于高温环境中，而表现出口渴、头痛、眩晕、身软无力、脸色潮红，并具有最特殊的症状，即是体温高达 40℃ 以上，皮肤干热无汗。严重时可见脉搏加快、血压下降、呼吸浅而紧迫，进而见抽搐、心衰等。

1. 热痉挛和热昏厥　身体暴露在高温潮湿的环境中做体力活动，以及电解质的流失，会导致四肢痉挛与腹部痉挛。通过让病人休息、接受按摩、拉伸肌肉等方式，可以减轻其痉挛症状。让病人稍微喝一些盐水或是现成的电解质替代物，同时应避免病人过度劳累。腿部充血就有可能导致热昏厥。通常病人可在昏倒后立刻苏醒过来。此时，可以让病人在荫凉处休息片刻，喝水、含少量盐分的盐水或是电解质替代饮品。

2. 热衰竭　人体在运动后大量出汗会导致热衰竭。热衰竭可能发生在温暖但并不酷热的天气条件下。越野滑雪时，若没有在一整天艰苦的行程中补充适量的水分和电解质，就会导致热衰竭。脱水是引发热衰竭的主要因素。电解质流失也是引发热衰竭的因素之一。

病人皮肤大量出汗潮湿。皮肤温度较为正常，稍微偏暖或偏冷。病人嘴部温度偏高，心跳稍快。病人会感觉恶心、肌肉乏力、眩晕、口渴以及头痛。

3. 先兆中暑　在高温作业场所劳动过程中，作业人员有轻微头晕、头疼、眼花、耳鸣、心悸、脉搏频数、恶心、四肢无力、注意力不集中、动作不协调等症状，体温正常或略有升高，但尚能勉强坚持工作。

4. 轻症中暑　作业人员具有前述中暑症状而一度被迫停止工作，但经短时休息，症状消失，并能恢复工作。

5. 重症中暑　作业人员具有前述中暑症状被迫停止工作，并在该工作日未能恢复工作或在工作中出现突然晕厥及热痉挛。

（三）中暑的急救

1. 首先将病人转移到凉爽、荫凉的环境中。让病人小口喝水，防止其呕吐。盐水可能让病人感觉不舒服，喝一些加入调料的水可减轻病人呕吐症状。病人身体凉下来后，可以给病人补充电解质，可以喝肉汤，吃含盐分的食物，或是喝电解质替代饮品。待病人完全康复后，可以继续行走活动。病症严重程度有所不同，通常可在24h内康复。在其余行程中要观察病人是否有热衰竭复发的迹象。

2. 从事高温作业，出现上述中暑症状时，应将患者撤离高温作业环境，到通风良好、荫凉的地点静卧休息，给予十滴水、藿香正气水、含盐清凉饮料等，先兆中暑和轻症中暑者可逐渐恢复。重症中暑必须紧急送医疗单位抢救。

3. 高温作业工人排汗量明显增加，其增加量与劳动强度成正比。排出的汗中含有大量盐分，大量排汗使体内盐分丢失。因此，高温作业工人在排汗量较大情况下，及时补充适量的水分和盐分对维持身体健康十分必要。

4. 入院前应急处理

（1）将患者移到通风荫凉处休息。仰卧平躺，让头部略微垫高。

（2）将紧闭的衣扣解开，全身用冷水擦拭，或在头部、腋窝、腹股沟处放置冰袋，也可将病人浸于水中，并同时按摩四肢，使体温降至38℃。

（3）当肛温降至38℃，就要停止这种较强烈的方法，改用风扇轻吹。

（4）从中暑恢复清醒的病人身体十分虚弱，对热的耐受力仍然很差，所以一定要小心注意。

（5）对于热衰竭的病人要给予盐水的补充。

（6）对于回温之后仍昏迷不醒者，一定要迅速送医治疗。

5. 补充水分 饮水是最常见，也是最简便的补充水分方式，但不恰当的饮水不但不能使高温作业者补充已丢失的水分，反而会损害健康，甚至诱发中暑。高温作业工人恰当的饮水应遵循三条原则：

（1）补足补够原则。一般来说，要比平常每天多饮水3~5L，食盐20g。

（2）饮水方式以少量多饮为宜，暴饮会加重心、肾和胃肠道负担，又促使大量排汗。

（3）饮水和补盐同时进行，不能单纯补充水分。单纯暴饮淡水会引起热痉挛（中暑）的发生，故以含盐饮料为佳。含盐饮料种类很多，既可自制，也可直接购买成品。含盐茶水、绿豆汤既方便自制，效果也十分可靠，值得推荐。

6. 中暑救治注意事项 中医认为，中暑是夏季常见疾病，由猝中暑热或感受秽浊之邪所致，本病和暑温之暑入心营症候颇为相似。但要注意的是热衰竭和中暑初期的表现有一个最大的不同点，就是在于热衰竭的病人会出现灰白而湿冷的皮肤（中暑时皮肤是干热的），建议可在居家中备有行军散、六神丸、藿香正气散等药或涂擦清凉油，也可针对患者的合谷、太冲、足三里、曲池等穴位予以刺激。在夏季或湿热环境中工作的朋友，一定要注意水分和盐分的补充。

（1）中暑后的饮水原则是少量多次，否则会因为供水过量而导致呕吐，甚至引起腹痛、恶心等症状。

（2）行军散具有开窍醒神，清热解毒的功效，对于中暑晕厥、呕吐、腹泻之病人，可将少许内服或吹入鼻中（孕妇忌用）。

（3）对于年老体弱及有心血管疾病的患者，可避免采用水浴，以免在浸浴时发生寒战而加重心脏负担，引起严重心律失常或心力衰竭。

七、冻伤急救

冻伤（图9-39）是因寒冷作用于机体所引起的全身或局部组织损伤。

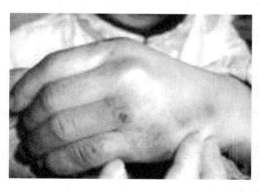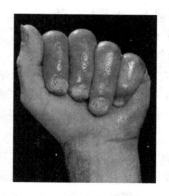

图 9-39 冻伤

冻伤有重有轻，轻者受冻部位皮肤红色，轻度肿胀、痒、痛，严重时受冻部位皮肤青紫色、苍白色、甚至于紫黑色、坏死。

手指、脚趾、耳朵、鼻子等突出于身体的部位，极有可能发生冻伤。其中双手裸露的面积最大，因此也最易发凉。如果体温持续下降，最终血液循环停止，就会发生冻伤。冻伤是指细胞之间的体液结冻，细胞内液体的化学比例失衡，细胞内的液体就会流出来。随着细胞之间的体液结冻面积增大，以及细胞内液体化学比例失衡，皮肤组织将受到损伤。救治冻伤的基本目标是控制皮肤受冻和重复受冻的面积，防止皮肤受到过多损伤。

依受冻的严重程度和面积不同，冻伤的迹象和症状也不同。

（一）冻伤分类

一般来说，冻伤分为两类：表层冻伤、深度冻伤。

1. 表层冻伤 表层冻伤不像深度冻伤那样严重，但如果不及时救治就有可能转化为严重的深度冻伤。表层冻伤是指皮肤表层组织少部分受到影响，通常发生在脸、鼻、耳、手等容易裸露在外的部位。发生冻伤的部位皮肤苍白、刺痛、触感似蜡，而且开始发硬。此时皮肤深层组织还是柔软的。患者会感觉疼痛，冻伤部位发冷、麻木。

2. 深度冻伤 深度冻伤是指皮肤深层组织冻伤，且冻伤面积较大。深度冻伤可发生于双手、双脚以及部分腿部和臂部。深度冻伤是一个严重的问题，有可能导致身体组织受损，甚至要截去整个冻伤部位。及早发现冻伤病情并采取预防措施，防止发生感染、皮肤创伤等病症，同时要给受冻部位解冻，这些方式可最大限度地减少皮肤组织受损。

冻伤皮肤呈现苍白、刺痛、触感似蜡的症状，而且会有硬块，皮肤深层组织也有发硬现象。关节处的活动能力将受到影响或者完全消失。冻伤部位有痛感，随后会逐渐麻木、失去知觉。冻伤区域可能只是一只手指，也可能是整个肢体。

受冻部位解冻后，需用担架抬着患者。因为冻伤部位仍极为疼痛，患者不能用刚刚解冻的双脚走路。如果受冻部位解冻后又再次意外冻伤，皮肤组织所受损伤更严重。在这种情况下，患者有可能失去冻伤的手或脚。

（二）冻伤预防

可以采取以下方法预防：

1. 穿较厚的衣服预防冻伤。最好戴连指手套，而不是普通的将手指分开的手套。在寒风凛冽的情况下，要戴好口罩。

2. 所穿衣物要松散些，防止血管受到压迫。不能将靴子绑得过紧，时常检查靴子的结带松紧，确保脚部血液循环畅通。

3. 不要穿多层袜子，因其有碍血液循环。

4. 查看靴子里的衬垫是否有结冻或膨胀现象，防止血液循环受阻。

5. 如果靴子质地较硬，要注意保护脚部，因为此时脚部若有肿胀，将会影响血液循环情况。

6. 不要用裸露在外的皮肤接触冰凉的金属，这会导致身体热量迅速被传导出去。

7. 不要用裸露在外的皮肤接触汽油，因为汽油挥发迅速，会使皮肤组织受冻。

8. 时常活动脚趾和手指，确保血液循环畅通。

9. 时常观察同伴的脸部、双手和耳朵，检查是否有表层皮肤冻伤的症状。

10. 人体处于寒冷的环境中时，要避免吸烟、饮食咖啡因。

11. 有血液循环病史的登山者，尤其要小心采取相关措施预防冻伤。

（三）冻伤处理

1. **表层冻伤急救**　将受冻部位放到身体温暖的地方，同时加以恒定的压力。不要揉搓受冻部位，因为揉搓会损伤受冻皮肤。如果患者感觉非常疼痛，可以服用镇痛消炎药布洛芬止痛。要防止受冻面积增加。

2. **深度冻伤急救**　检查是否有体温过低症状。如果发现患者体温过低，要立即救治，否则会威胁生命。如有必要，先不要给冻伤部位解冻。不要揉搓受冻部位，揉搓会损伤皮肤组织。防止健康部位受冻。如果伤处已解冻，要防止其再次受冻，且不要负重。让患者多喝水，同时尽快送往医院。

3. **解冻**

（1）只有在保证不会再次冻伤，且在无菌环境下，才可以帮助患者解冻。在野外环境中通常不能达到这一条件。

（2）解冻时，可将冻伤部位浸入 40～42℃ 的水中。要随时添加热水，保持水温恒定。水温较低不利于冻伤组织解冻，但水温高于 42℃，则会产生其他损伤。这就需要用温度计监测水温。在冻伤部位解冻前，不要将其拿出来。

（3）冻伤部位将呈现红色或浅粉色，整个脚趾、手指均趋于正常。粉红色表示血液循环已经恢复正常。严重冻伤部位的血液循环可能不会完全恢复。如经过一段时间，冻伤肢体还没有呈现粉红色，将其从水中拿出来。

（4）在解冻前后，鼓励患者多活动冻伤部位。冻伤肢体解冻后，将其放在无菌网垫上，用小块消毒绷带隔开每个脚趾或手指。这样做可以防止已经解冻的部位受到其余损伤，包括防止与被单或毛毯接触产生摩擦。患者不要使用热水壶、加热灯，也不要将冻伤部位靠近暖炉，防止热度过高伤及冻伤区域。

（5）不要挑破水泡，水泡极易感染。尽快将患者送往医院，或其他医疗机构。在给伤处解冻前，先让患者服用 400mg 布洛芬，之后每隔 12h 服用一次。

（6）伤处解冻后，要尽量采取措施将其保护好，防止受到的损伤加重。

4. **冷浸足**　当肢体长时间暴露于寒冷（0～10℃）、潮湿的户外环境中时，就会发生冷浸足病。

患此病后，皮肤组织虽没有受冻，但血液循环以及神经系统将受到损伤。脚部冰凉、肿胀、有斑点，触感似蜡。患者感觉麻木、疼痛。

可采取以下治疗措施：不要将脚部裸露在外，保持脚部干燥，每隔6h服用一次布洛芬，同时尽快送往医院。给病人适量的食物和水。要让患者脚部持续保持干燥，靴子要合脚，确保脚部的肿胀不会影响到血液循环情况。

（1）尽快脱离寒冷环境，做好全身或局部保暖，给予热饮料，迅速脱掉湿冷冻结的衣服鞋袜，不易脱掉时可剪开或连同肢体一并浸入温水中，待融化后解脱。

（2）把受损处浸入40～42℃大量温水中，保持水温至受损处皮肤变红润停止。

（3）小面积冻伤，可用温暖的手去按摩，不需其他治疗。

（4）不宜用火烤及用热水浸泡受伤部位，以免加重伤情。

5.体温过低（冻僵）处理　体温过低是指当身体内部体温低于正常值而引发疾病的现象。体温过低是较危险的疾病，发病时病人可能没有感觉，但很快其判断及推理能力就会受到影响。如果不及时发现病症并加以治疗，则可能导致病人没精打采、血管萎缩以及死亡。体温过低并不单指气温低，许多体温过低病症发生在潮湿、大风，但气温在零度以上的天气条件下。意外落入冰河裂缝或遭受寒流侵袭都可能迅速导致严重的体温过低病症。

6.从冷水中获救的幸存者的救护方法

（1）迅速脱去伤者湿衣，保暖。

（2）体力尚好有条件者，可浸浴于38℃的温水浴缸中恢复体温。衰弱者慎用。

（3）禁饮酒精饮料。

（4）神志清醒后给予温热甜饮料。

（5）静卧休息。

（6）心跳或呼吸停止者，按心肺复苏法急救。

依照治疗体温过低措施不同，将体温过低分为轻微、中度和严重体温过低三种。

7.轻微体温过低的急救　轻微体温过低患者会觉得身体发冷，且逐步发展为难以控制的颤抖。随着四肢肌肉组织逐渐变冷，患者会感到身体活动协调性差，在划火柴、打结或是拿小物件的时候，会有困难。早期的迹象是性格上的改变，会出现抑郁、没精打采的现象。病人身体核心温度仍在34℃以上。轻微体温过低的病人，离开寒冷的环境后，体温即可恢复。

（1）对于轻微体温过低的病人，先要让其离开寒冷环境。让病人远离多风、寒冷、潮湿的地方。

（2）脱去潮湿的衣服，换上干燥的衣服。给病人添衣服可进一步缓解体温过低症状，比如拉上敞开穿的外套、戴上帽子等。

（3）将病人置于温暖的环境中，如无意外，大多数病人可以痊愈。此外，可以将热水壶、小的化学加热袋等热的物体，先用衣服包好，再放置于胸部、腋窝、颈部、裆部等部位。

（4）给病人喝热汤或吃一些经过加热的食物，病人会觉得很舒服。尽管这些方法不能完全让病人温暖过来，但会改善其精神状态。

（5）切忌服用咖啡、酒精，这会使体表血管扩张，体内的热量就会散失更快。

8.中度至严重的体温过低急救

（1）症状

① 患有中度体温过低的患者，会出现以下症状：目光呆滞，意识混沌，且不认为自己已患病；

② 可能出现难以控制的战栗，也可能没有此症状；

③ 言语含混不清；

④ 四肢肌肉僵硬，行走困难，跌跌绊绊；

⑤ 体温过低程度加重时，病人会反应迟钝，甚至失去知觉；

⑥ 心情急躁，处置不当时心跳可能停止；

⑦ 心跳减缓、呼吸微弱，且不易察觉；

⑧ 此时需要 45～60s 才能察觉出体温过低患者的心跳情况。

（2）急救

① 最好将患有中度或严重体温过低的患者送往医院，在可控制的环境中帮助患者恢复体温。如果可在几小时内将其送往医院，不要擅自给患者加热。

② 让患者离开寒冷环境，不要让其自己走回帐篷里或做其他活动，这样有可能将四肢部位冰凉的血液压迫到身体的重要器官中，加速身体核心体温的降低。

③ 可在患者旁边搭建帐篷，或将患者抬到帐篷里，小心地处置。

④ 脱掉潮湿的衣服，为防止患者移动，可直接将衣服剪开。检查患者是否有冻疮等其他疾病。

⑤ 尽快将患者送往医疗机构，每隔 15min 记录一次身体重要指标。

⑥ 如果不能在数小时内将严重体温过低患者送往医疗机构，要主动帮助患者恢复体温，同时要注重给其头部、颈部、腋窝以及裆部加热。

⑦ 可以使用热水壶、热毛毯、小的化学加热袋或其他人的身体帮助患者恢复体温，要用衣服将这些加热物品与身体分开，同时检查患者的皮肤温度，防止其皮肤被烫伤。注意观察是否有休克现象，尽快将病人送往医院。如果发现患者在 60s 内没有心跳和呼吸，应开始心肺复苏。

9. 预防体温过低救治　预防体温过低有以下措施：防止热量流失，避免接触冷空气，及早诊察疾病症状。

防止热量流失。可采取以下措施：

（1）整理好衣服，防止流汗过多，导致热量通过蒸发的形式流失。

（2）给放射性热量易流失的部位保温：头部、颈部以及双手。记住一句老话。"当你脚冷的时候，戴上帽子。"

（3）多穿几层衣服，防止对流热量的流失，这样可以保持体表空气的温度。如不做好保护，微小的风也会让热量迅速流失。

（4）将身体与冰冷的物体隔离开，防止对流热量的流失。在患者背部与冰冷的岩石或积雪之间放置一个坐垫，可有效地起到隔离作用。若布料潮湿，尤其当棉质布料潮湿后，隔离效果会变差。

（5）脱掉潮湿的衣服后，穿上外套，将隔离物固定。登山者除了要准备棉质的裤子，还应准备其他衣物。

（6）将毛料或其他衣物盖在患者的嘴部和鼻部，防止热量流失。这样可以在空气进入肺部之前，将空气变热，以此减少热量的流失。

（7）避免接触冷空气。在身体温暖的时候，要保证身体有一定的热量供应。如果环境潮湿寒冷，要避开户外的风雨。要在体能没有完全耗尽，身体协调能力和判断力没有完全丧失之前宿营休息。多吃富含碳水化合物的食物，这类食物可迅速转化成热量。不要饮酒，酒精会使体表血管扩张，会导致体内热量的散失。

（8）早期诊查。当登山队走到多风、寒冷或潮湿的环境中时，要严密观察每位队员是否有体温过低的身体迹象和症状。与治疗严重体温过低患者相比，在病症早期进行治疗要相对简单。有时患者会否认自己生病了，因此要相信身体迹象和症状，不能相信病人的判断。

10. 落入冷水急救

（1）症状

① 意外落入冷水中，由于身体大量热量传导到冷水中，可迅速导致中度至严重的体温过低病症。

② 臂部和腿部的血管会迅速紧缩，人会感觉非常冰冷，且无法控制四肢的活动。伤者有万念俱灰之感。尽管人体感觉极度寒冷，但身体核心部位温度保持正常值的时间可能要比伤者预想的长。

③ 将双臂交叉，双腿蜷缩于胸前，可最大程度减少热量的散失。这个姿势可减少身体表面热量的散失。尽可能让身体脱离冰冷的水，尽管这样做会让人体感觉"凉风凛凛"而愈加寒冷，但实际上可减少人体热量散失，比如可平躺于翻过来的独木舟上。若试图游回岸边，会加速身体热量的散失。但伤者千万不能放弃，因为在此种情形下，伤者的获救率要比自己想象的高。

（2）急救

① 应将落入冷水中的伤者按照体温过低的病人救治。如果伤者在水中停留时间较短，意识清醒，且身体显现出中度体温过低的迹象和症状，可按照中度体温过低进行急救。

② 如果伤者在冷水中停留时间较长，急救过程中应尤其小心。这种情况下，伤者可能患有中度体温过低或严重体温过低。

③ 急救时，不要让伤者有协助动作，在伤者刚刚从冷水中出来时，也不要让其自行走动。

④ 严密观察，防止伤者病情恶化，防止四肢部位较凉的血液循环到人体核心部位，引发患者晕倒，加重体温过低病症。按照严重体温过低来救治伤者，同时尽快让其获得医护人员帮助。

八、中毒急救

人们在工作中经常会接触到一些有毒物，比如有毒的气体、液体、粉尘、铅、苯、汞、一氧化碳、铬、锰、砷、氰化物、有机磷农药，等等，这些物质可通过呼吸道、皮肤、消化道进入人体，进入血液后可能引起全身中毒，发生职业中毒。

（一）职业中毒急救

职业中毒分为急性中毒、亚急性中毒和慢性中毒。

1. 职业中毒症状

（1）神经系统　慢性中毒早期常见神经衰弱综合征和精神症状，出现全身无力、记忆力减退、睡眠障碍、情绪激动、狂躁、忧郁等。

（2）呼吸系统　一次大量吸入某些气体可突然引起窒息。长期吸入刺激性气体，可引起慢性呼吸道炎症，出现鼻炎、咽炎、喉炎、气管炎等症状。

（3）血液系统　许多毒物都可对血液系统造成损害。表现为贫血、出血、血小板减少，重者可导致再生障碍性贫血。

（4）消化系统　经消化系统进入人体的毒物可直接刺激、腐蚀胃黏膜，产生绞痛、恶心、呕吐、缺乏食欲等症状。

（5）肾脏　许多毒物都是经肾脏排出，使肾脏受到不同程度的损害。出现蛋白质、血尿、浮肿等症状。

（6）皮肤　皮肤接触毒物后，可发生搔痒、刺痛、潮红、斑丘疹等各种皮炎。

2. 职业中毒的防治

用低毒或无毒物质代替有毒物质：

（1）喷漆作业中以无苯稀料代替含苯稀料。

（2）以无汞差压计代替水银差压计等。

（3）采用没有毒害或毒害较小的新工艺、新技术。如电镀行业为防止铬酸雾的危害，电镀槽内加入液状石蜡等酸雾抑制剂；印刷行业用非金属材料代替铅版印刷。

（4）严格生产管理，大力减少跑、冒、滴、漏，以防污染作业环境。

（5）合理使用个人防护用品，搞好个人卫生。根据需要，合理使用防毒面具、防毒口罩、防护手套、防护油膏等。要养成良好的卫生习惯，按时换工作服，保持劳保用品清洁适用。

（6）做好就业前和定期的健康检查，及时发现有就业禁忌症和中毒的病人。

（7）抢救和治疗急性中毒病人时，首先要使中毒者迅速脱离现场，防止毒物继续进入病人体内，对现场采取积极防治措施。其次，要对症治疗，使用快速、有效的解毒剂进行解毒治疗。

（8）要采取措施，阻止毒物继续侵入体内。由呼吸道侵入引起的中毒，要把中毒者移到通风良好、空气新鲜的地方，呼吸新鲜空气。对于因皮肤吸收引起中毒的要尽快脱去患者被污染的衣服、鞋袜等衣物，根据毒物的性质采用不同方法处理被污染的皮肤，可用干布或能吸收液体的材料擦去身上的毒物。由消化道侵入引起的中毒，要及时进行催吐。

（二）食物中毒

食物中毒是指人摄入了含有生物性、化学性有毒有害物质后或把有毒有害物质当做食物摄入后所出现的而非传染性的急性或亚急性疾病，属于食源性疾病的范畴。

食物中毒既不包括因暴饮暴食而引起的急性胃肠炎、食源性肠道传染病（如伤寒）和寄生虫病（如囊虫病），也不包括因一次大量或者长期少量摄入某些有毒有害物质而引起的以慢性毒性为主要特征（如致畸、致癌、致突变）的疾病。常见的种类有麦角中毒、赤霉病麦和霉玉米中毒、霉变甘蔗中毒等。

1. 含生物性、化学性有害物质引起的食物中毒的食物

（1）致病菌或其毒素污染的食物；

（2）已达急性中毒剂量的有毒化学物质污染的食物；

（3）外形与食物相似而本身含有毒素的物质，如毒蕈；

（4）本身含有毒物质，而加工、烹调方法不当未能将其除去的食物，如河豚、木薯；

（5）由于贮存条件不当，在贮存过程中产生有毒物质的食物，如发芽土豆。

2. 食物中毒的分类

（1）细菌性食物中毒　指因摄入被致病菌或其毒素污染的食物引起的急性或亚急性疾病，是食物中毒中最常见的一类。发病率较高而病死率较低，有明显的季节性。

（2）有毒动植物中毒　指误食有毒动植物或摄入因加工、烹调方法不当未除去有毒成分的动植物食物引起的中毒。发病率较高，病死率因动植物种类而异。

（3）化学性食物中毒　指误食有毒化学物质或食入被其污染的食物而引起的中毒，发病率和病死率均比较高。

（4）真菌毒素和霉变食物中毒　食用被铲毒真菌及其毒素污染的食物而引起的急性疾病。发病率较高，病死率因菌种及其毒素种类而异。

3. 各类食物中毒的特点

（1）真菌毒素和霉变食品中毒　真菌在谷物或食品中生长繁殖产生有毒的代谢产物，人和动物摄入含有这种毒素物质发生的中毒症称为真菌毒素中毒症。真菌毒素中毒具有以下特点：

1）中毒的发生主要通过被真菌污染的食物；

2）被真菌毒素污染的食品和粮食用一般烹调方法加热处理不能将其破坏去除；

3）没有污染性免疫，真菌毒素一般都是小分子化合物，机体对真菌毒素不产生抗体；

4）真菌生长繁殖和产生毒素需要一定的温度和湿度，因此中毒往往有明显的季节性和地区性。

（2）化学性食物中毒　化学性食物中毒是指健康人经口摄入了正常数量，在感官上无异常，但确含有某种或几种"化学性毒物"的食物，随食物进入体内的"化学性毒物"对机体组织器官发生异常作用，破坏了正常生理功能，引起功能性或器质性病理改变的急性中毒，称为化学性食物中毒。包括一些有毒金属，及其化合物、农药等，常见的化学性食物中毒有有机磷引起的食物中毒、亚硝酸盐食物中毒、砷化物引起的食物中毒等。

（3）有毒动植物食物中毒　有毒动植物中毒是指一些动植物本身含有某种天然有毒成分；或由于贮存条件不当形成某种有毒物质被人食用后引起的中毒。自然界中有毒的动植物种类很多，所含的有毒成分复杂，常见的有毒动植物品种有河豚中毒、含高组胺鱼类中毒、毒蕈中毒、含氰苷植物中毒、发芽马铃薯中毒、豆角中毒、生豆浆中毒等。

（4）细菌性食物中毒　在各类食物中毒中，细菌性食物中毒最多见，占食物中毒总数的一半左右。细菌性食物中毒具有明显的季节性，多发生在气候炎热的季节。这是由于气温高，适合于微生物生长繁殖；另一方面人体肠道的防御机能下降，易感性增强。细菌性食物中毒发病率高，病死率低，其中毒食物多为动物性食品。

1）细菌性食物中毒分为类

① 感染型　如沙门菌属、变形杆菌属食物中毒。

② 毒素型　包括体外毒素型和体内毒素型两种。体外毒素型是指病原菌在食品内大量繁殖并产生毒素。如葡萄球菌肠毒素中毒、肉毒梭菌中毒。体内毒素型指病原体随食品进入人体肠道内产生毒素引起食物中毒。

③ 混合型　以上两种情况并存。

2）细菌性食物中毒发生的原因

① 食物在宰杀或收割、运输、储存、销售等过程中受到病菌的污染。

② 被致病菌污染的食物在较高的温度下存放，食品中充足的水分，适宜的 pH 及营养条件使致病菌大量繁殖或产生毒素。

③ 食品在食用前未烧熟煮透或熟食受到生食交叉污染，或食品从业人员中带菌者的污染。

3）细菌性食物中毒的诊断　一般根据临床症状和流行病学特点即可作出临床诊断，病因诊断需进行细菌学检查和血清学鉴定。

① 由于没有个人与个人之间的传染过程，所以导致发病呈暴发性，潜伏期短，来势急剧，短时间内可能有多数人发病，发病曲线呈突然上升的趋势。

② 中毒病人一般具有相似的临床症状。常常出现恶心、呕吐、腹痛、腹泻等消化道症状。

③ 发病与食物有关。患者在近期内都食用过同样的食物，发病范围局限在食用该类有毒食物的人群，停止食用该食物后发病很快停止，发病曲线在突然上升之后呈突然下降趋势。

④ 食物中毒病人对健康人不具有传染性。

4. 食物中毒的征兆与预防

（1）四季豆中毒　四季豆中的毒素一种叫豆素，有凝血作用；另一种叫皂素，对黏膜有较强的刺激作用。另外，四季豆如堆放时间过长，就会使亚硝酸盐含量大大增加，吃了也会中毒。中毒较轻的会出现恶心、呕吐、腹痛、腹泻、头晕、头痛；中毒重的会出现惧冷、发热、胸闷、气短、心慌、手脚发凉，严重时甚至可以出现溶血现象。

1）发觉有中毒现象时，应立即进行催吐，并用清水、浓茶水或 0.05% 高锰酸钾溶液洗胃。

2）有明显腹痛的病人，可适量服用阿托品进行缓解。

3）可服用黄连素预防消化道感染。

4）有心慌、胸闷、气短症状的病人，可解开领口等处衣扣，有吸氧设备的可给病人吸氧。

5）若病人出现溶血现象，应立即送医院进行输血。

（2）未烧熟的豆角中毒　吃了大量未烧熟的豆角会发生中毒现象，出现恶心、呕吐、腹痛、腹胀、腹泻、胃部有灼热感等消化系统症状，严重时中毒者还出现了头晕、头痛、心慌、胸闷、出冷汗以及四肢麻木等神经系统症状。

原来豆角含有一种叫凝集素的毒蛋白，还有的豆角含有皂苷，这两种物质都会对人体健康造成损害。但是，这两种毒素都怕高温，在高温作用下，毒素被分解而遭到破坏，失去毒性。如果炖、炒豆角的时间短，豆角未被烧熟，半生半熟的豆角中仍然会含有毒蛋白和皂苷，特别是有人喜欢吃鲜脆的豆角，其所含的毒素会更多，吃了这样的豆角就会中毒。

有人还喜欢吃这样做出来的豆角：用开水烫一下，再用冷水泡一下，然后切丝拌凉菜；或者把豆角用开水烫一下，凉后用盐腌起来当咸菜，这些吃法欠妥。因为"烫一下"后豆角未熟，仍然含有大量毒素，食后也会中毒的，只不过吃得少，中毒症状较轻罢了。

目前治疗豆角中毒还没有特效药，因此，避免中毒就尤为重要了。为了避免食用豆角中毒，无论是炖、炒、煮豆角一定要烧熟，烧熟的豆角不含有毒素，人吃了才安全。

（3）未腌透的酸菜不能吃　经过发酵变酸的白菜就是酸菜。白菜放入缸中，加水后再加点盐,在一定温度下,经过一段时间就腌成了酸菜。酸菜具有独特风味,是北方居民冬季喜欢吃的蔬菜。然而,酸菜必须腌透才可以吃。未腌透的酸菜不能吃,否则会造成中毒。

没有腌透的酸菜中含有亚硝酸盐。亚硝酸盐进入消化道,溶进血液以后,能够将血液中正常的血红蛋白氧化为高铁血红蛋白,它能减弱正常血红蛋白的输氧能力,因此引起机体严重缺氧。缺氧以后,人的指甲、口唇、皮肤上会出现紫绀,并伴有头痛、头晕、呼吸和心跳加快、身体不适等症状,严重时还能因为呼吸衰竭而引起生命危险。

为了避免中毒,绝不要食用未腌透的酸菜。一般情况下,已经腌透的酸菜基本不含亚硝酸盐。那么怎么才能判断菜已腌透呢?根据实践经验,装缸腌渍的白菜,在室温为18℃环境中,保持30d以上时间,菜基本上就能腌透,如果白菜抱心很紧很实,腌渍的时间还要更长一些。

(4)吃臭豆腐会中毒　臭豆腐是很多人喜爱食用的小菜。虽闻着臭,但吃着香,独特自食味能极大地刺激人的食欲。但是有的臭豆腐食用以后,易引起一些不适症状,表现为头痛、头晕、吞咽困难、食欲不振、身体乏力、眼睑下垂、视力模糊、对光反射迟钝等神经系统症状。这些都是食用臭豆腐引起的中毒症状。检验这些臭豆腐发现其中含有肉毒杆菌。肉毒杆菌能产生混合性毒素,就是这种毒素引致食用的人中毒。

其实肉毒杆菌分布非常广泛,蔬菜、水果、肉制品、乳制品、豆瓣酱、腐乳等多种食物都容易被污染。肉毒杆菌产生的毒素毒性极强,它主要毒害神经系统,中毒重者死亡率极高。当然,食用臭豆腐引起中毒事件可能是偶然发生,可是它却能造成非常严重的不良后果,所以还是要特别注意才好。

为了预防吃臭豆腐中毒,建议每次吃臭豆腐的量要少。另外,购买的臭豆腐最好是正规生产厂家的产品,特别是名家产品,质量会更有保证,绝对不要吃质量不好的臭豆腐。

(5)食发芽马铃薯中毒　马铃薯俗称土豆、洋芋、山药蛋。如果贮藏不当,它便发芽或表皮变成黑绿色,含有一种龙葵素的毒素,大量食用便引起中毒。表现为上腹部疼痛、头痛、头晕、恶心、呕吐及腹泻,还可造成脱水和电解质紊乱;重者可因呼吸中枢麻痹、心力衰竭而死亡。

1)出现中毒表现应立即口服500~600mL浓茶水,然后催吐,用手指、筷子等刺激舌根和咽后壁引起呕吐,饮一些温开水后可反复催吐,直至呕吐物为清水。

2)服用泻药进行导泻,如硫酸镁15~20mL,以减少毒素吸收。

3)出现剧烈吐泻时多饮淡盐水、牛奶或含盐饮料,以补充水分,纠正脱水。

4)重症中毒者应急送医院。

(6)毒蘑菇中毒急救　毒蘑菇含有植物性的生物碱,毒性强烈,可损肝、肾、心及神经系统。进食1~2h即出现中毒症状,恶心、呕吐、腹泻并伴有腹痛,可伴痉挛、流口水、突然发笑、进入兴奋状态。如出现上述中毒症状及时实施下列急救措施:

1)让中毒者大量饮用温开水或稀盐水,然后将手指伸进咽部催吐,以减少毒素的吸收。

2)立即呼叫救护车,等待救护车期间,防止反复呕吐发生脱水,让患者饮用加入少量盐和糖的"糖盐水",补充体液。

3)对于昏迷患者不要强行灌水,防止发生窒息。

4)注意保温。

九、吸入有毒气体的急救

(一)发生煤气中毒的急救

一氧化碳是一种无色无味的气体，几乎不溶于水。进入人体后，对全身的组织细胞均有毒性作用，尤其对大脑皮质的影响最为严重。当人体意识到已发生一氧化碳中毒时，往往为时已晚，因为支配人体运动的大脑皮质最先受到麻痹损害，使人无法实现有的自主运动，此时中毒者头脑仍有清醒的意识，也想打开门窗逃出，可手脚已不听使唤，所以一氧化碳中毒往往无法进行有效的自救。

家庭使用煤气炉其漏气或室内通风不良引起煤气中毒，轻者有头晕、头痛、眼花、胸闷、耳鸣、恶心等，中度中毒还伴有呼吸、脉搏加快，颜面或口唇呈樱桃红色，四肢厥冷，重度可出现昏迷、呼吸困难、大小便失禁、瞳孔散大、皮肤呈青紫色或灰白色。

1. 因一氧化碳的相对密度比空气略轻，故浮于上层，救助者进入和撤离现场时，如能匍匐行动会更安全。

2. 进入室内时严禁携带明火，尤其是开煤气自杀的情况，室内煤气浓度过高，按响门铃、打开室内电灯产生的电火花均可引起爆炸。

3. 进入室内后，迅速打开所有通风的门窗，如能发现煤气来源并能迅速排出的则应同时控制，如关闭煤气开关等，但绝不可为此耽误时间，因为救人要紧。然后迅速将中毒者转移到通风保暖处平卧，解开衣领及腰带以利其呼吸顺畅。同时叫救护车，随时送往医院抢救。

4. 如中毒者呼吸停止，应立即做口对口人工呼吸。昏迷病人应将头偏向一侧，防止呕吐物吸入肺内，清除病人鼻腔内的分泌物、呕吐物，保持病人呼吸道的通畅。

5. 轻度或中度中毒者可以用面罩或鼻导管给氧，重度中毒者应用高压氧治疗。高压氧可以迅速提高血液中溶解氧量，促进碳氧血红蛋白解离，加速对一氧化碳的清除，使血红蛋白恢复正常携氧功能；并可使脑血收缩、脑组织含氧量增加、降低脑细胞通透性、降低颅内压、防治脑水肿；同时，使颈动脉血流减少，椎动脉血流相对增加，促进脑苏醒，加快神经系统功能恢复。

6. 要积极防治脑水肿。一氧化碳中毒后 $24\sim48h$，脑水肿可以发展到高峰，应该及时按医嘱给予 $200g/L$ 甘露醇快速静脉滴注，必要时可以用氢化可的松静脉滴注，以减少毛细血管通透性，减轻脑水肿。头部戴冰帽可以增加脑对缺氧的耐受性并降低颅内压，也可以采用降温疗法，能减低脑细胞的代谢和耗氧量，可在病人体表放置冰袋，使肛温降到 $32\sim33℃$ 为止。

7. 对皮肤植物神经营养障碍而致水肿者，应该将肢体抬高，皮肤局部出现水泡时可以用无菌注射器抽出水泡内液体，再用无菌敷料包扎。防止感染，应定时翻身，预防褥疮，四肢皮肤易磨损或受压处要铺以棉垫，以防碰撞。

8. 可口服生萝卜汁进行解毒，也可喝浓茶或咖啡刺激呼吸，对急性一氧化碳中毒病人要多加安慰，避免精神刺激，使其情绪保持稳定。

9. 在等待运送车辆的过程中，对于昏迷不醒的患者可将其头部偏向一侧，以防呕吐物误吸入肺内导致窒息。为促其清醒可用针刺或指甲掐其人中穴。若其仍无呼吸则需立即口对口人工呼吸。但对昏迷较深的患者，这种人工呼吸的效果远不如医院高压舱的治疗。因此对昏迷较深的患者不应立足于就地抢救，而应尽快送往医院。

（二）刺激性气体中毒的急救

刺激性气体包括氯气、硫化氢、氨、三氧化硫等。这些气体主要对眼或呼吸道直接刺激。眼或呼吸道黏膜受到气体刺激，患者出现气急、胸闷、喉痉挛，严重时出现肺水肿及中枢神经系统症状，如神志恍惚、谵语、昏迷等。

1. 立即将中毒患者脱离现场，将病人撤离到空气新鲜、通风良好的地方。

2. 酸中毒者给 5% 碳酸氢钠。

3. 眼、鼻、喉有刺激症状者给以生理盐水或清水。

4. 呼吸困难者，给予吸氧。

5. 窖内通风后，可将绳绑吊蜡烛、油灯入窖，如果烛火不熄，说明窖内含氧量还正常，可以入窖救人。

6. 入窖抢救者的腰（腋）应系上绳索，绳索的另一端由窖外的人掌握。窖内外要经常喊话联系，一旦抢救者有呼吸困难或晕厥不适，窖外者应立即将其拉出窖外。

7. 将人救上来后，立即解开其领扣、腰带，宽松其衣裤，并将其置于空气流通处。

8. 如果中毒者呼吸、心跳微弱或已停止，应立即做人工呼吸及胸外心脏按压，并尽快送医院处理。

（三）液化气中毒的急救

家庭使用液化气时，如果厨房紧闭、通风条件差、室内新鲜空气来不及补充就会导致缺氧。大量的一氧化碳聚集在室内，当人长时间地站立在这种缺氧的环境里，就会发生中毒。中毒轻者出现头痛、头晕、乏力、恶心、呕吐、呼吸急促等症状，重者会出现意识障碍、昏倒、大小便失禁、呼吸抑制、甚至死亡。液化石油若溅到皮肤上还会引起局部麻木或造成冻伤。

1. 若发现液化气中毒者，应立即将其救离现场，移至空气新鲜处，脱去污染的衣物，并要注意保暖。

2. 病人呼吸停止，需立即施行人工呼吸，并注射呼吸中枢兴奋剂，如洛贝林、尼可刹来等。

3. 皮肤冻伤者，应先用温水洗浴，再涂冻伤软膏，最后用消毒纱布包扎。

（四）天然气中毒的急救

天然气的主要成分是甲烷、乙烷、丙烷及丁烷等较轻的烷烃，含有少量的硫化氢、二氧化碳、氢、氮等气体。常因火灾、事故中漏气、爆炸而引起中毒。

中毒主要为窒息，早期有头晕、头痛、恶心、呕吐、乏力等，严重时出现直视、昏迷、呼吸困难、四肢强直、大脑皮质综合征等。

1. 迅速将病人脱离中毒现场，将病人撤到空气新鲜、通风良好的地方。最好给予吸氧。

2. 对有意识障碍者，以改善缺氧，解除脑血管痉挛、消除脑水肿为主。可吸氧，用地塞米美松、甘露醇、呋塞米等静滴，并用脑细胞代谢剂，如细胞色素 C、ATP、维生素 B 和辅酶 A 等静滴。

3. 轻症患者仅做一般对症处理。

（五）急性氯气中毒的急救

氯是一种黄绿色具有强烈刺激性味的气体，氯气可引起呼吸道烧伤、急性肺水肿等，从而使肺和心脏功能急性衰竭。吸入高浓度的氯气，即可出现呼吸困难、紫绀、心力衰竭，很快因呼吸中枢麻痹而死。

深度中毒首先出现明显的上呼吸道黏膜刺激症状：剧烈的咳嗽、吐痰、咽部疼痛发辣、呼吸困难、颜面青紫、气喘。中毒继续加重，造成肺泡水肿，引起急性肺水肿，全身衰竭。

1. 迅速将伤员脱离现场，移至通风良好处，脱下中毒时所着衣服鞋袜，注意给病人保暖，并让其安静休息。

2. 为解除病人呼吸困难，可给其吸入 2%～3% 的温小苏打溶液或 1% 硫酸钠溶液，可减轻氯气对上呼吸道黏膜的刺激作用。

3. 抢救中应当注意，氯中毒病人有呼吸困难时，不应采用徒手式的压胸等人工呼吸方法。这是因为氯对上呼吸道黏膜具有强烈刺激，引起支气管肺炎甚至肺水肿，这种压式的人工呼吸方法会使炎症、肺水肿加重，有害无益。

4. 酌情使用强心剂，如西地兰等。

5. 鼻部可滴入 1%～2% 麻黄素，或 2%～3% 普鲁卡因加 0.1% 肾上腺素溶液。

6. 由于呼吸道黏膜受到刺激腐蚀，故呼吸道失去正常保护机能，极易招致细菌感染，因而对中毒较重的病人，可应用抗生素预防感染。

（六）笑气中毒的急救

氧化亚氮，俗称笑气，对人体呼吸道黏膜具有强烈的刺激性，可引起支气管、肺脏的炎症，吸入血液后呈现亚硝酸样作用，可引起血管扩张，血压下降，使血红蛋白形成变性血红蛋白，失去带氧能力。

笑气与工农业生产、医疗卫生、军事等行业有密切的联系，扑救这些火灾时易引起中毒。吸入毒气后，咽喉部发热发辣、刺激性咳嗽等，继之出现头晕、恶心、呕吐、胸疼；严重时，致使机体青紫、缺氧、喘息、血压下降，最后昏迷、死亡。

发现中毒患者应迅速将患者抬离中毒现场，移至通风良好处吸氧。若有青紫、呼吸困难，可给予亚甲蓝静脉注射。还要立即送医院进行对症处理。

（七）硫化氢中毒的急救

硫化氢是含硫有机物分解或金属硫化物与酸作用而产生的一利气体。无色、具有臭鸡蛋味、易挥发，燃烧时可产生蓝色火焰。

急性中毒时局部刺激症状为流泪、眼部烧灼疼痛、怕光、结膜充血；剧烈的咳嗽，胸部胀闷，恶心呕吐，头晕、头痛。随着中毒加重，出现呼吸困难，心慌，颜面青紫，高度兴奋，狂躁不安，甚至引起抽风，意识模糊，最后陷入昏迷，人事不省，全身青紫。如出现中毒症状，应该以下方法急救：

1. 尽快将患者抬离中毒现场，移至空气新鲜通风良好处，解开衣服、裤带等，注意保暖。吸入氧气，对呼吸停止者进行人工呼吸，应用呼吸兴奋剂。必要时行胸外心脏按压。

2. 对躁动不安、高热昏迷者，可采用亚冬眠或冬眠疗法。

（八）氨气及氨水中毒的急救

氨是特殊尿臭味刺激性气体，氨被吸入所致急性中毒，吸入氨轻者咽部烧灼感、流涕、咳嗽、胸闷、头晕、乏力、两肺可闻及干啰音。重者呼吸困难、声门痉挛、喉头水肿、气胸、纵隔气肿，心、肝、肾损害。喝入氨水表现食管灼痛、恶心、呕吐，吐出物带鲜血，腹痛、腹泻、食道腐蚀性狭窄，中毒性肝炎、肾炎。氨水侵袭皮肤黏膜，接触部位红、肿、糜烂、坏死。若侵袭角膜，则可致角膜溃疡、穿孔。

如果中毒立即采取下列措施：

1. 立即撤离现场，保持气道畅通。

2. 脱去污染衣服，用2％醋酸或硼酸冲洗衣服，有水泡者，用2％醋酸湿敷；口服中毒立即用口服生蛋清或牛奶等润滑剂，不要催吐、洗胃；喝入氨水较多者，用清水或稀醋水谨慎洗胃。

3. 还要根据症状进行对症治疗，比如防治肝肾损害，支持治疗，维持水、电解质平衡。

（九）汽油中毒的急救

汽油是一种易挥发、易燃、易爆、易溶于苯、醇、和二硫化碳的有机溶剂。汽油的毒性，主要以蒸气形式，由呼吸道吸入进入血液中，由于溶解度低，能很快进入脂肪和类脂质组织中，并具有去脂作用，可引起中枢神经系统细胞内类脂质平衡障碍。吸入肺内，则会引起支气管炎、肺炎等，中毒者可出现发热、咳嗽、胸痛、痰中带血、呼吸短促、口唇紫绀等。长期接触较高浓度汽油，可引起慢性中毒，主要表现为中枢及植物神经功能紊乱，如头晕、头痛、失眠、噩梦、乏力、记忆力减退等神经衰竭症状。女性对汽油较敏感，除了上述症状外，还可能出现月经异常、月经周期紊乱等。

1. 立即将中毒者移至空气新鲜处，脱去其污染衣服，卧床休息，注意保暖。

2. 可选用橄榄油或花生油、液状石蜡100～200mL，灌入中毒者胃中，使之溶解，然后将胃内容物抽出。再用温开水反复洗胃，直至无汽油味为止。注意，汽油中毒一般不催吐，以防汽油吸入肺内而加速中毒。另外，汽油脂溶性较强，故中毒期间禁用一切脂肪和含脂食物（如牛奶等），以防加速汽油在胃内被吸收。

3. 呼吸困难者，有条件时给予吸氧；呼吸衰竭时，进行人工呼吸。

4. 如果中毒者发生昏迷，可针刺、指尖按压人中、涌泉穴，也可点刺十宣穴放血。

5. 生白菜汁多量频饮，或白菜汁、豆油100g、白矾末25g共搅拌后饮服，有解汽油中毒之效。经过上述初步处理后，中毒症状严重者应送医院进一步救治。

课程小结

本节课程安排了伤害急救的相关内容，要求学生对伤害的处置有充分的认识，一旦发生伤害时，能进行自救或进行合理的应急处置，等待救护人员到来，将事故的损失降低到最低。

课外作业

1. 联系一些急救的基本手法与做法。

2. 组织校医院进行相关培训。

课后讨论

1. 如何紧急止血？
2. 如何进行人工呼吸？
3. 遇到食物中毒如何紧急处置？
4. 遇到气体中毒怎样处置？
5. 遇到烧伤、烫伤如何紧急处置？

参 考 文 献

［1］钱昆润，葛筠圃，张星．建筑施工组织设计［M］．南京：东南大学出版社，2012．

［2］徐伟，李绍辉，王旭峰．施工组织设计计算［M］．北京：中国建筑工业出版社，2011．

［3］丁士昭，刁成英等．《建筑工程管理与实务》［M］．北京：中国建筑工业出版社，2011．

［4］宁仁岐．建筑施工新技术［M］．济南：山东科学技术出版社，2011．

［5］潘全昌．建筑工程施工组织设计编制手册［M］．北京：中国建筑工业出版社，2011．

［6］田永复．怎样编制施工组织设计［M］．北京：中国建筑工业出版社，2011．

［7］李辉．工程施工组织设计编制与管理［M］．北京：人民交通出版社，2011．

［8］臧秀萍．建设工程项目管理［M］．北京：中国建筑工业出版社，2011．

［9］张西平，李洪涛．PMST教程［Z］．北京：广联达股份有限公司，2011．

［10］李润成．编制投标施工组织设计的几点建议［J］．山西建筑，2012．

［11］周国恩．建筑工程施工组织设计［M］．重庆：重庆大学出版社，2012．

［12］李海涛．工程投标中的施工组织设计编制［J］．技术市场，2011，（6）：295．

［13］陈兵．浅谈建筑施工组织设计［J］．企业研究，2011，（20）：183．

［14］石爱萍．浅谈季节性施工的管理［J］．科技情报开发与经济，2011，（11）：225．

［15］巫英士，郑杰珂．建筑施工组织设计［M］．北京：北京理工大学出版社，2013．

［16］蔡洪新．建筑施工组织设计与实务［M］．北京：北京理工大学出版社，2011．

［17］张洁．施工组织设计［M］．北京：机械工业出版社，2011．

［18］丛培经．工程项目管理［M］．北京：中国建筑工业出版社，2012．

［19］蔡雪峰．建筑施工组织［M］．武汉：武汉理工大学出版社，2011．

［20］李源清．建筑工程施工组织设计［M］．北京：北京大学出版社，2011．

［21］王坤．浅谈施工组织设计编制要点［J］．探索经验，2010，（3）：76-82．

［22］吴永昌．简述安全、质量、进度、投资之间的关系［J］．经济师，2010，（6）：233．

［23］陈兵．浅谈建筑施工组织设计［J］．企业研究，2011，（20）：183．

［24］应惠清．建筑施工技术（第二版）［M］．上海：同济大学出版社，2011．

［25］陈金洪，建设工程项目管理［M］．北京：中国电力出版社，2012．

［26］姚谨英．建筑施工技术（第四版）［M］．北京：中国建筑工业出版社，2012．

［27］韩国平，陈晋中．建筑施工组织与管理（第二版）［M］．北京：清华大学出版社，2012．

［28］穆静波．施工组织［M］．北京：清华大学出版社，2013．